北大社·"十四五"普通高等教育本科规划教材
高等院校机械类专业"互联网＋"创新规划教材

高速往复走丝电火花线切割

刘志东　编著

北京大学出版社
PEKING UNIVERSITY PRESS

内 容 简 介

高速往复走丝电火花线切割是我国自主研制且拥有完全自主知识产权的电火花加工技术。进入 21 世纪以来，伴随着多次切割技术的应用，高速往复走丝电火花线切割机床获得了飞速的发展，已成为世界上数量最多的电火花加工设备。本书是作者基于其在该领域 30 多年的生产实践、教学科研经历，为该领域从业人员撰写的一本全面阐述高速往复走丝电火花线切割的机理、工艺规律、特点及操作实例的论著。

全书分为 6 章，第 1 章为高速往复走丝电火花线切割基础、机理及发展，第 2 章为高速往复走丝电火花线切割机床，第 3 章为高速往复走丝电火花线切割控制系统及脉冲电源，第 4 章为高速往复走丝电火花线切割加工特性及多次切割，第 5 章为高速往复走丝电火花线切割机床安装、操作、加工及维护保养，第 6 章为线切割加工经验汇总 100 例。书中配有 80 余段视频资料，以对应的二维码形式呈现，读者只需利用移动设备扫描对应知识点的二维码即可在线观看。

本书可作为高等工科院校机械类或其他相近专业的"特种加工""放电加工技术""现代加工技术""电火花线切割加工技术""电切削加工"等课程的辅助教材，也可作为研究生相关课程的参考教材，还可作为相关工程技术人员的学习及参考用书。

图书在版编目(CIP)数据

高速往复走丝电火花线切割/刘志东编著. —北京： 北京大学出版社， 2023.1
高等院校机械类专业"互联网+"创新规划教材
ISBN 978 - 7 - 301 - 33023 - 4

Ⅰ.①高… Ⅱ.①刘… Ⅲ.①电火花线切割—高等学校—教材 Ⅳ.①TG484

中国版本图书馆 CIP 数据核字(2022)第 080778 号

书　　　名	高速往复走丝电火花线切割	
	GAOSU WANGFU ZOUSI DIANHUOHUA XIANQIEGE	
著作责任者	刘志东　编著	
策 划 编 辑	童君鑫	
责 任 编 辑	黄红珍	
数 字 编 辑	蒙俞材	
标 准 书 号	ISBN 978 - 7 - 301 - 33023 - 4	
出 版 发 行	北京大学出版社	
地　　　址	北京市海淀区成府路 205 号　 100871	
网　　　址	http://www.pup.cn　新浪微博:@北京大学出版社	
电 子 信 箱	pup_6@163.com	
电　　　话	邮购部 010 - 62752015　发行部 010 - 62750672　编辑部 010 - 62750667	
印 刷 者	河北文福旺印刷有限公司	
经 销 者	新华书店	

787 毫米×1092 毫米　16 开本　25.25 印张　603 千字
2023 年 1 月第 1 版　2023 年 1 月第 1 次印刷

定　　　价　88.00 元

前　言

高速往复走丝电火花线切割是我国自主研制且拥有完全自主知识产权的电火花加工技术。高速往复走丝电火花线切割机床因结构简单、性价比高，广泛应用于精密模具、航空航天、核工业、船舶、军工等制造领域，发挥着难以替代的作用。目前，我国高速往复走丝电火花线切割机床年产量达 3 万~5 万台，整个市场的保有量约为 80 万台，并已出口世界各地，是世界上数量最多的电火花加工设备，相关的工程技术人员和操作人员数量也居世界之首。因此这支庞大技术队伍水平的提升，对提高我国电火花线切割加工技术水平和充分发挥其在国防及民用工业中的作用，加快我国由制造大国向制造强国的转化具有重要意义。

进入 21 世纪以来，伴随着多次切割技术的应用，高速往复走丝电火花线切割技术获得了飞速的发展，但其自诞生以来就一直存在基础理论研究薄弱、系统性研究缺乏等问题。本书是作者在三十多年生产实践、教学与科研的基础上，结合南京航空航天大学电光先进制造团队针对高速往复走丝电火花线切割的专项研究成果，并查阅、搜集了大量资料，为该领域的各类人员（科研人员、教师、研究生、企业工程技术人员及操作人员）了解高速往复走丝电火花线切割技术的"为什么"及"怎么做"而撰写的。全书对高速往复走丝电火花线切割的机理、工艺规律及特点进行了深入且全面的分析，为研究人员进一步的研究奠定了理论基础，同时考虑面向具体操作者的需求，收集、列举了大量操作实例，有助于培养学生及操作人员精益求精、追求卓越的"工匠精神"。本书尽可能兼顾本领域各层次人员的需求，从理论到实践对高速往复走丝电火花线切割技术进行了梳理，对我国线切割技术的发展具有重要的理论及实际应用价值。

全书分为 6 章，首先介绍了高速往复走丝电火花线切割的基础性理论及最新研究机理，然后从机床结构、控制系统及高频电源、工艺规律及具体操作等方面阐述了高速往复走丝电火花线切割的加工规律及特点，最后列举了 100 个操作实例。书中相当部分内容为首次呈现。书中配有 80 余段视频资料，以对应的二维码形式呈现，读者只需利用移动设备扫描对应知识点的二维码即可在线观看，增强了读者对高速往复走丝电火花线切割技术的认知和理解。

本书的部分研究得到了国家自然科学基金及江苏省自然科学基金［半导体材料特殊电特性下的随动进电电火花线切割研究（50975142）、绞合电极丝的高效电火花线切割研究（51575271）、电火花线切割多通道放电高效加工研究（51975290）、基于复合工作液的新型低速走丝电火花线切割技术研究（BK2008393）等］的资助。

本书由中国机械工程学会特种加工分会常务理事、江苏省特种加工学会理事长，南京航空航天大学博士生导师刘志东教授编著。

在本书的编写过程中，作者参阅并引用了国内外同行公开的相关纸质、电子及多媒体资料，得到了特种加工界众多专家和朋友的支持与帮助，电光先进制造团队的研究生们也参与了大量的资料编辑、整理及多媒体制作工作，在此一并表示衷心感谢。

由于书中涉及内容广泛且技术发展迅速，加之作者水平所限，书中难免存在不妥之处，望读者批评指正。

作者的电子邮箱：liutim@nuaa.edu.cn

电光先进制造团队网址：http：//edmandlaser.nuaa.edu.cn

刘志东

2022 年 1 月

资源索引

目　　录

第**1**章
高速往复走丝电火花 线切割基础、机理及发展

电火花加工（electrical discharge machining，EDM）是指在介质中，利用两电极（工具电极与工件电极）之间脉冲性火花放电时的电蚀现象加工材料，使零件的尺寸、形状和表面质量达到预定要求的加工方法。在电火花放电时，通道内瞬时产生大量的热，致使两电极表面的金属产生局部熔化甚至气化而被蚀除，工件电极表面的蚀除称为加工，工具电极表面的蚀除称为损耗。因此电火花加工表面由无数不规则的放电凹坑组成，不同于普通金属切削表面具有规则的切削痕迹。图 1.1 所示为不同加工方式表面的微观形貌。

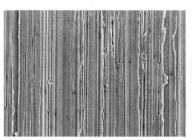　　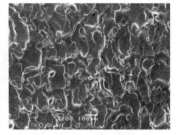

（a）磨削加工　　　　　　　　　（b）电火花线切割加工

图 1.1　不同加工方式表面的微观形貌

1.1　电火花线切割的产生及发展

我国将电火花线切割机床分为两类：一类是我国自主研制生产的高速往复走丝电火花线切割机床，国家标准定义为往复走丝电火花线切割机床，简称高速走丝机，俗称快走丝机；另一类是主要由国外生产的低速单向走丝电火花线切割机床，国家标准定义为单向走丝电火花线切割机床，简称低速走丝机，俗称慢走丝机。

目前，电火花放电加工的研究公认以莫斯科大学教授拉扎连柯夫妇系统性解释电火花放电原理并于 1943 年正式获得苏联政府颁发的发明证书为标志。20 世纪 30 年代，随着全世界电气化和自动化的快速发展，接触器、开关及继电器等许多电器产品都遇到触点电腐蚀问题，严重影响了电器产品的可靠性和使用寿命。1938 年，拉扎连柯在莫斯科大学攻读研究生期间，其研究课题是《触点的电腐蚀机理及解决途径》。他的最终研究结果是触点的腐蚀是自激放电作用的结果，由于放电产生高温，因此找不到一种导电材料能够抗腐蚀而不被破坏。1941 年，正值苏德战争时期，苏联政府要求他们科研小组研究如何减少钨开关触点由通电时产生火花导致的电腐蚀，以延长钨开关的使用寿命。钨开关电腐蚀问题在当时的机动车辆，尤其是坦克上尤为突出，并大大影响了坦克的运行可靠性及寿命。拉扎

拉扎连柯简介

连柯进行了大量的研究工作，并在试验中把触点浸入油中，希望可以减少火花导致的电腐蚀问题，但试验并未获得成功，不过试验发现浸入油中的触点产生的火花电腐蚀凹坑比空气中的更加一致并且大小与输入能量相关，于是他们就想到利用这种现象采用火花放电的方法进行材料的放电腐蚀，由此发明了一种全新的电火花加工方法，随后制造出了世界上第一台电火花加工机床。拉扎连柯很快将电火花加工方法应用到实际生产中，最主要的应用就是取折断的钻头和丝锥。在加工许多武器零件尤其是航空铝合金零件时钻头或丝锥容易折断在零件中，造成零件报废，产生很大损失，而用电火花加工方法取折断的钻头和丝锥则十分有效。由于为苏德战争做出了突出贡献，1946 年拉扎连柯获得了苏联国家奖，并被授予"劳动红旗勋章"及"十月革命勋章"。拉扎连柯创建了世界上第一个电加工研究机构——苏联科学院中央材料电工实验室，为世界电加工事业的发展做出了巨大的贡献。

1.1.1　低速单向走丝电火花线切割的发展

瑞士夏米尔（CHARMILLES）公司和瑞士阿奇（AGIE）公司分别在 1952 年和 1954 年开始电火花成形机研究。电火花线切割是在电火花成形加工基础上于 20 世纪 50 年代末最先在苏联发展起来的。随着电火花成形加工技术逐步走向成熟，研究人员一直考虑如何降低电极制作的劳动强度和制造成本，最初采用静止的金属线电极加工，结果发现电极表面的火花放电削弱了线电极的强度，加上开始使用的主要是纯铜线电极，极易造成线电极

低速单向走丝电火花线切割

的频繁熔断，后来发现使用连续移动的金属线电极，可以较好地解决这一问题，由此发明了电火花线切割。因为加工是用线电极靠火花放电对工件进行切割加工，所以称为电火花线切割。约在 1960 年，苏联科学院中央材料电工实验室首先研制出第一台低速单向走丝靠模仿形电火花线切割机床，之后二三年，从靠模仿形又发展到光电跟踪。1962 年前后，瑞士阿奇公司开始研究电火花线切割加工的数字控制技术，五六年后达到了实用化程度。1969年，阿奇公司研发出第一款商业化数控低速走丝机——DEM 15，切割速度为 $15 \text{mm}^2/\text{min}$。中国科学院电子研究所于 1964 年研制出光电跟踪电火花线切割机床。电火花线切割取得重大进步得力于数控技术的出现。机床通过读取穿孔纸带，控制滑板运动，实现了工作台的精确定位，从而实现了形状切割；而后随着计算机数控逐步取代数控且广泛用于电火花线切割机床，切割的精度得到很大提高。目前基本公认的第一台商业化电火花线切割机床是 1967 年在加拿大魁北克参展的苏联生产的以步进电动机驱动的机床，

其切割速度为9mm²/min，切割精度为±0.02mm；1972年，日本西部（Seibu）公司制造了世界上第一台计算机数控电火花线切割机床。

第一代电火花线切割机床走丝速度很低，并且采用纯铜丝在煤油介质中加工，故切缝较窄，排屑不畅；另外，由于纯铜丝的抗拉强度低，放电能量增加后极易产生断丝，因此切割速度也很低，只有2～5mm²/min，而且电极丝一次性使用也很浪费。

1977年，黄铜丝开始进入市场，由于这种电极丝的抗拉强度得到提高，可以增加放电能量，因此带来了切割速度的突破。黄铜丝是低速单向走丝电火花线切割领域真正第一代专用电极丝。伴随着电极丝的改进、电火花线切割晶体管电源的使用及供液方式的完善，低速单向走丝电火花线切割的切割速度在20世纪80年代初获得了飞速的提高（切割速度大于100mm²/min），切割精度也由70年代的±0.02mm提高到±0.005mm，最大切割厚度达到140～160mm；1982年，瑞士阿奇公司创造了最大切割厚度为350mm的高厚度工件线切割技术；瑞士夏米尔公司研制的精密高速电火花线切割机床F-432-DCN型，采用与三轴同时伺服进给装置ISOCUT，自动穿丝装置JETSET及新型的电极丝SW25（以能通过大电流的铜为芯，外镀锌，其熔点低，冷却效果好，能增大放电能量和提高放电频率，提高切割速度），最大切割速度达80mm²/min，重复精度为±0.002mm；1983年，瑞士阿奇公司创造了最大切割厚度为400mm的纪录；1983年，日本JAPAX公司则创造了300mm²/min的最高切割速度。

目前，业内通常将低速走丝机分为顶级、高档、中档、入门级四个档次。

（1）顶级低速走丝机。

顶级低速走丝机代表了目前的最高水平，主要由瑞士、日本公司制造。这类机床的加工精度能保证在±0.002mm以内，最高切割速度可达400～500mm²/min，最佳表面粗糙度可达Ra0.05μm，具有完美的加工表面质量，表面几乎无变质层，能使用直径φ0.02mm的电极丝进行微精加工，主机具有热平衡系统，一些机床采用在油中切割加工。这类机床功能齐全，自动化程度高，可以直接完成模具的精密加工，所加工的模具寿命已达到机械磨削水平。

（2）高档低速走丝机。

高档低速走丝机基本上由瑞士和日本公司制造，中国台湾公司制造的一些高性能机床的技术水准也能达到这个档次。这类机床具有自动穿丝、适时检测工件截面变化、实时优化放电功率功能，采用无电阻抗电解电源、整体热恒定系统，能采用直径φ0.05mm的电极丝切割，加工精度为±0.003mm，最高切割速度超过350mm²/min，最佳表面粗糙度小于Ra0.10μm。这类机床广泛用于精密冲压模加工。

（3）中档低速走丝机。

中档低速走丝机一般由瑞士和日本公司在中国大陆的制造厂生产，中国台湾公司制造的机床技术水准已经普遍达到这个档次，中国大陆研发的性能较好的低速走丝机也开始进入这一领域。这类机床一般都采用无电阻抗电解电源，具有浸水式加工、斜度切割功能，一般采用直径φ0.10mm及以上的电极丝切割，配备防撞保护系统（可避免由编程错误或误操作引起的碰撞受损），配备或者选配自动穿丝机构，加工精度为±0.005mm，实用的最高切割速度为200～250mm²/min，最佳表面粗糙度小于Ra0.30μm。

（4）入门级低速走丝机。

入门级低速走丝机一般是中国大陆自主研发生产的机床，其配置和性能满足普通模具与零件的加工要求，一般使用割一修一、割一修二的工艺，能稳定达到表面粗糙度在 $Ra0.60\mu m$ 左右，加工精度为 $\pm0.008mm$，大多只能使用直径 $\phi0.15mm$ 及以上的电极丝切割，加工表面的微细组织、拐角与先进的机床有一定的差距。

1.1.2 高速往复走丝电火花线切割的发展

1961 年年末，上海电表厂张维良工程师开始研究高速走丝线切割加工，1963 年采用高速走丝、高频电源和油基型工作液（俗称乳化液）加工方式，研制成功第一台高速走丝电火花线切割加工原型样机，1964 年研制出样机，1965 年又制造了四台简易数控线切割机床并正式用于生产。至此在特种加工机床家族中，形成了一套具有我国独特风格的高速走丝—高频电源—油基型工作液的电火花线切割加工技术，使切割速度获得成倍提高，并能稳定切割 100mm 以上厚度的工件。1964 年，高速走丝机获国家发明奖三等奖。

1967—1968 年，复旦大学与上海交通电器厂联合研制成功了数控高速走丝机，1969 年在上海通过鉴定，并推广到全国。20 世纪 70 年代我国生产的线切割机床绝大部分是"复旦型"数控高速走丝机。经过不断的改进和完善，高速走丝机具有了独特风格，并在冲模制造中起到了巨大的作用。

1969 年，苏州第三光学仪器厂成功试制 GDX-1 型光电跟踪电火花线切割机床。

1970 年 9 月，由第三机械工业部所属苏州长风机械总厂研制成功数字程序控制线切割机床（图 1.2），用于加工由直线和圆弧组成的各种复杂形状的金属冲模与零件，控制精度为 $1\mu m$，加上机床误差，实际加工精度可达 $\pm10\mu m$。这是我国首台商品化的高速走丝机。

图 1.2 数字程序控制线切割机床

1972 年，第三机械工业部对 CKX 数控线切割机床进行技术鉴定，认为其已经达到当时国内先进水平。1973 年，按照第三机械工业部的决定，编号为 CKX-1 的数控线切割机床开始批量生产。由于该机床精度高，使用稳定可靠，因此受到用户欢迎，在国内享有很高声誉。

20 世纪 70 年代，第一机械工业部和上海市自动化学会线切割专业委员会多次组织线切割技术攻关，培训了大量的线切割专业人才，极大地促进了我国电火花线切割技术的发展。

苏州长风机械总厂于 1981 年 9 月成功研制出具有斜度切割功能的 DK3220 型电火花

线切割机床。该机床的最大特点是具有±1.5°斜度切割功能，完成了线切割机床的重大技术改进，并被评为江苏省优质产品，参加1983年国家经济委员会举办的全国新产品展览，受到各界好评。

20世纪70年代后期，线切割机床数控系统已经发展到以中、大规模集成电路芯片为主的电路。线切割机床的输入仍然为手工输入（扳键或按键）和纸带输入（电报机头）两种方式，机床指示为荧光数码管和发光二极管形式。80年代，苏州第三光学仪器厂成功将单板机Z80应用于高速走丝机，大大提高了机床的可靠性及功能。由此高速走丝机进入一个崭新的发展时期，并得到了迅速的普及。1984年，苏州第三光学仪器厂开发的DK7725系列电火花线切割机床荣获国家银质奖。

20世纪80年代，航空航天工业部502研究所王至尧工程师成功进行了高速走丝机的高厚度切割研究，解决了我国卫星关键零件的加工难题。80年代中期，南京航空学院（现南京航空航天大学）黄因慧深入研究了电火花线切割加工的进给反馈系统，提出了一种电火花线切割加工进给适应控制系统的在线递推识别方法，大大提高了切割速度及切割表面质量。80年代末，南京航空学院周坚与成都无线电专用设备厂联合研发了我国第一套具有上下异形切割功能的控制系统，切割样件如图1.3所示。成都无线电专用设备厂生产的DK7725TCA线切割机床上下导轮具有同步倾斜及跟踪喷液功能，在上下异形切割方面处于国内领先地位。

图1.3　上下异形切割样件（上大象，下骆驼）

20世纪90年代，数控系统以8051系列单片机为控制器，具有图形缩放、齿隙补偿、短路回退、断丝保护、停机记忆、加工结束自动停机和斜度切割等功能。此外，带有显示器的编程、控制一体机也已开始在线切割机床上应用。比较典型的是南昌航空工业学院（现南昌航空大学）洪新贵研制的具有数据传输功能的AUTOP交互式图形自动编程系统；苏州开拓电子技术有限公司俞容亨研制的PC编控一体化YH系统，其界面如图1.4所示；深圳福斯特数控机床有限公司张乐益研制的数控仿形编程系统，利用图像输入设备，将所需加工零件的图像输入计算机，计算机处理该图像后得到零件轮廓图形，再对该图形进行后置处理，生成电火花线切割机用的加工指令，切割的实物如图1.5所示。上述产品使得高速走丝机的编程、控制功能及操作简易性得到大大提高。

20世纪90年代初，采用模块化生产方式的经济型宁波海曙高速走丝机配套武汉鸿麟的TP801B单板机控制系统大规模进入市场，因其价格低，适应了当时广大个体户的购买需求，使全国高速走丝机的产量从每年数千台迅速扩大到数万台，高速走丝机也由原来主

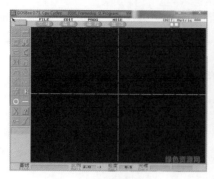　　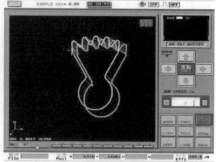

（a）编程界面　　　　　　　　　　　　（b）控制界面

图 1.4　编控一体化 YH 系统界面

电火花线切割
YH系统

图 1.5　利用数控仿形编程系统切割的实物

要应用于模具加工领域开始规模化步入中小批量零件加工领域。

　　20 世纪 90 年代中期，深圳福斯特数控机床有限公司和苏州金马机械电子有限公司几乎同时推出四连杆大锥度线切割机床(图 1.6 和图 1.7)，最大切割斜度可达±45°，使高速走丝机开始进入复杂大型模具，塑钢门窗异形材成型模具，铝合金门窗异形材成型模具，电视机、洗衣机等家具电器壳体成型模具，塑钢门窗机顶流道模具，斜齿轮及上下异形体加工塑胶模具加工市场。

　　　　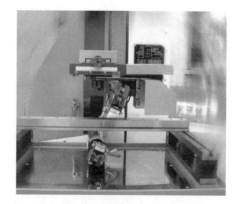

（a）大锥度机床外观　　　　　　　　　（b）大锥度机床实物

图 1.6　深圳福斯特四连杆大锥度线切割机床

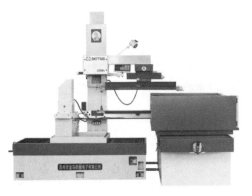

DK77120大型
大锥度机床

图 1.7　苏州金马四连杆大锥度线切割机床

1998 年，广东邓浩林开发了 HL 线切割编控系统，主要用于改造当时的单板机控制系统。HL 系统简单、可靠、稳定、通用且易安装调试，对操作者要求不高，故逐渐被很多厂家选为配套的控制系统并在全国迅速得到推广。

2017 年，南京航空航天大学刘志东教授团队和杭州华方数控机床有限公司联合研制出 2000mm 超高厚度电火花线切割机床 [图 1.8 (a)]，并在中国国际机床展览会上进行了切割展示，创造了当时线切割加工最高工件的世界纪录。该机床还成功应用于我国承接的国际热核聚变实验反应堆磁体支撑产品中的整体锻造 U 形磁体装置 [图 1.8 (b)] 的生产，确保了 U 形磁体装置的加工，其技术关键在于不仅切割厚度高、切割面积大、切割速度快、材料特殊，而且每件零件需要长久稳定切割 100h 不断丝，以保证切割一次成形。该技术对国际热核聚变实验反应堆项目的顺利完成起到了关键作用。2000mm 切割工件如图 1.9 所示。

（a）2000mm超高厚度电火花线切割机床　　　　　　　（b）U形磁体装置

图 1.8　2000mm 超高厚度电火花线切割机床及 U 形磁体装置

在高速往复走丝电火花线切割加工精度和表面质量提升方面，20 世纪 80 年代上海医用电子仪器厂杜炳荣高级工程师及南京航空学院金庆同教授带领的课题组率先对多次切割的可行性开展了试验研究，证明了其可行性。随着计算机软硬件技术的发展及控制功能的完善，结合 21 世纪初刘志东教授提出的复合型工作液的应用，配备 HF 控制系统，具有

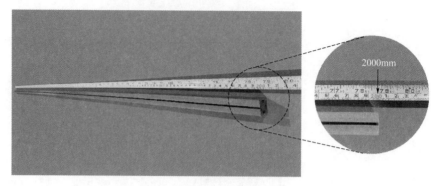

图 1.9 2000mm 切割工件

多次切割功能的高速往复走丝电火花线切割控制系统（业内俗称中走丝系统）于 21 世纪初率先在苏州华龙大金电加工机床有限公司推出并在全国推广。2008 年后，AutoCut 中走丝系统在行业中逐步开始推广应用。目前中走丝加工已成为改善切割表面质量、切割精度及提高切割速度的成熟工艺方法。复合型工作液理论的提出，揭示了电火花线切割极间放电的微观机理，发展了电火花线切割加工的理论，打破了高速往复走丝电火花线切割自诞生以来数十年一直沿用油基型工作液为工作介质的传统，引发了业内对工作介质研究的极大关注。目前复合型工作液及水基合成型工作液生产企业已有数十家，市场份额从 21 世纪初几乎为 0 发展到目前的 50% 以上，并且还在不断扩展，极大地提高了线切割的工艺指标（目前最高切割速度已经大于 $350mm^2/min$，多次切割最佳表面粗糙度小于 $Ra0.4\mu m$），降低了能耗，保护了环境。

中国大陆的电火花机床生产企业主要集中在江苏、浙江地区，虽然生产的大部分产品仍然是技术含量低、售价和利润也较低的普通高速走丝机产品，但中走丝机的份额正在快速增长，目前年产量已占据高速走丝机的一半，性能优异的中走丝机产品正在逐步替代部分入门级的低速走丝机。图 1.10 所示为中走丝机生产企业的机床调试生产车间。

（a）　　　　　　　　　　　　　　　（b）

图 1.10 中走丝机生产企业的机床调试生产车间

高速走丝机与低速走丝机性能对比见表 1-1。

表 1-1 高速走丝机与低速走丝机性能对比

比较内容	高速走丝机	低速走丝机
走丝速度	8～12m/s（兔子跑）	1～10m/min（乌龟爬）
走丝方向	往复	单向

续表

比较内容	高速走丝机	低速走丝机
工作液	复合型工作液或水基合成型工作液、油基型工作液	去离子水（高压喷液）
电极丝材料	钼丝、钨钼丝	黄铜丝、镀锌丝、细钨丝
切割速度/（mm²/min）	120～150	150～250
最大切割速度/（mm²/min）	＞350	＞500
加工精度/mm	±0.01～±0.02	±0.005～±0.01
最高加工精度/mm	±0.005	±0.001～±0.002
表面粗糙度 $Ra/\mu m$	2.5～5.0	0.63～1.25（多次切割）
最佳表面粗糙度 $Ra/\mu m$	＜0.4（多次切割）	0.05（多次切割）
最高切割厚度/mm	1500～2500	500～800
参考价格（中等规格）/万元	2～10	40～200

1.2 电火花线切割的基本原理

电火花线切割与电火花成形加工一样，都是基于电极间脉冲放电时的电腐蚀现象。不同的是，电火花成形加工必须事先将工具电极制成所需的形状并保证一定的尺寸精度，在加工过程中将它逐步复制在工件上，以获得所需要的零件。电火花线切割加工则是用一根细长的金属丝做电极，并以一定的速度沿电极丝轴线方向移动，不断进入和离开切缝内的放电加工区；加工时，脉冲电源的正极接工件，负极接电极丝，并在电极丝与工件切缝之间喷注液体介质，同时，安装工件的工作台由控制装置根据预定的切割轨迹控制电动机驱动，从而加工出所需要的零件，此外也可以控制上导向器运动，与工作台进行联动，实现各种斜度的切割。控制加工轨迹（加工的形状和尺寸）是由控制装置完成的。目前电火花线切割加工都采用计算机数控系统。

电火花线切割按电极丝走丝方式不同，分为高速往复走丝电火花线切割、低速单向走丝电火花线切割两类。高速走丝机结构如图1.11所示。电极丝从周期性往复运转的贮丝筒输出，经过上线架、上导轮，穿过上喷嘴，再经过下喷嘴、下导轮、下线架，最后回到贮丝筒。带动贮丝筒的电动机周期反向运转时，电极丝就会反向送丝，以实现电极丝的往复走丝运动。由于贮丝筒电动机的转速一般是1400r/min，因此走丝速度取决于贮丝筒直径，一般为8～12m/s，采用的电极丝为$\phi 0.08$～$\phi 0.20$mm的钼丝或钨钼丝，工作液为复合型工作液或水基合成型工作液、油基型工作液等。由于高速走丝机结构简单，性价比较高，因此在我国得到迅速发展，并出口到世界各地。目前高速走丝机年产量达30000～50000台，整个市场的保有量约为80万台。

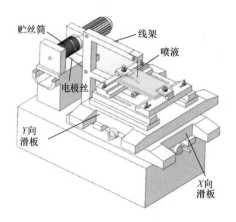

图 1.11　高速走丝机结构

1.3　高速往复走丝电火花线切割的特点

高速往复走丝电火花线切割具有电火花加工的共性，金属材料的硬度和韧性并不影响切割速度，常用来加工淬火钢和硬质合金，其特点如下。

（1）不需要像电火花成形加工那样制造特定形状的电极，只需输入控制程序。

（2）加工对象主要是贯穿的平面形状，当机床加上能使电极丝做相应倾斜运动的 U、V 轴后，也可加工锥面或各种上下异形面。

（3）利用数字控制的多轴复合运动，可方便地加工复杂形状的直纹表面，如上下异形面。

（4）电极丝直径较小（$\phi0.08\sim\phi0.20\text{mm}$），切缝很窄，有利于材料的利用，还适合加工细小零件。

（5）电极丝在加工中是移动的且往复使用，短时间内可以不考虑电极丝直径损耗对加工精度的影响。

（6）依靠计算机对电极丝轨迹的控制和偏移轨迹的计算，可方便地调整凸凹模的配合间隙，依靠斜度切割功能，有可能实现凸凹模一次同时加工。

（7）常用复合型工作液或水基合成型工作液、油基型工作液等作为工作介质，没有火灾隐患，可连续运行。

（8）自动化程度高，操作方便，加工周期短。

1.4　高速往复走丝电火花线切割的应用

高速往复走丝电火花线切割已广泛应用于国民经济各个生产制造部门，并成为一种必不可少的工艺手段。高速往复走丝电火花线切割主要用于加工各种冲模、塑料模、粉末冶金模等二维及三维直纹面组成的模具及零件，也可用于切割各种样板，磁钢、硅钢片，半导体材料或贵重金属，还可进行微细加工、异形槽和试验件上的标准缺陷（如槽口等）加工，广泛应用于电子仪器、精密机床、军工等领域，为新产品试制、精密零件加工及模具制造开辟了新的工艺途径。常见高速往复走丝电火花线切割应用与加工精度要求分布如图 1.12 所示。其适用范围见表 1-2。

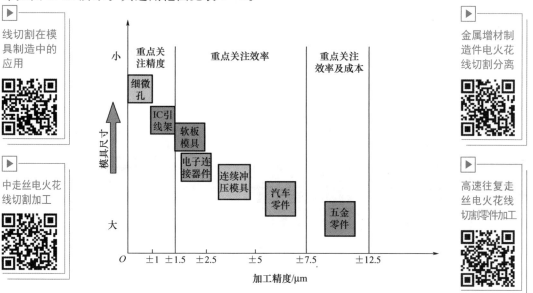

图 1.12　常见高速往复走丝电火花线切割应用与加工精度要求分布

表 1-2　高速往复走丝电火花线切割的适用范围

分类	适用范围
二维形状模具加工	冷冲模（冲裁模、弯曲模和拉深模），粉末冶金模，挤压模，塑料模
三维形状模具加工	冲裁模，落料凹模，三维型材挤压模，拉丝模
电火花成形加工用工具电极加工	微细形状复杂的工具电极，通孔加工用工具电极，带斜度的型腔加工用工具电极
微细精密加工	化学纤维喷丝头，异形窄缝、槽，微型精密齿轮及模具
试制品及零件加工	试制品直接加工，多品种、小批量加工几何形状复杂的零件，材料试件
特殊材料零件加工	半导体材料、陶瓷材料、聚晶金刚石、非导电材料、硬脆材料微型零件

1.4.1　模具加工

高速往复走丝电火花线切割广泛用于各类模具加工，如冲裁模、注塑模、拉制模等。其中加工冲裁模所占的比例最大，对于冲裁模的凸模、凸模固定板、凹模及卸料板等众多精密型孔的加工，电火花线切割是必不可少的加工手段。冲裁模如图 1.13 所示。在电火花线切割加工编程时调整补偿量可以较容易地控制冲裁模的配合间隙、加工精度等。目前精密的中走丝机已经可以用于部分多工位级进模的加工。

图 1.13　冲裁模

11

高速走丝机在注塑模制造(图1.14)中也占有重要地位，通常应用于镶件孔、顶针孔、斜顶孔、型腔清角及滑块等的加工，一般来说该类加工精度达到0.01mm左右即可，以保证零部件配合部分不溢料。

拉制模及产品如图1.15所示，如在铝制品异型结构方面，通过拉制工作过程，可以获得截面与出口形状相似的型材。拉制模很多部分的加工主要由高速走丝机完成。

高速往复走丝
电火花线切割
模具加工

图1.14　用高速走丝机制造注塑模　　　　图1.15　拉制模及产品

1.4.2　零件加工

由于高速走丝机具有较高的性能价格比，因此已经广泛用于中小批量零件、形状比较复杂的零件、大型零件、材料试验样件、各种型孔、特殊齿轮、凸轮、样板、成型刀具的生产切割。尤其是在试制新产品时，可以采用电火花线切割在已经热处理好的胚料上直接切割出零件，如试制特殊微电机硅钢片定子、转子铁芯，由于不需要另行制造模具，因此可大大缩短制造周期、降低成本。图1.16所示为磁钢零件高速走丝机切割车间及产品；图1.17所示为双工位大型电火花线切割机床；图1.18所示为八台DK7780型电火花线切割机床同时加工一个大型电机转子零件，工件厚度为350mm，直径为$\phi5000$mm，质量达30多吨。

高速往复走丝
电火花线切割

（a）切割车间　　　　　　　　　　　（b）产品

图1.16　磁钢零件高速走丝机切割车间及产品

双工位大型电
火花线切割

图1.17　双工位大型电火花线切割机床

（a）加工现场 　　　　　　　　　（b）局部加工情况

图 1.18　八台 DK7780 型电火花线切割机床同时加工一个大型电机转子零件

1.4.3　制作电火花成形加工工具电极

高速往复走丝电火花线切割还可以用来制作由纯铜、铜钨合金、银钨合金等电极材料制作的电火花成形加工用工具电极，如图 1.19 所示，并且适合加工微细形状的电极，如图 1.20 所示。对于使用铣削加工后的工具电极，常使用电火花线切割加工来清除刀具不能完成的拐角；并且电火花线切割可以准确地切割出有斜坡、上下异形的复杂电极。

（a）电极 　　　　　　　　　　（b）部分放大图

图 1.19　电火花线切割加工的纯铜电极

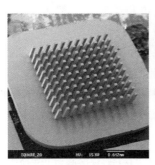
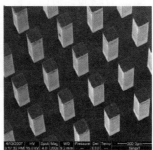

（a）原图 　　　　　　　　　　（b）放大图

图 1.20　电火花线切割加工的微细电极

1.5 电火花线切割放电加工的基本要求

通常情况下，电火花加工是否在正常加工条件下进行，一般按以下几个必要条件判断，对于高速往复走丝电火花线切割而言也不例外。

(1) 工具电极与工件保持一定的放电间隙。对于高速往复走丝电火花线切割而言，以往由于加工能量变化不大，并且切割精度要求不高，因此单边放电间隙基本按 0.01mm 估算。目前随着多次切割技术的采用，切割能量变化范围增大，并且切割精度已经进入 ± 0.005mm 级别，因此必须根据放电能量、电极丝直径、工作液种类及切割方式（是主切还是修切）进行放电间隙的准确测算，此时单边放电间隙根据不同的情况应在 $0.005 \sim 0.025$mm 内变化。

(2) 火花放电必须在具有一定绝缘性能的液体工作介质中。液体工作介质除了具有把电火花加工过程中产生的金属蚀除产物、炭黑等从放电间隙中排出，并对工具电极和工件起到较好的冷却作用外，还具有压缩放电通道的作用，这些都是保障电火花线切割能正常进行尤其是高效切割能正常进行的基本保障。但对于极间的冷却状况，由于操作人员无法直观感知，因此这也是最容易被忽视的一个条件。低速单向走丝电火花线切割主要通过高压去离子水对极间进行冲刷，保障极间的冷却、排屑及消电离；高速往复走丝电火花线切割主要靠电极丝将工作介质带入极间，并将蚀除产物排出极间，但在高效切割时，由于极间的温度很高，如果带入极间的液体工作介质在极间汽化的速度加快，或者工作介质高温裂解后和蚀除产物形成了胶体物质，堵塞在极间，则会导致极间无法得到充分冷却，形成非正常放电而导致断丝。

(3) 放电点局部区域的功率密度足够高（一般为 $10^5 \sim 10^6$ A/cm^2）。即放电时所产生的热量足以使放电通道内金属局部产生瞬时熔化甚至气化。目前的研究表明，脉冲电源功率密度的不同，将形成蚀除方式的差异，高能量密度的脉冲电源形成的气化蚀除广泛为低速单向走丝电火花线切割所采用，其不仅能大幅度提高材料去除率，而且能改善加工表面的完整性。但对高速往复走丝电火花线切割而言，由于其还涉及电极丝直径损耗及耐用性等问题，因此脉冲电源能量的控制就变得更加复杂。

(4) 火花放电是瞬时的脉冲性放电，放电的持续时间一般为 $10^{-7} \sim 10^{-3}$ s。高速往复走丝电火花线切割脉冲电源的脉冲宽度一般为 $1 \sim 128 \mu$s。

(5) 在先后两次脉冲放电之间，需要有足够的停歇时间，排除蚀除产物，使极间介质充分消电离，恢复介电性能，以保证下次脉冲放电不在同一点进行，避免形成电弧放电，使重复性脉冲放电顺利进行。目前高速往复走丝电火花线切割的占空比（脉冲宽度：脉冲间隔）为 $1:3 \sim 1:12$。

1.6 电火花线切割放电的微观过程

电火花线切割放电的微观过程是电场力、磁力、热力、流体动力、电化学和胶体化学等综合作用的过程。这一过程大致可分以下四个连续阶段：极间介质的电离、击穿，形成放电通道；介质热分解，电极材料熔化、气化热膨胀；电极材料的抛出；极间介质的消电离。

（1）极间介质的电离、击穿，形成放电通道。任何物质的原子均由原子核与围绕着原子核并且在一定轨道上运行的电子组成，而原子核又由带正电的质子和不带电的中子组成，如图 1.21 所示。极间未施加放电脉冲时，极间状态如图 1.22 所示。当脉冲电压施加于电极丝与工件之间时，极间立即形成一个电场。电场强度与电压成正比，与极间距离成反比，随着极间电压的升高或极间距离的减小，电场强度增大。由于电极丝和工件的微观表面凹凸不平，极间距离又很小，因此极间电场强度是不均匀的，极间离得最近的凸出或尖端处的电场强度最大。当电场强度增大到一定程度后，将导致介质原子中绕轨道运行的电子摆脱原子核的吸引成为自由电子，而原子核成为带正电的离子。电子和离子在电场力的作用下，分别向正极与负极运动，形成放电通道，如图 1.23 所示。

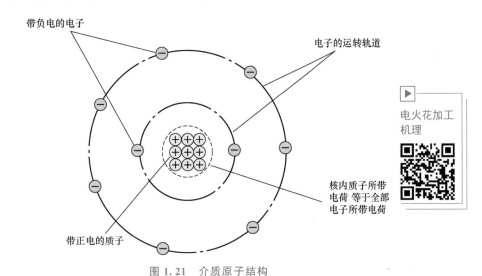

图 1.21　介质原子结构

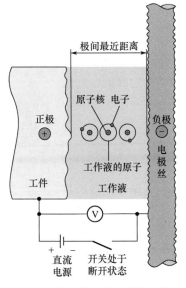

图 1.22　极间未施加放电脉冲时的状态

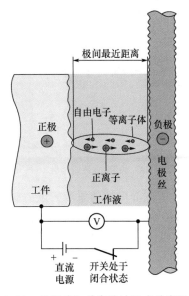

图 1.23　极间施加放电脉冲形成放电通道

（2）介质热分解，电极材料熔化、气化热膨胀。极间介质一旦被电离、击穿，形成放电通道后，在电场力的作用下，通道内的电子高速奔向正极，正离子奔向负极，此时电能转换为带电粒子的动能，动能通过带电粒子对相应电极的高速碰撞，由此转换为热能。这一过程犹如一颗陨石受到地球吸引从天外高速撞击地球表面，由于撞击后产生了巨大的热量，形成爆炸，最后产生陨石坑。于是在通道内正极表面和负极表面分别产生瞬时热源，并达到很高的温度，正负极表面通道附近的高温除使工作液汽化、热分解外，也使金属材料熔化甚至沸腾气化，这些汽化的工作液和金属蒸汽，由于从固态和液态瞬间转变为气态，因此体积猛增，在放电间隙内形成气泡，并迅速热膨胀，就像火药、爆竹点燃后爆炸一样。观察电火花线切割加工过程，可以看到放电间隙冒出气泡，工作液变黑，并可听到清脆的爆炸声。

（3）电极材料的抛出。通道内的正负电极表面放电点瞬时高温使工作液汽化并使得两电极对应区域表面金属材料熔化、气化，如图 1.24 所示。通道内的热膨胀产生很高的瞬时压力，使气体体积不断向外膨胀，形成一个个扩张的"气泡"，从而使熔化或气化的金属材料被推挤、抛出而进入工作液中，抛出的两电极带电荷的材料在放电通道内相互吸引汇集后进行中和及凝聚，如图 1.25 所示，最终形成细小的中性圆球蚀除产物颗粒，如图 1.26 所示。实际上熔化和气化的材料在抛离两电极表面时，向四处飞溅，除绝大部分被抛入工作液中收缩成小颗粒外，还有小部分飞溅、镀覆、吸附在对面的电极表面。这种互相飞溅、镀覆及吸附的现象，在某些条件下可以减少或补偿电极丝在加工中的损耗。

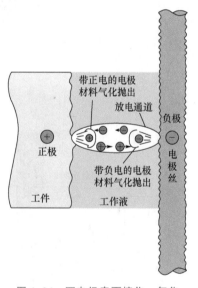

图 1.24　两电极表面熔化、气化

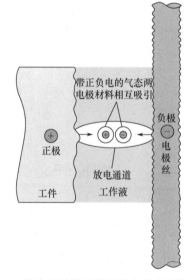

图 1.25　两电极被蚀除的材料在放电通道内汇集

（4）极间介质的消电离。随着脉冲电压的关断，脉冲电流迅速降为零，但此后仍应有一段间隔时间，使间隙内的介质消除电离，即放电通道中的正负带电粒子复合为中性粒子（原子），并且将通道内已经形成的放电蚀除产物及一些中和的带电微粒尽可能排出通道区域，恢复本次放电通道处间隙介质的绝缘强度，并降低电极表面的温度，以避免由于此放电通道处介质绝缘强度较低，下次放电仍然可能在此处形成击穿而产生电弧放电的现象，保证下一个脉冲到来时在极间按相对最近处的原则在另外一个点形成下一个放电通道，以形成均匀的电火花加工表面。

结合上述微观过程的分析,在放电加工过程中,实际得到的典型理想状态下的极间电压和电流波形如图 1.27 所示。

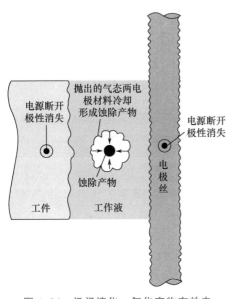

图 1.26　极间熔化、气化产物在放电
通道内汇集形成蚀除产物

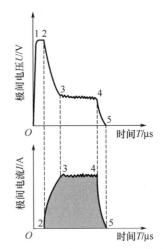

0~1—电压上升阶段;1~2—击穿延时;
2~3—介质击穿,放电通道形成;
3~4—火花维持电压和电流;
4~5—电压、电流下降阶段
图 1.27　典型理想状态下的极间电压和电流波形

0~1:脉冲电压施加于极间,极间电压迅速升高,并在极间形成电场。

1~2:由于极间处于间隙状态,因此极间介质的击穿需要延时时间。

2~3:介质在 2 点开始击穿后,直至 3 点建立起稳定的放电通道,在此过程中极间电压迅速降低,而极间电流则迅速升高。

3~4:放电通道建立后,脉冲电源建立的极间电场使放电通道内电离介质中的电子高速奔向正极,正离子奔向负极。电能转换为动能,动能又通过碰撞转换为热能,因此在通道内正极和负极对应表面达到很高的温度。正负极表面的高温使金属材料熔化甚至气化,工作液汽化及两电极材料气化形成的爆炸气压将蚀除产物推出放电凹坑,形成工件的蚀除及电极的损耗。稳定放电通道形成后,放电维持电压及放电峰值电流基本维持稳定。

4~5:4 点开始,脉冲电压关断,通道中的带电粒子复合为中性粒子,逐渐恢复液体介质的绝缘强度,极间电压、电流随着放电通道内绝缘状态的逐步恢复,回到零位 5。

高速往复走丝电火花线切割中电极丝高速移动,故其具有良好的带液和排屑能力,极间一般不会出现非正常的电弧放电现象,但由于极间存在蚀除产物,而这些蚀除产物在极间往往会在电极丝与工件之间形成软搭接,导致加工中并不像传统电火花加工一样需要有一段时间击穿极间介质,而是一旦放电脉冲到来,就即刻形成放电,因此高速往复走丝电火花线切割的放电加工波形往往多数没有击穿延时,如图 1.28 所示。当然如果放电波形中有击穿延时的波形比例高,则往往说明极间的间隙状态好,更加接近传统电火花放电状态;此外由于高速走丝的特性,放电通道可以在一个脉冲期间转移,通常称为放电通道转移现象(放电通道转移时的放电波形如图 1.29 所示),即在一个脉冲期间,会出现两个以上的脉冲放电，这是由高速走丝的特性造成的。

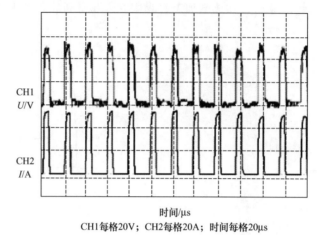

时间/μs

CH1每格20V；CH2每格20A；时间每格20μs

图1.28 典型的高速往复走丝电火花线切割放电波形

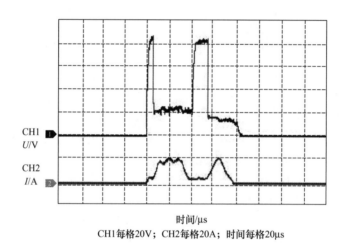

时间/μs

CH1每格20V；CH2每格20A；时间每格20μs

图1.29 放电通道转移时的放电波形

1.7 高速往复走丝电火花线切割极间放电机理

　　高速往复走丝电火花线切割由于采用弱电解质作为工作介质，加工中存在弱电解现象，因此其放电是否符合传统的间隙放电理论，业内一直存在异议。20世纪80年代，研究人员利用显微高速摄影方法，观察了水基合成型工作液中高速往复走丝电火花线切割的放电状态，发现电极丝与工件之间存在疏松接触式轻压放电现象。如图1.30所示，当电极丝和工件处于图1.30（a）所示位置时，极间介质无击穿现象；当电极丝压过工件0.04～0.07μm[图1.30（b）所示位置]时，单脉冲的放电率接近98%；而当电极丝进一步压过工件0.1mm[图1.30（c）所示位置]时，两极发生短路，从而认为电极丝是在与工件相接触但不造成短路的情况下形成击穿放电。由此认为放电前工件表面存在一层不完全导电膜，因此高速往复走丝电火花线切割的放电必须使电极丝轻压上工件表面一定距离，并借助高速运行的电极丝刮开不完全导电膜才能产生火花放电。

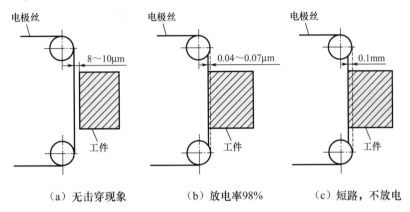

（a）无击穿现象　　　　（b）放电率98%　　　　（c）短路，不放电

图 1.30　电极丝与工件间放电率

21 世纪，南京航空航天大学刘志东教授在研究多次切割放电机理时认为该理论与多次切割精度的可控性矛盾。在电火花线切割加工过程中，如果因工件表面产生不完全导电膜而使电极丝必须轻微压上工件后才能放电，将会导致电极丝空间形位的随机性，影响加工精度，并使多次切割精度无法控制，而这种现象并未出现，因此所谓的电极丝轻微压上工件放电的理论并不成立。

高速往复走丝电火花线切割过程中，由于工作液主要依靠电极丝带入极间，不同于低速单向走丝电火花线切割的工作液（去离子水）主要依靠高压喷入极间，并且高速往复走丝电火花线切割极间放电间隙很小，一般单边间隙只有 0.01mm，因此为增强极间的冷却、洗涤及消电离性能，并能及时带走滞留在切缝中的蚀除产物，保持良好的极间放电状态，工作液一般含有各种表面活性剂，并具有较强的洗涤特性和一定的导电性。由于工作液中含有一定数量的载流子，因此当极间施加脉冲电压时，电极丝与工件之间形成的电场将促使工作液中的载流子产生定向运动，从而形成漏电流。

试验通过单脉冲试验装置（图 1.31）进行，试验原理如图 1.32 所示。工作台水平前进或后退可使电极丝单步移动 $1\mu m$，从而调整电极丝与抛光后工件间的距离。脉冲电源一次可发送单个或指定数量的连续脉冲，在电极丝靠近工件过程中，当极间产生放电后，记录下极间距（即放电间隙），并通过记忆示波器观察极间放电的电压和电流。试验中将工件接正极，电极丝接负极，两电极和工作液构成回路。研究发现，当在电极丝和工件间施加空载脉冲时，极间会产生气泡，说明在空载脉冲形成的漏电流作用下，极间发生了电化学反应，并在抛光后的工件表面产生一层褐色膜。褐色膜的形成主要是在极间漏电流作用下，工作液中大量的负离子聚集在阳极工件表面，工件表面金属溶解并进入工作液中，进而与 OH^- 相结合，最终生成金属的氢氧化物和氧化物，并有一部分氢氧化物及氧化物沉积在工件表面。此外，工作液中的部分负离子胶团也会沉积在工件表面。经能谱分析，如图 1.33 所示，发现 Cr12 工件表面在空载下形成的褐色膜主要由 Fe、C、Cr、O 元素组成。

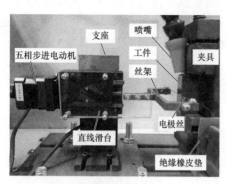

图 1.31 单脉冲试验装置

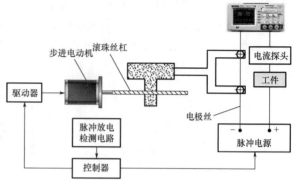

图 1.32 单脉冲试验原理

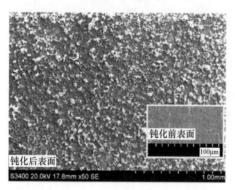

（a）空载下工件表面钝化前后微观形貌

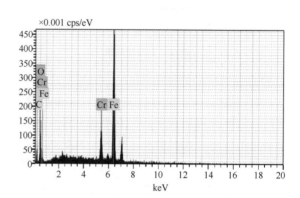

（b）空载下工件表面褐色膜能谱分析

图 1.33 工件表面钝化膜微观形貌及能谱分析

试验发现，极间漏电流随着空载脉冲的增加而减小，如图 1.34 所示。这是因为空载脉冲增加后，工件表面因电化学反应产生的钝化膜累积增加，所以极间介质的绝缘性增强，直至工件表面形成致密的钝化膜后，极间介电性恒定，漏电流趋于稳定。

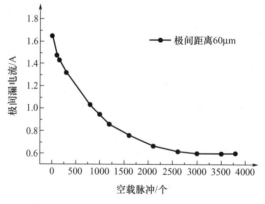

图 1.34 极间漏电流与空载脉冲的关系

当两电极相距较远时，如图 1.35（a）所示，极间电场强度未达到极间介质被击穿的强度，因而在空载脉冲电压的作用时间内，一直有漏电流产生，使工件表面产生不易导电的钝化膜,如图 1.35(b)所示。随着电化学反应的累积,产生的不导电钝化膜会逐渐致密,如图 1.35(c)所示。工作液电导率保持一定的情况下,放电间隙会随着不导电钝化膜致密程度的增大而减小。当工件表面产生的不导电钝化膜很致密时,两电极接触也不能形成击穿放电,此时需要借助电极丝被工件顶弯形成的压力刮开这层疏松的钝化膜才能恢复导电。

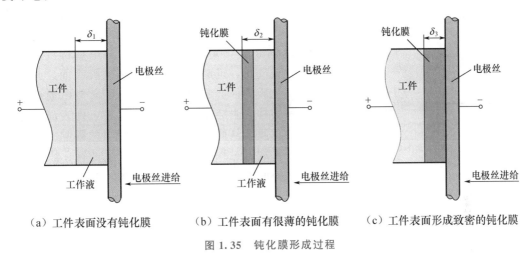

(a)工件表面没有钝化膜　　　(b)工件表面有很薄的钝化膜　　　(c)工件表面形成致密的钝化膜

图 1.35　钝化膜形成过程

因此,漏电流的产生及电化学作用的影响将导致极间介电状态发生变化,从而使放电间隙随之变化。试验发现,放电间隙与极间漏电流能量(由空载电压、漏电流及作用时间决定)的关系如图 1.36 所示。当极间电压及工作液的电导率不变时,随着漏电流能量的累积增大,极间介质的介电强度增大,放电间隙不断减小。当漏电流能量达到一定值时,放电间隙趋于零,此后继续增大漏电流能量,极间距即使为零,介质仍不能被击穿放电,只有当电极丝压上工件一定距离后才会产生放电。

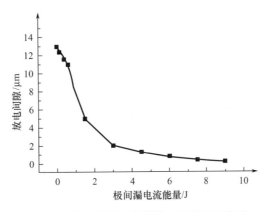

图 1.36　放电间隙与极间漏电流能量的关系

因此,钝化膜的形成是以极间空载电压的存在为前提的,如果没有足够时间的空载电压存在,就不足以构成影响放电的钝化膜,更不会构成一层致密绝缘的钝化膜。正常高速往复走丝电火花线切割加工中,空载波加上放电中的击穿延时的总比例不会超过10%,要形成致密的钝化膜根本没有时间,加上极间还伴随着放电加工的材料蚀除,完全不具备形成致密钝化膜的条件,正常加工中极间状态示意图如图1.37所示。因此,宏观而言,可以理解为放电是在两层介质中进行的,一层是正常的液体工作介质,另一层(靠近工件的表面)是具有较高绝缘特征的、由胶体颗粒和氧化物组成的钝化膜,但由于没有足够的空载电压及空载电压作用时间,这层钝化膜呈现的只是一种疏松的随机分布状态,完全起不到致密绝缘的作用。并且一旦放电形成,放电通道内产生的高达8000~10000K的温度将使放电点材料局部熔化或气化,迅速热膨胀并抛离电极表面,此时对钝化膜同样会起到蚀除作用。随着放电通道的不断转移,击穿放电将不断蚀除在工件表面形成的钝化膜,从而削弱其对放电间隙的影响。因此在正常放电过程中,工件表面产生的钝化膜虽会使放电间隙减小(这种减小是微不足道的,对加工精度的影响也很小),但因空载脉冲出现的概率较小,故不可能达到致密的程度,所以高速往复走丝电火花线切割放电是在工件表面并未形成致密的钝化膜前的间隙放电,并且仍然是传统的间隙放电形式。

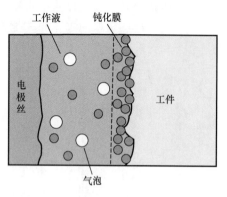

图1.37 正常加工中极间状态示意图

1.8 极性效应及负极性切割特性

由电火花放电的微观过程可知,无论是正极还是负极,在放电加工过程中都会受到不同程度的电蚀,但在正、负极的电蚀量是不同的。这种单纯由于极性不同而电蚀量不同的现象称为极性效应。我国把工件接脉冲电源正极(工具电极接负极)的加工定义为正极性加工;把工件接脉冲电源负极(工具电极接正极)的加工定义为负极性加工,又称反极性加工。

1.8.1 线切割极性效应

产生极性效应的原因很复杂,对这一问题的原则性解释如下:在电火花放电过程中,正、负电极表面分别受到电子和正离子的高速轰击,此时粒子的动能会转换为轰击形成的热能,由于在两电极表面所分配的能量不同,因此熔化、气化抛出的电蚀量也不同。因为电子的质量和惯性均小,在电场力作用下,容易很快获得很大的加速度和速度,在介质击穿放电的初始阶段就有大量的电子奔向正极,把能量传递到正极表面,使其迅速熔化和气化;而正离子因为质量和惯性较大,起动和加速较慢,在介质击穿放电的初始阶段,大量的正离子来不及到达负极表面,只有一小部分正离子到达负极表面并传递能量。所以在用短脉冲加工时,电子对正极的轰击作用大于正离子对负极的轰击作用,故正极的蚀除速度大于负极的蚀除速度,这时工件应接正极。当采用长脉冲加工时,质量和惯性大的正离子将有足够的时间加速,到达并轰击负极表面的离子将随放电时间的延长而增加。由于正离子的质量大,对负极表面的轰击破坏作用强,因此长脉冲加工时负极的蚀除速度将大于正极的蚀除速度,这时工件应接负极。因此,当采用短脉冲精加工时,应选用正极性加工。

当采用长脉冲粗加工时，应采用负极性加工，从而得到较高的蚀除速度和较低的电极损耗。至于对短脉冲和长脉冲的界定，由于加工条件不同，业内并没有严格的标准，通常以 $100\mu s$ 为界，脉冲宽度 $T_{on}<100\mu s$ 为短脉冲，脉冲宽度 $T_{on}\geqslant100\mu s$ 为长脉冲。

能量在两电极的分配对两电极电蚀量的影响是一个极为重要的因素，而电子和正离子对电极表面的轰击是影响能量分配的主要因素，因此，电子和正离子的轰击无疑是影响极性效应的主要因素。但生产实践和研究结果表明，在电火花加工中，由于是在油性介质中放电，正极表面能吸附因油性介质在放电高温下裂解产生的游离碳微粒，进而减小电极损耗。因此极性效应是一个较复杂的问题，它除了受脉冲宽度、脉冲间隔的影响外，还受正极吸附游离碳微粒形成的保护膜和脉冲峰值电流、放电电压、工作介质及电极对材料等因素的影响。从提高材料去除率和减少工具电极损耗方面考虑，极性效应当然越显著越好，因此在电火花加工过程中必须充分利用极性效应。当用交变的脉冲电压进行电火花放电加工时，由于单个脉冲的极性效应会相互抵消，增加了工具电极的损耗，因此，电火花加工除了低速单向走丝电火花线切割使用抗电解电源以减少表面锈蚀及软化层外，一般都采用单向脉冲电源。

1.8.2 线切割负极性切割特性

高速往复走丝电火花线切割采用短脉冲加工，因此均采用正极性加工。另外，由于高速走丝的特性，电极丝相对于工件高速运动，在放电持续时间内，放电通道将在电极丝表面发生滑移，当走丝速度增大时，放电通道相对于电极丝的滑移速度也相应增大，使放电通道（即热源）在电极丝单位表面上的作用时间缩短，导致输入电极丝表面的热流密度减小，电极丝熔融区的宽度和深度方向尺寸减小，从而降低了电极丝直径损耗；同时由于电极丝的高速运动易得到充分冷却，因此即使在一些特殊情况下（如在 1000mm 以上的超高厚度切割时），为提高切割的稳定性，虽然高频电源脉冲宽度会超过 $100\mu s$，但同样采用正极性加工。

近期试验发现高速往复走丝电火花线切割采用负极性加工时，极间会发生较严重的短路及不稳定现象，导致无法正常进给且不能切割，这与传统电火花加工在短脉冲条件下采用负极性加工时，虽然电极损耗增大，材料去除率降低，但仍然能正常进行加工是有明显区别的。为分析原因，对两种极性条件下，单脉冲放电后在电极丝及工件表面的放电蚀坑进行分析。

采用单脉冲放电，观察两种极性下放电后电极丝表面的蚀坑，如图 1.38 所示。虽然两种极性下放电后通道均会沿着电极丝表面与工件相距最近的直母线快速移动，但电极丝接负极时，对应放电蚀坑的长度比其接正极时的长度短，并且电极丝表面蚀除量小，这和极性效应的理论是吻合的；当电极丝接正极时，放电蚀坑长且深，说明正极性表面的电极丝受到众多高速电子流的轰击，这种轰击的冲击力较大，并导致电极丝刚性降低，从而在放电过程中，通道处电极丝会产生抖动和晃动，由于电极丝本身就是圆弧面，放电时形成的抖动和晃动使其与工件相距最近的直母线难以与工件表面维持恒定的距离，因此将难以维持稳定的放电状态。

负极性工件表面单脉冲放电蚀坑及放电波形如图 1.39 所示。可以发现蚀坑深度浅，蚀坑内各微坑间有错位叠加或断续，说明放电通道在负极表面的运动不稳定，由于工件表面材料蚀除量小，会经常发生正常加工转换为电弧的情况，因此负极性加工不能稳定进行，极间不能维持稳定的放电状态。

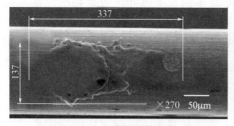
（a）电极丝接负极

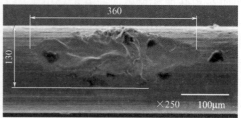
（b）电极丝接正极

图 1.38　两种极性下电极丝表面放电蚀坑尺寸和微观形貌对比

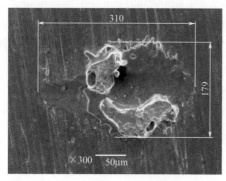
（a）放电蚀坑

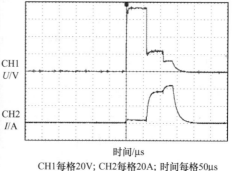
CH1每格20V; CH2每格20A; 时间每格50μs

（b）放电波形

图 1.39　负极性工件表面单脉冲放电蚀坑及放电波形

可以认为：传统电火花成形加工时，由于两电极放电通道区域可以看成近似平面，并且便于调整极间距离以维持正常的放电状态，因此即使在短脉冲条件下，仍然可以进行稳定的负极性加工。而高速往复走丝电火花线切割采用负极性加工时，由于很难维持极间距离以保障放电通道的正常转移，因此采用负极性加工十分困难，一般只能采用正极性加工。

1.9　电火花线切割放电通道运动特性

电火花线切割放电加工过程中，放电通道的运动是一个十分复杂的过程，放电的微观过程受到电场力、磁力、热力、流体动力等一系列综合力的作用，而放电通道内外的压力差是促使放电通道快速移动和扩展的一个重要动力。当该压力差大于零时，即放电通道内部压力大于外部压力时，放电通道同时沿电极丝轴向移动和径向扩展，压力差越大，放电通道的运动速度越高。放电通道内外的压力差主要存在于放电电流的上升阶段，并且其值随着电流增长率的减小而减小，放电通道运动速度随着该压力差的减小而逐渐减小，当电流增长率减小到一定值后，该压力差为零，放电通道受力均衡，其径向不再持续扩展。

对于电火花线切割而言，首先关注的工艺指标是切割速度，切割速度在现行的《数控往复走丝电火花线切割机床 性能评价规范》中也称切割效率，是指在单位时间内所切割的工件面积（mm²/min）。电火花线切割表面是由众多放电蚀坑所组成的，因此可以近似认为单个放电蚀坑表面积越大，实际切割速度就越高。而单脉冲放电通道的运动过程及运动速度决定了其放电蚀坑的表面积，因此对单脉冲放电通道的运动特性进行研究将有助于揭示其对切割速度的影响规律。

1.9.1 放电通道运动过程

在其他条件相同，不同实际放电脉冲宽度（即扣除击穿延时后的实际放电脉冲宽度）下形成的单脉冲放电蚀坑的微观形貌如图 1.40 所示。对单脉冲放电蚀坑的观察分析可知，电火花线切割放电通道的形成和转移是在两电极表面上沿着电极丝轴向移动，同时沿着电极丝径向先扩展后收缩造成的，如图 1.41 所示。

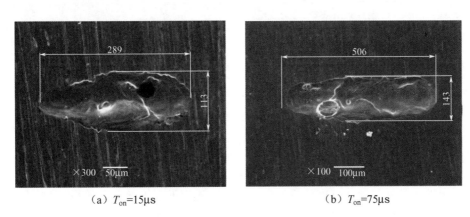

（a）$T_{on}=15\mu s$　　　　　　　　　（b）$T_{on}=75\mu s$

图 1.40　不同实际放电脉冲宽度下形成的单脉冲放电蚀坑的微观形貌

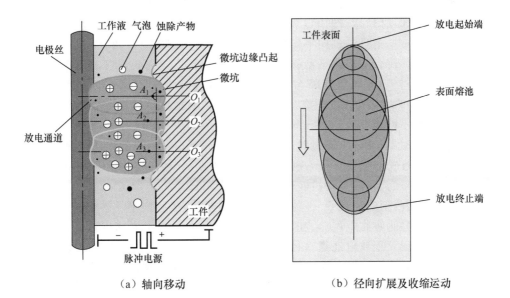

（a）轴向移动　　　　　　　　　（b）径向扩展及收缩运动

图 1.41　放电通道运动过程示意图

具体分为如下几个阶段。

(1) 极间施加脉冲电压后,在电极丝与工件相距最近的 A_1 点首先形成介质击穿,A_1 点材料在局部高温作用下熔融或气化蚀除,形成一个微坑,通道内带电粒子密度呈高斯分布,中心处能量密度最大、温度最高,蚀坑的径向中心处深度也最大。此时,由于放电通道刚形成,直径最小。

(2) 两电极在蚀坑边缘的 A_2 点处距离最近,电场强度最高,通道内带电粒子在电场力的加速作用下向该处汇集,逐渐使 O_2 轴线处带电粒子密度比 O_1 轴线处更大,带电粒子在电流产生的自生磁场的作用下也向带电粒子密度更大的 O_2 轴线处移动,于是通道中心转移到 O_2 轴线处,此时,放电通道径向扩展,直径随之增大。

(3) 放电通道中心再次转移到两电极相距最近的 A_3 点对应的 O_3 轴线处,如此重复直至放电结束。在放电通道中心移动过程中,放电通道的直径逐渐扩展至最大,然后缓慢收缩。

因此放电时,放电通道的空间位置主要受其沿电极丝轴向移动的影响,放电通道的移动使蚀坑被拉长;同时,放电通道的形状主要受其沿电极丝径向运动的影响,放电通道的直径先扩展至最大,然后呈现略有收缩的缓慢变化状态,最终,熔融或气化的材料抛出后形成的多个微坑组成放电蚀坑。

1.9.2 放电通道运动速度

单脉冲放电蚀坑形成的面积可以作为切割速度的近似表征,而放电蚀坑的形成主要依靠放电通道的转移,即放电通道具有一定的移动速度。

将放电蚀坑长度与脉冲宽度的比值定义为放电通道沿电极丝轴向的平均移动速度,研究分析发现受电流密度、放电通道内外压力差的变化及电极丝自身形状的影响,放电通道的运动速度在放电起始时最高,随后急速下降,最终进入相对稳定的运动状态。通过对各种参数下单脉冲放电后形成的蚀坑尺寸进行测试,获得几组峰值电流下放电通道的轴向平均移动速度,如图 1.42 所示(图中点为由试验数据求得的轴向平均移动速度)。可见,在任一峰值电流下,放电通道的轴向平均移动速度在放电初期最高,随着放电的持续,先是急速下降,而后缓慢降低,最终平稳移动。在放电持续 $0.5 \sim 5\mu s$ 的 I 区,轴向平均移动速度从高达 $64.5 \sim 79.4 m/s$ 急速降至 $26.5 \sim 30.9 m/s$,约降低了 60%;在放电持续到 $45\mu s$ 的 II 区,轴向平均移动速度下降至 $7.7 \sim 10 m/s$;在放电持续到 $75\mu s$ 的 III 区时,轴向平均移动速度缓慢下降至 $5.6 \sim 7.3 m/s$。

求出不同放电时刻 t_1 和 t_2 (测量时取 $t_2 - t_1 = 1\mu s$) 下放电通道的移动距离 l_1 和 l_2,再测量出与 l_1 和 l_2 对应的放电蚀坑直径 d_1 和 d_2,则可近似得 t_2 时刻放电通道的径向扩展速度,如图 1.43 所示 (小图为径向平均扩展速度区间放大图)。

图 1.43 为不同峰值电流在 $60\mu s$ 脉冲宽度下放电通道的径向平均扩展速度 (放电时间为零时,设通道直径为零)。可见,在放电起始时,径向平均扩展速度最高,而后急速下降进入缓慢扩展阶段,至放电通道直径扩展到最大值后,径向平均扩展速度开始小于零,即放电通道进入收缩阶段,但收缩速度非常缓慢,在零线下缓慢波动。在相同的放电时间下,不同峰值电流间径向平均扩展速度的差值较小。放电时间从 $0.5\mu s$ 持续到 $2\mu s$ 时,径向平均扩展速度从 $171.6 \sim 197.5 m/s$ 降至 $12.5 \sim 20 m/s$。在不同峰值电流下,放电持续 $15 \sim 25\mu s$ 时,放电通道直径扩展至最大,此时,放电通道沿电极丝轴线的移动速度依然

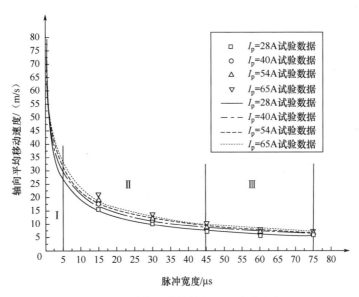

图 1.42　放电通道的轴向平均移动速度

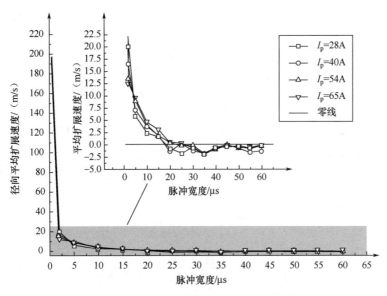

图 1.43　放电通道的径向平均扩展速度

维持在 11m/s 以上，因此，放电蚀坑的长度是决定放电蚀坑表面积的主要因素。

　　结合图 1.42、图 1.43 放电通道沿电极丝轴向及径向的平均运动速度可知如下内容。

　　(1) 放电通道运动速度随着放电时间的延长而降低，当脉冲宽度增大到一定值后，放电通道沿电极丝轴向的移动速度已降至较低程度，而沿电极丝径向的运动基本处于振荡状态，因此单脉冲放电蚀坑的面积不会无限制增大，导致单位时间内电极丝扫过的工件表面积也不可能无限制增大，即切割速度不能随脉冲能量的增大而成比例无限提高。因此，单纯依靠提高电参数尤其是希望通过增大脉冲宽度以期提高切割速度是受限的。从目前获得的结果看，脉冲宽度超过 75μs 后放电通道转移的速度已经十分低，也就意味着其在实际切割时对切割速度的提高收效甚微。

连续切割的试验也验证了上述论点，因此单脉冲放电通道的运动特性和规律，可以作为评估电火花线切割加工切割速度随电参数变化的一个重要理论依据。

（2）上述试验结果是采用矩形脉冲所获得的放电通道运动规律，由此可以考虑在图 1.42 的三个阶段，通过输入不同的能量密度组合，以提高放电通道的转移速度，从而达到提高切割速度的目的。

1.9.3　走丝方向对放电通道运动的影响

图 1.44 所示为电极丝不同走丝方向下的放电蚀坑，其电参数为峰值电流 40A、脉冲宽度 60μs、走丝速度 12m/s，通过对比可知，两放电蚀坑的长度、最大直径和表面积均基本相等，说明走丝方向对放电蚀坑的表面尺寸影响不大。

通过对试验所得的大量放电蚀坑微观形貌和走丝方向的对比分析，发现放电蚀坑内材料蚀除的走向几乎都与走丝方向一致。分析认为，放电蚀坑表面熔融金属因受走丝时产生的剪切作用，沿走丝方向流动，蚀除颗粒也随走丝方向在极间移动，因此，放电通道便沿走丝方向移动。

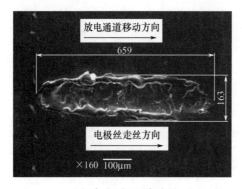 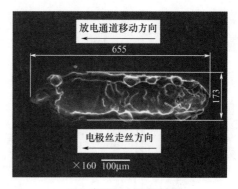

（a）自上而下正向走丝　　　　　　（b）自下而上反向走丝

图 1.44　电极丝不同走丝方向下的放电蚀坑

1.10　变能量脉冲放电加工

目前高速往复走丝电火花线切割基本采用放电能量密度均匀分布的矩形波脉冲电源，而在脉冲火花放电过程中，各阶段所需要的能量密度是不同的，矩形波脉冲电源并未细化考虑放电过程中各微观过程对能量密度的需求及合理利用，因此有必要在脉冲总能量一定的前提下，依据放电微观过程对能量密度的要求进行合理配置，以进一步提升加工潜力。

1.10.1　变能量脉冲放电加工机理

单个脉冲放电过程中，通过改变脉冲期间不同阶段的放电电流，可以对各阶段的能量密度进行调节，达到提高放电通道转移速度，增大放电通道转移面积，从而提高切割速度的目的。

电极丝静止时，分别采用放电能量大小相等的矩形波脉冲和变能量脉冲进行单脉冲放电试验，结果如图1.45（a）、图1.45（b）所示。图1.45（b）中电流波形由ⅰ、ⅱ和ⅲ段组成，三段的脉冲宽度均为$15\mu s$，ⅰ和ⅲ段的电参数设置完全相同。

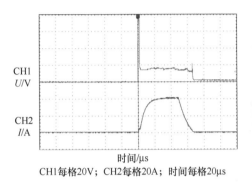
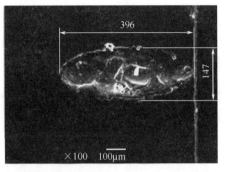

CH1每格20V；CH2每格20A；时间每格20μs

（a）矩形波脉冲

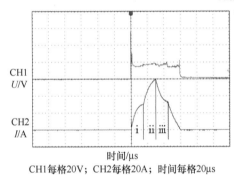
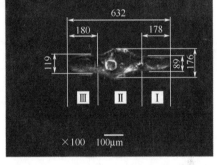

CH1每格20V；CH2每格20A；时间每格20μs

（b）变能量脉冲

图1.45　两种脉冲能量分布形式的放电波形与放电蚀坑微观形貌

不同于矩形波脉冲放电蚀坑，变能量脉冲放电蚀坑的轮廓随峰值电流的大小而产生变化，ⅰ、ⅱ、ⅲ段峰值电流与放电蚀坑Ⅰ、Ⅱ、Ⅲ段的微坑相对应，ⅰ和ⅱ段均处于电流前沿爬升阶段，对应的放电通道直径在扩展到最大值后收缩；ⅲ段处于电流后沿下降阶段，对应的通道直径随电流的减小而收缩。ⅰ和ⅲ段的电参数设置虽然相同，但任一放电时刻ⅲ段电流均比ⅰ段电流大，因此，ⅲ段对应的放电能量更大一些，微坑的表面积也更大。Ⅱ段微坑对应的电流最大，其长度和直径均最大。放电通道中虽然峰值电流分为ⅰ、ⅱ、ⅲ段，但放电维持电压变化幅度很小，说明极间距变化较小，三段微坑的深度相差不大。

对两种放电波形的放电蚀坑进行对比，变能量脉冲放电蚀坑长度比矩形波脉冲的增大了59.6%。将变能量脉冲三段微坑的表面轮廓分别近似为三个矩形，求得其表面积之和比矩形波脉冲放电蚀坑按矩形近似计算的表面积增大了46.9%，可见，改变脉冲放电能量分布可以增大单个放电蚀坑表面积。

由此可见，根据不同的加工要求，在单脉冲放电能量一定的前提下，通过改变脉冲放电能量的分布形式，以形成不同的能量组合，主动改变放电通道运动特性，使放电通道内产生向外的压力,为其轴向移动和径向扩展提供新的动力,可以提高放电通道的运动速度并延长放电通道快速运动的时间。这对提高切割速度、改善表面质量及降低电极丝损耗都是有利的,不同的脉冲能量组合方式将为进一步挖掘电火花加工潜力提供一种新途径。

1.10.2 变能量脉冲能量分布形式

选择脉冲放电能量分布形式时,主要考虑放电能量在放电不同微观阶段的作用。为了便于分析,将单个脉冲放电能量的分布形式设计成图 1.46 所示的三种简化能量分布形式,即将单个脉冲电流波形按脉冲宽度平均分成三段,分别将大脉冲能量施加在放电的起始阶段、中间阶段和末尾阶段,并定义为能量分布形式 1、能量分布形式 2、能量分布形式 3。

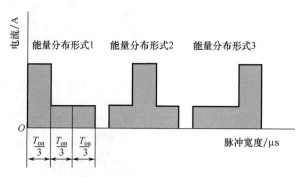

图 1.46　单个脉冲放电能量分布形式

1.10.3 脉冲能量分布的影响机理

在脉冲放电的不同微观阶段,能量分布形式对放通道运动特性和材料蚀除的影响机理如下。

(1) 介质击穿、放电通道形成阶段。

在单脉冲放电能量一定的前提下,采用脉冲能量分布形式 1 时,由于在介质击穿阶段采用较大的脉冲能量,形成的放电通道直径较大,因此更多能量被消耗在直径较大范围介质击穿和周边介质的汽化分解方面,致使放电通道区域电流强度反而降低,分配到两电极的能量减少,并且用于材料熔化、气化和抛出蚀除阶段的能量比例降低,材料蚀除量减小,单个放电蚀坑表面积减小。而当采用脉冲能量分布形式 2 和能量分布形式 3 时,由于采用较小的脉冲能量击穿介质,形成的放电通道直径较小,在击穿、电离介质阶段节省了能量,因此用于放电蚀除阶段的脉冲能量比例增大,材料蚀除量增大,放电蚀坑表面积增大。因此,在脉冲的起始阶段,采用较小的脉冲放电能量可以降低脉冲能量损耗、增大放电蚀坑表面积。

(2) 电极材料熔化、气化和抛出的放电蚀除阶段。

放电通道形成后,即进入放电蚀除阶段。该阶段是脉冲放电过程中材料蚀除的主要阶段,并且材料的熔化、气化和抛出过程随着放电通道的移动而重复循环。因此,在该阶段应注重提高放电通道的运动速度和材料的蚀除能力。

在单脉冲放电能量一定的前提下,采用脉冲能量分布形式 3 时,其放电波形如图 1.47

所示。在放电初期采用Ⅰ段电流波形,极间介质被击穿产生火花放电后,电流处于上升阶段,起始时电流增长率高,但随着放电的持续,电流增长率逐渐减小,致使放电通道运动速度也在下降,而此时放电进入了Ⅱ段电流波形,即脉冲能量进入下一个增长期。随着电流及其增长率的增大,放电通道内带电粒子浓度增大,于是在放电通道内再次形成一个新的动力,并推动放电通道继续快速运动。因此,采用脉冲能量分布形式3时,放电通道将有一个快速运动的持续过程,致使放电蚀坑表面积增大。同样采用脉冲能量分布形式2时,在峰值电流增大阶段也对放电通道的运动起到持续加速作用。

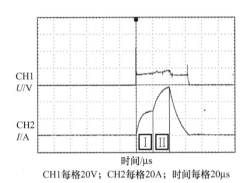

CH1每格20V;CH2每格20A;时间每格20μs

图1.47　采用脉冲能量分布形式3时的放电波形

（3）介质消电离阶段。

脉冲能量输入切断后,极间随即进入消电离状态。极间介质消电离的快慢除了受电路中元器件自身感抗特性、走丝情况、极间工作介质物理特性等因素的影响外,还受脉冲关断前放电能量的影响。脉冲能量输入切断前,放电能量越大,电流归零前持续的时间将越长,即介质消电离速度越慢。这是因为,大脉冲放电能量对应的放电通道直径大,放电通道内带电粒子数量多,则正负带电粒子碰撞复合为中性粒子的时间长。同时,大脉冲能量下放电通道内温度高,热量在介质中传递的时间更长。因此,在放电结束前主动减小脉冲放电能量可加快消电离并降低热损耗。这种通过主动降低脉冲放电能量以加快带电粒子中和的方法,将改变以往加工中在脉冲放电结束后单纯依靠工作介质性能和延长脉冲间隔时间来恢复介质绝缘性能的被动做法,从而可以进一步减小脉冲间隔,增大放电频率,提高材料去除率,并且对大能量连续切割时改善极间状态是有利的。

综上所述,在单个脉冲放电的微观过程中,不同的脉冲能量分布形式对放电能量的有效利用程度、放电通道运动特性、材料去除率及后续的极间消电离特性均会产生不同的影响。在介质击穿、放电通道形成阶段,应采用较小的脉冲放电能量以提高脉冲能量利用率;在电极材料熔化、气化和抛出的放电蚀除阶段,应增大峰值电流,主动提升放电通道内的电流密度,为放电通道沿电极丝轴向的移动和径向的扩展提供持续的动力,使得放电通道在放电期间维持更高的运动速度及更长的扩展时间,从而获得更大的放电蚀坑面积,达到在单脉冲放电能量一定的前提下获得更高切割速度的目的;在介质消电离阶段,应在脉冲能量输入切断前主动降低脉冲放电能量,以加快介质的消电离,改善极间的消电离状况,以适合更大放电能量的切割。

因此脉冲能量分布形式2、能量分布形式3满足了单脉冲放电能量一定的前提下获得更高切割速度的要求,其中能量分布形式2在更大能量放电加工中还可以加快极间消电离。但具体能量调整阶段的分割及其他参数的改变则需要进一步细化。

1.10.4　变能量脉冲连续切割试验对比

采用图1.46所示的三种能量分布形式，脉冲宽度为$60\mu s$，占空比为1:5，小脉冲能量部分的放电峰值电流为24A，通过增大大脉冲能量的峰值电流进行试验，结果如图1.48所示。可见，随着最大峰值电流的增大，三种能量分布形式的切割速度均逐渐提高并趋缓。随着单个脉冲放电能量的增大，三种能量分布形式对切割速度的影响趋势越来越明显。在相同脉冲电源参数下，能量分布形式3的切割速度最高，能量分布形式2的次之，而能量分布形式1的切割速度最低。如在最大峰值电流为60A时，能量分布形式3和能量分布形式2比能量分布形式1的切割速度分别提高了约21%和14%。

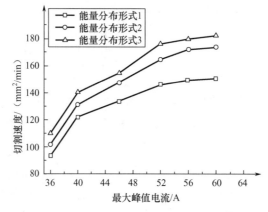

图1.48　不同能量分布形式下切割速度与最大峰值电流的关系

因此在单个脉冲放电的不同微观阶段，放电能量的分布对切割速度具有重要影响。与单脉冲放电结果对比可知，三种能量分布形式下切割速度间的关系与单脉冲放电蚀坑表面尺寸间的关系是一致的。

对能量分布形式1而言，在放电起始阶段采用大脉冲放电能量，使介质击穿、形成放电通道阶段消耗的能量占脉冲总放电能量的比例增大，并且出现了一定比例的放电波形峰值电流达不到设定的最大峰值电流的现象，使实际用于材料蚀除的放电能量减少。采用大脉冲能量放电后再降低脉冲能量，会导致放电通道运动速度降低，使已熔融金属材料抛出动力降低，材料蚀除量减小，切割速度最低。能量分布形式2和能量分布形式3在放电起始阶段均采用小脉冲能量，降低了脉冲能量的损耗，但能量分布形式2在放电末尾阶段降低了脉冲能量，导致放电通道运动速度降低，材料去除率有所减小，切割速度比能量分布形式3的低。能量分布形式3的波形未采用电流下降波形，避免了因脉冲能量降低导致的放电通道运动速度下降问题，能量利用率最高，放电通道运动速度最快，切割速度最高。

1.10.5　变能量脉冲连续切割对电极丝直径损耗的影响

在单脉冲能量相等的情况下，采用图1.46中的三种波形和矩形波脉冲进行连续切割试验，图1.49所示为不同能量分布形式下电极丝直径与加工面积的关系曲线（为缩短试验时间，取电极丝长度为100m）。可见，随着加工面积的增大，不同能量分布形式下的电极丝直径均呈现先增大后减小的趋势。采用能量分布形式1时，电极丝直径损耗最快；采用能量分布形式2、能量分布形式3和矩形波的加工面积不超过2×10^4 mm^{2}时，电极丝直径相等，而后，随着加工面积的增大，能量分布形式3的电极丝直径损耗最低，矩形波的电极丝直径损耗比能量分布形式2的稍小，二者损耗速度相当。

　　放电起始时电极丝走丝与放电通道运动示意如图1.50所示。由于放电通道自身的移动与电极丝的运动是同向的，在放电起始，放电通道的运动速度最快，此时放电会在电极丝表面相对集中的区域进行，如果此时采用能量分布形式1，则会因为此刻脉冲能量大，使作用在电极丝上某个放电区域的总能量增大，这样必然增大对该区域电极丝材料的蚀除量，加深微坑的深度，并降低电极丝的抗拉强度和疲劳强度，增大电极丝的直径损耗。采用不同能量分布形式切割后电极丝表面微观形貌如图1.51所示。

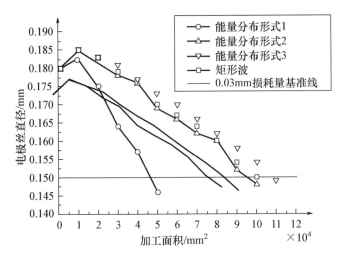

图1.49　不同能量分布形式下电极丝直径
与加工面积的关系曲线

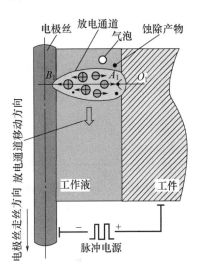

图1.50　放电起始时电极丝走丝与
放电通道运动示意图

　　试验结果进一步验证了放电初期大脉冲能量对电极丝损伤影响最大的结论。因此电火花线切割加工中，脉冲能量的分布应该是在放电起始阶段采用小脉冲能量，而在材料熔化、气化和抛出阶段逐步增大脉冲能量，以实现高效低损耗加工。试验结果也说明目前常用的矩形波脉冲不是最优但也不是最差的脉冲能量分布形式。

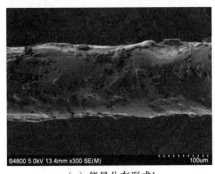

（a）能量分布形式1

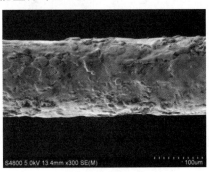

（b）能量分布形式2

图1.51　采用不同能量分布形式切割后电极丝表面微观形貌

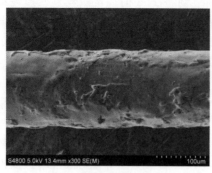 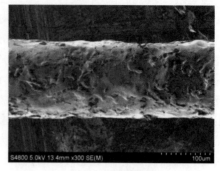

（c）能量分布形式3   （d）矩形波

图 1.51　不同能量分布形式脉冲切割后电极丝表面微观形貌（续）

1.11　高速往复走丝电火花线切割的非对称性及单边松丝

以往研究高速往复走丝电火花线切割加工时，通常未对正反向走丝加以严格区分，甚至将其看作是一种对称加工方式。但实际上，往复走丝电火花线切割过程由于受到重力的作用，会导致放电、冷却、洗涤、排屑、消电离等一系列过程产生非对称，因此严格意义而言，往复走丝放电是非对称的，非对称的放电方式将导致加工中产生诸多弊端，最典型的就是自往复走丝诞生以来一直存在的单边松丝问题。单边松丝是指电极丝经过一段时间的往复运行放电加工后，在贮丝筒两端出现电极丝一端松一端紧的现象。

1.11.1　单边松丝的分类

单边松丝分为正常单边松丝和非正常单边松丝。

正常单边松丝是指机床走丝、运丝系统装配精度较高，在长时间空转（无放电）状态下，电极丝正反向走丝时，贮丝筒两端电极丝基本没有单边松丝现象，但在放电时，电极丝长时间正反向走丝后会出现贮丝筒两端电极丝一端松一端紧的现象，并且很有规律。

非正常单边松丝是指机床走丝、运丝系统装配精度较差，因为装配精度不合格，在空转状态下会出现单边松丝问题，并且没有规律。当走丝系统正反向结构不对称，正反向走丝时电极丝在导电块上的摩擦力相差太大时，就易形成非正常单边松丝现象。

以下仅讨论正常单边松丝问题。

1.11.2　单边松丝的形成原因

正常单边松丝时，空转时电极丝张力是基本均衡的，但加工后，由于电极丝在加工区域受到放电爆炸力的作用，必然在加工区域对电极丝形成阻力，而此时电极丝在放电区域又处于放电高温状态，在电极丝张力及放电爆炸力形成的阻力等作用下，电极丝将产生塑性变形。通常在上下喷液冷却条件基本一致时，电极丝正向（由上往下）走丝时，附着在电极丝上的工作液比较容易被带入放电间隙，极间工作液能够得到及时补充，放电概率在切缝内较均匀且较高，如图 1.52（a）所示，极间放电波形呈现出较多的击穿延时状态

（图 1.53），因此电极丝受到的放电爆炸力形成的阻尼作用力较大；而电极丝反向（由下往上）走丝时，工作液受重力影响不易被电极丝带入切缝，在相同走丝速度下，被带入放电间隙的工作液相对较少，放电概率在切缝内不均匀，显现出工件下部放电概率高，上端放电概率低且整体放电概率较正向走丝低的现象，如图 1.52（b）所示，极间放电波形呈现出较多的短路状态（图 1.54），因此电极丝受到放电爆炸力形成的阻尼作用力较小。

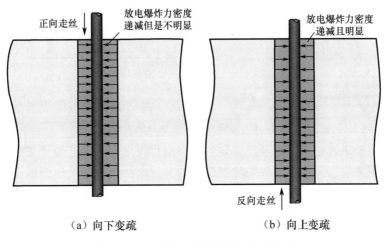

（a）向下变疏　　　　　　　　（b）向上变疏

图 1.52　正反向走丝极间爆炸力分布图

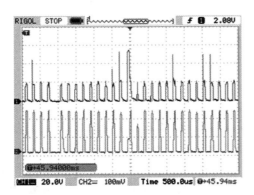
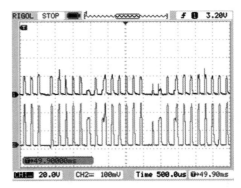

图 1.53　正向走丝极间放电波形　　　　　　图 1.54　反向走丝极间放电波形

这样必然造成正向走丝时电极丝在放电区域受到的阻力 $F_{f上}$ 大于反向走丝时电极丝在放电区域受到的阻力 $F_{f下}$（图 1.55），正向走丝收丝段张力 $F_{下}$ 必然大于反向走丝收丝段张力 $F_{上}$，所以正向走丝时单位时间电极丝产生的拉伸量 ε_1 大于反向走丝单位时间产生的拉伸量 ε_2。虽然电极丝在放电受热与力的综合作用下，均导致电极丝产生损耗并且形成电极丝整体张力的逐步降低，但由于 $\varepsilon_1 > \varepsilon_2$ 始终存在，最终导致在贮丝筒的一端（摇把端）由于电极丝伸长量的累积形成电极丝相对于另一端（电动机端）松的情况，即产生贮丝筒上电极丝单边松丝现象。

因此，单边松丝问题是因为电极丝正反向走丝带入的工作液量不同而导致正反向走丝时电极丝所受放电爆炸力对电极丝产生的阻力不一致，从而使电极丝正反向走丝时伸长量不相等而产生的。

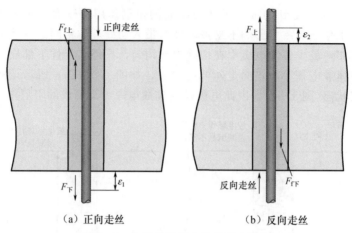

（a）正向走丝　　　　　　　　（b）反向走丝

图 1.55　电极丝正反向走丝受力模型

　　单边松丝将使电极丝在正向及反向切割时空间位置发生改变，致使短路、空载等一系列不正常放电现象发生，而且导致切缝宽度不均匀，这不仅降低了切割速度、电极丝的使用寿命，还影响工件的加工精度和表面质量，是导致高速往复走丝电火花线切割为非对称加工方式的主要原因，会影响高速走丝机性能的进一步提高。由此在精密、高效、长时间切割中必须考虑单边松丝对加工的影响。

　　由于单边松丝主要是由正反向走丝后极间冷却状态不同产生的，因此凡是使极间冷却状态恶化的加工条件，均会加速单边松丝问题的出现，故单边松丝现象主要会发生在大能量、高厚度切割及工作液洗涤冷却性较差的加工情况下。

　　小能量加工时，虽然电极丝自下而上走丝时工件下端的放电概率略高，但因为小能量加工极间消耗的工作液量能得到及时补充，放电加工整个区域都存在工作液，所以电极丝在整个放电区域无论是正向走丝还是反向走丝，爆炸力在整个放电加工缝隙内基本都是比较均匀的。而大能量加工时，极间工作液因放电高温而大量汽化，因此极间工作液的消耗将远大于小能量加工。但大能量和小能量加工都是在相同的喷液和走丝速度条件下进行的，所以当电极丝自下而上走丝时，大能量加工时由于工作液在工件下端过度消耗，将使得工件上部放电区域处于无工作液或少工作液状态，这样与电极丝自上而下走丝加工形成的爆炸力递减速度相比，电极丝自下而上走丝加工形成的爆炸力递减速度更高，不均匀性明显。因此正反向走丝时，小能量加工电极丝所受到的放电区域的作用力不对称程度肯定小于大能量加工的情况，故大能量加工的单边松丝程度大于小能量加工的单边松丝程度。

　　同理，由于重力作用，电极丝自上而下走丝时更易将工作液带入切缝内，因此高厚度切割时，正向走丝时极间的冷却、洗涤、消电离状态要明显优于反向走丝，放电概率也更高，并且随着工件厚度的增加，正反向走丝时极间状态的差异将更加明显，单边松丝程度也会更大。

　　此外，工作液的洗涤冷却性差异也会对单边松丝产生影响。采用洗涤性较差的工作液，由于极间存在大量蚀除产物，切缝中的工作液得不到及时补充，因此电极丝在正向及反向切割时洗涤冷却性差异增大，单边松丝情况将更加明显；采用洗涤性良好的工作液，电极丝在正向及反向切割时的洗涤冷却性差异减小，单边松丝情况随之降低。

1.11.3 单边松丝的处理

单边松丝主要是由往复走丝加工的非对称性产生的，因此可以用反非对称的方法加以缓解，主要方法如下。

（1）往复异速走丝加工。

当正反向走丝速度相等时，电极丝自上而下走丝的工作液带入量大于电极丝自下而上走丝的工作液带入量，运用变速控制器在每次贮丝筒改变转向时，通过行程开关，控制变频器向贮丝筒运丝电动机输入不同的频率，进而变换转速，从而改变电极丝的走丝速度，使得电极丝正反向走丝时形成速度差。电极丝在正向走丝时，由于冷却条件较好，因此走丝速度可以适当减慢；而反向走丝时，由于电极丝相对于正向走丝受到的阻力小，因此走丝速度可以适当加快，这样电极丝在每次正反向走丝时形成的冷却条件基本相同，由此放电爆炸力形成的对电极丝的阻力基本相等，从而消除了原来正反向走丝时由走丝速度相同而排屑、冷却、消电离条件不同导致的电极丝正反向走丝所受阻力不同的问题，从而避免了正反向走丝阻力始终不同而导致的逐渐累积而形成的单边松丝情况出现。这样，电极丝随着加工的延续，其张力的变化是一个逐渐平缓降低的过程，而不是像原来在每个换向过程中都会产生张力的跳跃变化。试验已经证明往复异速走丝电火花线切割技术能有效缓解单边松丝程度，甚至可以消除单边松丝现象。

（2）非对称参数加工。

在放电能量相同的情况下，单边松丝主要是由正反向走丝后极间的冷却状态不同导致放电概率存在差异，致使正反向走丝时放电爆炸力形成的对电极丝的阻力不同，因此可在正反向走丝时采用非对称参数加工，以减小放电爆炸力的差异。数控系统通过贮丝筒换向时采集到不同的信号设置正反向走丝时不同的加工参数进行切割，如变换脉冲间隔等。当然也可以通过其他参数调控，甚至正反向走丝时采用不同形式或参数的脉冲电源，以有效缓解单边松丝的程度。

1.12 高速往复走丝电火花线切割表面条纹的成因

高速往复走丝电火花线切割在不同的加工条件下切割表面会出现不同种类的条纹。

1.12.1 条纹的分类

按条纹形成的机理，可将条纹分为以下三类。

1. 换向机械纹

换向机械纹是电极丝换向后，电极丝的空间位置发生改变而在工件表面产生的机械纹（图 1.56）。此类条纹贯穿整个切割表面，对切割表面粗糙度影响很大。

2. 黑白交叉条纹类的电解纹

暗色的电解纹主要出现在工件端面电极丝的入口处，而且是在放电能量不是很高及空载波较多的情况下出现的，中走丝修切时常见这种电解纹，俗称"水纹"。该条纹处表面

图 1.56 电极丝换向后位置变化产生的机械纹

粗糙度并不比无条纹切割表面差，只是表面形成了视觉效果的差异，其暗色条纹处主要是电解后形成的附着物，在碳钢表面比较明显，可以用弱酸清洗去除。

3. 黑白交叉条纹类的表面烧伤纹

表面烧伤纹主要出现在工件端面电极丝出口处，它大大降低了切割表面质量。出现这种条纹说明极间的洗涤、冷却及消电离状况已经恶化，电极丝也会受到损伤，容易产生断丝。

1.12.2 换向机械纹的成因

换向机械纹完全是由走丝系统问题所导致的，只能通过改善走丝系统的稳定性（如提高导轮、轴承、贮丝筒本身的精度与装配精度）去除，此外维持电极丝张力恒定或采用导向器等措施可以缓解这类问题的出现。当然换向机械纹的形成与其他参数也有一定的关联，某些放电加工及工作液条件下，由于形成的放电间隙较大，切缝对电极丝晃动的冗余度较高，因此换向机械纹就不明显，但如果本身放电间隙就较小，则电极丝一旦不稳定，换向机械纹就会十分明显。

1.12.3 电解纹的成因

电解纹是在较低切割能量条件下产生的，此时由电极丝带入切缝内的工作液在放电高温下产生的汽化量较小，仍可以维持切缝内有充足的工作液，因此具有一定电导率的工作液必然在放电加工的同时对切割表面产生电解作用，由于工作液在切缝内冷却不均匀，在电极丝的入口处，工作液冷却相对充沛，电解概率较高，从而会形成暗色的条纹，并对此条纹表面处通过电解作用整平，因此条纹处的表面粗糙度会比无条纹处略低。图 1.57 所示为电解纹形成示意图及工件上的电解纹。假设喷液对称，在重力的作用下，一般在工件上端产生的电解纹颜色较浓且长，在工件下端产生的电解纹则相对淡且短。电解纹在中走丝修切时常会出现，主要是因为修切时存在较多空载波，电解作用较强。

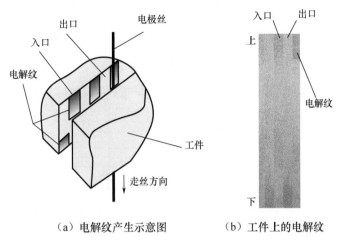

（a）电解纹产生示意图　　　　（b）工件上的电解纹

图 1.57　电解纹形成示意图及工件上的电解纹

1.12.4　表面烧伤纹的成因及解决方法

表面烧伤纹一般出现在工件端面电极丝的出口处。表面烧伤纹处的质量要低于无条纹处，条纹处存在大量因蚀除产物未能排出而凝结在工件表面的炭黑物质，如图 1.58 所示，因此条纹表面要凸出正常切割表面。表面烧伤纹一般产生在工作液洗涤冷却性较差或大能量放电加工的情况下。

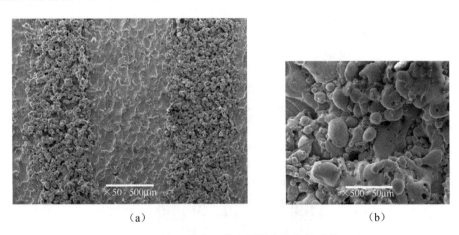

（a）　　　　　　　　　　　　　（b）

图 1.58　工件出口处表面烧伤纹微观形貌

1. 工作液洗涤冷却性差

对于普通油基型工作液，当切割平均电流大于 3A 时就会出现表面烧伤纹，因为蚀除产物堵塞在切缝内，所以工作液进入切缝困难，蚀除产物无法正常排出，此时部分放电是在含有大量蚀除产物的恶劣条件下进行的，在这种大量蚀除产物聚集且冷却不充分的条件下产生的放电将导致油基型工作液中大量含碳物质镀覆在工件表面并引起工件表面烧伤。因此条纹一般出现在工件表面电极丝出口处，颜色由工件内部向外逐渐变深，并且由于重力的作用，在喷液基本对称时，电极丝自下向上走丝时蚀除产物的排出能力比电极丝自上而下走丝时弱，工件上部的条纹会比下部的条纹颜色深且长，如图 1.59 所示。洗涤性差的工作液切割表面产生的条纹就会更加明显。

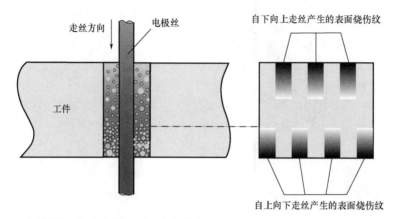

（a）洗涤性不好的油基型工作液极间状态示意图　　　（b）表面烧伤纹

图 1.59　表面烧伤纹产生示意图

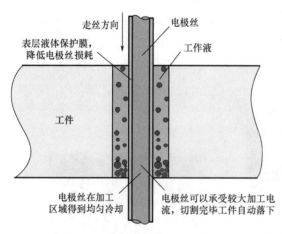

图 1.60　洗涤性较好的复合型工作液极间状态示意图

表面烧伤纹产生的实际原因是切缝内冷却状态的不均匀和恶化。以往高速走丝使用的油基型工作液在放电加工过程中的高温作用下会产生裂解，形成大量的炭黑甚者是胶体物质，并且油基型工作液的洗涤能力有限，必然导致蚀除产物不易排出，使得较大能量切割时产生表面烧伤纹。如果切缝内可以做到冷却状态基本一致，切缝内工作液在电极丝的带动下可以贯穿流动，如图 1.60 所示，同时在工作液的选用方面尽可能选用水基合成型工作液或含油少的复合型工作液，减少炭黑物质的生成，表面烧伤纹可以很淡或基本没有。图 1.61 所示为采用佳润复合型工作液的切割表面。

（材料40Cr，电流为6.5A，厚度为600mm，
切割速度为165mm²/min）

图 1.61　采用佳润复合型工作液的切割表面

2. 大能量放电加工

传统高速往复走丝电火花线切割平均加工电流一般在 6A 以内，采用洗涤性良好的工作液切割时，极间有较充足的工作液，此时切割正常且加工表面色泽基本均匀，如图 1.62（a）所示，极间可以正常放电加工；但当平均加工电流超过 6A 后，工件表面将逐渐产生烧伤纹，如图 1.62（b）所示，并且如继续增大放电能量，工件表面烧伤纹则更加严重。产生表面烧伤纹的主要原因是随着放电能量的增大，电极丝带入切缝的有限工作液被放电形成的巨大热量瞬间汽化，导致极间尤其是在电极丝出口区域工作液很少甚至无工作液，使该区域的冷却、洗涤、排屑及消电离状态恶化。

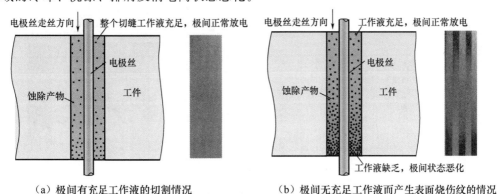

（a）极间有充足工作液的切割情况　　　　　（b）极间无充足工作液而产生表面烧伤纹的情况

图 1.62　正常切割表面及有烧伤表面形成示意图

图 1.63（a）为采用传统复合型工作液在大能量切割情况下的放电波形。放电波形中绝大多数电压波形是没有击穿延时的，无击穿延时表明极间介质的状态恶化，因此工件和电极丝得不到及时冷却，从而导致工件表面产生严重烧伤。图 1.63（b）为传统复合型工作液极间放电携带蚀除产物示意图。传统复合型工作液加工时极间介质主要是以水为主的低熔点、低沸点介质，随着加工能量的增大，这些低熔点、低沸点介质在极间放电热量的作用下迅速汽化，因此这些介质携带蚀除产物的能力将逐渐降低，如图 1.63（b）中箭头所示，最终导致蚀除产物滞留在切缝内，引发蚀除产物在极间放电作用下产生重熔、固结到已切割表面，形成表面烧伤纹。

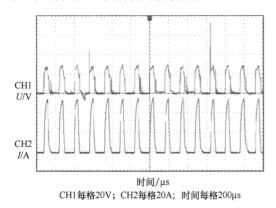

时间/μs
CH1 每格20V；CH2 每格20A；时间每格200μs

（a）采用传统复合型工作液在大能量切割情况下的放电波形

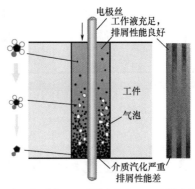

★一加工屑；○一低熔点介质；●一高熔点介质

（b）传统复合型工作液极间放电携带蚀除产物示意图

图 1.63　传统复合型工作液大能量切割情况

既然大能量切割情况下表面烧伤纹产生的主要原因是极间介质在放电高温下产生严重汽化，极间状态恶化，那么可以在新型工作液中加入高熔点、高汽化点介质，以保障在高放电能量条件下，尽可能减小极间介质的汽化量，维持极间放电仍然处于充满工作液的状态。在工作液中添加高溶点、高汽化点介质后，其放电波形如图1.64（a）所示。放电波形中电压波形的击穿延时明显增加。图1.64（b）为新型工作液极间放电携带蚀除产物示意图，由于极间介质中所含高熔点、高汽化点介质提高了工作介质的整体汽化温度，在大能量加工情况下，整个极间仍然存在足够的液体介质，起到正常的排屑、冷却及消电离作用，因此切割表面仍然会维持正常的加工表面状态。

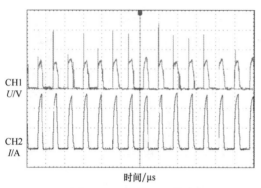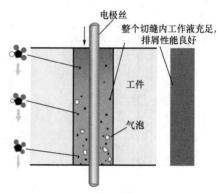

CH1每格20V；CH2每格20A；时间每格200μs

（a）新型工作液大能量切割放电波形

●一加工屑；○一低熔点介质；●一高熔点介质

（b）新型工作液极间放电携带蚀除产物示意图

图1.64　新型工作液大能量切割情况

采用该思路研制的佳润JR1H高效电火花线切割专用工作液，能够保证极间在较大切割能量下仍然维持正常的放电状态，实现大能量加工条件下的持久稳定切割，切割表面如图1.65所示，此时平均电流为15A，切割速度为330mm²/min，表面粗糙度为$Ra7.3\mu m$，电极丝一丝损耗切割面积为90000mm²。

高效切割(采用佳润JR1H工作液)

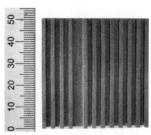

图1.65　采用佳润JR1H高效电火花线切割专用工作液的切割表面

1.13　高速往复走丝电火花线切割电极丝断丝及损耗机理

高速往复走丝电火花线切割的电极丝往复使用是保持其低运行成本的关键，因此尽可能降低电极丝损耗并减少断丝，对延长电极丝的使用寿命具有重要的意义。

1.13.1 电极丝断丝机理

近年来，随着数控系统、高频脉冲电源、工作介质、机床执行机构等的不断改进和完善，高速往复走丝电火花线切割的各项工艺指标都有了大幅度提升，但是加工中一旦出现断丝问题，烦琐的上丝、穿丝、匀丝过程不仅费时费力，而且易导致工件因加工精度和表面质量问题而报废，因此断丝问题一直是人们关注的焦点。目前通过对脉冲电源、伺服控制、运丝系统和张力机构的大量改进和优化，由外部因素（如张力过大、运丝系统不稳定等）引起的断丝已大幅度减少。但在一些特殊加工状况下，如在高厚度工件切割方面，由电极丝稳定性较差和极间状态比较恶劣引起的断丝，以及在大能量高效切割方面，由切割能量较大、极间状态不稳定引起的断丝还是时有出现的。

20世纪90年代，有学者通过波形采集系统对断丝前的放电波形进行采集，发现高速往复走丝电火花线切割断丝前的波形是一系列既无短路又无开路状态的连续火花放电波形，因此认为连续的火花放电是蚀除产物搭桥形成微短路，因电极丝高速运动，这种微短路很容易被拉开形成火花放电，此时脉冲电源输入极间的能量密度远远大于正常加工值，使得电极丝的黏着部位产生脉冲能量集中释放，引起局部高温，从而使该区域的电极丝被过烧熔断。由于当时使用的工作液是油基型工作液，极间冷却和消电离状态较差，因此脉冲利用率较低，正常情况下形成火花放电的概率较低，一般只有80%左右。随着21世纪初复合型工作液的普及和使用，极间冷却和消电离状态得到了极大改善，在一般切割条件（如平均切割电流4A左右）下正常脉冲放电概率可以高达95%左右。显然，此时再引用一系列连续火花放电波形作为断丝前兆的判定已不再适用。虽然宏观而言，断丝形成的主要原因仍然是极间放电状况恶化，满足不了正常放电的要求，电极丝得不到及时冷却而产生熔断，但从微观方面以什么表征量来预测断丝仍然是一个值得探索的问题。目前低速单向走丝电火花线切割通过对单个放电脉冲能量实行在线控制以防止断丝，而高速往复走丝电火花线切割利用何种表征量作为断丝前兆的准确判定依据，仍是高厚度切割和大能量高效切割避免断丝，取得突破的关键。

目前，在选用洗涤性良好的工作液并在一定的加工能量下，由于极间可以获得充分的冷却，产生断丝的概率是很低的，而高厚度切割和大能量高效切割断丝概率高的主要原因是极间处于非正常冷却状态的概率增大。宏观而言，一旦工件表面产生烧伤，就意味着极间存在非正常的放电状态，工件表面烧伤同时意味着电极丝表面产生了相应的损伤，工件表面烧伤越严重则表明电极丝受到的损伤也越严重，虽然此时电极丝并不一定会立刻熔断，但这种损伤的累积，加上电极丝张力的作用，在烧伤区域，电极丝将会因塑性变形而变细，导致此区间的电阻值突然增大，发热量剧增，最终导致断丝。断丝头处经常发现电极丝烧成球状的现象，则说明了此原因。

极间放电状态是否正常，目前最直观的体现就是放电是否处于间隙放电状态，间隙放电状态越多，则间接说明极间具有充足的工作液，而间隙状态可以通过放电波形中具有击穿延时的比例体现。图1.66所示为极间具有正常冷却状态时的放电波形。因此在高厚度切割和大能量高效切割时，可以以具有一定比例的击穿延时脉冲对极间的状态进行判断。在设定的比例之上，说明极间状态正常；否则，说明极间处于非正常的放电状态，容易引起断丝。至于设定的比例，应根据不同的加工条件而定。图1.67所示为大能量切割条件下极间冷却不充分的放电波形。

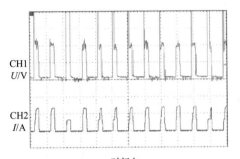

CH1每格10V；CH2每格10A；时间每格200μs

图1.66　极间具有正常冷却
状态时的放电波形

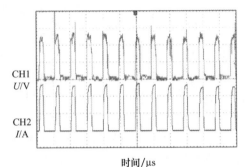

CH1每格10V；CH2每格10A；时间每格200μs

图1.67　大能量切割条件下极间
冷却不充分的放电波形

1.13.2　电极丝直径损耗机理及耐用度

电火花线切割加工时两电极均会受到带电粒子的轰击，因此加工过程中电极丝的损耗是不可避免的。低速单向走丝电火花线切割的电极丝是一次性使用的，所以一般情况下电极丝损耗基本可以不考虑，但高速往复走丝电火花线切割的电极丝是重复使用的，电极丝直径损耗会使电极丝逐渐变细，不仅会影响加工精度和加工稳定性，而且会导致电极丝因不能承受设定的放电能量及张力而断丝，因此电极丝直径损耗对其使用寿命及切割精度的影响都是不容忽视的。

电极丝在加工过程中产生损伤的主要因素如下。

① 放电发生过程中，电极丝受到正离子的轰击产生表层熔化和气化。

② 电极丝在张力作用下产生塑性变形。

③ 电极丝在走丝及放电加工过程中承受机械弯曲疲劳和放电热疲劳。

减小高速往复走丝电火花线切割电极丝损耗最主要的方式是减小正离子对电极丝的轰击并减少轰击后直接对电极丝形成的损伤。

对电极丝的直径损耗业内还没有严格的标准，通常以300m长钼丝，平均切割电流为4A左右，占空比为1:4，切割厚度为60mm的Cr12或45钢，新丝从$\phi0.18$mm损耗到$\phi0.17$mm所切割的面积作为评判标准，一般称一丝损耗。目前使用复合型工作液条件下采用矩形波脉冲电源，正常的一丝损耗可以达到$1\times10^5\sim2\times10^5$mm^2。为进一步降低电极丝直径损耗，研究人员开发了除矩形波脉冲之外的许多不同波形的电源，包括电流逐渐上升的三角波、电流逐渐下降的倒三角波、梯形波、馒头波、梳型波及分组脉冲等，这些脉冲电源的波形虽然对降低电极丝损耗具有积极的作用，但由于会对切割速度产生一定的影响，因此目前使用比较多的仍是矩形波及分组脉冲。

为进一步降低电极丝损耗，现已经设计出了智能型脉冲电源，该电源可以根据检测到的放电状态实时控制输往放电间隙的每一个脉冲的波形和能量，并结合等能量的脉冲输出、放电脉冲能量前后沿的控制、放电能量的控制及有害脉冲的抑制等技术，进一步降低电极丝直径损耗，其放电波形如图1.68所示。由于抑制了有害脉冲的输出（如一旦检测出现持续短路情况就及时切断脉冲电源），因此单位电流的切割速度从目前的25～30mm^2/（min·A）上升至30～35mm^2/（min·A），并且能进一步降低电极丝直径损耗。

使用复合型工作液一丝损耗可以达到 $3 \times 10^5 \sim 5 \times 10^5 \, \text{mm}^2$。

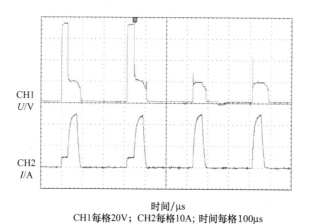

时间/μs
CH1每格20V；CH2每格10A；时间每格100μs

图 1.68　智能型脉冲电源的等能量放电波形

近期研究表明，工作液的种类及性能对电极丝直径损耗具有重要的影响，甚至远超过高频电源的影响。通常将工作液分为油基型工作液、复合型工作液及水基合成型工作液。

加工时使用洗涤能力较差的油基型工作液，电极丝通过放电间隙的同时也是蚀除产物将电极丝表层附着的工作介质液体保护膜抹除的过程。当切割工件较厚时，电极丝在工件出口处相当长距离将处于基本无工作介质保护状态，如图 1.69（a）所示，此时放电区间冷却状态极为恶劣，通常在未被及时排出的蚀除产物与工作介质的混合体甚至是胶体介质环境中放电，由于电极丝不能得到及时冷却，放电将对电极丝产生十分严重的损伤。

加工时使用复合型工作液，会在电极丝表层形成了一层液体保护膜［图 1.69（b）］，这层保护膜起到了类似防弹衣的作用，可以吸收部分正离子的轰击能量，并且在离子轰击产生的同时通过自身的汽化将轰击形成的大量热量带走，减少了放电通道内放电热量对电极丝的热疲劳影响，降低了电极丝的直径损耗，同时延长了电极丝的使用寿命。

加工时使用水基合成型工作液，极间状态示意图如图 1.69（c）所示，由于工作液一般不能在电极丝表面形成有效的液体保护膜，虽然工作液具有很好的洗涤、冷却及消电离特性，但电极丝直径损耗一般比较高。

中走丝加工时要求在开粗（主切）时尽可能排出极间蚀除产物，以维持切缝的洁净状态，保障后续修切尤其是小能量修切的稳定进行，因此中走丝加工时使用的工作液应具有较强的清洗作用，使工件切缝"十分干净"。直观表现就是切割完毕，工件会自动滑落，并且切割表面基本没有蚀除产物（此时电极丝表面也十分"干净"）。这虽然满足了后续多次切割小能量稳定修切的需求，但一味强调工作液具有良好的清洗作用，将失去对降低电极丝直径损耗至关重要的保护膜。以往中走丝开粗的电流一般在 4～5A，因此各种工作液形成的电极丝直径损耗差异还不十分明显，随着开粗电流上升到 6A 以上后，电极丝直径损耗的差异十分明显，此时电极丝直径损耗对于切割精度的影响及电极丝使用寿命的差异即成为不得不认真面对的重要因素。

工作液对电极丝形成的这层保护膜是抵抗离子对电极丝轰击的盔甲或防弹衣，失去了正常的保护膜或保护膜很薄，将导致放电时电极丝完全裸露在放电通道内离子的轰击下，使电极丝直径损耗急剧增加且断丝概率增大。因此中走丝加工时使用的工作液必须兼顾极

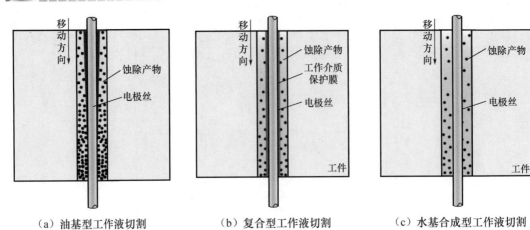

| （a）油基型工作液切割 | （b）复合型工作液切割 | （c）水基合成型工作液切割 |

图 1.69　各种工作液极间状态示意图

间"比较干净"，以适应后续微小能量稳定修切的要求，同时必须给电极丝穿上一层保护膜。

电极丝（钼丝）虽然具有较高熔点（2620℃），但在放电通道内带电粒子轰击所形成的 10000℃ 左右高温作用下，还是会产生熔化和气化的，对电极丝的保护，保护膜是十分重要的，且由于电极丝反复使用的特点，这层保护膜只能由工作液提供。

保护膜降低电极丝直径损耗又减少断丝概率的主要原理同蒸制食物原理（图 1.70），无论外界加热的火焰温度多高，其首先作用在水上，而水的沸点是 100℃，因此作用在食物上的温度最高在 100℃。对电极丝而言，如图 1.71 所示，虽然放电通道内的温度高达 10000℃ 左右，但该温度首先作用在具有低熔点的保护膜上，放电时，保护膜通过自身的汽化首先吸收部分离子轰击电极丝产生的热量，致使最终传递到电极丝的热量降低，并且传递到电极丝表面的温度也将大大下降，从而保护了电极丝基体，减少了电极丝的损伤，延长了其使用寿命，使得电极丝直径损耗大幅度降低。并且工作液在加工中可以对电极丝的保护膜不断地进行修复和补充。

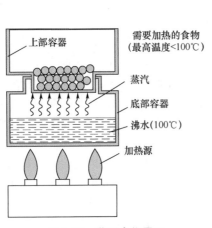

图 1.70　蒸制食物原理

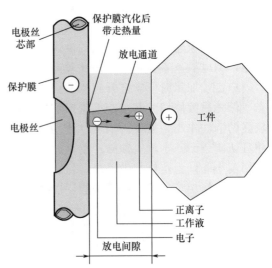

图 1.71　保护膜保护电极丝原理

复合型工作液之所以能获得较低的电极丝直径损耗,其主要原因在于:在兼顾极间保持良好的洗涤、排屑、冷却及消电离条件下,通过工作液组分在电极丝表面不断形成保护膜,从而在电极丝表面形成防护铠甲的作用。

随着对高速走丝加工机理研究的深入,发现电极丝的使用寿命并不仅仅涉及电极丝的直径损耗问题,还涉及另一个电极丝使用寿命的新概念——电极丝的耐用度。

电极丝的耐用度主要有两层含义。

① 单位电极丝直径损耗量所切割的面积,就是通常所说的电极丝直径损耗。

② 电极丝使用的耐久性问题;使用一般的油基型工作液,电极丝在正常加工条件下即使可以从 $\phi0.18mm$ 使用到 $\phi0.12mm$,也会因为热疲劳等问题产生脆化,不能再继续使用;而采用洗涤性能较好的复合型工作液可以使电极丝持续工作到 $\phi0.10mm$ 以下,仍然可以进行较大加工电流的稳定切割。

为降低电极丝直径损耗,应充分利用好加工过程中的各种效应,这些效应主要包括极性效应和吸附效应。

① 极性效应。高速往复走丝电火花线切割采用短脉冲、正极性加工,因此需要保障正常加工中的放电波形不要出现负波而降低极性效应。通常高频脉冲电源采用无感负载电阻并对附加感抗、容抗进行控制主要就是这个目的。

② 吸附效应。电火花线切割加工过程中,在极间施加电场后,工作介质中带正电荷的离子会向负极表面移动,带负电荷的离子会向正极表面移动,因此可在工作介质中加入某种含有阳离子胶团的物质,在施加极间电压后使阳离子胶团包裹住电极丝,并在放电期间利用胶团保护膜自身的汽化带走部分正离子轰击电极丝产生的热量,使电极丝尽可能少受损伤,以降低电极丝的直径损耗,如图 1.72 所示。由于保护膜一直由工作液产生,因此能在整个加工过程中始终保护电极丝少受损伤。采用按此思路研制的佳润升级版工作液,电极丝直径损耗较原有传统产品降低接近30%,如采用更高浓度的配比,电极丝直径损耗将进一步降低,并且配比提高后适合于更高能量的切割加工。该种方法目前已在高效切割及细丝切割中取得了对电极丝防护的显著效果。

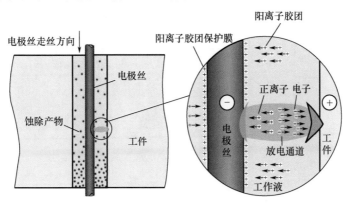

图 1.72 电极丝表面保护原理示意图

1.13.3 脉冲间隔低电压电极丝补偿原理

高速往复走丝电火花线切割采用复合型工作液作为工作介质时,由于工作液存在一定的电导率,如果在脉冲间隔期间给予极间一定的电压,将满足阳极溶解、阴极沉积的电化学条

高速往复走丝电火花线切割

件。阳极 Cr12 材料中的 Fe 在外电源正电压的作用下将失去电子，以 Fe^{2+} 及 Fe^{3+} 形式进入工作液中，而工作液中的 Fe^{2+}/Fe^{3+} 在阴极电极丝表面将得到电子而被还原成金属原子，以 Fe 的形式沉积在电极丝表面，宏观表现为电极丝表面形成含 Fe 镀层，即形成化学覆盖层。

脉冲间隔有无低电压的放电波形如图 1.73 所示。正常加工时如图 1.73（a）所示，随着放电的结束，极间电压和电流迅速降为零，并进入消电离状态。而在脉冲间隔附加低电压后，如图 1.73（b）所示，电压波形在脉冲间隔期间在所设定电压值附近上下波动，极间电流也因极间间隙和脉冲间隔电压的波动而产生波动。施加在脉冲间隔低电压既要保障能尽可能补偿电极丝损耗，又不能影响极间的消电离，更不能对极间放电产生影响。由于极间放电维持电压一般大于 20V，因此脉冲间隔施加的低电压一般控制在 15V。

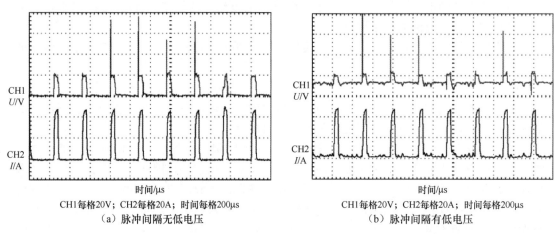

CH1 每格20V；CH2 每格20A；时间每格200μs
（a）脉冲间隔无低电压

CH1 每格20V；CH2 每格20A；时间每格200μs
（b）脉冲间隔有低电压

图 1.73　脉冲间隔有无低电压的放电波形

同样试验条件下，脉冲间隔有无低电压的电极丝损耗变化趋势如图 1.74 所示。脉冲间隔无低电压切割时，一丝损耗切割的面积约为 2×10^5 mm²；脉冲间隔有低电压切割时，一丝损耗所切割的面积约为 2.7×10^5 mm²，一丝损耗切割的面积增加 35%。

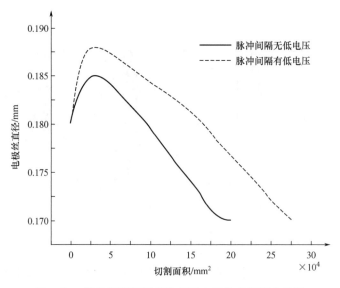

图 1.74　脉冲间隔有无低电压的电极丝损耗变化趋势

48

1.14　高速往复走丝电火花线切割工作液使用寿命判断

自高速往复走丝电火花线切割诞生以来，如何判断工作液的使用寿命一直困扰着业界，目前已经成为影响高速走丝机加工参数量化可控的最主要因素。以往操作人员大多采用观测工作液的颜色、味道、黏度、是否有沉淀等非定量指标来判断工作液是否失效，目前某些高速走丝机采用折光仪（根据不同液体浓度具有不同的折光率这一原理）检测工作液浓度，但其均存在对工作液使用寿命判断不直观、不准确的问题。目前较简易、可行的判断方法是切割速度降低至初始切割速度的 80% 以下，就判断工作液失效，或者采用定时更换工作液的方法。如采用佳润复合型工作液，工作液箱 40～60L，工作时间按每天两班（16h）计算，使用周期一般为 15 天左右。使用过程中，如果工作液挥发，应该按比例加入原液和水。由于工作液种类繁多，性能差异很大，切割的材料、加工的参数都不同，因此工作液的使用寿命存在较大的差异。

已有研究人员希望通过比较工作液的电导率、蚀除产物浓度、工作液 pH 与黏度等指标来判断工作液是否失效，但在实际加工中，工作液的使用寿命与工作液的组分、水质、品种、使用浓度等均有关，因此用单一因素表征工作液使用寿命指标不具有通用性。还有研究人员分析了加工中切割速度、材料去除率和工作液折光率等的变化规律，希望采用材料去除率作为工作液使用寿命的表征指标，但实际加工中，工作液的种类、配制的水质和浓度、切割材料等都没有统一的标准，因此采用材料去除率判断工作液的性能及使用寿命不具有普遍性和科学性，必须从工作液失效的本质出发，找到一种能适合所有工作液使用寿命的检测方法。

1.14.1　工作液失效机理

工作液通常由基础油、无机盐、清洗剂、防锈剂及缓蚀剂等组成。在加工过程中，工作液在火花放电产生的高温下发生汽化和裂解。随着工作液的长时间循环使用，在极间电场及高温的反复作用下，工作液各组分含量将因得不到补充而逐渐减少，因此工作液各组分及其含量将发生改变而使工作液状态发生质变，从而导致工作液失效。

图 1.75 所示为工作液失效前后极间介质状态示意图。对于正常的工作液，其含有的金属蚀除微粒及杂质较少，清洗、排屑及冷却等性能都较好；随着工作液循环使用时间的延长，当工作液中未被滤除的金属蚀除微粒及杂质的含量增大到一定程度时，将会切缝将会被堵塞，影响排屑效果，尤其是由于工作液组分的变化，将导致工作液的洗涤、冷却及排屑作用同时降低，对极间介质的击穿放电状态产生严重影响。图 1.76 所示为复合型工作液不同阶段切割工件表面的微观形貌。切割起始时，如图 1.76（a）所示，表面放电蚀坑轮廓清晰，凹坑边缘凸起处残留物较少，表面平整光滑；当累积切割面积为 $4.5 \times 10^5 \mathrm{mm}^2$ 失效时，如图 1.76（b）所示，工件表面的放电蚀坑轮廓不清，凹坑边缘凸起处残留较多蚀除产物，表面黯淡、毛刺凸起。

当工作液中未被滤除的金属蚀除微粒及杂质含量增多后，会导致介质电导率升高，使得加工过程中频繁发生短路情况，此时在极间电压不变的情况下，必须通过降低伺服进给速率，增大放电间隙来缓解放电频繁短路问题，但伺服进给速率的降低，将致使极间处于

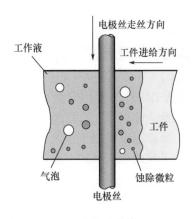 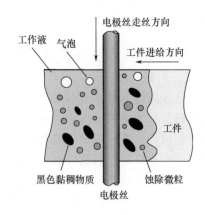

（a）失效前　　　　　　　　　　　（b）失效后

图 1.75　工作液失效前后极间介质状态示意图

欠跟踪状态，导致正常击穿放电脉冲减少，空载脉冲增加，从而使正常放电的脉冲概率降低，材料去除率下降。

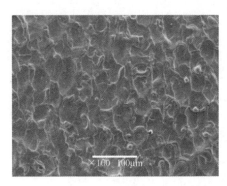

（a）切割起始时　　　　　　　（b）切割面积为 $4.5 \times 10^5 mm^2$ 失效时

图 1.76　复合型工作液不同阶段切割工件表面的微观形貌

在其他条件完全相同的情况下，工作液失效前后单个脉冲放电波形如图 1.77 所示。

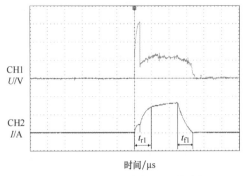

CH1每格20V；CH2每格20A；时间每格20μs　　　　CH1每格20V；CH2每格20A；时间每格20μs

（a）正常工作液切割时的放电波形　　　　（b）失效工作液切割时的放电波形

图 1.77　工作液失效前后单个脉冲放电波形

正常工作液切割时的放电波形一般具有一定的击穿延时,而失效工作液切割时的放电波形中出现了微短路击穿的情况。对比失效前后电流波形的前沿和后沿,从施加电压脉冲开始到工作液击穿后峰值电流上升到相同值时,前沿上升时间 $t_{r1} > t_{r2}$;极间电流从最大值下降到零时,后沿下降时间 $t_{f1} < t_{f2}$(脉冲电源功率管关断延时相同),而且采用失效工作液切割时电压脉冲在功率管关断后出现较大波动。可见,工作液失效后,极间放电环境已恶化,极间介质的击穿及消电离状态都发生了变化,电流波形前沿变陡峭,还会增大电极丝直径损耗;电流波形后沿变缓,使脉冲放电结束后的消电离时间延长,并使材料去除速率下降。

1.14.2　工作液使用寿命检测

通过上述分析可知,工作液失效实际就是极间放电状况恶化,导致有效脉冲放电概率降低。图 1.78 所示为脉冲放电概率、切割速度与加工面积的关系。由图可知,随着加工面积的增大,脉冲放电概率和切割速度都呈现先增大再逐渐减小的趋势,而且两曲线的变化趋势是一致的。由此提出一种通过检测脉冲放电概率实时估算工作液使用寿命的方法。其采样系统结构框图如图 1.79 所示,检测流程如图 1.80 所示。首先在系统中设定一个

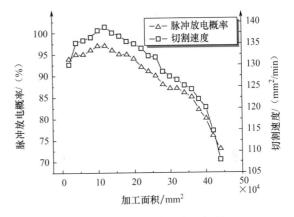

图 1.78　脉冲放电概率、切割速度与加工面积的关系

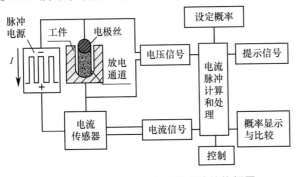

图 1.79　脉冲放电概率采样系统结构框图

有效脉冲放电概率的初始值(如 70%),在加工过程中,实时对电压、电流脉冲进行取样,计算出脉冲电流在一个采样周期内所占的比例,如果脉冲比例大于设定的值,则表示工作液工作正常;如果脉冲比例小于设定的值,可选择调整切割参数,使切割正常进行,或者更换工作液。加工中,从脉冲电源的正极经电流取样电路可得到电流信号;从导电块与工作

台之间或直接从脉冲电源取出信号经电压取样电路得到电压信号;同时经过信号处理,可得电流脉冲放电概率或无电流脉冲放电概率。这种脉冲放电概率检测方法可以准确检测出放电脉冲数或无放电脉冲数,实时监测工作液的使用寿命。一般认为当脉冲放电概率小于70%时,即使调节加工参数也不能使加工状态稳定,并且切割速度降低至起始切割速度的80%以下,说明工作液已失效,应更换工作液。

这样在高速往复走丝电火花线切割中,无论脉冲能量、电介质性能、加工材料、电极丝张力等因素的影响如何,也无论采用何种工作液,都可以根据脉冲放电概率实时监测工作液的使用寿命,使工作液使用寿命的量化标定有据可依。

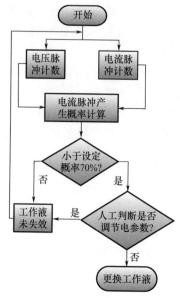

图 1.80　检测流程

放电概率工作液使用寿命检测系统

1.15　绝缘材料电火花线切割

1.15.1　辅助电极法

　　常规电火花线切割只能加工导电材料，材料的导电性直接影响电火花线切割的难易程度。20 世纪 90 年代，日本长冈技术科学大学的福泽康教授和东京大学的毛利尚武教授发明了辅助电极法，可实现对绝缘陶瓷材料的电火花线切割加工。

　　辅助电极法是在工件表面附加一层导电层，利用放电过程中形成的导电膜构成辅助电极，并在控制好加工工艺参数的前提下，通过辅助电极的不断熔蚀和生成，实现连续的放电切割加工。

　　辅助电极法电火花线切割加工绝缘陶瓷材料原理如图 1.81 所示。工作液为煤油且整个工件和放电部分的电极丝都浸没在煤油中，电极丝为钼丝或黄铜丝，电极丝做往复或单向走丝运动。绝缘陶瓷工件安装在机床工作台上，数控系统控制工作台在 XY 平面内运动。先对绝缘陶瓷工件进行表面导电化处理，使其表面具有一层导电层；接着，导电层接脉冲电源正极，电极丝接脉冲电源负极，在加工过程中，间隙放电产生的高温使煤油不断裂解，裂解形成的碳胶团不断吸附在切割的工件表面形成导电膜，导电膜与外部表面的导电层一起构成辅助电极。

　　在加工过程中，碳胶团形成的导电膜不断被火花放电蚀除，同时不断在被切割表面生成，其加工过程示意图如图 1.82 所示。图 1.82（a）所示为加工初始阶段，由于导电层具有导电性，导电层和电极丝之间产生火花放电，导电层被不断蚀除；在导电层被蚀除的过程中，由于火花放电产生的高温使煤油发生裂解，导电层的待加工表面吸附一层导电膜；加工继续进行，当加工到导电层与绝缘陶瓷的结合面处时，虽然绝缘陶瓷不具有导电性，

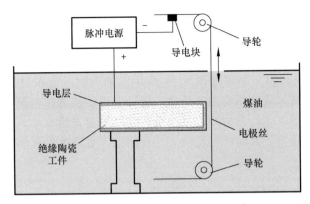

图 1.81　辅助电极法电火花线切割加工绝缘陶瓷材料原理

但由于煤油高温裂解生成的碳胶团的吸附作用，绝缘陶瓷材料表面已存在导电膜，导电膜具有导电性，脉冲电源正极将通过导电层与导电膜接通，因此导电膜与电极丝发生脉冲火花，放电阶段如图 1.82（b）所示；由于导电膜厚度很薄，单次脉冲放电除了蚀除导电膜材料外，还会蚀除绝缘陶瓷材料，而且被蚀除导电膜的区域将在后续的火花放电中得到补充，使得加工连续进行；图 1.82（c）所示是已经加工至绝缘陶瓷内部的阶段，由于已加工过的陶瓷表面存在一层导电膜，脉冲电源的正极通过导电层和已加工表面上的导电膜与待加工表面上的导电膜接通，而电极丝接电源负极，构成了两极放电条件，因此加工可以持续。

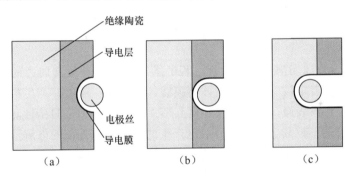

图 1.82　绝缘陶瓷材料电火花线切割加工过程示意图

　　图 1.83 所示为绝缘陶瓷 Si_3N_4 电火花线切割加工样件，其加工参数如下：脉冲宽度为 $15\mu s$，脉冲间隔为 $80\mu s$，峰值电流为 9A，开路电压为 125V。

图 1.83　绝缘陶瓷 Si_3N_4 电火花线切割加工样件

1.15.2　电解-电火花复合线切割加工法

日本学者将电解与电火花加工技术结合,实现了对玻璃及不导电陶瓷等绝缘材料的电解-电火花复合线切割,加工原理如图1.84所示。加工时,电极丝采用钼丝,作工具电极,并接脉冲电源负极,进行恒速走丝运动,辅助电极铂接脉冲电源正极,置于加工试件上,并尽可能接近切缝,工作台由步进电动机驱动做恒速进给运动,当进给速度超过蚀除速度时,电极丝会被顶弯,此时检测器使工作台回退,直至电极丝回直后继续进给,介质选用电解液。

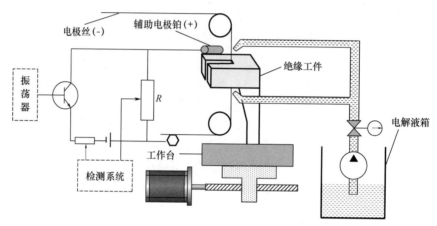

图1.84　电解-电火花复合线切割加工原理

电解-电火花复合线切割加工的微观过程的本质是电极丝与其周边的电解液作为放电的两极,在击穿围绕着电极丝周边的气体薄膜后,形成火花放电,产生的热及冲击波传递到附近的绝缘工件材料表面,从而间接地对其形成蚀除。由于是间接蚀除,并且在电极丝周边360°范围都可能形成放电,大部分放电产生的热均会被外部的电解液带走,实际作用于绝缘材料并对其进行蚀除的能量很少,因此其切割速度很低。以面向绝缘材料的加工为例,其物理过程包括气体薄膜的形生、放电通道的形成、材料的蚀除和消电离准备四个微观阶段,加工过程如图1.85所示。

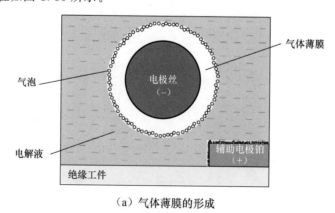

（a）气体薄膜的形成

图1.85　电解电火花复合线切割加工过程

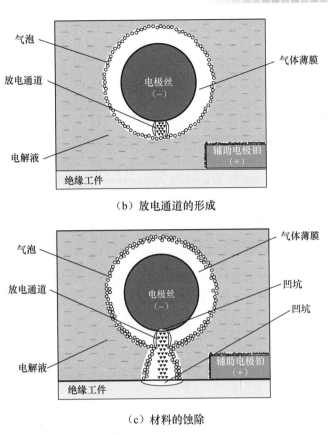

（b）放电通道的形成

（c）材料的蚀除

（d）消电离准备

图 1.85　电解电火花复合线切割加工过程（续）

1. 气体薄膜的形成

电解液在通入脉冲电源后，将在电极丝周边产生氢气，一定延时后，当氢气泡达到一定量时便在电极丝周边形成一层气体薄膜，并包住电极丝表面，如图 1.85（a）所示。

2. 放电通道的形成

随着氢气的不断产生，气体薄膜变得越来越致密而将电极丝与周边电解液隔离，使得电极丝与周边电解液之间的电场强度不断增大，从而形成高的电位梯度，当达到气体薄膜的击穿电压后，便在气体薄膜电场强度最大处形成一个截面面积很小、电流密度很高的放电通道[图 1.85 （b）]，其局部温度可达 10000℃ 左右；由于铂金属片与电解液接触面积较大，其附近产生的气泡相对较少且很分散，因此不会形成火花放电，如图 1.85 （b）所示。

3. 材料的蚀除

放电产生后，放电通道的高温、高压及冲击波将直接作用在通道对面的电解液上，由于电解液的沸点较低，因此放电通道对应点电解液直接汽化，并使火花放电能量传递到绝缘工件表面，使对应点工件材料瞬时软化、熔融甚至气化，然后在放电爆炸力及局部热冲击力的作用下，气化成分和部分熔融的绝缘工件材料被直接溅射抛出，在工件表面形成微小的凹坑，如图 1.85 （c）所示。

4. 消电离准备

随着脉冲放电的结束，电极丝与电解液之间的电场迅速降低到零，放电通道中的带电粒子复合为中性粒子，放电通道随着压力的减小而逐渐消失，并恢复为液态。由于脉冲断开，电解液的电化学作用消失，利用此段时间可以消电离，同时残余的蚀除产物被运行的电极丝及电解液迅速带走，电解液冷却工件，并为下次脉冲的到来做准备，如图 1.85 （d）所示。

1.16　半导体材料电火花线切割

半导体晶体材料因具有对光、热、电、磁等外界因素变化十分敏感而独特的电学性质，已成为尖端科学技术中应用最活跃的先进材料，特别是在通信、家电、工业制造、国防工业、航空航天等领域具有十分重要的作用。最典型的半导体晶体材料有硅（Si）、锗（Ge）、砷化镓（GaAs）等。

到目前为止，半导体材料的加工仍是一件十分困难的事，因为其突出的特性就是脆性高，断裂韧性低，材料的弹性极限和强度非常接近。当半导体材料所承受的载荷超过弹性极限时，就会发生断裂破坏，并且在已加工表面易产生裂纹，严重影响其表面质量和性能，因此半导体材料的可加工性极差。目前人们通常利用外圆法、内圆法、线锯法对其进行直线切割，然后采用研磨、抛光工艺对其光整加工。但这类加工最大的问题是无法进行大尺寸、复杂曲线、型面零件的加工。电火花加工技术不依靠机械能，而是利用电能去除材料，因此可以加工任何硬度、强度、韧性、脆性的导电材料，而且专长于加工复杂、微细表面和低刚度零件。因此，利用电火花线切割技术加工半导体材料，为解决半导体材料大尺寸、高效精密切割、窄缝切割、曲线切割等难题提供了一种可行方案。

1.16.1　半导体材料特殊的电特性及加工特点

半导体材料电火花加工特性完全不同于金属，主要体现在以下方面。

（1）半导体材料本身具有一定的电阻率，致使其体电阻不能像一般金属一样被忽略，并且体电阻随着电极丝与半导体材料的接触面积、与进电端的相对位置、半导体体积及环境温度等因素的改变而改变。

（2）半导体材料放电加工时需与进电材料接触，由于半导体材料的特殊电特性，在进电表面会形成接触势垒，并且与半导体的极性有关，如图 1.86 所示。接触势垒就如同一道屏障，类似一个与加工电流方向相反的倒置二极管，放电加工时电压必须高于它的击穿电压，也就是要高于这个屏障，电路才能导通。

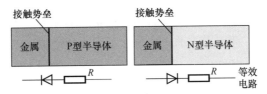

图 1.86　进电端接触势垒等效电路图

（3）半导体材料的放电加工具有单向导通特性，随着电阻率及加工对象体积的增大，该特性愈加明显。半导体材料放电加工的装夹端和放电端都存在接触势垒，目前 P 型硅采用正极性加工，而 N 型锗采用负极性加工。

（4）半导体材料电火花线切割时，由于使用的工作液具有一定的导电性，以及存在进电接触面接触势垒及接触电阻，一旦回路通电且在进电金属和半导体材料间存在工作液，必然会由于两种接触材料在此接触区域存在电位差而产生电化学反应，并生成不导电的钝化膜，使加工无法延续，因此必须采用特殊的进电方式。常用的方法是在半导体材料表面涂覆碳浆并烘烤，以形成牢固接触的碳膜，从而隔离工作液的进入，如图 1.87 所示，以阻断电化学反应的形成，防止生成不导电的钝化膜。由于碳膜与半导体接触处具有接触电阻，在输入放电能量时会在接触面产生热量，易导致碳膜脱落，因此还需要通入非导电性冷却介质，以降低进电处的温度，防止碳膜脱落。硅锭电火花线切割现场如图 1.88 所示。

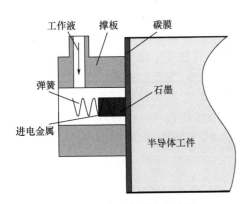

图 1.87　半导体进电示意图

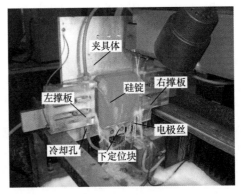

图 1.88　硅锭电火花切割现场

（5）半导体材料的放电蚀除方式与一般金属材料的高温热蚀除不同，不仅包含高温蚀除，而且包括热应力蚀除，其中热应力所引起的脆性崩裂蚀除在某些条件下远远大于高温引起的熔化或气化蚀除，因此进行半导体材料电火花线切割时，单位电流的材料去除率远高于甚至数倍于金属材料。

1.16.2　半导体材料电火花线切割特殊的伺服控制方式

目前传统电火花伺服检测系统最常用的是基于极间检测的平均电压检测法和峰值电压检测法，伺服系统根据取样电压与基准电压的比较对极间距离进行调节。在切割金属时，由于金属的体电阻非常小，在其上的压降可以忽略不计，因此可以准确地取出极间电压，并以此判断电极丝与工件的间隙状况。但对于半导体，由于存在体电阻及接触势垒，取出的电压不再只是放电的间隙电压。P 型硅正极性放电切割示意图如图 1.89（a）所示，其等效电路如图 1.89（b）所示，图中 R_L 为限流电阻，D_{sm} 为进电金属与半导体间的接触势垒，R 为硅的体电阻，D_{sc} 为放电通道与晶体硅间的接触势垒，D_c 为放电通道维持电压。A、B 两点为电压取样点，此时取出的电压包含了放电通道维持电压 D_c、体电阻 R 上的压降和 D_{sm} 的反向击穿电压。

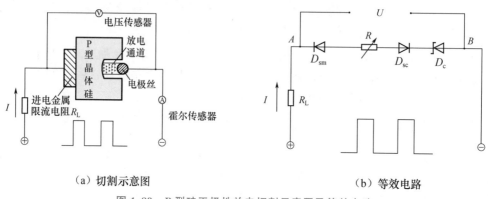

（a）切割示意图　　　　　　　　　　（b）等效电路

图 1.89　P 型硅正极性放电切割示意图及等效电路

图 1.90 所示为脉冲电源的空载电压波形；图 1.91 所示为电火花线切割金属时的波形，当极间介质被击穿后，放电间隙电压迅速下降到放电通道维持电压（一般约为 24V）；图 1.92 所示为电火花线切割单晶硅正常加工时的波形，由图可以看出，放电形成后，放电通道维持电压与原空载电压变化很小；图 1.93 所示为电火花线切割单晶硅发生短路状态的波形，由图可以看出其电压、电流特征与图 1.92 正常加工时基本没有区别，即对于半导体电火花加工而言，正常火花放电及短路状态下均有脉冲电流出现，并且在这两个状态下，脉冲电压、电流的特征差别不大。因此对于现有的以空载、正常加工和短路时的电压特性差异作为伺服控制依据的传统伺服控制系统而言，切割半导体时无法正确判断极间空载、正常加工和短路的状况。如采用传统伺服控制系统进行半导体材料的电火花线切割加工，伺服系统会将所有加工状态错误地作为空载状态，并以空载速度进给，必然就会出现电极丝被半导体工件顶弯甚至顶断的情况。

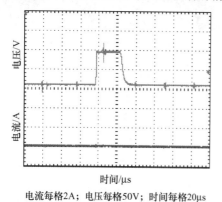

电流每格2A；电压每格50V；时间每格20μs

图 1.90　脉冲电源的空载电压波形

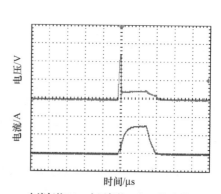

电流每格5A；电压每格50V；时间每格20μs

图 1.91　电火花线切割金属时的波形

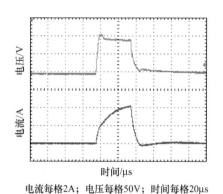

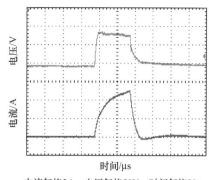

电流每格2A；电压每格50V；时间每格20μs　　　　电流每格2A；电压每格50V；时间每格20μs

图 1.92　电火花线切割单晶硅正常加工时的波形　　图 1.93　电火花线切割单晶硅发生短路状态的波形

　　南京航空航天大学刘志东教授团队提出了一种基于放电概率检测的半导体加工伺服跟踪方法。以电火花线切割时脉冲电流出现的概率作为判断依据，此刻脉冲电流的出现包括放电脉冲电流及短路脉冲电流。所设计的伺服控制系统框图如图 1.94 所示。首先采用电流传感器检测实时电流，利用信号处理电路处理电流信号，每产生一次脉冲电流，就产生一个标准方波脉冲。对电压信号采用相同的处理方式，将电压信号处理成一个个标准的方波脉冲。将两路信号输入微处理器中分别进行计数，在计数周期结束后，用电流脉冲数与总的脉冲数（此处即电压脉冲数）相除，从而计算出当前电流脉冲产生概率，作为伺服进给的依据。

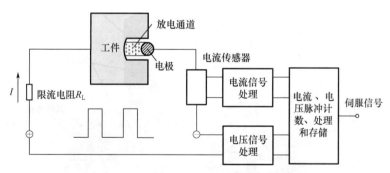

图 1.94　半导体电火花线切割伺服控制系统框图

　　基于电流脉冲概率的半导体电火花线切割伺服控制流程如图 1.95 所示，首先设定初始工艺参数并开始按给定的速度进给。在加工时，实时地对电压、电流脉冲采样，计算当前电流脉冲产生概率，并由此得出一个与进给速度相关的比例因子。

$$比例因子 = 设定的电流脉冲概率 \div 采样电流脉冲概率 \times n$$

式中，n 为大于 0 小于 1 的数，n 越小，每次速度调节的幅度就越小，速度变化越平稳。但如果 n 值太小，则会导致反应过慢，一般取 $1/3 \leqslant n \leqslant 1/2$。

　　当采样获得的电流脉冲概率大于所设定值时，将当前的进给速度与比例因子（此时小于 1）相乘，降低当前的进给速度；反之，当电流脉冲概率小于所设定值时，将当前的进给速度与比例因子（此时大于 1）相乘，提高当前的进给速度。从而通过进给速度的调整，使实际的电流脉冲概率一直趋近于设定值。

　　电流脉冲概率的设定值根据不同半导体材料及厚度情况，一般设定在 60%～90%。当

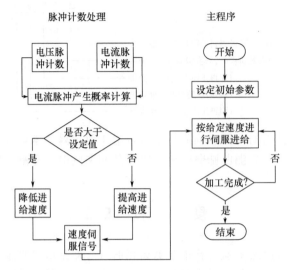

图 1.95　基于电流脉冲概率的半导体电火花线切割伺服控制流程

电流脉冲概率大于 90% 时，切割容易发生过冲并造成切割不稳定。

　　基于电流脉冲概率检测的伺服控制系统采用了"宁欠勿过"的伺服跟踪方法，有效地避免了过跟踪后短路和弯丝情况的发生，加工精度得到了较好的保障。采用该系统可切割微小、复杂和非直线半导体零件，切割件如图 1.96 所示。

（a）微小硅切割件

（b）复杂和非直线硅切割件

图 1.96　采用电流脉冲概率伺服控制系统加工的微小、复杂和非直线硅切割件

1.17　半导体特性下的极限电火花线切割

1.17.1　极限电火花线切割的分类及其特点

　　所谓极限电火花线切割加工，是由南京航空航天大学刘志东教授团队提出的专指超出传统电火花加工理论范畴的，基于半导体电火花线切割加工理论的新放电加工体系。极限电火花线切割主要指超高厚度电火花线切割、细丝切割、微小能量切割及复合材料切割

等。这些切割具有的共同特点如下：电极丝或工件，甚至电极丝和工件由于其电阻不可忽略，致使其在放电加工时均不再作为导体（等势体）对待，而是具有了半导体的特性。极限电火花线切割分类及其具有半导体特性的电极见表1-3。

表1-3 极限电火花线切割分类及其具有半导体特性的电极

切割方式	超高厚度切割	细丝切割	微小能量切割	复合材料切割
具有半导体特性的电极	电极丝和工件	电极丝	工件	工件

1. 超高厚度切割

高速往复走丝电火花线切割有别于低速单向走丝电火花线切割的一个显著差异就在于能进行稳定的高厚度切割。随着制造业的日益发展，航空航天等领域对超高厚度（厚度大于1000mm）金属零部件的应用及需求迅速增加，随着加工区域工件厚度及电极丝长度的增大，工件进电点到放电点的距离大大增加，致使极间电极丝电阻的增大对放电特性的影响不可忽略，此时的工件及电极丝均具有了半导体特性。因此，超高厚度电火花线切割在伺服控制方法、脉冲电源设计、加工表面质量控制等方面均与传统电火花线切割有所不同。

近年来，通过对超高厚度电火花线切割脉冲电源、伺服控制策略、电极丝张力控制、专用工作液研制等方面的研究，已经实现了对2000mm甚至更高厚度工件的长时间稳定加工。

2. 细丝切割

随着对微小零件（微小齿轮、微小花键和微小连接器、传感器及贵重金属特殊复杂零件）加工的需要，微细电火花线切割在许多微型机械生产领域发挥了重要的作用。但目前的细丝电火花线切割领域，几乎被低速单向走丝电火花线切割垄断，在细丝切割时，放电能量非常微弱，随着电极丝直径与放电能量的大幅度减小，放电过程及其作用机理均发生了本质的变化，对走丝系统、微精电源、加工过程控制策略等都提出了更高的要求。但从切割机理考虑，由于高速往复走丝电火花线切割走丝速度快，电极丝获得的冷却将更加及时，其切割的持久性、稳定性及切割速度和性价比将大大高于低速单向走丝电火花线切割的细丝切割。

常规高速往复走丝电火花线切割的电极丝通常为 $\phi0.18$mm 的钼丝，而目前细丝切割一般使用 $\phi0.05\sim\phi0.08$mm 的细钼丝。根据钼丝电阻率及电阻计算公式可知，$\phi0.05$mm 的钼丝电阻是 $\phi0.18$mm 钼丝的 12.96 倍，因此，对高速往复走丝电火花细丝切割而言，随着电极丝直径的减小，电极丝电阻大大增大，由此带来的对放电特性、取样及伺服控制的影响不可忽略；同时，由于存在较大电阻，放电加工中的电极丝不再是等势体，而具有了半导体特性。因此，与传统电火花线切割相比，电火花细丝切割在脉冲电源及能量控制、伺服控制方法、走丝系统等方面均有所差异。

近年来，通过对现有高速走丝机系统进行改进，以及在细丝切割的脉冲电源、伺服控制、走丝系统及张力控制、断丝控制等方面进行了深入研究，已经实现了直径 $\phi0.05$mm 电极丝的大高径比工件的连续稳定切割。图 1.97 所示小齿轮厚度为 20mm，齿数为 10，齿顶圆直径为 $\phi2$mm，加工用时 19min。

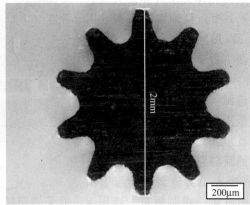

（a）小齿轮　　　　　　　　　　　　　　（b）截面

图 1.97　φ0.05mm 电极丝切割的小齿轮

3. 微小能量切割

为了提高高速往复走丝电火花线切割的表面质量，同时兼顾其切割速度，通常采用多次切割工艺，即主切时用大能量高速稳定切割，以切割速度为主，后续的修切则采用逐渐减小加工能量的方法，对已加工表面精修，以提高加工精度和表面质量。

采用微小放电能量修切是实现精密、高表面质量加工的重要前提，因此，能量微小化一直是研究人员追求的目标之一。随着纳秒级高频脉冲电源的逐步推广，目前中走丝修切后的最佳表面粗糙度已经达到小于 $Ra0.4\mu m$，但进一步降低脉冲能量难度很大。基于半导体特性电火花线切割多通道放电理论提出的电火花线切割多通道放电加工方法，可以人为将多个金属工件设置为半导体组，实现在一个修切脉冲期间形成多个放电通道以分散脉冲放电能量，从而进一步降低修切能量，进行微小能量修切，以进一步改善加工表面质量。当然也可以借助电解修切的方法提高表面质量。

4. 复合材料切割

随着制造水平的不断发展，高新技术领域对新型工程材料的需求越来越迫切，传统的金属材料往往不能在各个方面都满足工作条件的要求。陶瓷复合材料由于具有高强、超硬、耐高温、耐磨、耐腐蚀等特性，已广泛应用于航空航天、化工、军事、机械、电子通信等领域。然而，正是由于陶瓷复合材料的高硬度和高脆性，对其进行成形加工尤其是复杂形状的加工极为困难。电火花线切割加工几乎不受材料机械性能影响、适合加工各种复杂形状的特点，使其成为加工复合材料最具潜力的特种加工方式之一。

由于陶瓷复合材料具有特殊的材料特性，因此其电火花线切割与传统金属线切割存在很大差异。一方面，由于陶瓷复合材料包含氧化铝等不导电化合物的组分，因此材料本身存在一定的电阻率，并且不导电组分的含量越高，复合材料的导电性能越差，呈现越明显的半导体特性，因而影响其电火花线切割加工时的放电特性。另一方面，在电火花线切割加工复合材料过程中，产生的非导电蚀除物容易黏附在电极丝表面，严重影响电极丝的导电性能，导致电极丝具有体电阻，性能类似于半导体材料，此时的电极丝也会呈现出明显的半导体特性。因此，目前基于导电材料建立的传统电火花加工的相关机理及规律已经不能适用，必须采用基于半导体特性下的新放电加工体系以解决复合材料的加工问题。

1.17.2 半导体特性下的电火花线切割特点

传统电火花加工中，在一个脉冲放电期间，两个金属电极间只能形成一个放电通道，其实际原因是金属的电阻近似为零，即两个金属电极近似为两个等势体，极间放电通道一旦形成，极间电压随即被拉低至放电维持电压，此刻在两个等势体间不再存在高于放电维持电压的电压，如图1.98（a）所示，故不可能再形成其他的放电通道，因此脉冲能量的增大就只能直接作用在该放电通道中。但对于半导体放电加工而言，由于半导体存在体电阻与进电接触电阻，因此其已经不是一个等势体，在一个脉冲放电期间，当首个放电通道形成后，在极间的其他区域仍然存在高于放电维持电压的地方，只要极间间隙有所减小，就可能在其他点形成击穿电压，如图1.98（b）所示，因此当两个电极其他对应点距离靠近并满足击穿条件时，就会形成另外一个放电通道，这就是具有半导体特性材料在放电中会形成多通道现象的本质原因。

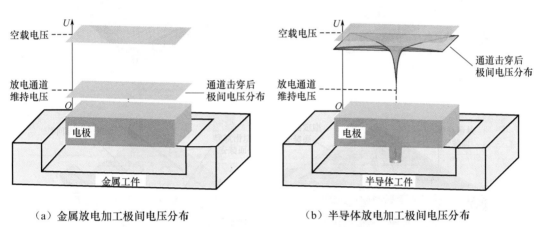

（a）金属放电加工极间电压分布　　　　　　（b）半导体放电加工极间电压分布

图1.98　金属和半导体电极放电后极间电压分布

1.17.3 电火花线切割多通道放电高效加工的应用

对传统电火花线切割而言，切割速度的提升主要通过增大放电脉冲能量实现，但放电脉冲能量的增大必然会导致切割表面质量的降低和电极丝直径损耗的增加，同时会带来极间放电状况的恶化，甚至出现断丝的情况，因此切割速度的提高与切割表面质量的改善及电极丝直径低损耗是相互矛盾的，按传统的加工模式是无法实现协调统一的，但在现实中理论及实际意义十分重大。

根据半导体电火花线切割加工的多通道放电特性，南京航空航天大学刘志东教授团队提出了一种电火花线切割多通道放电高效加工方法。传统电火花线切割与多通道电火花线切割加工原理如图1.99所示。多通道电火花线切割加工中先将各独立金属工件相互绝缘，并在其后串联一个电阻，再将这些串联电阻的工件并联后与脉冲电源相连，人为使工件组整体具有半导体特性。此时电极丝与某独立工件形成放电后，只是在该工件和电极丝间形成放电通道，并使极间电压降低至放电维持电压，而其他与其绝缘的工件和电极丝之间将仍然维持在较高的极间电压水平，可以继续形成极间放电，从而在一个脉冲期间产生多通道放电。多通道电火花线切割加工试验系统、加工条件及工艺指标分别如图 1.100、表 1-4 所示。图 1.101 所示为传统电火花线切割与（在四个独立金属工件上均产生放电通道）多通道电火花线切割连续脉冲放电波形。为进一步说明多通道放电分散放电能量的效果，分别截取了基本相同总脉冲能量条件下的传统电火花线切割与多通道电火花线切割单脉冲放电波形，如图 1.102 所示。从图中可以看到，两种加工条件下，放电维持电压基本相同，而多通道放电每个通道的放电峰值电流（约为 16A）近似为传统放电峰值电流（约为 70A）的 1/4。由于两种加工方式总脉冲能量基本维持不变，因此总切割速度也基本不变，但多通道放电分散了放电能量，改善了切割表面质量。传统电火花线切割与多通道电火花线切割工件表面微观形貌如图 1.103 所示。多通道放电的同时也将降低了电极丝直径损耗，降低了断丝概率，为有效解决电火花线切割的切割速度和表面质量之间的矛盾提供了一种全新的研究思路。

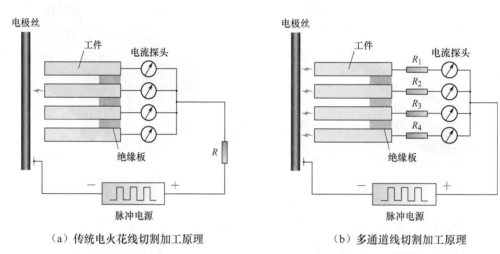

（a）传统电火花线切割加工原理　　　　　　（b）多通道线切割加工原理

图 1.99　传统电火花线切割与多通道电火花线切割加工原理

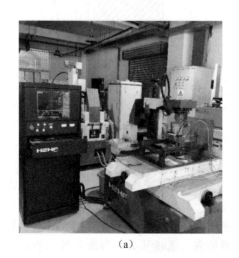 

（a）　　　　　　　　　　　　　　　　（b）

图 1.100　多通道电火花线切割加工试验系统

表 1-4　传统电火花线切割与多通道电火花线切割加工条件及工艺指标

项目	传统线切割	多通道线切割	加工条件
切割速度/ (mm²/min)	193	180	电参数：脉冲宽度为 48μs，占空比为 1∶6，平均电流为 7.5A 电极丝：钼丝 ϕ0.18mm，长度为 380m，走丝速度为 12m/s 工件：Cr12，每片厚度为 10mm 工作液：JR3D，配比为 1∶20
表面粗糙度 $Ra/\mu m$	7.897	5.242	

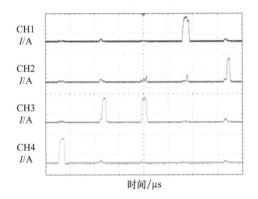

CH1~CH4每格50A; 时间每格200μs

（a）传统电火花线切割连续脉冲放电波形

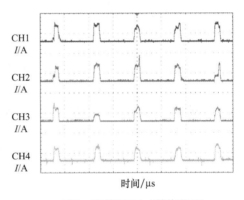

CH1~CH4每格20A; 时间每格200μs

（b）多通道电火花线切割连续脉冲放电波形

图 1.101　传统电火花线切割与多通道电火花线切割连续脉冲放电波形

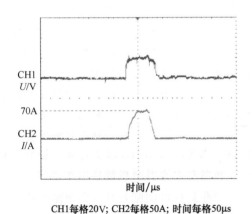

CH1每格20V; CH2每格50A; 时间每格50μs

（a）传统电火花线切割单脉冲放电波形

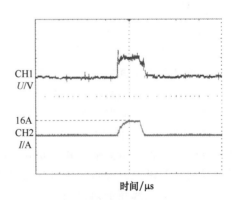

CH1每格20V; CH2每格20A; 时间每格50μs

（b）多通道电火花线切割单脉冲放电波形

图 1.102　传统电火花线切割与多通道电火花线切割单脉冲放电波形

　　电火花线切割多通道放电高效加工方法的提出，是基于半导体电火花加工可以形成多通道理论的成功应用，不仅能够有效提高切割速度、改善加工质量，而且能降低电极丝直

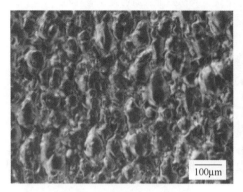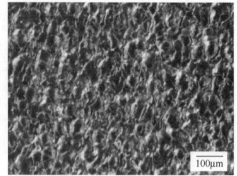

（a）传统电火花线切割工件表面微观形貌　　　（b）多通道电火花线切割工件表面微观形貌

图 1.103　传统电火花线切割与多通道电火花线切割表面工件微观形貌

径损耗，延长电极丝使用寿命，实现长时间的高效稳定加工，为放电加工半导体特性材料理论体系的建立奠定了基础。

　　作为一种全新的工艺技术，在理论和机理方面，电火花线切割多通道放电高效加工涉及的放电加工机理、多通道的形成概率、多通道能量控制、加工工艺规律及实际应用中的脉冲电源技术、进电及取样方式和伺服控制系统等都有待进一步深入研究，但其提出了在极限切割条件下的多通道放电加工理论，这对传统电火花加工理论的发展做了有益的补充。

1.18　高速往复走丝电火花线切割技术水平及发展方向

　　高速往复走丝电火花线切割是我国独创的电火花线切割加工模式，经过半个多世纪的发展，已经具备了坚实的技术积累及成本优势，成为世界上独特的电火花线切割加工模式，并已经为世界各国所认知，产品出口到世界各地。

1.18.1　技术水平及市场定位

　　目前，高速往复走丝电火花线切割能够进行厚度 1000mm 以上工件的切割，最高切割厚度超过 2000mm，机床长期稳定切割速度已普遍达到 150mm²/min 以上，最高切割速度已经超过 350mm²/min，加工精度达到 ±0.01mm，切割工件的表面粗糙度一般为 $Ra2.5\sim Ra5.0\mu m$。随着模具行业对加工要求的不断提高及市场竞争的日趋激烈，国内生产高速走丝机的厂家都将提升机床的加工精度和表面质量作为产品发展的主攻目标，纷纷推出具有多次切割功能的高速走丝机，即中走丝机。随着纳秒级高频电源的研制及应用、电极丝闭环张力的动态控制、加工轨迹的闭环控制、伺服进给控制策略的完善、工作液性能的改进及多次切割工艺技术的发展等，目前中走丝机所能达到的加工精度为 ±0.005mm，表面粗糙度在 $Ra1.2\mu m$ 左右，最佳表面粗糙度小于 $Ra0.4\mu m$。高速走丝机、中走丝机、低速走丝机的工艺指标比较见表 1-5。

表1-5 高速走丝机、中走丝机、低速走丝机的工艺指标比较

比较内容	高速走丝机	中走丝机	低速走丝机
切割速度、最大切割速度/（mm²/min）	120~150 >350	综合效率 100（割一修二）	150~250 >500
加工精度/mm	±0.01	±0.005	±0.001~±0.002
纵、横剖面尺寸差	40mm 切割，15μm	100mm 三次切割，5~10μm 200mm 三次切割，20~25μm	300mm（模具钢）四次切割，±9μm（FANUC） 300mm（钢工件）四次切割，±6μm（三菱）
拐角精度		拐角控制策略还需细化	60°内角拐角精度 1μm
表面粗造度 Ra	2.5~5.0μm	0.4~1.2μm，还未涉及表面完整性研究	小于 0.05μm，表面变质层控制在 1μm 以内
最大切割厚度/mm	1500~2000	300	500~800

相对于高速走丝机，虽然中走丝机在切割精度和表面质量方面有了质的提高，但由于中走丝机依然摆脱不了往复走丝的特征（如电极丝换向产生冲击、电极丝有直径损耗、走丝速度快、导向器限位作用有限且使用寿命短、工作液性能无法定量表征等），因此与高档低速走丝机存在的差距，尤其是在切割精度和表面粗糙度方面，仍然是巨大的。并且中走丝机切割产品的可控性，加工的一致性，操作的自动化及智能化等方面与低速走丝机仍然存在明显的差距，使得中走丝机今后的发展还有很长的路要走。中走丝机的发展必须充分发挥自身的特点和长处，另辟蹊径，依靠简单的模仿及追随低速走丝机的发展是不科学的，也是行不通的。其发展的方向应定位在高效切割、高厚度切割、大斜度切割、某个丝径范围内的细丝切割方面，而在这些领域，保持中走丝机高的性价比是其显著特征的最终体现。

此外针对中走丝机工艺指标的宣传，应围绕可操作性及客户可享用性进行，不要误导市场和客户。例如，切割速度应该是客户可以实际使用的长期稳定的切割速度，而不是短期的表演切割速度；加工精度应该是可以连续切割多个零件的稳定及一致的切割精度；等等。

1.18.2 中走丝机的特征

中走丝机通过对高速走丝机机械和控制系统的升级改造及控制系统的智能化，在多次切割时，可以由控制系统自动设置修切轨迹、高频参数、修切量及进给跟踪速度，操作人员不再需要掌握高频参数的选择、组合，系统能提供对应的切割参数，并且用户可以根据材料特性等修正各种参数，形成相应的用户工艺数据库。中走丝机最核心的性能体现就是能进行稳定的多次切割加工，从而获得切割精度、表面质量的提升。中走丝机并没有统一的判断

中走丝电火花线切割

标准，但为保障多次切割长期稳定的进行，对其机床结构及功能要求业内已经逐步形成了一些共识。中走丝机具备的参考特征如下。

1. T型床身及C型线架

床身采用T型全支撑结构，全行程范围工作台不伸出床身，承重较大、精度高，X、Y轴滑板在床身范围内移动，保障机床的动态精度与静态精度的一致。虽然线切割线架有多种结构形式，但普遍而言，C型线架的刚性、机械稳定性要好于传统的音叉结构，从而对电极丝空间位置精度及稳定性提供进一步保障。

2. 走丝系统配有电极丝导向结构及张力控制机构

通过上下宝石导向器对电极丝进行导向定位，由于导向器的定位孔只比电极丝直径大 $0.012\sim0.015\mathrm{mm}$，因此操作人员要把电极丝穿过导向孔有一定的难度。

由于电极丝张力的改变对切割稳定性影响很大，因此中走丝机必须具有张力控制机构。目前大部分中走丝机采用重锤或弹簧拉紧电极丝的形式。这类结构的优点是结构简单，缺点是对电极丝张力的变化响应滞后。现在张力的控制方式已经有了很大的改进，已有厂家开始采用具有反馈系统的电动机控制闭环张力系统。

3. 采用伺服电动机驱动及螺距误差补偿技术

为尽可能减少传动链产生的传动误差，提高工作台的机械运动精度，并且对产生的传动误差进行补偿，有相当一部分中走丝机采用了伺服电动机与丝杠直联的伺服驱动方式，并通过螺距误差补偿功能，对工作台机械运动系统产生的误差及机床使用一段时间后因为运动系统的磨损形成的精度降低进行补偿。当然螺距误差补偿功能必须在具有一定恒温环境的前提下进行，否则装配精度及补偿精度是很难保障的。

4. 加工中可编程改变加工参数，并配备实用和稳定的工艺数据库

中走丝机控制系统应可以在操作界面任意选择加工参数，并配备参数库，即可以调用预先设定的加工参数加工；在程序中可设定并改变加工参数。如可以改变电极丝的补偿量，因为往复走丝在切割大工件时，切割一定时间后，电极丝直径损耗不可忽略，此时可以通过自动改变补偿来提高加工零件的精度；再如可以设定不同的高频电源参数，以适应不同厚度工件的切割要求；另外，可以设定在转角部位采用不同的进给速度甚至自动降低脉冲能量等，以提高拐角切割精度。

5. 配置精确电子手轮

配置精确电子手轮可实现 $1\mu\mathrm{m}$、$10\mu\mathrm{m}$、$100\mu\mathrm{m}$ 移动，而且可以用电子手轮移动 X、Y、U、V 轴。为保障斜度切割的准确性，目前已有厂家将 Z 轴也配备了数控功能，斜度切割时可直接用 Z 轴数控移动到设定的位置，从而提高斜度切割精度。

6. 具备内圆、圆柱、边定位及内角、外角自动定位功能

具备内圆、圆柱、边定位及内角、外角自动定位功能，定位精度应控制误差在 $0.01\mathrm{mm}$ 内。

7. 切割指标特点

切割表面质量的稳定性、切割精度的一致性、切割后的绝对尺寸精度及多次切割下高

厚度的纵、横剖面尺寸差（在现行的《数控往复走丝电火花线切割机床 性能评价规范》中切割正四棱柱工件时称为腰鼓度）是用户对中走丝机的基本需求。具体要求如下。

（1）切割表面质量的稳定性。

中走丝修切后所获得的表面质量应该是在一定切割厚度及切割面积要求下能稳定获得的表面质量要求。

（2）切割精度的一致性。

对中走丝机切割精度一致性的要求是在无须操作人员技能干预的条件下，连续多次切割多个相同尺寸零件，并且在一定的表面质量要求的情况下，试件的任意一致性误差应控制在一定的范围内。

（3）多次切割绝对尺寸精度。

多次切割后达到图样尺寸精度，是中走丝机最基本的应用要求，因此该项要求也应是在无须操作人员技能干预的条件下，连续多次切割多个相同尺寸零件，并且在一定的表面质量要求的情况下，试件与图样尺寸精度的误差应控制在一定的范围内。

（4）多次切割下高厚度的纵、横剖面尺寸差。

对于高厚度的多次切割，上中下的纵、横剖面尺寸差始终是中走丝高厚度修切挥之不去的困扰。多次切割下高厚度工件的纵、横剖面尺寸差对于塑胶模、医疗器械、军工产品等是非常重要的指标，也是评价高端中走丝机性能的重要指标之一。

1.18.3　发展方向

高速往复走丝电火花线切割自身的特点决定了其设备是一种适合中低精度零件高效稳定切割及高厚度、大斜度及特种材料切割的设备，因此在这些领域进行深入的研究是十分有必要的。

高速走丝机的主要特点是结构简单、性价比高、切割厚度大、运行成本低等，因此其今后的发展仍然需要依据自身的特长，不能一味地和低速走丝机拼消耗，需要扬长避短，充分发挥自身的特点。

1. 性价比高

高速走丝机之所以具有生命力，是因为其具有比低速走丝机高得多的性价比，运行成本是低速走丝机的十分之一甚至几十分之一，故在适合高速走丝加工的领域（如切割精度大于±0.005mm），中走丝机将会逐步替代一部分中低档的低速走丝机。因此一味地不考虑高速走丝机自身的局限，不计成本地试图在切割精度及表面粗糙度方面与低速走丝机相抗衡的想法是事倍功半的。

2. 面向整个机械加工业

高速走丝机生命力的体现不能仅局限于利用中走丝技术去替代一部分中低档的低速走丝机，因为就总体电火花线切割加工市场而言，在整个机械加工中占据的比例仍然是很小的，在这个很小比例的领域内，市场总体份额是十分有限的，因此要将视野放开、放宽，将电火花加工的应用拓展到普通机械加工领域，而在这方面，高速走丝加工技术具有先天的也是最重要的成本优势。目前，已经有大量的高速走丝机用于中小批量零件的加工就是一个很好的证明。多通道放电加工等半导体特性下的极限电火花线切割技术的提出，已经为在这些方面进一步深入的应用奠定了理论基础，也初步验证了高速往复走丝电火花线切割技术高效切割的可行性。随着研究的深入，可以预计电火花高效切割将在更大范围内应用于零件切割、下料等原来被传统机械加工占领的领域。

3. 自动化、可控化、智能化

中走丝技术的提出和发展早期主要关注的是切割速度、表面质量、切割精度等硬性指标的提升。随着社会发展的需求，以人为本的思想深入人心，新一代成长起来的技术工人对工作环境和个人发展的要求越来越高。而目前高速走丝机的操作环境较差，劳动强度较高（如穿丝、更换工作液等），培训周期较长（一般一个成熟的操作工要经过一年以上的培养），人机环境如果不进行改进和调整，企业很难培养出安心此工作的熟练技术工人，也会导致这种工艺方法在零件生产中认可度的下降。因此注重机床的自动化、可控化、智能化等软性指标的改善，创造一个良好的工作环境，降低工人的劳动强度将是今后高速走丝机的最主要和长期发展的方向。在这方面主要关注的问题包括半自动或自动穿丝、工作液水位检测及自动补液更换、废液自动处理、电极丝直径损耗在线检测、电极丝空间稳定性或走丝系统稳定性自动检测、张力闭环控制及按工艺要求调节、电极丝使用寿命自动检测、工作液使用寿命自动检测、线臂防碰撞功能装置、工件自动找正、工件变截面自动跟踪切割等。

高速往复走丝
电火花线切割
半自动上丝

4. 围绕自身特长重点突破

（1）高厚度稳定切割。

由于高速往复走丝电火花线切割极间的工作液主要依靠电极丝带入，因此采用洗涤性良好的复合型工作液后，冷却、洗涤及消电离等问题已不再成为高厚度切割的阻碍。目前商品化的高速走丝机的最高切割厚度已超过 2000mm，但目前只能说能割，后续还需要做到：切割的持久性研究，切割表面平整性控制，切割的尺寸精度及纵、横剖面的尺寸差控制等一系列指标的量化控制。为此还需要从理论到实践进行大量涉及高厚度甚至超高厚度切割关键技术的研究。

（2）大型工件切割。

在大型零部件加工方面，高速走丝机由于结构简单，容易制成大型、多单元及回转式专用机床，专用于加工超大型零件，这是高速走丝机重要的应用之一。

（3）特殊材料切割。

半导体材料及复合材料的电火花线切割是高速走丝机应用领域的重要拓展，同时高速走丝机已经用于对聚晶金刚石及其成形刀具的修整加工等方面。

（4）大斜度、高厚度大斜度及特殊大斜度切割。

高速走丝机能进行大厚度切割的优势同样体现在大斜度切割尤其是高厚度大斜度的塑胶模具切割应用方面，由于冷却的问题，对于低速走丝机而言，切割塑胶模具尤其是切割高厚度大斜度的塑胶模具是比较困难的，并且断丝的概率较高，而这正是高速走丝机的特长所在。

（5）多轴切割应用。

由于结构简单、冷却方式简单、成本较低，因此高速走丝机可以应用于五轴以上的数控加工复杂特殊形状零件上。

（6）细丝高厚度切割。

从基本的切割机理考虑，高速走丝机由于走丝速度快，电极丝获得的冷却将更加及时，其切割的持久性、稳定性及切割速度指标和性价比将大大高于低速走丝机的细丝切割。因此今后的研究重点将是在一定的电极丝范围内，切割较高厚度的零件。目前已经实现了采用 $\phi0.08mm$ 电极丝对 100mm 以上工件的连续稳定切割，后续研究的重点将是 $\phi0.05mm$ 以下电极丝连续稳定的高厚度切割。

1.18.4 主要生产企业

高速走丝机主要生产企业

国内高速走丝机生产制造企业主要集中在江苏（苏州及泰州地区）、浙江、上海和北京等地。江苏苏州地区主要代表企业有苏州三光科技股份有限公司、昆山瑞钧机械设备有限公司、苏州市宝玛数控设备有限公司、苏州汉奇数控设备有限公司、苏州新火花机床有限公司、江苏塞维斯数控科技有限公司、苏州宝时格数控设备制造有限公司、苏州哈工乔德智能装备有限公司、苏州市金马机械电子有限公司、苏州中谷机电科技有限公司、苏州华龙大金电加工机床有限公司；江苏泰州地区主要代表企业有江苏冬庆数控机床有限公司、泰州市江洲数控机床制造有限公司、泰州市雄峰机械有限公司、江苏泰州三星机械制造有限公司、泰州同方数控机床有限公司、江苏方正数控机床有限公司。浙江主要代表企业有杭州华方数控机床有限公司、浙江霸器智能装备股份有限公司、浙江三奇机械设备有限公司、杭州大蒙电加工机床有限公司、宁波市博虹机械制造开发有限公司。上海主要代表企业有上海特略精密数控机床有限公司、上海通用控制自动化有限公司、上海磐景自动化技术有限公司、上海伊阳机械有限公司。北京主要代表企业有北京安德建奇数字设备有限公司、北京凝华科技有限公司、北京迪蒙卡特机床有限公司。其他地区的企业有四川深扬数控机械有限公司、广东大铁数控机械有限公司、深圳市力锐数控机床有限公司等。

高速走丝机企业成品现场

这些厂家的机床大多采用了 T 型床身、C 型线架的高刚性结构，部分产品选用了交流伺服电动机直联驱动，激光干涉仪检测螺距误差补偿的半闭环系统。如苏州三光科技股份有限公司的 HA400（SKD2）中走丝机具有螺距补偿技术，有较高的定位精度。近年来，随着直线电动机技术的发展和逐步走向成熟，直线电动机逐渐应用于中走丝机。由于直线电动机具有较高的伺服响应速度和灵敏度，因此在加工表面粗糙度、切割速度、加工精度等方面均有所提升，加工过程中断丝现象也大幅减少。直线电动机运动的高灵敏和高定位精度，为精细修切需要的精确定位提供了保障。目前，应用在中走丝机上的直线电动机主要是套筒式直线电动机。

中走丝机脉冲电源正朝着高效率、低损耗、智能化和节能化的方向发展。根据不同的加工需求，脉冲电源的波形、伺服进给策略等都能相应地调整，如采用改变电流前沿的上升速率以降低电极丝损耗；采用等能量脉冲电源，控制伺服缓慢进给以提高加工稳定性；多次切割修切时，采用纳秒级高峰值电流电源以提高多次切割后工件的表面质量。

封闭式机床结构

为了提高电极丝运行稳定性，部分厂家对运丝机构进行了创新性改进，采用质量较小的排丝架作为运动部件以实现电极丝的排丝，而贮丝筒和运丝电动机都只做转动而没有轴向的往复运动，可有效减小电极丝的振动。张力机构也由传统的单边重锤式张力机构转变为双边重锤式张力机构、双边弹簧式张力机构、闭环张力控制机构。

在数控系统方面，针对传统的高速走丝机存在的缺陷，开发了新型数控系统软件，除具有传统的高速走丝机数控系统软件的全部功能外，还针对中走丝的特殊控制要求，增加

工作台挡板自动升降中走丝

了机械零位定位功能及精确的螺距补偿功能等，建立了丰富的专家数据库，既保证了普通高速走丝机的通用性，又较好地兼顾了多次切割的特殊性。

工作液对线切割加工效果影响很大，国内相关厂家及研究单位（如北京东兴润滑剂有限公司、南京航空航天大学等）都加强了对工作液的研究，研发的水溶性工作液具有环保、使用期长、加工稳定、切割速度高，特别是符合多次切割工艺的特点，克服了传统工作液难以适应多次切割加工的缺陷。在工作液过滤方面，目前中走丝系统已经普遍采用纸芯过滤的高压水箱。

机床的外观设计、可操作性等都有了大幅度的提升，其中工作区的设计也由简单的挡水板变为封闭式或半封闭式设计，可有效地防止工作液的飞溅，降低环境污染，部分机床还配有专用的油雾回收系统，已有手动和自动升降工作台挡板的机床面世。

思 考 题

1-1　简述电火花线切割的基本原理、特点及应用范围。

1-2　阐述电火花线切割放电加工的基本要求。

1-3　阐述电火花线切割放电的微观过程。

1-4　高速往复走丝电火花线切割以什么形式进行极间放电？与一般电火花放电形式有什么差异？

1-5　什么是极性效应？为什么高速往复走丝电火花线切割不能进行稳定的负极性切割？

1-6　简述高速往复走丝电火花线切割放电通道的运动特性。

1-7　变能量脉冲放电加工的目的是什么？

1-8　为什么高速往复走丝电火花线切割是非对称性加工？产生单边松丝现象的根本原因是什么？如何减缓单边松丝的问题？

1-9　高速往复走丝电火花线切割表面形成的条纹分为哪几类？各种条纹的形成原因是什么？

1-10　复合型工作液等洗涤性良好的工作液提高切割表面质量的机理是什么？

1-11　如何降低电极丝直径损耗并提高耐用度？

1-12　高速往复走丝电火花线切割工作液失效机理是什么？如何对工作液使用寿命进行定量检测？

1-13　电火花线切割绝缘材料的方法有哪几种？简述电解-电火花复合线切割加工的微观过程。

1-14　为什么基于电流脉冲概率检测的伺服控制方法适合对半导体材料进行线切割加工？

1-15　极限电火花线切割是如何分类的？其有哪些特点？

1-16　电火花多通道放电加工是如何构成的？其工艺目的是什么？

1-17　为什么中走丝机只能作为高速走丝机与低速走丝机之间的一个过渡产品而不能替代低速走丝机？

1-18　中走丝机一般具有哪些特征？简述其发展方向。

第**2**章
高速往复走丝
电火花线切割机床

高速走丝机主机一般由床身、滑板及工作台、运丝系统、走丝系统等组成。其中滑板的驱动方式对运动轨迹的控制精度起着关键作用；而运丝系统、走丝系统（包括线架方式、导轮、导向器、张力机构等）对电极丝空间位置稳定性的保障起着重要作用；各种锥度线架的结构决定了斜度切割的大小及精度；工作液种类则对切割工艺指标产生很大的影响。高速走丝机的结构相对简单，制造成本低，易被改造成各种专机以适合各种特殊零件的加工需求。

2.1 机床的结构及组成

高速走丝机按基本结构形式分为单立柱机床和双立柱机床两种，目前市场上基本是单立柱机床。双立柱机床结构如图 2.1 所示，主要用于大型机床。双立柱结构可以提高机床线架刚性，但因为其制造复杂、操作不便，目前已基本退出市场。

单立柱机床按线架形式分为音叉式和 C 型垂直升降式（简称 C 型结构），两类机床如图 2.2 所示。为方便工件安装、节省机床占用空间，已有中走丝机设计成一体式，并采用工作台升降式挡水结构，如图 2.3 所示。针对机床加工时工作液形成飞溅和雾化的问题，为保持清洁的操作环境，减少雾化工作液吸附在运动部件上对设备本身加工精

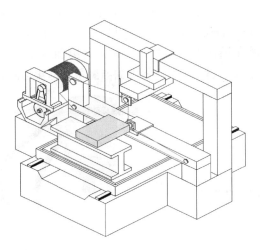

图 2.1 双立柱机床结构

度和对周边设备，以及放电加工形成的电磁波辐射对人体的影响，已有厂家将机床设计成封闭式（图2.4），甚至还配有专用的油雾收集系统。

（a）音叉式机床　　　　　　　　　　　　（b）C型结构机床

图2.2　单立柱机床

▶

杭州华方中
走丝机

▶

C型结构机床

▶

HB型中走丝机

▶

封闭型中走
丝机

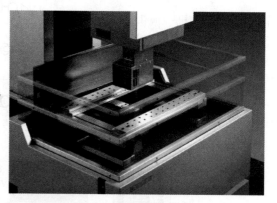

（a）机床　　　　　　　　　　　　（b）升降式挡水结构

图2.3　具有工作台升降式挡水结构的机床

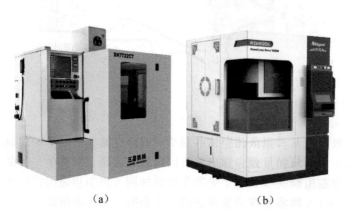

（a）　　　　　　　　　　　　　（b）

图2.4　封闭式结构机床

高速走丝机一般由主机、控制系统、脉冲电源及冷却系统组成，其工作原理如图 2.5 所示。C 型结构机床由于具有线架刚性好、加工区敞开、操作方便等特点，为目前中走丝机的主要机型，其主机构成如图 2.6 所示。

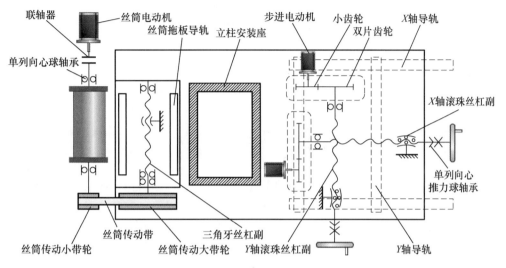

图 2.5　高速走丝机工作原理

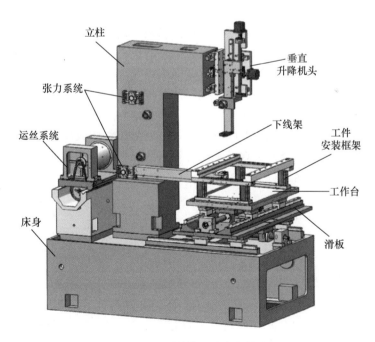

图 2.6　C 型结构机床主机构成

我国电火花线切割机床型号是根据《特种加工机床　第 2 部分：型号编制方法》（JB/T 7445.2—2012）编制的，机床型号由汉语拼音和阿拉伯数字组成，它表示机床的类代号、通用特性代号和组代号、系代号、主参数等。型号为 DK7725 的高速走丝机含义如下。

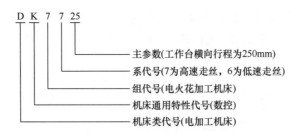

高速走丝机的主要技术参数包括工作台行程（纵向行程×横向行程）、最大切割厚度、加工表面粗糙度、加工精度、切割速度及数控系统的控制功能等。

2.2 床 身

床身是机床的基础部件，是 X、Y 轴滑板及工作台、运丝机构、线架立柱的支撑和固定基础。床身一般采用箱型铸件。床身支撑部位设计有加强筋，保障床身具有足够的强度和刚度并增大机床的承载质量。床身需要具有良好的刚性，保证其受力均匀，热平衡性好，精度稳定。目前，床身通常采用铸铁铸造成形，而后经过数次时效处理以消除内应力，确保刚性与精度的持久性，并在加工前进行无破损检查。

针对铸铁生产存在的耗能高、污染大的缺点，以及铸铁床身存在吸振性差和应力变化大的不足，江苏南航来创科技有限公司设计制造的中走丝机系列在业界率先采用了矿物铸件替代传统的铸铁件。机床在精度保持性、长久切割工艺指标保持性及小能量修切方面均体现了较好的优势。矿物铸件也称人造花岗岩或人造石，是一种新型复合材料。矿物铸件是以改性环氧树脂及改性固化剂为胶结料，花岗岩颗粒为集料，同时加入促进剂与增强材料，经过科学调配及严格工艺复合而成。矿物铸件作为结构材料在机床行业的研究及应用始于 20 世纪 80 年代。

矿物铸件具备良好的减振性能及耐腐蚀性，可以浇注整体成形，同时由于热膨胀系数与钢、不锈钢非常接近，适合使用钢及不锈钢材料的预埋件，浇注成形后的矿物铸件残余应力非常小，满足精密机加工行业对机床基座稳定性能的要求。钢、铸铁、矿物铸件的性能对比见表 2-1。

表 2-1 钢、铸铁、矿物铸件的性能对比

项目	钢	铸铁	矿物铸件
抗压强度/（N/mm²）	250～1200	600～1000	110～170
抗拉强度/（N/mm²）	400～1600	150～400	25～40
弹性模量/（N/mm²）	210	80～120	30～40
热传导率/（W/mK）	50	50	1.3～2.0
热膨胀系数（×10⁻⁶）/K⁻¹	12	10	12～20
密度/（g/cm³）	7.85	7.2～7.7	2.4～2.6
阻尼系数	0.002	0.003	0.02

床身结构一般分为矩形、T 型、分体式三种，示意图如图 2.7 所示。

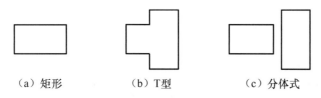

（a）矩形　　　　　（b）T型　　　　　（c）分体式

图 2.7　床身结构示意图

　　中小型电火花线切割机床一般采用矩形床身，滑板工作台为串联式，即上下滑板叠在一起，工作台可以伸出床身。这种形式的特点是结构简单、体积小、承重轻、精度好，但当工作台伸出床身并且承载较大时，精度会受到一定影响。

　　高速走丝机床身结构如图 2.8 所示。床身内部一般可放置机床控制电器和工作液箱，但考虑电器发热和工作液泵的振动，通常将电器部分及工作液箱移出床身外另行安放。

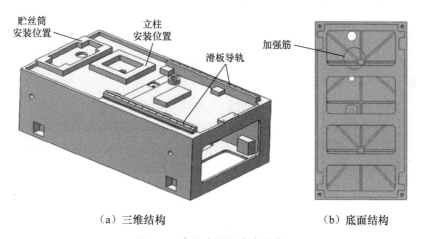

（a）三维结构　　　　　　　　　　　　　　（b）底面结构

图 2.8　高速走丝机床身结构

　　中型电火花线切割机床一般采用 T 型结构床身（图 2.9），将长轴即 Y 轴滑板放在下部，X 轴滑板与工作台在上部，工作台在全行程运行都不会超出 Y 轴行程和床身范围。此结构降低了机床重心并有效增强了机床的稳定性。由于工作台不伸出床身，因此这种结构床身的特点是承重较大、精度高；上下滑板在床身范围内移动，较好地保障了机床的动态精度与静态精度的一致性。目前中走丝机通常选用 T 型结构床身。

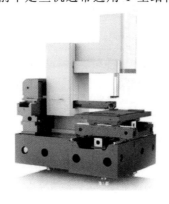

来创矿物铸件中走丝机

图 2.9　中型电火花线切割机床通常采用的 T 型结构床身

图 2.10 分体式结构大型机床

大型电火花线切割机床较多采用分体式结构床身（图 2.10），如 DK77120 型高速走丝机 X、Y 轴滑板为并联式，分别安装在两个相互垂直的床身上。其优点是承重大，可承受数吨重的工件，制造相对简单、安装运输方便；缺点是分体式结构使 X、Y 轴滑板的垂直度保障有一定难度，需要精确调整，同时由于运丝系统安装在 X 轴滑板上，工作台的运动平稳性会受到一定影响，切割精度受到一定限制。这种结构一般只用于超大行程机床。

2.3　工作台及上下滑板

线切割手摇轮尺的安装

机床最终通过坐标工作台与电极丝的相对运动完成对零件的加工，为保证机床精度，对导轨和丝杠的精度、刚度和耐磨性均有较高的要求。机床一般采用十字滑板、滚动导轨和丝杠传动副将电动机的旋转运动转换为工作台的直线运动，通过两个坐标方向的进给移动合成，获得各种平面图形轨迹。为保证工作台的定位精度和灵敏度，丝杠和螺母之间、传动齿轮之间必须消除间隙。高速走丝机工作台结构及传动示意图如图 2.11 所示。

机床运动过程中，上滑板主要受工作台和工件向下的重力作用，因此上滑板内表面通常布置有方形加强筋；下滑板主要受上滑板的压力和机床床身的支撑作用，因此内表面布置有斜加强筋。高速走丝机上、下滑板实物如图 2.12 所示，结构如图 2.13 所示。

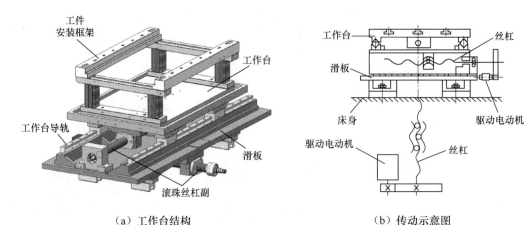

（a）工作台结构　　　　　　　　　（b）传动示意图

图 2.11　高速走丝机工作台结构及传动示意图

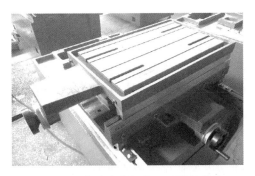

图 2.12　高速走丝机上、下滑板实物

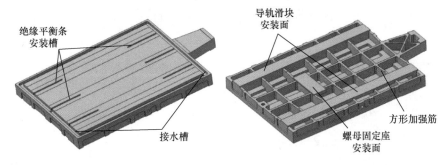

（a）上滑板结构

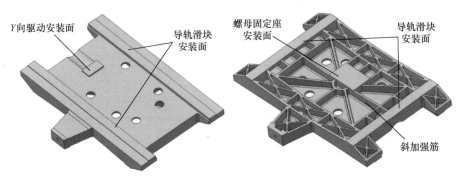

（b）下滑板结构

图 2.13　高速走丝机上、下滑板结构

2.3.1　丝杠结构

丝杠的作用是将电动机的旋转运动转换为滑板的直线运动，丝杠传动副由丝杠和螺母组成，丝杠分为滑动丝杠和滚珠丝杠两种形式。

1．滑动丝杠

滑动丝杠一般采用三角形螺纹和梯形螺纹两种。这两种形式的螺纹结构简单、制造方便、成本低，但因为是滑动摩擦，摩擦系数大、传动效率较低，在早期的中、小型线切割机床上广泛使用，目前主要应用于贮丝筒滑板传动。为防止转动方向变换时出现空行程，造成传动误差，丝杠与螺母之间不允许有传动间隙。因此，一方面要保证丝杠和螺母牙形与螺距的精度，另一方面要消除丝杠与螺母之间的配合间隙。通常采用以下两种方法。

（1）轴向调节法。图 2.14 所示为轴向调节法的一种常用结构即双螺母角度错位消间隙机构。这种结构利用主、副螺母之间的圆周角度错位消除丝杠与螺母间的轴向间隙，主要用于高速走丝机运丝机构的传动。图 2.15 所示为一种目前用于小锥度头丝杠螺母的消间隙机构即变形窄槽螺母消间隙机构。这种结构在铜螺母上切开一个变形窄槽，通过调节螺栓顶紧，使铜螺母后侧壁产生微量变形，以消除铜螺母与丝杠的间隙，其原理如图 2.16 所示。

（2）径向调节法。如图 2.17 所示，主螺母一端的外表面呈圆锥形，沿径向等分加工三个窄槽，其颈部壁厚较薄，以保证主螺母在径向收缩时带有弹性。螺母外圆柱上有螺纹，调节螺母内带有锥孔，与主螺母配合，使主螺母三爪沿径向压紧丝杠，以消除螺纹的径向和轴向间隙。这种结构目前应用在部分高速走丝机锥度头丝杠螺母上。

图 2.14　双螺母角度错位消间隙机构

图 2.15　变形窄槽螺母消间隙机构

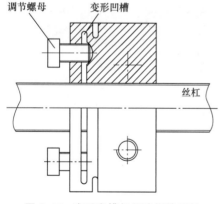

图 2.16　变形窄槽螺母消间隙原理

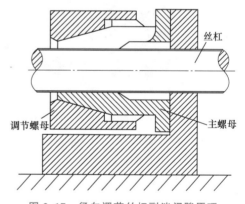

图 2.17　径向调节丝杠副消间隙原理

2. 滚珠丝杠

滚珠丝杠由丝杠、螺母、钢球、返向器、注油装置和密封装置组成。螺纹为圆弧形，螺母与丝杠之间装有钢球，使滑动摩擦变为滚动摩擦。返向器的作用是使钢球沿圆弧轨道向前运行，到前端后进入返向器，返回到后端，再循环向前。滚珠丝杠按返向器的结构可分为外循环和内循环两种类型，其实物及结构如图 2.18 所示。内循环滚珠丝杠靠螺母上安装的返向器接通相邻滚道，钢球单圈循环，这种形式结构紧凑，刚度好，钢球流通性好，摩擦损失小，但制造困难；外循环滚珠丝杠的钢球在循环过程结束后通过螺母外表面上的螺旋槽或插管返回丝杠螺母间重新进入循环，这种形式结构简单，工艺性好，承载能力较强，但径向尺寸较大。

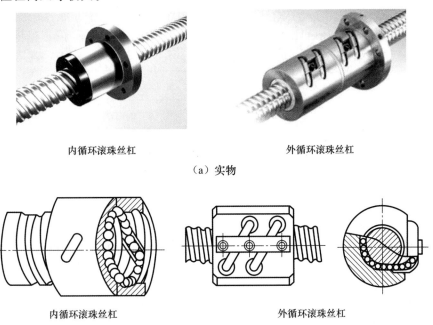

内循环滚珠丝杠　　　　　　　　　　外循环滚珠丝杠

（a）实物

内循环滚珠丝杠　　　　　　　　　　外循环滚珠丝杠

（b）结构

图 2.18　内循环滚珠丝杠和外循环滚珠丝杠的实物及结构

定位型滚珠丝杠副（P型）主要用于精确定位且能够根据旋转角度和导程间接测量轴向行程，这种滚珠丝杠副是无间隙的，因此必须预紧，故也称预紧滚珠丝杠副；传动型滚珠丝杠副（T型）主要用于传递动力，其轴向行程的测量由与滚珠丝杠副旋转角度和与导程无关的测量装置完成。

滚珠丝杠副预紧的主要目的是经过预拉伸（即加入预紧力），消除轴向间隙，提高滚珠丝杠副的传动刚度，减少滚珠体、丝杠及螺母间的弹性变形，达到更高的精度。滚珠丝杠副除了对单一方向的传动精度有要求外，对轴向间隙也有严格要求，以保证其反向传动精度。滚珠丝杠副的轴向间隙是承载时在滚珠与滚道型面接触点的弹性变形所引起的螺母位移量和螺母原有的间隙的综合量，通常采用预紧的方法，把弹性变形控制在最小范围内，以减小或消除轴向间隙，并提高滚珠丝杠副的刚度。电火花线切割机床属于精密加工机床，通常选用双螺母丝杠为传动部件，双螺母滚珠丝杠是通过分别向相反方向旋转的两个螺母来施压的，并且轴向间隙被消除后，丝杠刚度也会因预压而提高。

双螺母滚珠丝杠副的预紧方式有双螺母垫片预紧、双螺母齿差预紧、双螺母螺纹预紧等。目前在高速走丝机滑板丝杠上应用广泛的是双螺母垫片预紧方式。

双螺母垫片预紧方式（图 2.19）具有结构简单、轴向刚性好、预紧可靠、不可调整、轴向尺寸适中、工艺性好的特点，常用于高刚度、重载荷的传动。

滚珠丝杠的精度直接影响机床各坐标轴的定位精度。滚珠丝杠精度等级的划分一般以任意 300mm 长度的精度为依据。

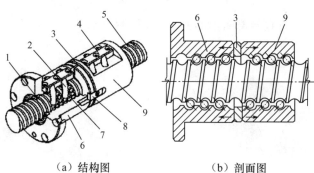

（a）结构图　　　　　　　　（b）剖面图

1—迷宫式密封圈；2—弯管；3—垫片；4—压板；

5—丝杠轴；6—螺母A；7—钢球；8—键；9—螺母B

图 2.19　双螺母垫片预紧方式

滚珠丝杠副根据使用范围分为定位型（P型）和传动型（T型）两种。我国丝杠精度等级分为P1、P2、P3、P4、P5、P7、P10 七个等级，P1级最高，P10级最低，见表2-2。

表 2-2　我国丝杠精度等级（任意 300mm 长）参照表

精度等级	P1	P2	P3	P4	P5	P7	P10
精度（E300）/μm	6	8	12	16	23	52	210

日本工业标准将精度等级分为C0、C1、C3、C5、C7、C10 六个等级，见表2-3。

表 2-3　日本工业标准丝杠精度等级参照表

精度等级	C0	C1	C3	C5	C7	C10
精度（E300）/μm	3.5	5	8	18	50	210

滚珠丝杠的优点很多，具体如下。

（1）传动效率高。由于丝杠与螺母间以滚珠滚动方式实现滚动摩擦，因此可获得高达97%的传动效率，与滑动丝杠相比，驱动扭矩减少 2/3 以上。

（2）传动精度高，运动平稳，无"爬行"现象，摩擦阻力几乎与运动速度无关。

（3）反向时无空行程。滚珠丝杠与螺母经预紧后，可消除轴向间隙，反向时无空行程死区，可提高轴向传动精度和轴向刚度。

（4）传动具有可逆性。由于传动的摩擦损失小，因此可以从旋转运动转变为直线运动，也可以从直线运动转变为旋转运动。丝杠和螺母都可以作为主动件，也可以作为从动件。

（5）使用寿命长。滚珠丝杠副在设计适当的前提下可实现较高的疲劳寿命和精度寿命。

（6）预紧及高刚性。有预紧要求时，滚珠丝杠副可消除轴向间隙或实现负向间隙，并且轴向刚性能够获得较大提高。

（7）可实现微量及高速进给。滚珠丝杠副能实现正确的微量进给，只要进给脉冲足够小，滚珠丝杠副就可实现亚微米级进给。在保证低于滚珠丝杠副临界转速的前提下，大导程滚珠丝杠副可实现100m/min甚至更高的进给速度。

滚珠丝杠的缺点是不能自锁，成本较高，工艺复杂，制造困难。但由于滚珠丝杠在机械传动方面比滑动丝杠具有明显优势，已被广泛用在电火花线切割机床上。

2.3.2 导轨

导轨主要起导向作用，工作台的 X、Y 轴滑板是沿着两条导轨运动的，导轨的精度、刚度和耐磨性将直接影响工作台的运动精度。

导轨通常需要满足以下要求。

（1）导向精度。移动件在空载或负载条件下在导轨上运动时，导轨都能保证移动轨迹的直线性及其位置的精确性，保证机床的工作精度。

（2）精度保持性。精度保持性主要由导轨的耐磨性及基础件残余应力决定，精密滚动导轨副的主要失效形式是磨损，因此耐磨性也是衡量滚动导轨副性能的主要指标之一。

（3）低速运动平稳性。要保证导轨在低速运动或微量位移时不出现"爬行"现象，要保证足够的刚度，选用合适的导轨类型、尺寸及其组合。

（4）结构简单，工艺性好，互换性好，便于装配、调整、测量、防尘、润滑和维修保养。

电火花线切割机床普遍采用滚动导轨副。滚动导轨有滚珠导轨、滚柱导轨和直线滚动导轨等形式。在滚珠导轨中，钢珠与导轨是点接触，承载能力不能过大；在滚柱导轨中，滚柱与导轨是线接触，有较强的承载能力；直线滚动导轨有滚珠和滚柱两种形式，运动精度高，刚性强，承载能力强且能够承受多方向载荷，具有抗颠覆力矩，是数控机床导轨的主要选择。

电火花线切割机床常采用的滚动导轨有以下三种形式。

1. 力封式滚动导轨

这种导轨利用施加的重力将导轨副封闭，是一种开放式导轨。

图2.20所示是两种形式的力封式滚动导轨结构简图。V-平滚珠式导轨[图2.20（a）]的两根下导轨都是V形导轨，上导轨一根是V形导轨，另一根是平导轨。这种导轨具有较好的制造工艺性，装配、调整都比较方便，缺点是滑板不能承受向上的作用力，运输时必须固定，否则滑板精度会因运输颠簸受到损坏。

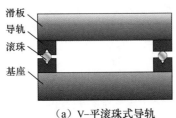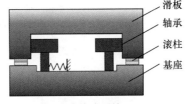

（a）V-平滚珠式导轨　　　　　（b）双滚柱式导轨

图2.20　两种形式的力封式滚动导轨结构简图

双滚柱式导轨[图2.20（b）]采用平导轨面，具有承重导轨面与导向导轨面分开的特点，承重导轨面采用滚柱，承载能力比 V-平钢珠式导轨提高 20～30 倍，导向导轨采用精密轴承，一边固定，另一边用弹簧靠紧导向面。这种导轨不会因承重导轨磨损而影响导向精度，可延长导轨的精度寿命。

2. 自封式滚动导轨

图 2.21 所示是自封式滚动导轨结构简图。这种导轨采用双 V 滚珠导轨，一般适用于小型机床、悬挂式的锥度机构或贮丝筒机构。其优点是能承受四个方向的作用力，运输时比开放式导轨安全；缺点是结构较复杂，制造、安装调试有一定困难，如果两个导轨不平行，会出现滚珠向开口大的一端移动的情况。

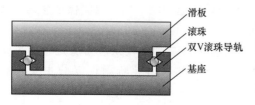

图 2.21　自封式滚动导轨结构简图

滚动导轨应采用淬火钢件，由于滚珠、滚柱的硬度很高，并与导轨面是点接触或线接触，导轨面承受的压强很大，因此滚动导轨必须有较高的硬度。滚动导轨的材料一般选用合金工具钢（CrWMn、GCr15 等），淬火硬度为 52～58HRC。为了最大限度地消除导轨在使用中的变形，导轨淬火后应做低温时效处理或冰冷处理。为保证运动的灵敏性、准确性和无"爬行"，滚动导轨的表面粗糙度应小于 $Ra0.8\mu m$，直线度应小于 0.01mm/1000mm。

3. 直线滚动导轨

直线滚动导轨(图 2.22)由滑块、导轨、滚珠或滚柱、保持器、返向器及密封装置组成，在导轨与滑块之间装有滚珠或滚柱，使滑块与导轨之间变为滚动摩擦。当滑块与导轨做相对运动时，滚珠沿着导轨上经过淬硬和精密磨削加工而成的四条滚道滚动，在滑块端部滚珠又通过返向器进入返向孔后再循环进入导轨滚道，返向器两端装有防尘密封垫片，可有效防止灰尘、屑末进入滑块体内。直线滚动导轨的特点是能承受垂直方向（上和下）和水平方向（左和右）四个方向额定相等的载荷，额定载荷大，刚性好，抗颠覆力矩大；还可根据使用需要调整预紧力，在数控机床上可方便地实现高的定位精度和重复定位精度。

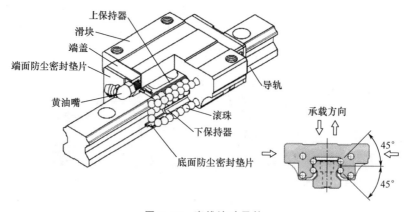

图 2.22　直线滚动导轨

导轨导向精度是指机床导轨副的运动件实际运动方向与理想运动方向的符合程度，两者之间的偏差值称为导向误差。直线滚动导轨的径向间隙分为五种，即微间隙（ZF）、零间隙（ZO）、轻预压（Z1）、中预压（Z2）和重预压（Z3），其精度通常按照导轨的行走平行度分为五个等级（以导轨长 100mm 为例），即普通级（无标注/C，$5\mu m$）、高级（H，$3\mu m$）、精密级（P，$2\mu m$）、超精密级（SP，$1.5\mu m$）和超超精密级（UP，$1\mu m$）。精密数控机床可以选用 H 级或 P 级精度的导轨，其他超精密机械可选择 SP 级或 UP 级精度的导轨。电火花线切割机床工作台与直线滚动导轨在机床上的安装如图 2.23 所示，直线滚动导轨的安装形式如图 2.24 所示。

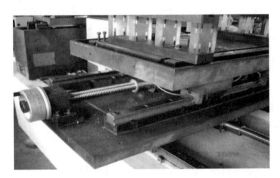

图 2.23　电火花线切割机床工作台与直线滚动导轨在机床上的安装

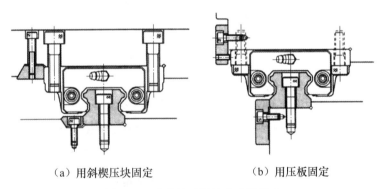

（a）用斜楔压块固定　　　　　　　　（b）用压板固定

图 2.24　直线滚动导轨的安装形式

2.3.3　驱动电动机

高速走丝机工作台的驱动主要有以步进电动机驱动的开环控制方式、以伺服电动机驱动的半闭环和闭环控制方式及以直线电动机驱动的闭环控制方式。

1. 步进电动机开环控制

步进电动机开环控制方式大多采用反应式步进电动机或混合式步进电动机作为驱动元件，混合式步进电动机综合了永磁式步进电动机和反应式步进电动机的优点，分为两相、三相和五相。高速走丝机目前常用 75BF003 型三相反应式步进电动机，图 2.25 所示为其控制方式。图中转子上仅画出 4 个齿，实际转子上有 40 个小齿，定子上有三对开有小齿（A、B、C 三相）的磁极。A、B、C 三相可单独或同时轮流通电，通电时磁极产生磁力吸引转子转动。

控制步进电动机转动的方式有以下三种。

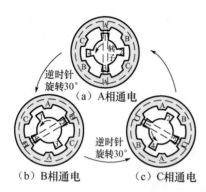

图 2.25 单三拍控制方式

（1）单三拍控制方式。图 2.25 所示为单三拍控制方式。首先有一相线圈（设为 A 相）通电，则转子上 1、3 两齿被磁极 A 吸住，转子就停留在这个位置上，如图 2.25（a）所示。

然后，B 相通电、A 相断开，则磁极 B 产生磁场，而磁极 A 的磁场消失。磁极 B 的磁场就把离它最近的齿（2、4 齿）吸引过去。这样转子位置自图 2.25（a）逆时针转动了 30°，停在图 2.25（b）所示的位置上。

接着，C 相通电、B 相断开，则根据相同道理，转子又逆时针旋转 30°，停在图 2.25（c）所示的位置上。

若再使 A 相通电、C 相断开，那么转子再逆时针旋转 30°，磁极 A 的磁场把 2、4 两个齿吸住。

按 A→B→C→A→B→C→A→…的顺序轮流通电，步进电动机就一步步地按逆时针方向旋转。通电线圈每转换一次，步进电动机旋转 30°。

如果步进电动机通电线圈转换的次序倒过来，按 A→C→B→A→C→B→A→…的顺序进行，则步进电动机将按顺时针方向旋转。通电顺序与旋转方向的关系可以形象地用图 2.26 表示。

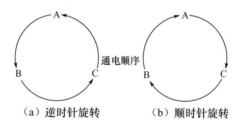

（a）逆时针旋转　　　　　（b）顺时针旋转

图 2.26 单三拍控制通电顺序与旋转方向的关系

要改变步进电动机的旋转方向，可以在任何一相通电时进行。例如，通电顺序可以是 A→C→A→B→C→A→B→A→C，步进电动机将顺时针走一步，逆时针走五步后，再顺时针走两步。

上述控制方案称为单三拍控制，每次只有一相线圈通电。在转换时，一相线圈断电时，另一相线圈刚开始通电，因此，此时不能承受力矩，容易失步（即不按输入信号一步步转动）；另外单用一相线圈吸引转子，容易在平衡位置附近振荡，稳定性不好，无法使用。故此控制方式只能用以说明原理，实际上常采用以下控制方式。

（2）三相六拍控制方式。三相六拍控制方式中通电顺序按 A→AB→B→BC→C→AC→A→…进行（即一开始 A 相线圈通电，然后转换为 A、B 两相线圈同时通电；单 B 相线圈通电，然后 B、C 两相线圈同时通电）。每转换一次，步进电动机逆时针旋转 15°，如图 2.27 所示。

若通电顺序反过来，则步进电动机顺时针旋转，如图 2.28 所示。

这种控制方式因转换时始终保证有一相线圈通电，故工作较稳定，不易丢步。而且三

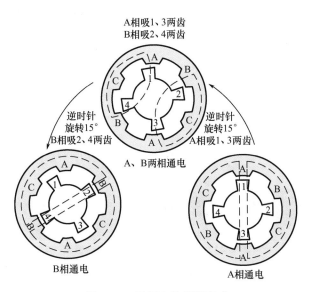

图 2.27　三相六拍控制方式

相六拍控制方式的步距比单三拍控制方式减小了一半。

（3）双三拍控制方式。双三拍控制方式中通电顺序为 AB→BC→AC→AB→…（逆转）或 AB→AC→BC→AB→…（顺转），如图 2.29 所示。

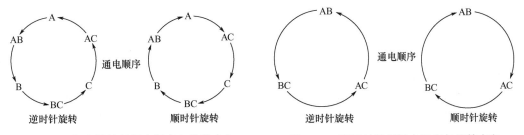

图 2.28　三相六拍控制通电顺序与旋转方向　　　图 2.29　双三拍控制通电顺序与旋转方向

　　在这种控制方式中每次都是两相线圈同时通电，而且转换过程中始终有一相线圈保持通电不变，因而工作稳定，不易丢步，而步距与单三拍控制方式一样。

　　在三相步进电动机中，三步后转子旋转了一个齿，那么，定子的相数乘以转子的齿数就是转子旋转一周（即 360°）所需的步数。步进电动机每一步旋转的角度称为步距角 θ，可由下列公式计算。

$$\theta = \frac{360°}{M \times N}$$

式中，M 为定子的相数；N 为转子的齿数。

　　常用的 75BF003 型三相步进电动机，其转子有 40 个齿（图 2.30），所以双三拍时的步距角 $\theta = 360° / (3 \times 40) = 3°$，即每步旋转 3°，在三相六拍控制方式中步距角为双三拍时的一半，即 1.5°，相当于进行了二细分。

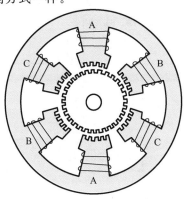

图 2.30　75BF003 型
三相步进电动机的结构

步进电动机的 A、B、C 各相通常接直流电源，每相中串接限流电阻（或采用恒流源电路）和大功率晶体管。当晶体管导通时，直流电源限流，每相有 2.0～2.5A 的电流，可以产生足够的驱动力矩。

高速走丝机数控系统的执行机构大多采用上述步进电动机开环系统，其电动机通过齿轮箱减速，驱动丝杠带动工作台运动。图 2.31 所示为步进电动机驱动工作台原理。

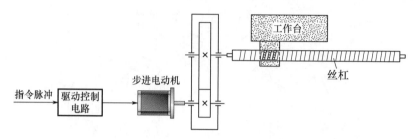

图 2.31　步进电动机驱动工作台原理

步进电动机驱动工作台移动时，脉冲当量要求是 0.001mm，步进电动机与丝杠间的传动通过齿轮来实现，以达到降速增扭的作用。齿轮采用渐开线圆柱齿轮，由于齿轮啮合传动时有齿侧间隙，因此当步进电动机改变转动方向时，会出现传动空行程。为减小和消除齿侧间隙，可采用齿轮副中心距可调整结构或双片齿轮弹簧消齿隙结构。

齿轮副中心距可调整结构如图 2.32 所示。通过移动相啮合齿轮的中心距，减小齿侧间隙。齿轮 1 装在带有偏心轴套 2 的轴上，调节偏心轴套 2 可以改变齿轮 1 和齿轮 3 间的中心距，从而达到消除齿侧间隙的目的。

双片齿轮弹簧消齿隙结构如图 2.33 所示，一片是主齿轮，另一片是副齿轮，两者之间用四个弹簧拉紧。双片齿轮组与单片齿轮啮合，双片齿轮组的主齿轮靠紧单片齿轮的一个齿侧面，副齿轮靠紧单片齿轮的另一个齿侧面，这样就消除了齿侧间隙。弹簧的拉力是可调的，拉力小不起作用，拉力大会产生较大摩擦阻力，所以要将弹簧的拉力调整适当。实际使用中也有直接通过主副齿轮的角度错位调整后用螺栓固定，利用固定的错位角度来消除齿侧间隙。

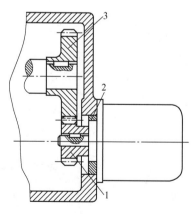

1，3—齿轮；2—偏心轴套

图 2.32　齿轮副中心距可调整结构

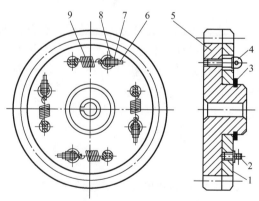

1，5—齿轮；2，4—螺纹凸耳；3—卡簧；
6—调节螺钉；7，8—螺母；9—弹簧

图 2.33　双片齿轮弹簧消齿隙结构

2. 伺服电动机半闭环控制

伺服电动机半闭环控制是指在伺服电动机的轴或丝杠上装有角位移电流检测装置（如光电编码器等），通过检测丝杠的转角间接检测移动部件的实际角位移，而后反馈到数控装置，并修正误差。通过元件速度传感器（测速元件）和角度传感器（光电编码器）间接检测出伺服电动机的转速，从而推算出工作台的实际位移量，将此值与指令值比较，用比较后的差值使移动部件修正位移，直到消除差值为止。由于半闭环控制系统并未将传动的丝杠及螺母包括在控制环中，因此丝杠螺母机构的误差仍会影响移动部件的位移精度。但半闭环控制系统的伺服机构所能达到的精度、速度和动态特性优于开环控制系统的伺服机构，并且调试、维修方便，稳定性好，已经为大多数中小型数控机床所采用。近年来，在中走丝机上选用伺服电动机作为驱动元件的越来越多，选用伺服电动机直接驱动滚珠丝杠的直拖结构，省略了齿轮箱，并且可通过与电动机连在一起的精密编码器构成半闭环控制系统。这种半闭环控制系统将滚珠丝杠的螺距误差、反向间隙误差输入数控装置实时补偿后，可提高坐标工作台的运动精度。伺服电动机驱动工作台的原理如图 2.34 所示。

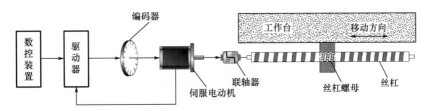

图 2.34　伺服电动机驱动工作台的原理

伺服电动机将输入的电压信号（即控制电压）转换为轴上的角位移或角速度输出，在自动控制系统中常作为执行元件，所以伺服电动机又称执行电动机，其最大特点是有控制电压时转子立即旋转，无控制电压时转子立即停转。转轴转向和转速是由控制电压的方向和大小决定的。伺服电动机分为交流和直流两大类。

交流伺服电动机采用正弦波控制，转矩脉动小，运行平稳。直流伺服电动机采用梯形波控制，转矩脉动大，简单，成本低。交流伺服驱动是目前中走丝机进给驱动系统的一个发展趋势。交流伺服驱动由交流伺服驱动器和交流伺服电动机两部分组成（图 2.35）。交流伺服驱动器主要由数码显示串口、参数设置键、RS232 接口、I/O 信号接口、编码器信号接口和电动机电源输入/输出接线端子组成。交流伺服电动机的尾部安装编码器。编码器组成如图 2.36 所示，其工作原理如图 2.37 所示。交流伺服电动机系统连接如图 2.38 所示。

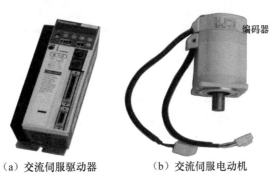

（a）交流伺服驱动器　　　　（b）交流伺服电动机

图 2.35　交流伺服驱动组成

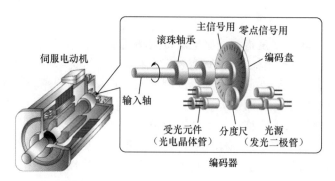

图 2.36 编码器组成

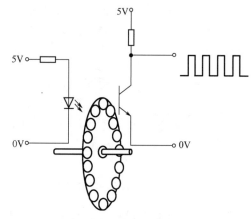

图 2.37 编码器工作原理

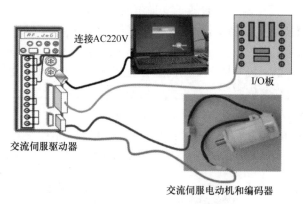

图 2.38 交流伺服电动机系统连接

　　伺服电动机接收一个脉冲，就会旋转一个脉冲对应的角度，从而实现工作台位移，同时伺服电动机每旋转一个角度，都会通过编码盘发出对应数量的脉冲，于是控制系统就会知道发出多少个脉冲给伺服电动机，同时收到了多少个脉冲，并修正差值，从而精确地控制电动机的转动，以实现精确定位，理论上可以控制定位精度达到 0.001mm。

　　步进电动机和交流伺服电动机系统在高速走丝机上应用的差异主要体现在控制分辨率、低频特性、矩频特性、过载能力、运行性能、速度响应性能、与工作台丝杠的连接方式、螺矩补偿等方面。

① 控制分辨率。五相十拍混合式步进电动机或反应式步进电动机，步距角一般为 $0.36°$；而对于带 17 位编码器的交流伺服电动机（如松下 A4 系列），脉冲分辨率可达 $9.89''$。

② 低频特性。步进电动机低频时易出现振动，而交流伺服电动机运行平稳。

③ 矩频特性。步进电动机的输出转矩随转速的升高而降低，较高转速时转矩会急剧降低；而交流伺服电动机在额定转速内具有恒矩输出特性。

④ 过载能力。步进电动机无过载能力；交流伺服电动机过载能力强，通常最大转矩为额定转矩的 3 倍以上。

⑤ 运行性能。步进电动机为开环控制，起动频率过高会出现堵转和丢步现象，停止时易过冲；而交流伺服电动机具有反馈功能，可以通过编码器反馈信号进行位置环和速度环控制，无过冲和丢步，从而提高了控制精度。

⑥ 速度响应性能。步进电动机响应速度慢；而交流伺服电动机响应速度快，响应时间一般是步进电动机的百分之几，最大移动速度是步进电动机的数十倍，甚至更高。

⑦ 与工作台丝杠的连接方式。步进电动机由于受到本身转矩和分辨率的限制，多采用齿轮连接（细分电动机除外）；而交流伺服电动机一般采用直连方式（图 2.39），减少了传动误差和传动噪声。

⑧ 螺距补偿。步进电动机没有状态的反馈信号且反应速度慢，无法进行补偿；而交流伺服电动机有编码器且反应速度快，可方便地进行螺距补偿，提高了定位精度和重复定位精度，进而提高了加工精度、降低了表面粗糙度，并可以方便精确地对拐角误差采取控制策略。

目前主要采用激光干涉仪检测机床坐标定位系统精度。激光具有干涉特性，即相同的相位，光波会叠加增强产生亮条纹（相长干涉）；相反的相位，光波

图 2.39　丝杠与交流伺服电动机的连接

会相互抵消产生暗条纹（相消干涉），如图 2.40 所示。激光干涉仪通过接收的激光的明暗条纹变化，再通过电子细分，从而获得距离的细微、准确变化。

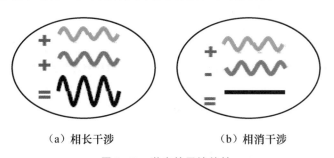

（a）相长干涉　　　　　　　　（b）相消干涉

图 2.40　激光的干涉特性

激光干涉仪安装方式如图 2.41 所示。激光干涉仪主要由激光头、固定反射镜及移动反射镜组成，其工作原理如图 2.42 所示。从激光头发出的激光（输出光）①被分光镜

（A）分为两束光，其中一束光经过固定反射镜（B）形成参考光（反射光）②，另一束光经过移动反射镜（C）形成测量光③，反射光和测量光经过分光镜（A）后汇合，彼此干涉形成干涉光④，激光干涉仪接收此干涉光，通过嵌入激光头中的探测器就可以获得距离细微、准确的变化。

图 2.41　激光干涉仪安装方式

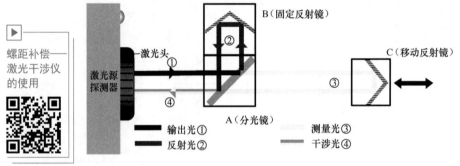

图 2.42　激光干涉仪工作原理

　　使用激光干涉仪检测定位精度时，通常采用基于位置的目标采集方式：在被测运动轴上设置若干个等距的定位点，当测头移动到设置的定位点时，设置停留时间，以供激光干涉仪进行当前点的数据采集。测量结果自动生成分析曲线，即可得到工作台的运行轨迹，如图 2.43 所示。得到运行轨迹之后，绘制误差补偿图表，此图表涵盖了每个设置定位点的补偿数据。激光干涉仪可以直接将补偿数据通过通信线写入控制系统，达到精确补偿的目的，从而有效降低或消除工作台的运动位置误差。图 2.44 所示为机床工作台定位精度补偿后的线性运行轨迹，在全行程其定位精度误差从约 $5\mu m$ 提高到 $1\mu m$ 以内。

　　交流伺服电动机系统与步进电动机系统相比有众多优势，但针对电火花线切割特殊的加工方式而言，由于其工作台的运动速度较慢，加工时只是缓慢地进给，又需要对极间放电间隙的变化做出响应和调整，因此交流伺服电动机系统的高速运动特性等主要优点在电火花线切割机床上体现得并不十分突出，而且成本较高。目前，一种新的兼顾步进电动机控制系统经济性及交流伺服系统精确等特性的步进伺服电动机系统已经应用于某些电火花线切割伺服驱动系统。步进伺服电动机系统的本体是步进电动机，但其增加了位置反馈器件（光电编码器或磁编码器），运用类似伺服电动机的控制方法形成闭环控制系统。它通过伺服技术提高了步进电动机的性能，是一种紧凑电动机＋驱动器＋编码器＋控制器全合一的解决方案，具有较优异的特性和广泛的使用功能。步进伺服电动机驱动系统原理如图 2.45 所示。

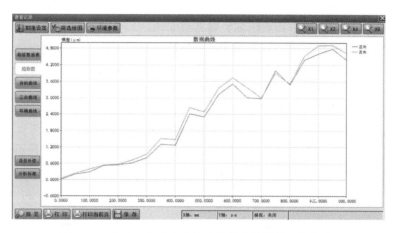

图 2.43　机床工作台定位精度补偿前的线性运行轨迹

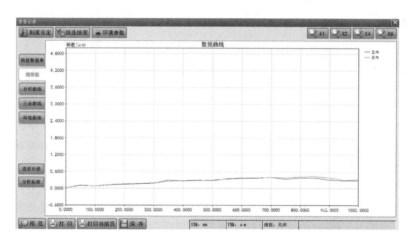

图 2.44　机床工作台定位精度补偿后的线性运行轨迹

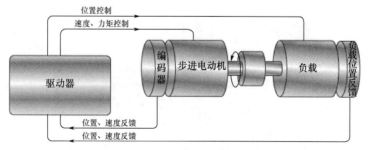

图 2.45　步进伺服电动机驱动系统原理

3. 伺服电动机闭环控制

伺服电动机闭环控制是指在机床的工作台上安装直线位移检测装置，将测出的实际位移或者实际所处的位置反馈给数控装置，并与指令值比较，求得差值，使工作台的移动部件修正位移，实现位置控制。

　　传统电火花线切割机床工作台的传动存在齿轮传动间隙、轴承间隙、丝杠螺母间隙及丝杠精度等问题，造成工作台的运动精度和定位精度产生误差，尤其在多孔跳步模切割时，往往不能保证精度。中走丝机闭环控制系统是由信号正向通路和反馈通路构成闭合回路的自动控制系统，又称反馈控制系统，由伺服电动机、比较线路、伺服放大线路、速度检测器和安装在工作台的位置检测器组成。系统对工作台实际位移量进行自动检测并与指令值比较，用差值进行控制。图 2.46 所示的闭环控制系统是内环为速度环、外环为位置环的双环系统，控制系统的位置环通过接收来自光栅尺的位置反馈信号与插补信号的比较信号，来控制速度环的指令速度，从而调节执行件的位置始终与指令位置保持一致。而控制系统的速度环则根据位置环的指令速度快速而准确地控制电动机，使其不受负载转矩大小和方向的影响，并快速跟踪指令速度的变化。

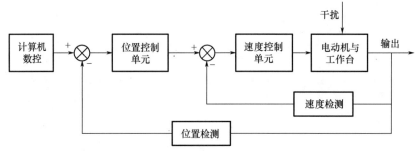

图 2.46　中走丝机闭环控制系统

　　全闭环中走丝机的驱动系统如图 2.47 所示，通常采用的光栅尺分辨率为 $1\mu m$，每隔一段行程（如 50mm）设置一个绝对零位。工作台移动的位置信息直接由光栅尺传感器得到，然后将光栅尺的信号反馈给控制系统。闭环控制系统各环节的信息沟通如图 2.48 所示。由于丝杠的螺距误差对其没有影响，因此闭环控制的位置精度比较高，但是在其闭环内有丝杠螺母副及机床滑板等具有较大惯性的环节，因此通过调试获得其系统的稳定状态比较麻烦，而且安装调整过的光栅尺由于本身的材质原因与实际的距离存在误差，因此需要通过螺距补偿精确校正。闭环控制系统是一种闭环检测方式，主要还是依赖其机械调整的良好性来保障机床闭环控制的精度。

图 2.47　全闭环中走丝机的驱动系统

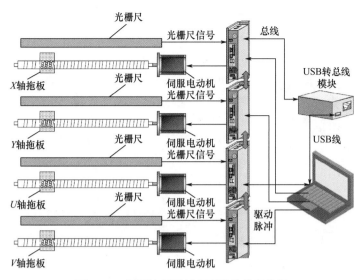

图 2.48　闭环控制系统各环节的信息沟通

4. 直线电动机闭环控制

直线电动机是一种将电能直接转换为直线运动机械能，而不需要任何中间转换机构的传动装置，其结构原理如图 2.49 所示。直线电动机将传统圆筒型电动机的初级展开拉直，变初级的封闭磁场为开放磁场，则旋转电动机的定子变为直线电动机的初级，旋转电动机的转子变为直线电动机的次级。在电动机的三相绕组中通入三相对称正弦电流后，在初级和次级间产生气隙磁场，气隙磁场的分布情况与旋转电动机相似，沿展开的直线方向呈正弦分布。当三相电流随时间变化时，气隙磁场按定向相序沿直线移动，这个气隙磁场称为行波磁场。次级的感应电流和行波磁场相互作用便产生了电磁推力，如果初级固定不动，次级就能沿着行波磁场运动的方向做直线运动。把直线电动机的初级和次级分别安装在机床的工作台与床身上，即可实现直线电动机直接驱动工作台进给运动。由于这种运动方式的传动链缩短为"0"，因此也称零传动。

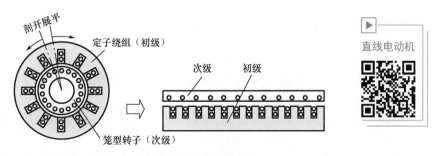

图 2.49　直线电动机结构原理

传统的电火花线切割机床从作为动力源的电动机到工作部件的传动链要通过齿轮副、联轴器、丝杠副等中间传动环节，这些环节会形成较大的转动惯量、弹性变形、反向间隙、运动滞后、摩擦、振动、噪声及磨损，这些因素都会影响机床的传动性能，从而对机床的精度造成影响。

为避免这些中间传动误差，有部分高精度线切割机床闭环控制系统使用永磁直线电动机的进给传动方式，以取代传统的旋转电动机，改变了传统的"旋转电动机＋滚珠丝杠"的传动方式。直线电动机简化了传动结构，避免了把旋转运动变换为滚珠丝杠的直线进给所引起的螺距误差、反向间隙等诸多问题。采用光栅尺得到的工作台位置能直接反馈到直线电动机上，无间隙影响，可以闭环控制实现高精度的位置控制，因此具有良好的跟踪性，能实现高速度及高响应性，适用于对动态特性及精度要求较高的高精密和高速加工场合。电火花线切割机床采用直线电动机驱动，可以提高其伺服跟踪速度和定位精度，从而提高机床的加工性能。直线电动机实物如图 2.50 所示。

图 2.50 直线电动机实物

与传统旋转电动机相比，直线电动机具有以下优势。

① 高速响应性。取消丝杠等机械传动机构，使整个闭环伺服系统的动态性能大大提高，直线电动机用于机床进给的驱动，最大进给速度可达 $120 \sim 250\,\mathrm{m/min}$，加速度可达到 $2 \sim 10g$。

② 高精度性。取消机械传动链，消除了机械变速机构带来的一些不良影响，如摩擦、机械后冲、弹性变形等对系统伺服性能的影响。

③ 行程不受限制。传统的丝杠传动受丝杠制造工艺限制，长度一般为 $4 \sim 6\,\mathrm{m}$，更长的行程需要接长丝杠，而采用直线电动机驱动，理论上初级可无限加长，并且制造工艺简单。

因此，高精度中走丝机闭环控制系统采用直线电动机驱动是一种发展趋势。

直线电动机也有其不足之处。与传统旋转电动机相比，直线电动机的驱动力较小，加之直线电动机不存在滚珠丝杠的减速机构，所以驱动相同负荷工作台需要更大功率。此外，为避免直线电动机温度上升对机床精度的影响，在某些工况下需要给直线电动机配置冷却装置。直线电动机的应用也使各种干扰不经任何中间环节的衰减就直接传到直线电动机上，增大了伺服控制的难度。

目前应用于高速走丝机工作台驱动的直线电动机主要有两种形式，即平板式直线电动机(图 2.51) 和套筒式直线电动机(图 2.52)。应用在商品化中走丝机的直线电动机主要是套筒式直线电动机。直线电动机具有的较高的伺服响应速度和灵敏度，使得线切割机床在加工表面粗糙度、切割速度、加工精度尤其是拐角切割等方面均有所改进，直线电动机运动的高灵敏度和高定位精度也为精细修切时的精确定位提供了保障。

图 2.51 平板式直线电动机驱动

图 2.52 套筒式直线电动机驱动

采用直线电动机配备全闭环光栅尺驱动的机床工作台伺服控制原理如图 2.53 所示，工作台如图 2.54 所示。

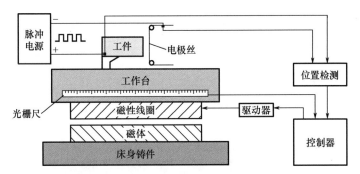

图 2.53　采用直线电动机配备全闭环光栅尺驱动的机床工作台伺服控制原理

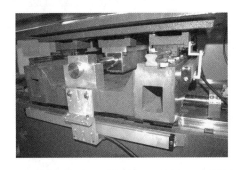

套筒式直线电动机结构

图 2.54　套筒式直线电动机配备全闭环光栅尺驱动的机床工作台

2.4　运　丝　系　统

运丝系统带动电极丝按一定的线速度周期性往复走丝，并将电极丝螺旋状排绕在贮丝筒上。它使电极丝保持一定的张力和速度稳定运行，并由换向装置控制贮丝筒电动机做正反交替运转。走丝速度等于贮丝筒周边线速度，通常为 8～12m/s。电极丝由线架支撑，并依靠导轮保持电极丝与工作台垂直或倾斜一定的几何角度（斜度切割时）。运丝系统按照贮丝筒的运丝方式分为贮丝筒移动式运丝系统、贮丝筒固定旋转式运丝系统、双贮丝筒（盘）式运丝系统。

2.4.1　贮丝筒移动式运丝系统

贮丝筒移动式运丝系统工作原理如图 2.55 所示，运丝电动机通过联轴器驱动贮丝筒，贮丝筒转动带动电极丝运行，并通过齿轮副 Z1、Z2、Z3、Z4 或同步带机构减速驱动丝杠副，丝杠副带动滑板做轴向移动。使电极丝螺旋状排列在贮丝筒上。这种运丝系统是目前高速走丝机广泛使用的一种运丝形式。

图 2.56 所示为贮丝筒移动式运丝系统三维爆炸图。

（1）运丝电动机。多数采用三相交流异步电动机或直流伺服电动机，最高转速分两

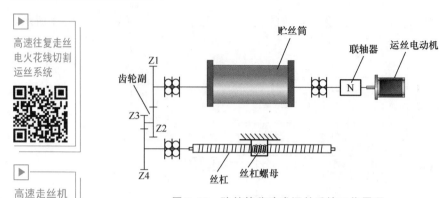

图 2.55　贮丝筒移动式运丝系统工作原理

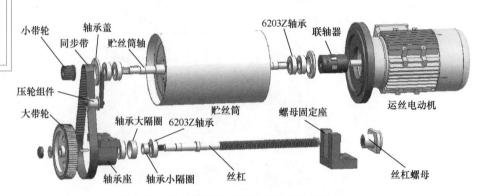

图 2.56　贮丝筒移动式运丝系统三维爆炸图

种，分别为 1400r/min 和 3000r/min。目前中走丝机一般通过变频器对三相交流异步电动机进行频率调节，频率在 10～50Hz，即丝速为 2～10m/s，考虑采用更低的走丝速度及转速的平稳性，已有企业开始采用交流伺服电动机作为运丝电动机。

（2）联轴器。由于贮丝筒在工作时频繁换向（贮丝筒上满电极丝后 1min 换向 2～3次），联轴器瞬间受到很大的剪切力，为防止运丝电动机轴或贮丝筒轴被剪断，一般都采用弹性联轴器。弹性联轴器的种类很多，在电火花线切割机床上常用以下两种结构形式：一种是图 2.57 所示的弹性柱销联轴器结构，在联轴器的主动盘上固定三个等分的圆柱销，圆柱销上套有橡胶套，插入从动盘上相应的三个孔内；另一种是图 2.58 所示的弹性爪型联轴器结构，主动盘与从动盘分别有两个等分的扇形爪，两盘之间夹有一个带四个扇形爪的橡胶块。这两种形式的弹性联轴器结构简单，工艺性好，制造容易，橡胶有减振和缓冲的作用，可以减小电动机轴对贮丝筒轴的冲击，并且允许两轴有 0.25～0.5mm 的不同轴和不平行，弹性材料采用天然橡胶或聚氨酯。同时贮丝筒换向电路设计有换向减速控制功能，与弹性联轴器共同作用，可减缓换向冲击。

（3）贮丝筒。贮丝筒一般采用不锈钢或铝合金圆筒制作，为提高表面的耐磨性及耐腐蚀性，

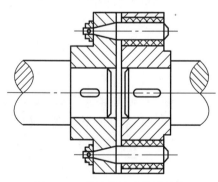

图 2.57　弹性柱销联轴器结构

可在铝合金表面镀铬；为减小转动惯量，筒壁应尽量薄，一般在 4mm 左右，直径一般为 $\phi120\sim\phi160$mm；要求贮丝筒外表面粗糙度 $Ra<0.8\mu m$；贮丝筒组件要经过动平衡测试，保证运转平稳，从而提高电极丝张力的稳定性。

（4）齿轮副（或同步带副）与丝杠副。运丝机构的滑板传动链一般由两级减速齿轮和丝杠副组成，也有采用同步带传动形式的结构（图 2.59）。由于同步带传动形式能有效消除传动间隙，并且具有吸收振动、传动平稳、噪声小的优点，已经逐步取代了齿轮传动。贮丝筒每转一圈，滑板轴向移动 0.20~0.25mm，称为

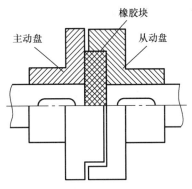

图 2.58　弹性爪型联轴器结构

排丝距，以保证直径 $\phi0.20$mm 以内的电极丝能整齐缠绕在贮丝筒上。丝杠一般采用三角形螺纹，螺母采用消间隙机构。采用同步带传动的运丝系统为调整同步带的张紧度，中间安装了一个调整压轮。

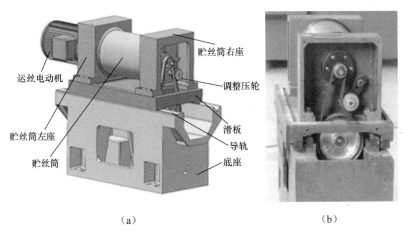

（a）　　　　　　　　　　　　　　　（b）

图 2.59　同步带传动的运丝系统

（5）导轨。滑板与底座之间装有导轨。导轨形式主要有 V－平式的滑动贴塑导轨及自封式的双 V 滚动导轨。前者加工及装配简单、可靠，但运动阻力较大；后者运动阻力小，但加工及装配难度较大。由于贮丝筒既要旋转又要直线运动，因此运丝系统的刚性较差，一旦贮丝筒的动平衡不佳，在运丝过程中就有可能因为贮丝筒的旋转振动对机床及走丝系统产生影响，从而影响加工精度。

目前部分中走丝机为进一步提高运丝系统的稳定性，已经将传统的 V－平式的滑动贴塑导轨结构改为直线导轨形式。其主要考虑运丝系统是机床运动频率最高的机构，一旦润滑不充分，必然使贴塑导轨产生磨损，导致阻力增大，出现单边松丝严重且运丝平稳性下降等问题，后期的维护、保养也会比较困难。综合而言，直线导轨虽然成本略有增加，但基本免维护，而且为整体走丝系统的稳定性及工艺指标的提升奠定了基础。

2.4.2　贮丝筒固定旋转式运丝系统

传统运丝系统的贮丝筒要同时完成旋转和左右往复直线运动，以实现螺旋排丝功能。

因此贮丝筒在旋转和直线运动过程中易产生振动，此外贮丝筒的一端固定着运丝电动机，会产生贮丝筒一端偏重的问题。

为解决上述问题，设计了一种贮丝筒固定旋转式运丝系统，其贮丝筒固定，以质量较小的排线架作为往复直线运动的排丝部件，贮丝筒和运丝电动机只做转动而没有轴向的往复直线运动，其工作原理如图 2.60 所示。

贮丝筒固定
旋转式运丝
系统机床

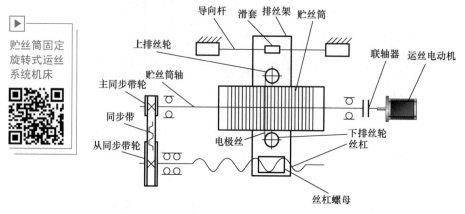

图 2.60 贮丝筒固定旋转式运丝系统工作原理

当运丝电动机工作时，驱动贮丝筒旋转，使收丝和放丝同步进行，由同步带传动使排丝架沿着排丝导向杆做平行于贮丝筒方向的往复直线运动，并通过上下排丝轮排丝，当排丝架触发行程开关时，运丝电动机反向工作，从而实现电极丝的往复输送。此结构减少了传统运丝系统贮丝筒和运丝电动机左右直线运动的同时旋转运动而产生的振动，减少了贮丝筒振动导致的电极丝抖动等问题，缩短了走丝距离，有效减少了电极丝走丝振动与电极丝高速运动的抛丝现象，使加工时机床运行的平稳性有所提高，切割精度、表面粗糙度有一定改善；此外该系统省去了滑板，床身总长度缩短，降低了生产成本。贮丝筒固定旋转式运丝系统机床结构如图 2.61 所示，运丝系统三维结构及实物如图 2.62 所示。

贮丝筒固定
旋转式运丝
系统上丝操作

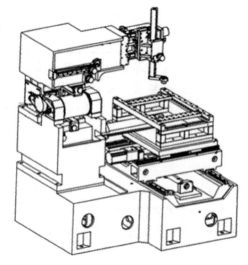

图 2.61 贮丝筒固定旋转式运丝系统机床结构

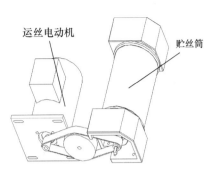

（a）三维结构　　　　　　　　　（b）实物

图 2.62　贮丝筒固定式运丝系统三维结构及实物

2.4.3　双贮丝筒（盘）式运丝系统

传统高速走丝机单贮丝筒运丝系统结构简单、操作方便、成本较低，但存在如下问题：电极丝张力波动较大，尤其是易产生单边松丝；贮丝筒频繁换向导致走丝系统产生的振动，会使电极丝空间位置产生变化，易在切割表面产生机械换向纹，并影响切割表面质量及加工精度；因为固定长度电极丝反复走丝，所以电极丝直径损耗无法补偿；由于电极丝不断被拉长，因此电极丝张力不断降低。随着对高速走丝机加工精度要求的日益提高，为解决上述问题，自 20 世纪 80 年代开始，业内已陆续研发出多种形式的双贮丝筒式运丝系统，但由于存在各方面问题，目前仍没有实现商品化。

根据双贮丝筒布局位置及运行方式，可将运丝系统分为双贮丝筒水平排放、上下叠放、长丝多层叠放及电极丝渐进往复四种形式。

1. 双贮丝筒水平排放运丝系统

双贮丝筒水平排放运丝系统电火花线切割机床如图 2.63 所示。该运丝系统工作原理：在工作过程中，运丝电动机带动一个贮丝筒转动，该贮丝筒通过齿轮变速机构带动另一个贮丝筒做转速相同、转向相反的转动；与此同时，丝杠螺母Ⅰ带动整个滑板沿贮丝筒轴线方向运动，保证两个贮丝筒能够保持相对的稳定和同步，并保证电极丝在走丝路径中的长度不变，从而使走丝速度保持不变。上、下线架间的跨度可以通过立柱上的丝杠螺母Ⅱ调节。

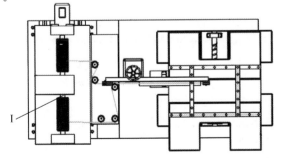
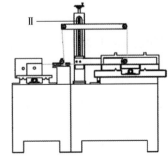

Ⅰ，Ⅱ—丝杠螺母

图 2.63　双贮丝筒水平排放运丝系统电火花线切割机床

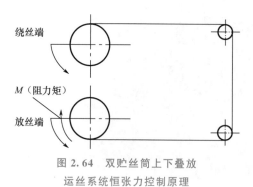

图 2.64 双贮丝筒上下叠放
运丝系统恒张力控制原理

2. 双贮丝筒上下叠放运丝系统

双贮丝筒上下叠放运丝系统恒张力控制原理如图 2.64 所示。该系统由两个贮丝筒和拖动贮丝筒运转的两个直流电机组成，同一台电机既可做电动机旋转也可做发电机运行，实现恒张力控制。作为绕丝端时，从电枢端输入电能，这时电机所产生的电磁转矩是拖动转矩，电机处于电动运行状态；作为放丝端时，电机断电，轴上输入机械能，这时电机处于发电状态，所产生的电磁转矩是制动转矩。运行过程中通过改变制动力矩而产生相应的张力，从而实现运转过程中电极丝张力的调节。

但上述恒张力控制方式不能对张力连续调节且控制不准确，而且由于加工过程中电极丝存在直径损耗，并且在不同的加工条件下，也需要对电极丝张力进行调整，因此可以将张力控制装置改进为采用磁粉制动器控制的双贮丝筒恒张力控制系统。磁粉制动器产生的转矩在一定范围内与励磁电流成正比，是一种线性调节装置。磁粉制动控制的双贮丝筒运丝系统工作原理如图 2.65 所示。

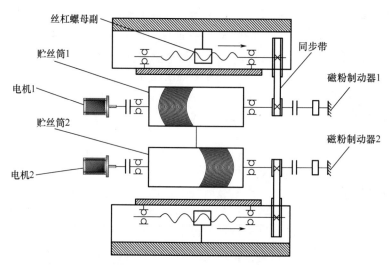

图 2.65 磁粉制动控制的双贮丝筒运丝系统工作原理

具体工作原理：系统由两个贮丝筒和拖动其运转的两个电机组成，每个贮丝筒分别与一个磁粉制动器连接，磁粉制动器固定于滑板上，通过磁粉制动器给放丝贮丝筒施加阻尼。当贮丝筒收丝时，所连接的电机电动运行，与之相连的磁粉制动器断电，对贮丝筒无作用力，同时放丝端的电机处于断电自由状态，与放丝贮丝筒相连的磁粉制动器处于通电励磁状态，磁粉制动器对放丝贮丝筒产生阻尼转矩，使电极丝处于张紧状态。

这种双贮丝筒运丝系统的显著优点是不需要额外增加张力装置调控电极丝张力，两个贮丝筒交替收丝和放丝，能有效改善单贮丝筒收丝端和放丝端张力不均的问题，保障了加工过程中电极丝张力的动态稳定，而且走丝系统导轮数大大减少，降低了因导轮安装精度及磨损导致的电极丝振动，提高了电极丝的空间位置精度。

对上述系统进一步改进，如图 2.66 所示，可以只采用一个电机，并通过安装在上下两个贮丝筒端部的离合器和磁粉制动器实现恒张力运丝。

电机通过离合器、传动装置给上下贮丝筒提供驱动力。运丝系统通过控制装置分别控制离合器和磁粉制动器，以实现两个贮丝筒交替受到驱动力或阻尼力的作用。两个贮丝筒通过与其连接的离合器从电机处获得驱动力（矩），同时可通过传动装置从对应的磁粉制动器处获得阻尼力（矩），即一个贮丝筒受到驱动力（矩），则另一个贮丝筒受到反方向阻尼力（矩），反之亦然。控制装置还可以控制磁粉制动器的阻尼力，使施加于贮丝筒上的阻尼力容易控制、调整和量化。该装置能及时将伸长的电极丝收紧，确保电极丝始终处于张力恒定的工作状态，并且可以根据不同的加工需求调节张力。

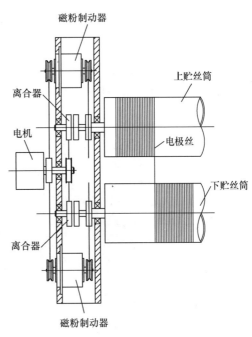

图 2.66　单电机双贮丝筒运丝系统工作原理

运用单电机双贮丝筒恒张力机构［图 2.67（a）］研发的一款电火花线切割机床如图 2.67（b）所示。这是一款接近实用阶段的双贮丝筒恒张力高速走丝机。

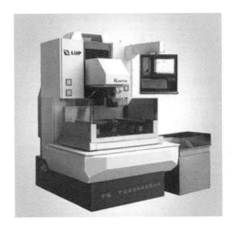

（a）双贮丝筒恒张力机构　　　　　　　　　（b）机床

图 2.67　单电机双贮丝筒恒张力机构及其电火花线切割机床

3. 双贮丝筒长丝多层叠放运丝系统

随着中走丝机的快速发展及电极丝生产工艺的完善，电极丝已经可以实现定长生产。目前高速走丝机采用的单贮丝筒走丝只能单层绕丝，一次上丝长度只有 200～350m，如按 10m/s 的走丝速度，运行 30s 左右就需换向，而周期性频繁换向冲击会对电极丝空间位置精度产生影响，影响加工精度，并易在切割表面形成机械换向纹，影响切割表面质量。同时电极丝换向断高频也会减少有效切割时间，降低切割速度。为解决上述问题，已有企业设计出超长（1万米以上）电极丝的多层叠放双贮丝筒运丝系统，该系统可以使电极丝单方向走丝维持一段时间，尤其是在多次切割修切时不需要换向，从而提高对一些中小型模具的加工精度。

图2.68所示为双贮丝筒长丝往复走丝线切割机床试验平台，电极丝长度达1万米以上，修切时单向连续加工时间可超过1h。其运丝系统如图2.69所示。

图 2.68　双贮丝筒长丝往复走丝线切割机床试验平台

双丝筒超长丝电火花线切割

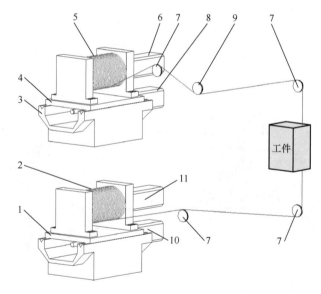

1—滑板Ⅰ；2—正向走丝贮丝筒；3—底座；4—滑板Ⅱ；5—反向走丝贮丝筒；
6—变速卷绕电动机Ⅰ；7—导轮；8—滑板驱动电动机Ⅰ；9—张力轮；
10—滑板驱动电动机Ⅱ；11—变速卷绕电动机Ⅱ

图 2.69　双贮丝筒长丝多层叠放运丝系统

该运丝系统的两个贮丝筒和两个滑板分别独立配装伺服电动机，共计采用四台伺服电动机。其中，两个贮丝筒分别采用双伺服电动机进行主从式驱动，在加工过程中对两台贮丝筒伺服电动机（变速卷绕电动机Ⅰ、Ⅱ）转速实时控制，使伺服电动机的张力波动范围控制在0.3N以内，并且在3～10N根据需求设定张力。驱动滑板的两台伺服电动机（滑板驱动电动机Ⅰ、Ⅱ）根据对应贮丝筒伺服电动机的转数比进行伺服控制，确保排丝均匀。

该运丝系统的贮丝筒绕丝长度可达 5～10km 甚至更长，加工时，先在电极丝初始的 1000m 长度内，用高速（如 10m/s）往复走丝进行大能量切割，然后将余下的电极丝（如 8000m）以低速（如 1m/s）进行单向走丝修整切割。

双贮丝筒长丝往复走丝线切割加工可大幅降低往复走丝线切割的换向频率，并在中走丝修切时采用单向走丝，该方法一方面节省了电极丝换向切断高频的时间，另一方面为中走丝加工工艺指标的提高尤其是加工精度的提高提供了一种方案。但这种机构在零件跳步孔较多及断丝时如何快捷穿丝等方面还有待深入研究。

4. 双贮丝筒电极丝渐进往复运丝系统

针对加工过程中电极丝直径损耗对加工精度产生影响的问题，提出了一种双贮丝筒电极丝渐进往复走丝方式。双贮丝筒使电极丝一方面完成高速往复走丝；另一方面通过往复走丝的不对称形式，使电极丝渐进送进，以抵消电极丝的损耗。整个切割过程中，电极丝的损耗可以通过丝的渐进送进抵消，从而保障在大面积切割中电极丝直径基本不变，在一定程度上保障了加工精度不会因为电极丝直径损耗而降低，并且发生断丝时电极丝可以沿宽度一致的切缝快速空切到断丝点或在断丝点原地穿丝。修切时可以采用较长时间的单向走丝进行修切。这种双贮丝筒运丝系统也保障了加工区域电极丝的张力处于恒定状态。电极丝渐进式往复走丝示意图如图 2.70 所示。

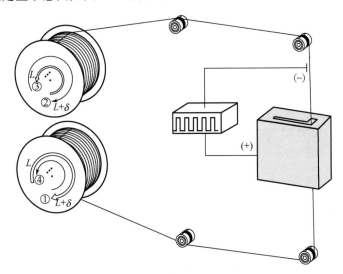

例如：$L=300\text{m}$，$\delta=1\text{mm}$；空心箭头为主动轮，实心箭头为从动轮

图 2.70　电极丝渐进式往复走丝示意图

利用单片机控制贮丝筒的转动及电极丝的渐进式送进，如正向走丝（300+δ）m（图 2.70 中箭头①、②），然后反向收丝 300m（图 2.70 中箭头③、④），如此往复走丝，这样每次循环总有 δmm 的新丝补充进入加工区域。电极丝的损耗可以通过每次循环补充的 δmm 电极丝进行补偿，以减少加工过程中的电极丝直径损耗。采用这种走丝方式，可以基本消除往复走丝电火花线切割电极丝直径损耗对加工的影响，具体结构及控制的实现还在进一步细化。

2.5 线架及导轮结构

线架的主要功能是在电极丝走丝时起支撑作用，并使加工区域的电极丝与工作台平面保持垂直或成一定的几何角度。一般对线架的要求如下。

（1）具有足够的刚度和强度。电极丝走丝（尤其是高速走丝）时，不应出现振动和变形。

（2）线架上的导轮有较高的精度，径向跳动和轴向窜动不超过 $5\mu m$。

（3）导轮与线架本体、线架与床身之间有良好的绝缘性。

（4）导轮组件有密封措施，防止混有放电蚀除产物和杂质的工作液进入导轮轴承。

（5）具有耐磨材料制作的挡丝棒、导向器，对电极丝起定位和降低振动的作用。

（6）具有调节水阀和喷水装置。

（7）具有可靠的进电装置和断丝保护装置。

（8）具有电极丝张力控制装置。

（9）线架不仅能保证加工区域的电极丝垂直于工作台面，在具有斜度切割功能的机床上，还需能使电极丝按指定要求保持与工作台面呈一定几何角度。

高速走丝机线架的主要结构有两类：音叉式线架和 C 型线架。

2.5.1 音叉式线架

音叉式线架结构简单，走丝路径短，但刚性差。采用该类线架的机床，为减少电极丝正反向走丝产生的单边松丝问题，应尽可能在电极丝走丝路径、导轮布置、导电块设置方面在上、下线架采用对称分布。

图 2.71 所示为音叉式升降线架结构。该线架采用电流通断式断丝保护装置，上线架

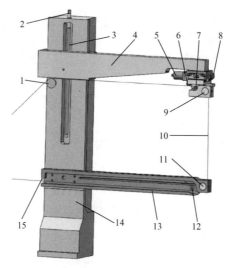

1—后导轮；2—丝杠轴承座；3—升降丝杠；4—上线架；5—U 轴电动机；6—断丝保护块；

7—上导电块；8—V 轴电动机；9—上导轮；10—电极丝；11—下导轮；

12—下导电块；13—下线架；14—线架立柱；15—挡丝棒

图 2.71 音叉式升降线架结构

接两个触点，下线架接一个进电触点。上线架两个触点分别用于断丝保护和高频进电，为减少电极丝跳动引发的断丝误判，上线架两个触点与电极丝一上一下接触，如图 2.72 所示。上、下线架双触点进电的目的是减小正反向走丝放电切割时电极丝从进电点至加工区由电极丝自身电阻产生的压降差异，可以提高高厚度工件切割的稳定性及均匀性，并且可以减小高频脉冲电源的波形畸变，尤其是短脉冲、小能量条件下的波形畸变。实际加工中，脉冲电源传输线可以选择多股细线绞合的"辫线"作为进电传输线，以充分利用"肌肤效益"。

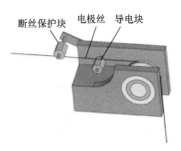

图 2.72 进电及断丝保护触点

上线架的断丝保护块及上导电块均与线架绝缘，它们作为断丝信号检测点，只有在两者与电极丝同时接触的情况下才能形成通路。将断丝保护块和上导电块这两个检测点接入断丝保护电路，此时电极丝就相当于断丝保护电路中的导线，这样电极丝的通断就会在断丝保护电路中形成电流通断信号，上导电块和断丝保护块之间的电极丝就相当于断丝保护电路中的"开关"。一旦断丝，断丝保护电路会立刻切断高频电源输出，并关闭运丝电动机及水泵电动机，同时令计算机停止插补计算，记下断丝点坐标位置，等待后续处理。断丝保护功能避免了由断丝造成的丝乱甩、水乱溅的问题。但由于增加了一个导电块，造成正向和反向走丝摩擦阻力的不同，易导致正反向电极丝张力不均，增加了夹丝的可能，因此在加工中，要定期检查导电块是否被电极丝勒得过紧、是否已有深槽、是否填塞了蚀除产物，并定期调整导电块的位置与状态，调整电极丝的张力，用煤油刷洗导电块，使其与电极丝保持良好的电接触。

2.5.2 C 型线架

C 型线架具有较高的刚性和操作方便性，使机床上线架和锥度头的形变误差大大降低，以较好保证零件的加工精度，已经成为目前大多数中走丝机采用的线架结构。C 型线架的 U、V 轴主要有两种方式：一种 U、V、Z 轴均固定在上线架的前端（图 2.73），U、V 方向和竖直方向可以适当调节，但其行程有限，因而适用于加工一般厚度、小锥度的零件；另一种采用类似低速走丝机的锥度结构，其 U、V 轴锥度装置直接置于加大加粗的立柱上方（图 2.74），采用直线导轨和滚珠丝杠，配合伺服电动机驱动及反馈控制，进一步提高了锥度装置的刚性及运动精度。

另外，中走丝机采用 C 型线架是因为在多次切割中，C 型线架可以缩短电极丝的

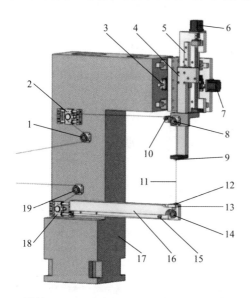

1—导轮；2—上张力器；3—V 轴；4—升降头；
5—升降导轨；6—Z 轴升降电动机；7—U 轴电动机；
8—上导轮；9—上导向器；10—上导电块；
11—电极丝；12—下导向器；13—下喷嘴；
14—下导轮；15—下导电块；16—下线架；
17—线架立柱；18—下张力器；19—导轮

图 2.73 锥度机构位于上
线架前端形式的 C 型线架

锥度装置置于立柱上方的C型线架

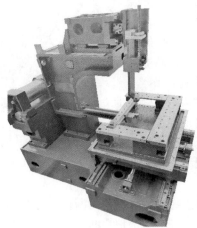

图 2.74　锥度装置置于立柱上方的 C 型线架

走丝路径，使走丝路径最短化，提高走丝系统的稳定性。切割中，为尽可能提高加工区域电极丝刚性，一般要求上下导向器尽可能靠近工件的上下表面（通常保持 10～15mm 间距），而切割完毕后又要便于废料的取出，采用 C 型线架，只要调整升降头就可以在不拆卸电极丝的情况下完成这一操作，如图 2.75 所示，同时可以保持电极丝的垂直度，方便加工的延续。此外，由于上导电、上喷液均靠近加工区，因此切割过程中导电及冷却可靠，而且有利于对工作液飞溅的控制。而音叉式线架必须通过拆卸电极丝，移动工作台或升降上线架方能取出废料，并且必须重新校对电极丝的垂直度方能继续切割，因此过程比较烦琐。

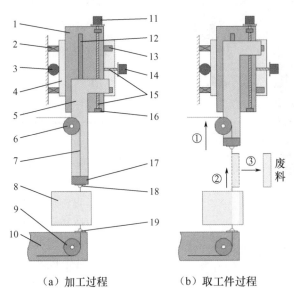

（a）加工过程　　　　（b）取工件过程

1—升降支撑板；2—V 电动机导轨；3—V 轴电动机；4—U 轴支撑板；5—升降头；6—上导轮；
7—电极丝；8—工件；9—下导轮；10—下线架；11—升降电动机；12—升降导轨；13—U 轴电动机导轨；
14—U 轴电动机；15—驱动螺杆；16—螺杆支撑座；17—导向器座；18—上导向器；19—下导向器

图 2.75　C 型线架取出废料示意图

2.5.3 导轮

导轮在电火花线切割加工中起着对电极丝定位、传送、导向甚至进电的作用。高速走丝机中的导轮组件是维持电极丝空间位置精度的关键部件，是影响机床切割加工性能的关键因素，故延长导轮组件使用寿命是一个关键问题。

导轮、导向器、导电块及其他

导轮分为金属导轮和非金属导轮两类，金属导轮一般由硬度高、耐磨性好的材料（如 Cr12、GCr15、W18Cr4V）制成；非金属导轮一般采用陶瓷材料、人造宝石（蓝宝石）、氧化锆制成轮的圆环镶件制成。非金属导轮具有更高的耐磨性和耐蚀性，但陶瓷导轮和人造宝石（蓝宝石）导轮的缺点是比较脆，此外当工作面遇到骤冷骤热时易产生崩裂，因此在装配和使用时要十分注意。目前非金属导轮普遍使用的材料是氧化锆，其具有较高的硬度，同时兼有较好的韧性。导轮及导轮组件实物如图 2.76 所示。

电火花线切割配件及安装工具

（a）导轮 　　　　　　　　（b）导轮组件

图 2.76　导轮及导轮组件实物

金属导轮主要生产流程包括毛坯锻造—粗车—精车—热处理—磨削侧面、端面及轴承档—磨削 V 形槽—检验等关键步骤，各工序加工的样件如图 2.77 所示。

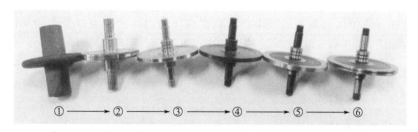

金属导轮生产

①毛坯锻造②粗车③精车④热处理⑤磨削侧面、端面及轴承档⑥磨削V形槽

图 2.77　金属导轮加工各工序加工的样件

导轮组件按结构分为单支承和双支承两类。图 2.78（a）所示为单支承导轮组件，此结构上丝方便，并且导轮套可做成偏心形式，便于电极丝垂直度的调整。但因为导轮是单支承悬臂梁结构，电极丝张力大时，会引起导轮轴弹性变形，使运动精度下降，切割工件表面粗糙度会受到影响。图 2.78（b）所示为双支承导轮组件，此结构导轮两端用轴承支撑，导轮居中，结构合理、刚性好。

加工时线架前端的导轮尤其是下线架导轮工作在周边有工作液的环境中，加工过程中产生的大量微米级的金属蚀除产物微粒会悬浮在工作液中，如果导轮组件不能做到对工作液较好的防护，则金属蚀除产物微粒将随工作液进入导轮内部的轴承。由于金属蚀除产物

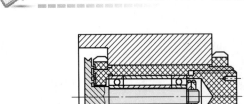 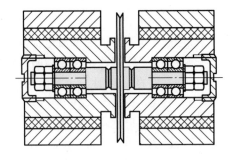

（a）单支撑导轮组件　　　　　　　　　　（b）双支撑导轮组件

图 2.78　导轮组件

具有很高的硬度，并且加工中轴承一直处于高速旋转状态（6000～8000r/min），因此工作液一旦流入轴承，轴承将在类似于磨料的金属蚀除产物中很快磨损，致使导轮的轴向窜动和径向跳动增大，迅速影响电极丝空间位置的精度和稳定性，因此对于工作液的防护（俗称"防水"），对导轮组件使用寿命的提高是十分关键的。目前各种功能性的导轮组件主要有防水导轮组件、双支撑整体偏心导轮组件、自动消游隙导轮组件、进电导轮组件等。

1. 防水导轮组件

导轮的使用寿命很大程度上取决于组件内轴承的使用寿命，而轴承的使用寿命与能否阻挡工作液的进入有关。以往使用的导轮组件，虽然在导轮套内涂抹油脂作为防水之用，但由于工作液具有较强的洗涤能力，因此油脂并不能长久有效地对工作液起隔绝作用，切割一段时间后，工作液将沿导轮的侧壁直接进入组件内部的轴承。

防水导轮组件主要分为以下两类。一类为轴承内置式，其三维结构如图 2.79 所示，轴承内置于导轮内部，并采用多迷宫堵头结构，利用油脂和工作液本身具有一定张力的特性，封堵住工作液进入导轮内部轴承的通道，从而提高导轮组件的使用寿命。轴承内置式防水导轮组件结构如图 2.80 所示，这种结构防水效果好，但较复杂，结构较大，导轮的旋转精度不高。

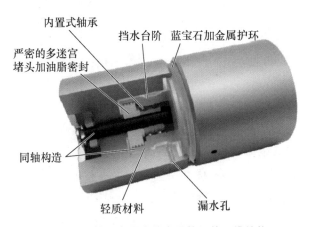

图 2.79　轴承内置式防水导轮组件三维结构

另一类防水导轮组件为双支撑多级式，结构如图 2.81 所示，实物如图 2.82 所示。在

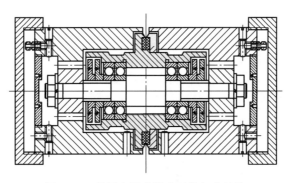

图 2.80　轴承内置式防水导轮组件结构

导轮组件内采用多级密封的方法，形成多级屏障，层层阻止工作液流入轴承，以延长轴承的使用寿命。这种多级屏障阻隔式结构防水效果较好，导轮的旋转精度容易保障，是目前使用最普遍的导轮组件。为方便挂丝，还可以在导轮组件外配置 V 形导向圈，使电极丝通过该导向圈直接进入导轮的 V 形槽，其实物如图 2.83 所示。

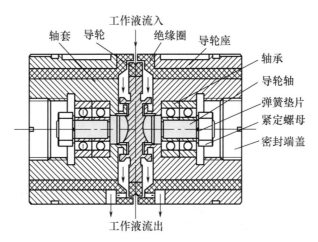

图 2.81　双支撑多级式防水导轮组件结构

图 2.82　双支撑多级式防水导轮组件实物

图 2.83　具有 V 形导向圈的导轮及导轮组件实物

　2. 双支撑整体偏心导轮组件

　　图 2.84 所示为双支撑整体偏心导轮组件实物。此结构导轮采用双轴承支撑，同时导轮与轴承又整体置于一个偏心铜套内，使得电极丝垂直度调整十分方便，而且导轮组件刚

性好。更为重要的是一旦线架两侧的导轮座孔因为材料变形而产生不同心时，一般双支撑分体结构的导轮组件必然形成双边导轮座的不同心及不同轴，在高速旋转时，将使轴承寿命大大降低；而此整体偏心导轮组件结构由于外部有一个整体偏心铜套，因此减少了这种不同心情况的出现，使得导轮组件的使用寿命大大提高。

图 2.84　双支撑整体偏心导轮组件实物

3. 自动消游隙导轮组件

加工中处于高速旋转的轴承必然会产生磨损，致使导轮的轴向窜动和径向跳动增大，为减少导轮的窜动及跳动对电极丝空间位置精度和稳定性的影响，设计了一种自动消游隙导轮组件，其实物如图 2.85 所示，三维结构如图 2.86 所示。该导轮组件通过导轮轴内的碟型弹簧片，自动消除由轴承磨损形成的轴向间隙，达到提高导轮对电极丝定位精度的目的。

自动消游隙导轮组件安装

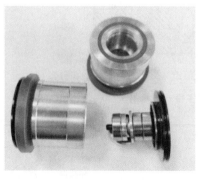

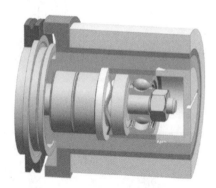

图 2.85　自动消游隙导轮组件实物　　　　图 2.86　自动消游隙导轮组件三维结构

4. 进电导轮组件

线切割加工中高频电源进电的稳定性、可靠性对切割性能有重要的影响，目前普遍采用导电块与电极丝接触的传统进电方式，这种进电方式电极丝与导电块之间存在速度高达 10m/s 的相对运动，存在如下问题。

（1）电极丝和导电块磨损。

（2）由于压在导电块上的电极丝形成的包角较小，电极丝与导电块之间的作用力较小，因此导电块对电极丝的束缚力较小，电极丝在导电块上经过时易形成振动，产生非充分接触或非接触，影响进电的稳定性和切割速度，甚至会产生电极丝"花丝"问题。

（3）电极丝和导电块接触所形成的阻抗在加工电流通过时会产生局部区域发热，导致大电流切割时易出现断丝问题。

（4）切割一些易氧化且氧化物导电性较差、硬度较高的材料（如铝合金）时，传统进电装置的不足之处暴露得更加明显，由于铝在放电过程中被氧化，其氧化物会镀覆在电极丝上，当带有氧化铝的电极丝从导电块上滑过时，除了表面的凹凸不平引起电极丝振动外，硬度较高的氧化铝还会加剧导电块的磨损，加上此时电极丝表面因为镀覆了部分氧化铝，产生导电不均匀，所以在加工时，会经常看到导电块有"跳火"现象，这一方面会影响切割的稳定性，另一方面易导致电极丝被导电块夹断或因为"跳火"而烧断。

进电导轮的优点如下。

（1）可以与电极丝之间形成稳定的 90°包角，因此进电稳定、可靠，由于接触长度达到进电导轮周长的 1/4，因此进电接触电阻较小，即使有接触电阻产生进电发热情况，也会在加工区域工作液的冷却作用下，得到及时冷却。

（2）电极丝与进电导轮之间是滚动摩擦，磨损少，使用寿命长，由于进电方式从滑动方式改为滚动方式，因此电极丝的损耗也会降低，电极丝的使用寿命相应延长。这种进电方式尤其有利于铝合金的切割，避免了原来采用导电块进电产生的"跳火"问题。

（3）由于将进电点前移至靠近加工区域，并且电极丝与进电导轮接触长度增加，使接触电阻降低，大大减少了从进电点至加工区域的能量损失，因此一般切割速度在相同情况下可以提高 10%左右。

目前进电导轮主要还是采用轴中心接触式进电和轴外圆接触式进电。两种进电方式下，进电导轮在线架上的安装如图 2.87、图 2.88 所示。其中，轴中心接触式进电导轮组件结构如图 2.89 所示，通过弹簧推动进电柱，再顶住钢球将电能传递到钢导轮上；而轴外圆接触式进电导轮组件则是通过两个涡卷弹簧推动进电碳刷压在导轮轴外圆上，将电能传递到钢导轮上。

图 2.87　轴中心接触式进电导轮
在线架上的安装

图 2.88　轴外圆接触式进电导轮
在线架上的安装

进电导轮同时承担着对电极丝定位及进电的任务，因此只能采用钢导轮。由于目前进电采用的是接触进电方式，因此如何降低进电点的接触电阻是亟待解决的问题。目前进电导轮所能承受的长期稳定切割电流一般在 4A 左右，一旦增大切割电流（如切割电流大于

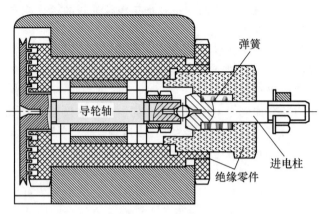

图 2.89 轴中心接触式进电导轮组件结构

（弹簧、导轮轴、进电柱、绝缘零件）

6A），通电后在进电接触点因为有接触电阻所产生的热量，如果不能通过导轮基体消散出去而形成热量的累积，则会导致进电接触点发热甚至烧毁。因此接触的方式、接触材料的选择及接触点的冷却和散热方法均是进电导轮正常使用的关键。目前对于减少接触点发热问题还没有很好的解决方法，只能通过增大导轮直径（大于或等于 $\phi 80\text{mm}$）、降低导轮转速的方式，甚至采用外挂油冷装置的方式对进电接触点进行冷却。

2.6 导 向 器

目前导向器已经广泛应用于中走丝机上。但由于高速往复走丝电火花线切割电极丝为钼丝，硬度较高，钼丝表面存在大量放电后产生的"毛刺"，加上走丝速度高，因此相对低速单向走丝电火花线切割而言，导向器的使用寿命较短。目前高速走丝机导向器的主要形式有传统式（包括挡丝棒和圆形导向器）、开合式、微触碰限位式、智能式及双导向器组等。

导向器能大幅提高加工过程中电极丝的空间位置精度，主要原因如下。

（1）电极丝具有一定的刚性，通过导轮后实际呈现图 2.90 所示的弧线状，其与上下导轮的公切线存在偏差 δ，δ 将随着电极丝张力 T 的变化而改变。实际加工过程中即使有电极丝张力控制装置，若没有导向器的定位作用，电极丝的空间位置也依然容易发生改变。

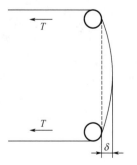

图 2.90 电极丝导轮定位时实际空间状态

（2）电极丝采用导轮定位时，其半敞开定位方式将使电极丝在切割加工时因受到放电爆炸力的作用，存在各个方向定位状态的差异，其中以切割 $-X$ 方向的稳定性最差，如图 2.91 所示，在此方向切割时放电爆炸力会将电极丝推离导轮的定位槽，使切割稳定性下降，断丝概率增大。

（3）走丝系统的各运动部件都做高速运动，贮丝筒的径向跳动、导轮的轴向窜动和径向跳动及电极丝张力不均等，都会导致加工区域内的电极丝产生振动。因此在中走丝机切割时，为确保电极丝空间位置的稳定，安装电极丝导向器是必要的。

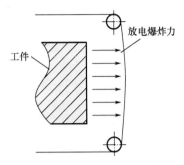

图 2.91　切割-X 方向放电爆炸力作用示意图

2.6.1　传统式导向器

　　传统式导向器主要有挡丝棒（图 2.92）和圆形导向器（俗称"眼膜"）（图 2.93）。挡丝棒通常采用硬质合金（也可兼作导电块）、宝石棒等材料制成，穿丝方便，成本较低，但挡丝棒对电极丝的压上量无法精确控制，电极丝在挡丝棒上接触面积小，加上高速走丝摩擦，短期内很容易在挡丝棒表面磨出较深的沟槽。此外，电极丝与挡丝棒的包角小，限位效果较差，更重要的是挡丝棒不能做到全方位限位圆形导向器一般采用聚晶金刚石制成，厚度为 2～4mm，但由于对聚晶金刚石加工有一定难度，因此实际等径高度只有 0.5～0.8mm。圆形导向器可以对电极丝全方位限位且限位效果较好，是目前市场上普遍使用的导向器。安装导向器时要尽量保证导向孔与电极丝重合，即电极丝能"正好"穿过导向器，否则对导向器的磨损会非常大，而且会影响电极丝的空间位置。这对模具加工的位置精度和零件切割尺寸的一致性影响都是非常致命的。由于导向器的小孔一般只比电极丝直径大 0.012～0.015mm（否则导向作用会降低），因此穿丝较困难，其上下两端分别采用宝石或陶瓷锥形孔作为电极丝的导向，内部结构如图 2.94 所示。如果导向器的孔径选择及安装方式不合适，会增大电极丝对导向孔的摩擦，快速降低导向器的定位作用。具体的安装步骤参见 5.3 节加工基本操作。

图 2.92　挡丝棒

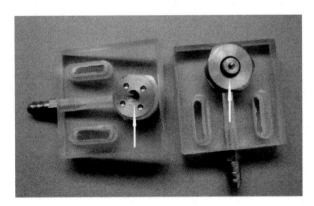

图 2.93　圆形导向器

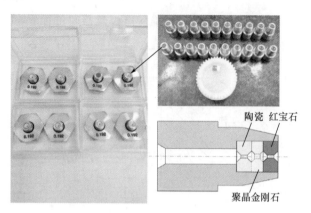

图 2.94　圆形导向器及内部结构

聚晶金刚石是由经特殊处理的金刚石微粉与少量黏结相在高温超高压下烧结而成的，具有各向同性及均匀的、极高的硬度和耐磨性；但聚晶金刚石具有微弱导电性，与电极丝接触时，在某些条件下有可能产生微弱的电蚀现象，致使磨损加剧，使用寿命缩短。因此为延长圆形导向器的使用寿命，需要采取绝缘措施，使聚晶金刚石导向器与线架绝缘。当然最好的方法还是采用绝缘的天然金刚石制成导向器。

2.6.2　开合式导向器

采用开合式导向器的目的是改善挡丝棒限位效果差及圆形导向器穿丝不方便的问题。图 2.95 所示为开合式导向器实物，图 2.96 所示为开合式导向器结构。开合式导向器将宝石块分为左、右两部分，挂丝时打开旋转压块，将电极丝由开口处挂入导向槽，贴合到左宝石块 V 形槽内，再闭合右宝石块。通过压紧螺钉将左右宝石块闭合在一起，从而保证对电极丝可靠限位。开合式导向器左、右宝石块与电极丝接触限位方式有半圆形或 V 形，导向器上的左、右宝石座均可进行位置调节。当宝石块长期工作出现磨损后，可以微调左、右宝石座的相对位置以继续实现稳定限位，从而延长导向器的使用寿命。开合式导向器可以对电极丝全方位限位，而且可以简单快捷地将电极丝挂入导轮，操作方便。但这种导向器对电极丝的压上量很难精确控制，调整要求高，调整时主要取决于人工经验，宝石块与电极丝的相互摩擦仍然会缩短电极丝的使用寿命。

图 2.95　开合式导向器实物

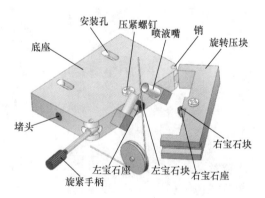

图 2.96　开合式导向器结构

2.6.3 微触碰限位式导向器

微触碰限位式导向器的原理是通过限位块（硬质合金）与电极丝的轻微触碰，限制电极丝的振动并进行限位。其限位段较长（5～10mm），并且限位块与电极丝基本不产生相对摩擦，因此使用寿命长，对电极丝使用寿命没有影响，同时具有较好的限制电极丝振动的效果。其缺点是不能对电极丝进行全方位限位。微触碰限位式导向器采用偏心圆的设计，便于挂丝和调节，其实物如图 2.97 所示。

微触碰限位式导向器

图 2.97 微触碰限位式导向器实物

微触碰限位式导向器结构如图 2.98 所示，包括喷嘴端盖、喷嘴体、喷液出口、偏心圆柱套、喷嘴座及调节手柄。偏心圆柱套偏心距为 δ。偏心圆柱套的一端置于喷嘴座内部，喷嘴座安装在喷嘴体中，喷嘴体上设有环形槽，调节手柄与喷嘴座连接，可以在环形槽中滑动并带动喷嘴座及偏心圆柱套转动；偏心圆柱套的另一端固定装有喷嘴端盖，喷嘴端盖中间设有喷液口，喷嘴端盖与偏心圆柱套形成空腔，使工作液从喷液出口流出。

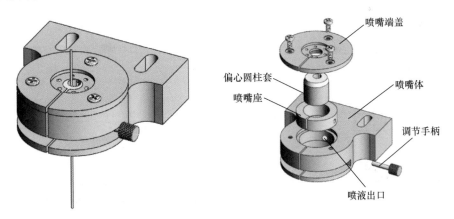

喷嘴端盖

偏心圆柱套

喷嘴座

喷嘴体

调节手柄

喷液出口

图 2.98 微触碰限位式导向器结构

使用时先转动调节手柄，使偏心圆柱套开口方向与喷嘴体及喷嘴座开口方向一致，将电极丝从开口处挂入，如图 2.99（a）所示，然后握住调节手柄在喷嘴座环形槽中转动调节，使偏心圆柱套中的圆柱孔内侧壁面与电极丝轻微接触，最后拧紧调节手柄旋钮，使偏心圆柱套位置固定，从而对电极丝起到微触碰限位作用，如图 2.99（b）所示。

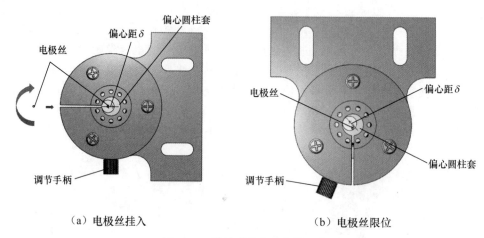

（a）电极丝挂入　　　　　　　（b）电极丝限位

图 2.99　微触碰限位导向器调节

2.6.4　智能式导向器

在使用微触碰限位式导向器时，电极丝与偏心圆柱套（硬质合金）的触碰程度必须由人工判断，因此并不能做到十分准确。为此，刘志东教授设计了可以获知微触碰位置的智能式导向器。其原理是通过一个简单回路指示灯的闪烁情况，来判定电极丝与偏心圆柱套的接触情况，并通过调整偏心圆柱套与电极丝的相对位置，使电极丝与偏心圆柱套达到似碰非碰的状态。考虑到需要对电极丝尽可能实现全方位限位，因此采用两个上下分布的偏心圆柱套对电极丝双边进行限位。这种限位方式具有限位距离长、定位精度高、使用寿命长等优点。与微触碰限位式导向器结合后（即双边限位智能式导向器）的限位原理如图 2.100（a）所示，其组成如图 2.100（b)所示。

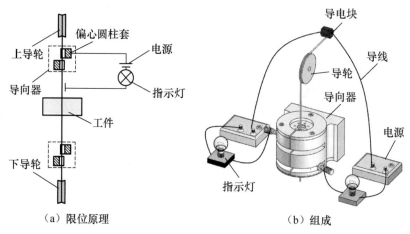

（a）限位原理　　　　　　　（b）组成

图 2.100　双边限位智能式导向器的限位原理及组成

2.6.5　双导向器组

电极丝的空间精度稳定性及刚性是影响电火花线切割加工精度，尤其是影响超高厚度切割精度及高厚度修切精度的重要因素。传统的导向器对于超高厚度切割而言，由于线架的跨距很大，上、下线架上导向器的两点对加工区域电极丝的刚性提高有限。由此刘志东教授提出了一种双导向器组结构方式，在上、下线架上分别设置导向器组，即上、下线架各有两个导向器，并且两个导向器间距可以在直线导轨导向下调节，从而对电极丝进行导向限位，由于将原来的导向限位从上下两点增加到上下四点，并且可以根据加工情况进行间距调节，因此大大提高了线架间电极丝的刚性，达到提高超高厚度工件切割稳定性、精度及高厚度工件修切稳定性、精度的目的。

导向器组间距的不同，孔径的差异均会对不同线架跨距电极丝的振动及刚性产生不同的效应，因此实际切割过程中，可以根据需要进行调整。直线导轨式导向器实物如图2.101所示，直线导轨式双导向器组工作原理如图2.102所示。实际使用中可以将一个导向器组整合成一个固定的内部有两个支点的导向器。

图2.101 直线导轨式导向器实物

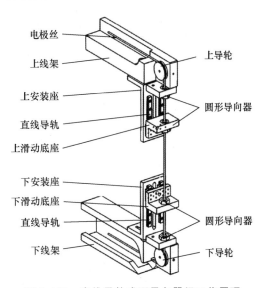

图2.102 直线导轨式双导向器组工作原理

2.7 张力机构

高速往复走丝电火花线切割中，加工区域电极丝处于高温火花放电状态，在张力的作用下会产生塑形延伸、损耗变细；而且放电形成的电蚀会导致电极丝直径损耗，因此电极丝将会被逐渐拉长而变得松弛；此外，电极丝经过一段加工时间后，还会出现单边松丝现象，因此加工过程中必须对电极丝张力进行控制。以往电极丝张力主要采用人工紧丝方式调整，一般工作一个班次（8h）进行一次人工紧丝。随着对电极丝张力控制必要性认识的加深及加工要求的提高，目前中走丝机均配置了电极丝张力机构，并且已经由简单的机械式逐渐发展为闭环张力控制方式。张力机构目前主要有重锤式、双向弹簧式、两级式及闭环张力控制系统等。

简易张力机构

2.7.1 重锤式张力机构

重锤式张力机构是最早使用的电极丝张力机构，主要分为单向重锤式张力机构和双向重锤式张力机构。

单向重锤式张力机构工作原理如图 2.103 所示，实物如图 2.104 所示。单向重锤式张力机构是利用重锤的重量来形成整个走丝系统中电极丝所需的张力，走丝系统工作时，通过安装在重锤上的张紧导轮向下拖拽的距离储存电极丝在加工过程中产生的伸长量，以达到电极丝张力在一定周期内保持恒定的目的，当移动滑块降至最低位置时，需要重新复位，继续下一个工作循环。

该机构的优点是结构简单，加工制造难度低，配重恒定，对稳定张力有一定的作用，而且成本低，便于安装、使用和维护；缺点是仅单边张紧电极丝，由于走丝系统在正反向切换时会产生冲击载荷，造成张力突变，影响切割质量，而且张力机构行程较短，停机复位次数较多，施加的张力较大时易产生断丝。

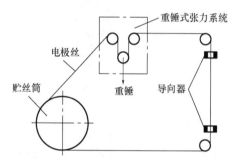

图 2.103 单向重锤式张力机构工作原理

图 2.104 单向重锤式张力机构实物

双向重锤式张力机构

双向重锤式张力机构工作原理如图 2.105 所示，实物如图 2.106 所示。双向重锤式张力机构主要由直线导轨、移动板、张紧导轮、定滑轮、绳索及牵引重锤等组成。其控制原理是将移动板的最右端作为起始位置，走丝系统工作时，移动板在牵引重锤的作用下自右向左移动，通过位移的距离储存电极丝在放电过程中产生的伸长量，以使电极丝张力在一定周期内保持恒定，当移动板移动到左端极限位置时，需重新复位，继续下一个工作循环。

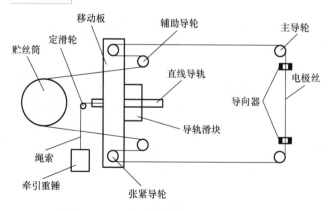

图 2.105 双向重锤式张力机构工作原理

图 2.106 双向重锤式张力机构实物

该机构的优点是导向部件采用直线（滚动）导轨，反应灵敏度高，摩擦阻力小，直线运动性和动态响应好，两个张紧导轮呈上下对称分布，可实现双边同时张紧，配重恒定，张力稳定，环境影响因素少；缺点是受机床结构限制，安装尺寸偏大，通用性不强，走丝系统在正反向切换时仍存在瞬间冲击载荷，导轮多，加工制造精度要求较高，辅助环节较多，成本相对较高。

从力的静态角度而言，重锤式张力机构对电极丝张力控制是有效的；但从动态角度而言，这种机构对电极丝张力的控制存在较明显缺陷。当电极丝张力小于或大于重锤重量时，重锤会向下或者向上运动。当重锤做向下运动时，对电极丝的作用力实际是重锤所受重力 G 减去重锤质量 m 与其运动加速度 a 的乘积（$G-ma$）；当重锤做向上运动时，对电极丝的作用力是重锤所受重力 G 加上重锤质量 m 与其运动加速度 a 的乘积（$G+ma$）。两种情况下电极丝张力的控制有 $\pm ma$ 的误差。因此重锤式张力机构在加工过程中电极丝张力是波动的，而且在多次切割加工时重锤式张力机构无法根据需要调节电极丝的张力，加之重锤式张力机构具有较大的质量和惯性，对电极丝张力变化的反应始终是滞后的，不能对加工区域电极丝张力的变化进行及时的反馈和调节，因此重锤式张力机构一般只能用于对电极丝张力进行宏观调节。

2.7.2 双向弹簧式张力机构

双向弹簧式张力机构是目前中走丝机普遍使用的张力控制机构。其将弹簧弹性变形产生的弹力分别施加在加工区域上、下两部分电极丝上，以控制往复走丝时电极丝的张力。其简单有效，并且比较经济。由于弹簧在压缩时会储存较大的弹性势能，当电极丝张力发生微小变化时，弹簧张力机构会快速响应，因此双向弹簧式张力机构与重锤式张力机构相比具有的显著优点是结构紧凑、通用性和互换性强、适用性强、安装和维护方便，可单个使用或成组使用，能实现双边同时张丝功能。双向弹簧式张力机构的移动调节部件质量小，系统惯性小，对加工区域电极丝张力的变化可快速响应，如果采用轻质材料则惯性更小，从而克服了重锤式张力机构惯性大、响应慢且有加减速张力冲击的缺点。

双向弹簧式张力机构存在如下缺点：首先，以弹簧伸长变形补偿电极丝在放电加工中产生的伸长量时张力并不恒定，由于弹簧伸长后其弹性力会下降，这样必然会导致电极丝张力的下降，因此双向弹簧式张力机构在加工过程中电极丝的张力实际是由大到小逐渐变化的；其次，双向弹簧式张力机构储能行程小，由于张力能量来自弹簧的弹力，受使用时间和环境因素的综合影响，弹簧的弹性变形量和屈服力也会随之发生变化，因此张紧力不均匀，从而出现张紧滑块移动不平稳或瞬间滞留现象；最后，机构中的张紧滑块与导向导杆采用的是悬浮支撑，张紧轮易晃动或摆动，引起张紧轮跳动，从而出现叠丝问题，目前已经有企业采用全支承弹簧机构以消除张紧轮的跳动。

双向弹簧式张力机构工作原理如图 2.107 所示，实物如图 2.108 所示。双向弹簧式张力机构主要由固定支座、导向导杆、张紧滑块及弹簧等组成。其工作过程是移动滑块到最右端并自锁，使弹簧处于储能状态，走丝系统工作时，移动滑块解除自锁，弹簧释放储能，张紧滑块在弹簧回推力的作用下自右向左移动，储存电极丝在放电过程中形成的伸长量，实现电极丝张力在一定周期内基本恒定。当弹簧储能完全释放，滑块失去位移功能时，重新复位，继续下一个工作循环。

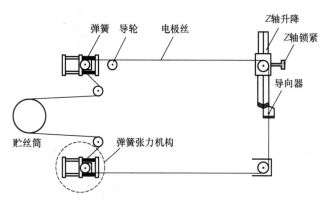

图 2.107　双向弹簧式张力机构工作原理

图 2.108　双向弹簧式张力机构实物

图 2.109　重锤与弹簧结合的张力机构

为了兼顾重锤式张力机构与弹簧式张力机构各自的优缺点，有些企业将上述两种张力机构结合使用，其实物如图 2.109 所示。

2.7.3　两级式张力机构

为解决重锤式张力机构及双向弹簧式张力机构存在的弊端并取其优点，刘志东教授团队发明了一种可以对电极丝张力宏观变化进行调控并对张力微观变化快速响应的两级式张力机构，并成功应用在杭州华方电火花线切割机床系列产品上，其工作原理如图 2.110 所示，实物如图 2.111 所示。

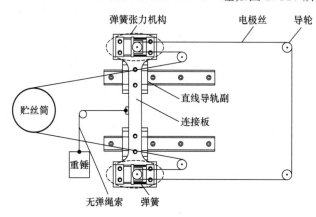

图 2.110　重锤加双向弹簧的
两极式张力机构工作原理

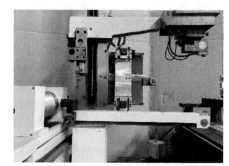

图 2.111　重锤加双向弹
簧的两级式张力机构实物

该机构在走丝系统中提供了一个能进行电极丝张力宏观调控的双向重锤式张力机构，并在张力系统中安装了能对电极丝张力快速响应的轻质双向弹簧式张力机构。该机构使电极丝的张力处于一个动态平衡的状态，减小了电极丝的振动，提高了机床的加工精度及切割工件的一致性，降低了电极丝的断丝概率。图 2.112～图 2.114 分别为双向重锤式张力机构（此时将双向弹簧式张力机构锁紧）、双向弹簧式张力机构（此时将重锤式张力机构锁紧）及两级式张力机构作用下，电极丝张力波形。从图 2.114 可以看出两级式张力机构电极丝张力波动幅度及电极丝换向张力波动值最小，说明其对电极丝张力的稳定提高体现出很好的趋势。

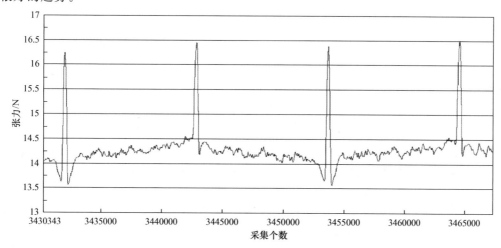

图 2.112　双向重锤式张力机构电极丝张力波动

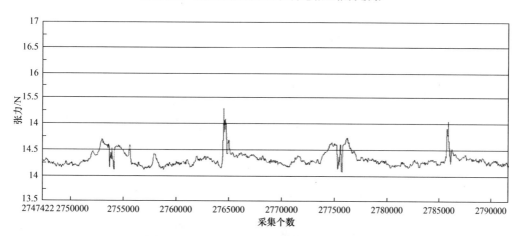

图 2.113　双向弹簧式张力机构电极丝张力波动

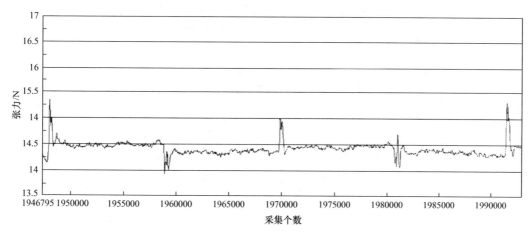

图 2.114　两级式张力机构电极丝张力波动

2.7.4 闭环张力控制系统

闭环张力控制系统一般由检测元件、控制器、驱动系统和执行机构等组成,其串联在走丝回路中,与其他辅助导轮和贮丝筒构成一个闭合的走丝系统。张力调节的实施方式是利用检测元件检测电极丝张力,并将检测到的信号送入控制器与预设值对比,然后通过控制器对驱动系统发出控制信号,驱动执行机构动作,通过改变走丝路径中电极丝的长度控制电极丝张力。闭环张力控制系统的优点是可以灵活设置张力值,可实时跟踪、检测、自动控制及调整张力,控制灵敏度高,响应速度快,调整精度高,误差小。

闭环张力控制系统有多种形式:①单检测元件、单调整机构;②双检测元件、单调整机构;③双检测元件、双调整机构,这种形式最完善。

(1) 单检测元件、单调整机构:其闭环张力控制系统如图 2.115 所示。由于电极丝往复走丝时,电极丝在线架的上、下两部分不断交替收丝和放丝,处于收丝状态(紧边)的电极丝张力始终大于放丝状态(松边)的电极丝张力,因此只采用一个检测元件对上线架或下线架位置电极丝张力采样,执行机构只调节加工区域上部或下部电极丝张力。采用闭环张力控制系统前及控制后的电极丝张力波形如图 2.116 和图 2.117所示,可以看出电极丝张力除了在贮丝筒换向瞬间,还是可以基本达到均衡状态的,但严格意义上只对放丝端或收丝端部分的电极丝张力检测和调节是无法准确测量和控制电极丝张力的,仍然会造成电极丝张力随着走丝方向的改变而波动。

1—贮丝筒;2—电极丝;3—张力轮;4—应力传感器;5—滑块导轮;6—丝杠;7—步进电动机;
8—导电块;9—上导轮;10—工件;11—环形导向器;12—下导轮;13—挡丝棒

图 2.115 单检测元件、单调整机构闭环张力控制系统

(2) 双检测元件、单调整机构:其闭环张力控制系统工作原理如图 2.118 所示,实物如图 2.119所示。该闭环张力控制系统在机床上、下线架分别采用两个传感器对往复走丝的电极丝张力进行动态监测,有效提高了张力的检测精度。由于执行机构仍只对加工区域下部电极丝张力进行调节,因此要做到十分准确控制电极丝张力仍然有难度。

(3) 双检测元件、双调整机构:为进一步准确控制电极丝张力,设计了一种双向闭环张力控制系统(即双检测元件、双调整机构闭环张力控制系统),其控制原理如图 2.120

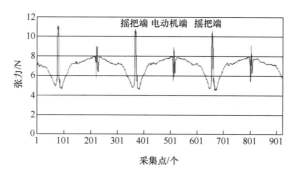

图2.116 空转时（采用闭环张力控制系统前）的电极丝张力波形

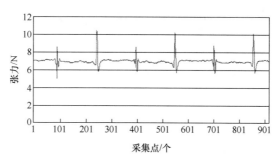

图2.117 采用闭环张力控制系统后的电极丝张力波形

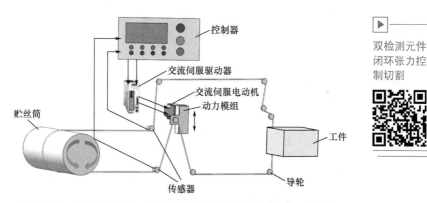

图2.118 双检测元件、单调整机构闭环张力控制系统工作原理

图2.119 双检测元件、单调整机构闭环张力控制系统实物

所示。双向闭环张力控制机构采用两个传感器分别检测放丝端和收丝端的电极丝张力，并将两个传感器检测到的信号经过加法器和减法器运算后作为张力控制调节的依据，从而对加工区域上、下两部分电极丝张力进行同时调整。这种双向检测和控制的方法避免了在检测阶段和执行调节时由放丝端和收丝端张力不同而造成正反向走丝时张力的波动，进一步提高了电极丝张力的控制精度。

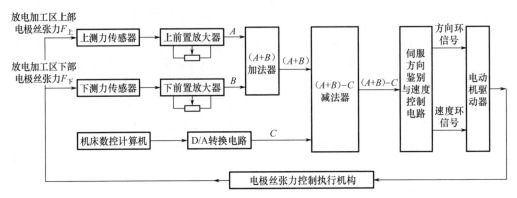

图 2.120　双向闭环张力控制系统控制原理

　　图 2.121 和图 2.122 所示分别为双向闭环张力系统工作原理及采用该系统的机床。机床上、下线架走丝采用近似对称的布局，使放电加工区域始终处于双向往复走丝的对称中心，保证加工区域上、下两部分电极丝走丝时受到的摩擦力基本相等；此外，在走丝回路中传感器前端对称地增加了两个减振器，以抵消或衰减电极丝的高频振动对张力测量的干扰，进一步提高了张力的检测精度。张力调节的具体实施过程如下：上、下测力传感器将测得的张力值转换为预置电信号值，经过运算后与系统计算机预设的电信号相比，当两者存在差值时，控制器会控制连接板驱动装置朝减少两者差值的方向移动。连接板驱动装置由伺服电动机、丝杠、丝杠螺母、直线滑动导轨副组成，伺服电动机动作时带动丝杠、丝杠螺母驱动直线导轨副、连接板一起移动，使固定在连接板上的上减振器、上紧丝轮、下减振器和下紧丝轮也做相应的移动，从而改变环状电极丝周长的总长度。直至连接板驱动装置调整到上、下测力传感器检测到代表电极丝张力的电信号经过运算后与系统计算机预设的代表电极丝张力值的电信号相等（两者差值为零）为止，连接板驱动装置才停止移动，从而实现电极丝张力的低频响应闭环动态控制。

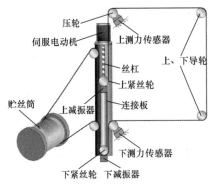

图 2.121　双向闭环张力控制系统工作原理

图 2.122　采用双向闭环张力控制系统的机床

中走丝机多次切割时每次能量是不同的，随着切割要求的提高，各种切割条件下对电极丝张力的要求也需要随之改变。因此在整个切割过程中，电极丝张力维持不变是不科学的，应该是智能化的变张力控制。如多次切割中，第一刀（一般称主切）切割时是大能量高丝速加工，此时为保证不断丝，电极丝的张力不要过大；而当进行第二、第三刀修刀时，为了更好地获得精细均匀的切割表面，并减小切割面纵、横剖面尺寸差，需要增大电极丝的张力，在某些特定区域（如需要保持拐角精度），还应该再次增大电极丝张力。

2.8 锥度线架

斜度切割是基于 X、Y 平面和 U、V 平面四轴联动完成的，当采用导轮对电极丝定位后 U 向运动进行斜度切割时，导轮的定位切点会产生变化，如图 2.123 所示，将导致电极丝实际位置偏离理论位置，造成误差，而且切割斜度越大，导轮直径越大，误差越严重。当电极丝垂直时，在上、下导轮的切点是 A、B 点，当电极丝倾斜后，切点变换到 A'、B' 点，而电极丝理想位置应是 DE 线，但实际变到了 $A'B'$线，DE 线与 $A'B'$ 线间在刃口面的差距形

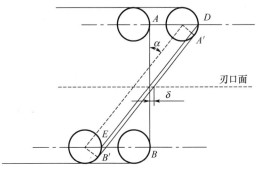

图 2.123 U 向运动导轮半径引起的斜度切割误差

成了交切误差δ。虽然交切误差理论上可以通过数学模型进行误差补偿，但在实际切割过程中，锥度机构并不能达到理论模型要求的精度，而且制造误差及装配误差无规律可循，如按所建立的理论数学模型进行误差补偿，往往达不到预期效果，有时补偿后产生的误差反而更大。

锥度机构根据上、下线架运动形式的不同可分为两大类：单动式锥度机构和双动式锥度机构。单动式锥度机构一般采用上导轮移动或摆动进行斜度切割，双动式锥度机构是指上、下导轮均移动或摆动进行斜度切割。锥度线架根据线架结构分为单臂移动式、双臂移动式、摆动式、六连杆摆动式等。

三种典型的锥度线架的运动原理如图 2.124 所示。

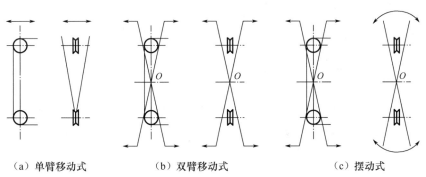

（a）单臂移动式 　　　　　　（b）双臂移动式 　　　　　　（c）摆动式

图 2.124　三种典型的锥度线架的运动原理

2.8.1 单臂移动式锥度线架

如图 2.124（a）所示，下导轮中心轴线固定不动，上导轮通过步进电动机驱动 U、V 十字滑板，带动其沿四个方向移动，使电极丝与垂直线偏移一定角度，并与 X、Y 轴按轨迹运动实现斜度切割，即四轴联动。此结构切割斜度不宜过大，否则电极丝会从导轮槽中跳出或拉断，导轮易产生侧面磨损，工件上有一定的加工圆角。单臂移动式锥度线架适于 $\pm3°$（工件厚度为 50mm）以下小斜度切割，适合一般落料斜度不超过 $1.5°$ 的冷冲模具加工。在小斜度切割时，由于电极丝的拉伸量很小，因此一般不会出现从导轮槽中跳出或不稳定的现象。目前这种结构被小锥度机床广泛采用。锥度头的运动原理如图 2.125 所示，步进电动机通过一级齿轮减速，驱动精密丝杠副，螺母采用消间隙结构。U、V 十字滑板是悬挂式结构，其导轨一般选用双 V 自封式滚珠钢导轨。

图 2.126 所示为上导轮 U、V 方向平移简图。下导轮固定不动，上导轮在 U 方向前后平移，移动的距离越大，角度 α 就越大。导轮向前移动，电极丝会被逐渐拉长；向后移动，电极丝因张力逐渐减小而变松。在小斜度切割时，由于电极丝的伸缩量较小，处在弹性变形范围内，因此电极丝弹性拉长可自动复原，不影响正常切割加工。

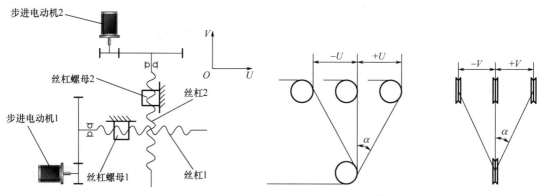

图 2.125　锥度头的运动原理　　　　图 2.126　上导轮 U、V 方向平移简图

音叉式线架小锥度机构如图 2.127 所示，上线架前端安装锥度头，上导轮挂在锥度头下方。悬挂式小锥度机构如图 2.128 所示。由于两层滑板厚度较小，导轨的刚性和承载能力较差。其传动结构如图 2.129 所示，微型小螺距传动丝杠的精度及间隙控制有一定难度，加上步进电动机的驱动特性，使 U、V 轴的定位精度较低，传递扭矩小，无螺距和间隙补偿功能，累计传动误差大，故只能满足精度为 0.05mm 左右的锥度加工。此外，锥度头安装位置靠近加工区，防护性能、精度保持性和使用寿命都会受到影响。

C 型线架小锥度装置结构形式有很多，比较典型的一种如图 2.130 所示，结构如图 2.131 所示。锥度装置安装在上线架前端，并设计成独立的整体，U、V 轴分别采用精密直线导轨、精密滚珠丝杠和轴承，电动机直联驱动，传动误差较小，可以达到较高的加工精度，同时保证机构具有足够的刚性，以实现高精度传动。

该装置可进行独立的装配调试，整体安装在主轴头部前方，远离放电区域，有效防止水雾等蚀除产物的污染，防护性能得到改善。

还有一种 C 型线架小锥度装置采用置于立柱上方的方式，详见图 2.74。

图 2.127　音叉式线架小锥度机构

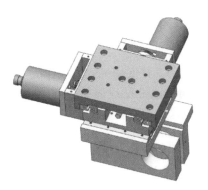

图 2.128　悬挂式小锥度机构

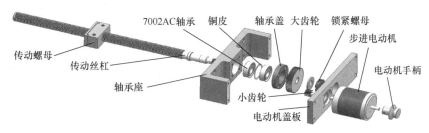

图 2.129　悬挂式小锥度机构的传动结构

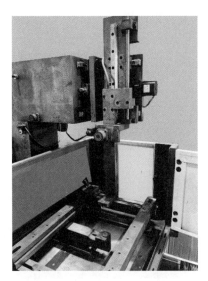

图 2.130　C 型线架小锥度装置

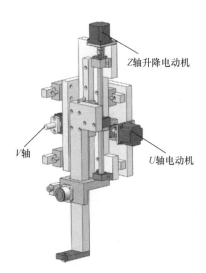

图 2.131　C 型线架小锥度装置结构

2.8.2　双臂移动式锥度线架

如图 2.124（b）所示，双臂移动式锥度线架的上、下线架同时绕中心点 O 移动，此时如果模具刃口在中心点 O 上，则加工圆角近似为电极丝半径。此结构切割斜度也不宜过大，一般在 ±3° 范围内。但由于此结构复杂，需要四个步进电动机驱动两副小十字滑板，制造、装配和调试困难，控制系统复杂，成本较高，目前已不再生产。

2.8.3 摆动式锥度线架

摆动式锥度线架的上、下线架分别沿导轮径向平动和轴向整体摆动，如图2.124（c）所示。摆动式锥度线架分为杠杆摆动式锥度线架及双臂分离摆动式锥度线架，如图2.132所示。摆动式锥度线架斜度切割时对导轮不产生V形槽侧边磨损，最大切割斜度可达±6°。但这种结构制造复杂，成本高，并且线架高度难以调节，目前已很少有厂家生产。

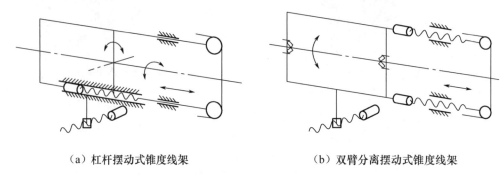

（a）杠杆摆动式锥度线架　　　　　　（b）双臂分离摆动式锥度线架

图2.132　摆动式锥度线架结构示意图

2.8.4 六连杆摆动式锥度线架

目前六连杆摆动式锥度线架已经可以实现最大±45°的斜度切割。采用该结构的机床已经广泛应用于塑胶模、铝型材拉伸模等的切割，并可以应用于一些特殊锥度情况的切割（图2.133）。

大锥度电火花线切割

上下异形钨钢模切割

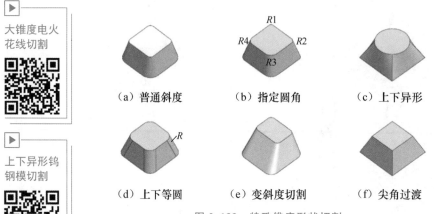

（a）普通斜度　　　（b）指定圆角　　　（c）上下异形

（d）上下等圆　　　（e）变斜度切割　　　（f）尖角过渡

图2.133　特殊锥度形状切割

（1）普通斜度。在整个轮廓上按固定的锥角切割。进行标准圆角斜度切割时，在圆角处X、Y、U、V四轴均匀运动，生成的轮廓面为标准圆角，其上、下轮廓圆角半径不同，如以下轮廓为程序设计面，正斜度加工，则上轮廓内圆角变大，外圆角变小。标准圆角切割可以按二维图形的方式进行程序设计，仅输入切割角度即可切割。一般切割凹模时，普遍采用的是标准圆角切割，如图2.133（a）所示。

（2）指定圆角。斜度切割时，在圆角处上、下轮廓面的圆角大小由程序指定，如图2.133（b)所示。

（3）上下异形。斜度切割时，上、下轮廓面形状不同，尺寸不同，上、下轮廓面几何元素的数量也不同，如图2.133（c）所示。上下异形切割件如图2.134所示。

（4）上下等圆。斜度切割时，在圆角处上、下轮廓面的圆角相等，如图2.133（d）所示，其与普通斜度切割的圆角方式不同，如图2.135所示。

（5）变斜度切割。斜度切割时，上、下端面形状不同，各个面锥度不同，但几何元素的数量相同，如图2.133（e）所示，常用于塑料模的型腔切割。

图2.134 上下异形切割件

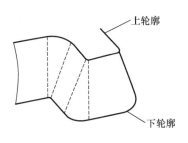

（a）普通斜度切割

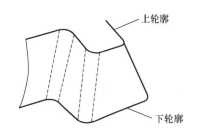

（b）上下等圆切割

图2.135 斜度切割的不同圆角方式

（6）尖角过渡。斜度切割时，在过渡区采用尖角过渡的方式，如图2.133（f）所示，各个面锥度可以相同，也可以不同。

除普通斜度切割外，其他斜度切割在四轴联动切割时，其四轴的插补运动均存在不均匀的运动方式，因此，有时统称为上下异形切割。

六连杆摆动式锥度线架三维结构如图2.136所示，其结构原理如图2.137所示。六连杆是指上下线架、上下连杆、套筒连杆及电极丝这六根"连杆"。大锥度机构的张力装置为重锤机构。采用随动的导向喷水装置后，电极丝空间位置将受到导向器的限制，同时喷液随着电极丝的移动调节，使工作液始终包裹环绕着电极丝冷却，为大锥度精密切割和多次切割创造了必备条件。

具有电极丝随动导向及喷水的六连杆摆动式锥度线架工作原理如图2.138所示。

其 U 向传动过程如下：在 U 向电动机驱动下，通过齿轮、U 向丝杠6带动上线架轴7前后运动。此时整个上线架轴7和上、下连杆11、15的前后旋转中心为下线架后端点 G。当上线架轴7前伸或后退时，上连杆11通过 A 转动点带动上导向器10绕旋转中心点 C 逆时针或顺时针旋转，与此同时下连杆15在伸缩套筒连杆17的带动下也前后运动并通过 B 转动点带动下导向器12绕旋转中心点 D 逆时针或顺时针旋转，伸缩套筒连杆17在锥度机构运动过程中可以自动伸长和缩短，在锥度运动过程中电极丝的伸长量由张力机构3补偿，走丝系统的进电由上、下导电块8、14完成。这样的运动可以保证上、下导向器转动相同角度，使得里面的导向器能够随电极丝锥度的变化做出相应的调整。由于电极丝方向始

131

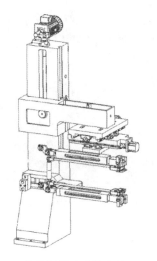

图 2.136　六连杆摆动式锥度线架三维结构　　　　图 2.137　六连杆摆动式锥度线架结构原理

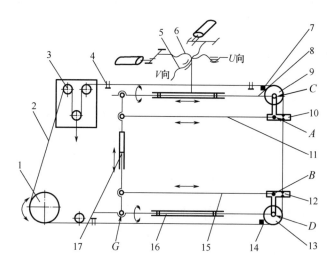

1—贮丝筒；2—电极丝；3—张力机构；4—宝石叉；5—V 向丝杠；6—U 向丝杠；
7—上线架轴；8—上导电块；9—上线轮；10—上导向器；11—上连杆；12—下导向器；
13—下导轮；14—下导电块；15—下连杆；16—下线架轴；17—伸缩套筒连杆

图 2.138　具有电极丝随动导向及喷水的六连杆摆动式锥度机构工作原理

终与导向器中的定位孔重合，如图 2.139 所示，因此理论上电极丝与导向器不产生磨损。由于设计于导向器上的喷水嘴喷出的工作液始终能包裹住电极丝并随电极丝进入加工区，因此能起到良好的洗涤、冷却和消电离作用，对加工精度、切割速度和表面质量的提高起到积极作用，但这种结构仍不能消除导轮 U 向运动时形成的交切误差。

其 V 向传动过程如下：在 V 轴电动机的传动下，通过齿轮、丝杠带动上线架轴左右平动，并通过伸缩套筒连杆带动整个锥度机构左右平动，此时整个上、下线架的旋转轴为下线架轴的轴线 DG，V 向运动时随动导向器运动示意图如图 2.140 所示。

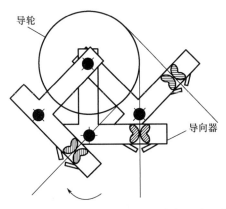

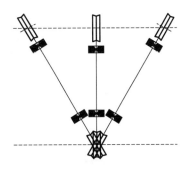

图 2.139　U 向运动时随动导向及喷水运动示意图　　图 2.140　V 向运动时随动导向器运动示意图

六连杆摆动式锥度线架及加工现场如图 2.141 所示。

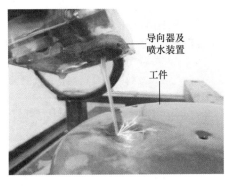

（a）六连杆摆动式锥度线架　　　　　　（b）加工现场

图 2.141　六连杆摆动式锥度线架及加工现场

2.8.5　零交切误差摆动式大锥度线架

六连杆摆动式锥度线架仍不能消除导轮 U 向运动时形成的交切误差。为此设计了一种零交切误差摆动式大锥度线架，其结构原理如图 2.142 所示。

该结构上、下摆轴 10、17 的前端连接上、下主导轮座基座 14、18，后端连接上、下摆座 5、2。上、下连杆座 7、3 分别铰装在上、下摆座 5、2 上，上、下主导轮座 12、20 与上、下连杆座 7、3 通过上、下连杆 11、16 相连，上、下连杆座 7、3 结构不相同，后连杆 4 一端铰装在下连杆座 3 上，另一端穿过上连杆座 7。在装配时，U、V 锥度头上固定安装了连接板 8，上摆轴 10 固定在连接板上，随着 U、V 锥度头移动。在 U、V 轴向运动过程中，上、下连杆 11、16 轴心线所形成的平面始终与上、下摆轴 10、17 轴心线所形成的平面平行，从而上、下后导轮 6、1 的轴心线一直保持平行并且分别对于上、下摆轴 10、17 的轴心线转动相同的角度。

如图 2.143 所示，上摆轴在 U 轴驱动下向前从 Ⅰ 移动到 Ⅱ 时，上主导轮将在 U 方向向前运动，下主导轮将在 U 方向向后运动，同时上、下主导轮将各自围绕其旋转轴心 Ⅲ、Ⅳ点在 U 方向平面上摆动 α 角度，并维持电极丝与上、下主导轮的切点不变；当上摆轴在

133

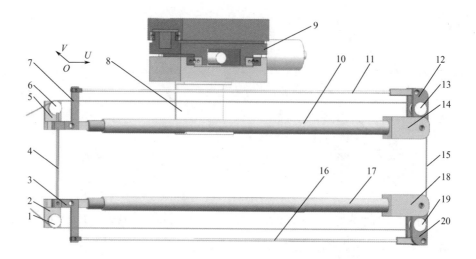

1—下后导轮；2—下摆座；3—下连杆座；4—后连杆；5—上摆座；6—上后导轮；
7—上连杆座；8—连接板；9—UV 轴；10—上摆轴；11—上连杆；12—上主导轮座；
13—上主导轮；14—上主导轮座基座；15—电极丝；16—下连杆；17—下摆轴；
18—下主导轮座基座；19—下主导轮；20—下主导轮座

图 2.142　零交切误差摆动式大锥度线架结构原理

V 轴驱动下左右移动时，上下摆轴轴心线将与垂直面形成 β 角度。

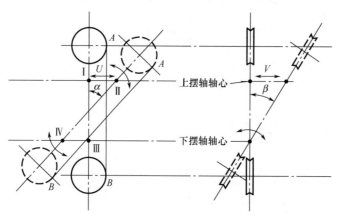

图 2.143　U、V 轴移动前主导轮位置示意图

此外，上、下主导轮座分别与上、下连杆座通过连杆相连，上摆轴 U 向移动时，其几何关系如图 2.144 所示，上下摆轴、上下连杆轴心线在同一平面且呈平行关系。其中，01 - 04、05 - 08 之间距离相等且不变，01 - 02 - 03 - 04、03 - 04 - 05 - 06、05 - 06 - 07 - 08 均保持平行四边形关系，这样使得电极丝与上主导轮座上安装的上导轮及下主导轮座上安装的下导轮的接触点 A、B 始终保持不变，从而实现斜度切割的零交切误差。零交切误差摆动式大锥度线架尤其适合大锥度及上下异形零件的加工，但由于转动环节增加，机床装配要求较高。零交切误差摆动式大锥度线架加工现场如图 2.145 所示，切割的大锥度样件如图 2.146 所示。

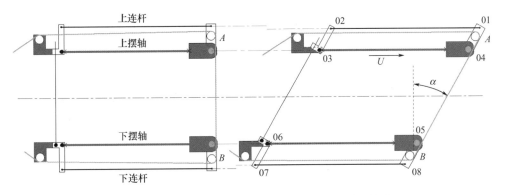

图 2.144　零交切误差摆动式大锥度线架 U 向移动几何关系

▶

零交切误差
摆动式大锥
度电火花线
切割

图 2.145　零交切误差摆动式大锥度线架加工现场

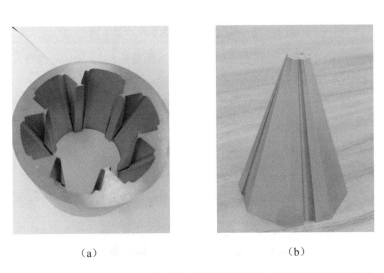

（a）　　　　　　　　　　　　　（b）

图 2.146　采用零交切误差摆动式大锥度线架的机床切割的大锥度样件

2.8.6　高刚性摆动式大锥度线架

前述摇摆式大锥度线架由于切割过程摇摆运动需要较大的空间，通常采用音叉式结构设计，大锥度头悬挂在上线架前端，上线架后部主要依靠锁紧装置固定在立柱上，导致此悬臂梁结构刚性较差，会造成上线架前端大锥度头下沉，从而影响大锥度切割的精度和加工的稳定性。

为提高摆动式大锥度线架的刚性，南京航空航天大学刘志东教授团队与杭州华方数控机床有限公司联合设计了一种新型高刚性摆动式大锥度线架。在立柱上采用直线导轨、滚珠丝杠传动方式使上线架可以沿立柱进行升降运动，这样充分利用了直线导轨能承受各个方向的力及扭矩的特性，显著提高了大锥度线架的刚性。其结构如图 2.147 所示。

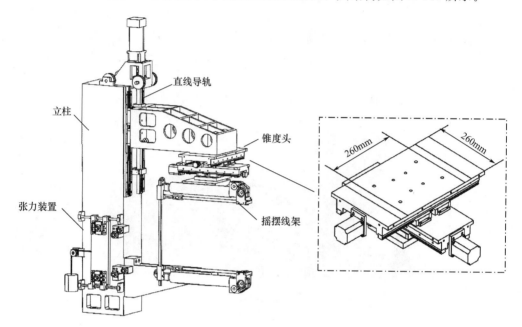

图 2.147　高刚性摆动式大锥度线架结构

为减少大锥度拖板 V 向运动到极限位置形成一侧偏重的问题，对锥度头进行了加宽改进，接触面增加到 260mm×260mm。

线架头的三维爆炸图如图 2.148 所示，为了保证电极丝的稳定，在线架头部分采用双支撑导轮定位的设计，导电块在两导轮之间，采用抽拉式安装方式。

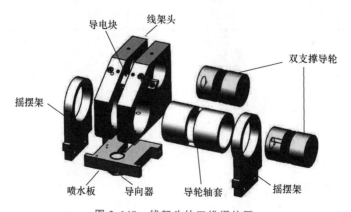

图 2.148　线架头的三维爆炸图

导向器定位方式兼顾了转动精度和导轮拆装维护问题，在主导轮和线架头之间增加一个导轮轴套，导轮安装在轴套内，这样对导轮本身的定位精度并没有影响。导轮轴套的宽度大于线架头宽度，超出的部分用来安装导向器的摇摆架，加工时保证一定的公差间隙即可完成电极丝 U 向运动的旋转。导轮轴套中部加工一个槽，用以挂丝在导轮上。

随着大锥度随动导向及喷水机构的成熟，在大斜度切割领域，高速走丝大斜度切割因具有较高性价比而进一步在塑胶模及一些特殊斜度零件的加工市场体现出巨大的优势。图 2.149 所示为一种能在 500mm 厚度范围内，局部实现 ±50° 的龙门式超大锥度六连杆摆动式大锥度线切割线切割机床结构，由于 U 轴行程超过 500mm，V 轴行程超过 1200mm，为提高大锥度结构的刚性，在 V 轴上采用了龙门结构设计。

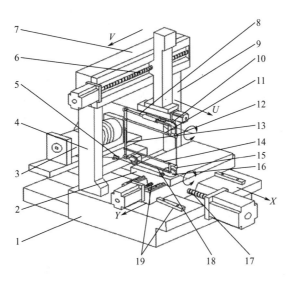

1—机身；2—工作台；3—贮丝筒；4—左立柱；5—宝石叉；6—V 向丝杠；7—上横梁；8—上线架；
9—右立柱；10—上导轮；11—上连杆；12—上导向器；13—套筒连杆；14—下连杆；
15—下导向器；16—下导轮；17—X 向丝杠；18—下线架；19—导轨

图 2.149　龙门式超大锥度六连杆摆动式大锥度线切割机床结构

由于大斜度切割中 XY 平面及 UV 平面运动速度的差异性，U、V 轴的进给速度有时需要数倍于 X、Y 轴的进给速度，因此大锥度线切割机床尤其是超大锥度线切割机床，U、V 轴一般采用伺服电动机驱动。

2.8.7　九轴八联动大锥度线架

采用九轴八联动大锥度线架的机床一共有九个数控轴，其中八个轴 X、Y、U、V、UAa、UBa、VAb、VBb 可以实现联动控制，以实现大锥度切割。U、V 轴采用类似低速走丝机结构，设计在立柱的上方，以减轻锥度机构的质量，提高运动的响应性。上、下机头的左右摆动和导向器的前后旋转均由电动机控制摆摆角度驱动实现。Z 轴数控以精确调整导向器位置，保证斜度切割的准确性。其加工现场如图 2.150 所示。机床控制较复杂，并且机械精度加工要求较高。

图 2.150　采用九轴八联动大锥度线架的机床加工现场

2.9　工作液及循环过滤系统

工作液在电火花线切割加工中不仅是放电介质，而且对极间起着排屑、冷却、洗涤、消电离等作用，其性能差异对放电加工的切割速度、表面粗糙度、加工精度等工艺指标有很大影响。对高速往复走丝电火花线切割工作液的性能要求如下。

（1）具有一定的绝缘性。放电加工必须是在具有一定绝缘性的液体介质中进行，其工作液电阻率为 $10^3 \sim 10^5 \, \Omega \cdot cm$。

（2）具有良好的通用性。适合绝大多数金属材料（包括有色金属）的加工。

（3）具有良好的润湿性。以保证工作液能黏附在电极丝表面，随电极丝带入切缝。

（4）具有良好的洗涤性。工作液具有较小的表面张力，能渗透到切缝，并具有洗涤及去除电蚀产物的能力，洗涤性好的工作液，切割完毕切缝内电蚀产物较少，工件将自动滑落。

（5）具有较好的冷却性。在放电加工时对放电区域的电极丝及工件及时冷却。

（6）具有良好的防锈性。工作液在加工中不应对机床和工件形成锈蚀，不应使机床油漆褪色或剥落。

（7）具有良好的环保性。工作液在放电加工中不应产生有害气体，不应对操作人员的皮肤、呼吸道产生不良影响，废工作液尽可能少对环境造成污染。

2.9.1　工作液种类

目前工作液均用水进行稀释，因此统称为水溶性工作液，市场主要的品牌有达兴、佳润、狄克等。工作液主要有油基型、水基合成型和复合型。

油基型工作液是以矿物油为基础（含矿物油 70% 左右），添加酸、碱、乳化剂和防锈剂等配制而成，加水稀释后呈乳白色，俗称乳化液，市面典型的产品有 DX-1、DX-2、南光-1（乳化皂）等。这类工作液的优点是加工表面和机床不易锈蚀，小能量条件下加工稳定性较好，但其主要缺点是加工过程中会产生黑色黏稠电蚀物，并对环境有污染。使用油基型工作液切割，单位电流的切割速度一般在 $20 mm^2 / (min \cdot A)$ 左右，切割表面易产生烧伤纹。目前，随着社会环保意识的增强，废液不能迅速降解的油基型工作液使用量正在逐步减少，市场容量已经缩减到 50% 以下。

不含油的水基合成型工作液也称合成型工作液，它的特点是适用于不同材质和不同厚度的工件，使用该工作液切割速度、切割表面粗糙度都优于油基型工作液，在加工中不产生黑色油泥，加工蚀除物容易沉淀，易于过滤，并有良好的环保性能，但其防锈性较差，电极丝损耗较大，并且由于电化学作用，其工件切割表面较暗，长时间不开机时易产生导轮抱死及工作台不

高速往复走丝
电火花线切割
复合型工作液

易擦拭等问题。使用水基合成型工作液切割，单位电流的切割速度一般在 $22 \sim 25 mm^2 / (min \cdot A)$。为避免该类产品的缺陷，同时发挥其优点，实际生产中常有将水基合成型工作液与油基型工作液按一定比例混合使用的情况。

复合型工作液以佳润系列产品为代表，它含有比例严格控制的植物油组分，同时具有很好的洗涤冷却效果，电极丝的损耗可以显著降低。使用复合型工作液切割，单位电流的切割速度一般在 $25 \sim 30 mm^2 / (min \cdot A)$，切割表面洁白均匀，并且具有很好的环保性能，已成为目前中走丝配套产品，并

且随线切割机床出口世界各地。目前，市面产品主要有 JR1A（液体）、JR1A 升级版（液体）、JR2A（液体）、JR1H（液体）、JR3A（膏体）、JR3A 升级版（膏体）、JR3B（膏体）、JR3C（膏体）、JR3D（膏体）、JR4A（固体皂）。复合型工作液的防锈能力介于油基型工作液与水基合成型工作液之间。

配制工作液时，应根据不同的加工要求，按厂家说明的质量比配制，在称量不方便或一般要求下，可以大致按体积比配制。

某些对配制要求较高的工作液，可以先按体积比配制，而后补充调整工作液时，需要借助折光计（图 2.151）进行浓度检测，以防止因浓度偏低而影响使用性能。检测时先将纯净水滴在折光计的折光棱镜（斜面）上，通过目镜观察，如果明暗两部分的分界线不在零位置线上，需要用旋具（螺丝刀）调整，使其对零；然后将工作液滴在折光计的折光棱镜上，通过目镜观察明暗两部分的分界线所处的位置（标尺刻度），即折光计的读数值，并按厂家要求调整工作液浓度，使其在折光计上的读数值在厂家要求的范围内。

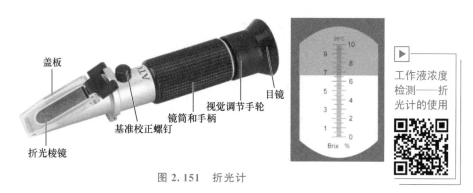

图 2.151 折光计

对于高速走丝机，工作液的使用寿命通常以切割速度降至初始切割速度的 80% 以下判断为失效。一般情况下，工作液箱容积为 40~60L，工作时间按每天 10h 计算，使用周期为 10~15 天，对于切割平均电流小于 3A 的一般工况要求，工作液可以按比例不断加入原液和水，补充使用，使用周期为 1~3 个月，但对于切割要求较高，如中走丝机或切割电流大于 5A 的工况，工作液到使用寿命后，建议全部更换。

2.9.2 水质的影响

我国地域辽阔，各地水质差异会对高速走丝机工作液性能产生很大影响。不同地方水的钙、镁、氯等元素含量不同，尤其是我国西北和北方某些地区的自来水采自地下，为地下水（属于硬水），所含的矿物质多，用其配制的工作液，切割时会出现切割表面发暗、发黑（失去金属光泽），切割速度降低及表面质量变差的现象。目前研究发现硬水配制的工作液加工表面失去金属光泽的根本原因是硬水中的 Cl^- 在极间电场的作用下吸附在工件表面，工件表面在形成高温蚀除的同时，由于 Cl^- 穿透力强，易在工件表面发生点蚀而使切割表面失去金属光泽。而切割速度降低的原因是硬水中包含较多杂质离子，与工作液中的胶体吸附而使工作液丧失介电性能，导致材料去除率下降；同时由于硬水配制的工作液导电性能更强而易被击穿，因此极间放电间隙增大，蚀除量增大，致使切割速度进一步降低。由于切割表面产生点蚀，因此切割表面质量变差。

蒸馏水与硬水配制的 JR1A 工作液切割表面微观形貌（切割电流为 5A）如图 2.152

所示，蒸馏水配制的工作液切割表面放电蚀坑均匀，轮廓清晰，表面平整光滑；而硬水配制的工作液切割表面放电蚀坑轮廓不清，表面有很多小蚀坑。

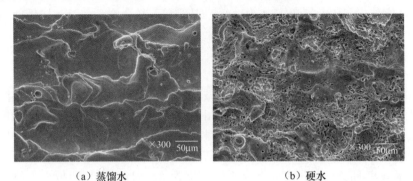

（a）蒸馏水　　　　　　　　　　（b）硬水

图 2.152　蒸馏水与硬水配制的 JR1A 工作液切割表面微观形貌（切割电流为 5A）

由于硬水中的杂质元素尤其是 Cl^- 很难通过过滤的方法去除，因此对硬水的处理建议是采用蒸发冷凝方式，以获得的蒸发水配制工作液，其详细过程类似于对失效工作液进行蒸发冷凝处理的过程。

由于对各地水质差异无法判断，因此通常中走丝机切割要求采用纯净水配制工作液，尤其是对以地下水为自来水的硬水区域。

2.9.3　过滤循环系统

清洁的工作液对稳定加工起着重要作用。图 2.153 所示为高速走丝机工作液循环系统结构。工作液由水泵输送到线架上的调节阀，通过调节阀分别控制上、下线架喷嘴的流量，而后经加工区回流到工作台面，再由回水管返回工作液箱过滤，如此往复循环。

高速走丝机过滤水箱结构如图 2.154 所示，过滤系统采用粗过滤方法。水箱系统主要由工作液箱、滤网、塑料泡沫、磁板和水泵组成。使用过的工作液由工作台返回水箱，先经滤网粗过滤，塑料泡沫细过滤，磁板吸附铁微粒，再通过两道过滤隔板自然沉降，最后由水泵送至加工区。

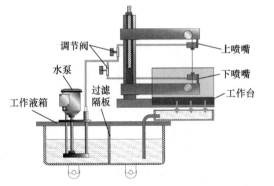
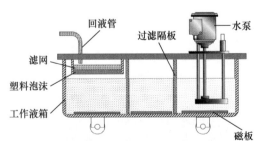

图 2.153　高速走丝机工作液循环系统结构　　　图 2.154　高速走丝机过滤水箱结构

加工后工作液含有大量的铁、钼、碳及油泥等金属混合物和杂质，水箱的死角和管道、泵、阀、滤网内部也累积了一定的金属粉末和杂物，因此在换液时，可以用无纺布过滤旧液，依靠液体的重力透过无纺布，隔离油泥等杂物；过滤出的油泥、固体颗粒物可以集中盛放，装入尼龙袋，并依据固体废物的处理规范分类处理。水箱、工作台和管道需充分清洗，一般建议用清水加入适量洗洁精后，开启水泵循环 10～30min，冬季建议用温水清洗。

随着中走丝稳定切割及环保要求的提升，对中走丝机过滤系统的要求也日趋提高，中走丝机过滤水箱主要围绕能提供清洁工作液、尽可能减少废液排放及便于处理蚀除产物等几点要求进行设计。目前，中走丝机通常采用纸芯高压过滤系统。常用的高压过滤水箱主要有两类，即单泵式和双泵式。高压水泵分为卧式和立式两类，卧式水泵启动时需要一段引水期，上水速度稍慢，而且结构中有密封件，使用一段时间需要更换；立式水泵可以直接启动，上水快，使用寿命长，但压力稍低。图 2.155 所示

图 2.155　单泵式（卧式）
高压过滤水箱

为单泵式（卧式）高压过滤水箱，其结构原理如图 2.156 所示。为方便清理机床，在水箱出水口加了一把水枪。图 2.157 为双泵式（立式）高压过滤水箱，其结构原理如图 2.158 所示，双泵式结构与低速走丝机过滤水箱的结构类似，一个水泵保障过滤的进行，另一个水泵进行极间喷液。

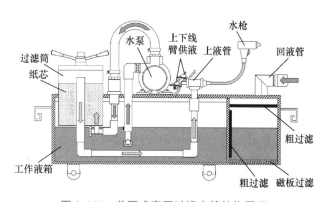

图 2.156　单泵式高压过滤水箱结构原理

图 2.157　双泵式（立式）高压过滤水箱

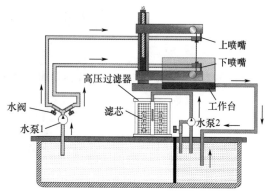

图 2.158　双泵式高压过滤水箱结构原理

单泵式高压过滤水箱一般使用图 2.159（a）所示的小滤芯，其中工作液的流向是由周边向中心，因此蚀除产物被挡在纸芯的外部，因为过滤面积小，所以使用时间较短；双泵式高压过滤水箱基本采用的是与低速走丝机过滤水箱类似的大滤芯，如图 2.159（b）所示，其中工作液流向是由中心向周边，因此蚀除产物主要在纸芯内部，因为过滤面积大，所以使用时间较长。

（a）单泵式高压过滤水箱的过滤纸芯　　　　（b）双泵式高压过滤水箱的过滤纸芯

图 2.159　单泵式高压过滤水箱及双泵式高压过滤水箱的过滤纸芯

　　电火花线切割蚀除颗粒微观形貌如图 2.160 所示，蚀除颗粒基本为球形，且直径大部分在 $5\sim10\mu m$，只有少量在 $5\mu m$ 以下。高速往复走丝电火花线切割放电间隙一般在 $0.01mm$（$10\mu m$）左右，因此可以把蚀除颗粒分为两类，如图 2.161 所示：一类颗粒直径比 $0.01mm$ 大很多的不能进入切缝，所以对加工影响不大；另一类颗粒直径在 $0.01mm$ 以下，能进入放电间隙并对放电产生影响。通常为减轻纸芯过滤器的负担，延长纸芯过滤器的使用寿命，除了对工作液先粗过滤外，还可以采用在工作台面或水箱底面吸附永磁磁板的方法，以先过滤工作液中的蚀除产物。目前，已经推出新的强力磁棒过滤器产品，如图 2.162 所示，含有蚀除产物的工作液先进入强力磁棒过滤器，过滤后再进入纸芯过滤器过滤，因此显著延长了纸芯过滤器的使用寿命。采用的纸芯过滤器的滤芯网格通常直径为 $5\sim10\mu m$，以保证对能进入极间影响放电的蚀除产物颗粒进行有效过滤，同时保障喷水口不易堵塞。目前，市面上使用的纸芯过滤器的滤芯网格一般都是直径 $5\mu m$ 的，纸质分为国产纸和进口纸两类，一般双泵式结构采用的纸质较好。

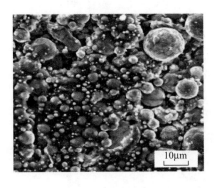

图 2.160　电火花线切割蚀除颗粒微观形貌

　　水箱中过滤筒一般悬挂在工作液上方以延长纸芯的使用寿命，目前也有过滤筒浸没在工作液内的过滤方式，其过滤材料选用的是耐浸泡的玻璃纤维。此外，为降低使用成本，

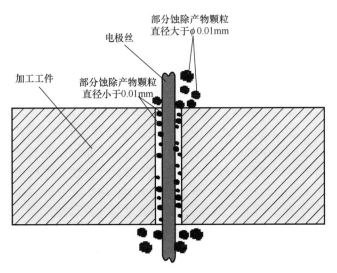

图 2.161 电火花线切割蚀除颗粒与放电间隙关系

（a）   （b）

图 2.162 强力磁棒过滤器及吸附的蚀除产物

也可将纸芯改为可以反复冲洗的帆布，但过滤效果一般。

高压过滤水箱使用过程中需定期检查滤芯，一般工作一个月需要更换一次滤芯。使用过程中当开启水泵后，发现一段时间没有上水或水流量很小，则应检查滤芯是否堵塞。

2.9.4 失效工作液蒸发冷凝处理

目前全年高速往复走丝电火花线切割工作原液生产量已经超过 2 万吨，稀释成工作液后排放到大自然的超过 20 万吨，以往废液基本上均未经过处理就排放，已经对自然环境造成了污染。水的污染程度通常以化学需氧量（chemical oxygen demand，COD）来衡量。化学需氧量是以化学方法测量水样中需要被氧化的还原性物质的量。水样在一定条件下，以氧化 1L 水样中还原性物质所消耗的氧化剂的量为指标，折算成每升水样全部被氧化后，需要的氧的质量，以 mg/L 表示。它反映了水中受还原性物质污染的程度。我国废水排放的标准是 COD≤100mg/L，而废油基型工作液的化学需氧量高达每升几万毫克甚至几十万毫克，称为工业废液中的硬骨头。

随着社会环保意识的增强，目前通过逐步淘汰油基型工作液，推广应用环保组分的复合型工作液，并且对废液集中处理，使环境污染的状况得到巨大改善。

通常要求用户集中贮存废液，再由专业公司集中处理。但我国线切割加工多为分散、小型的作坊或工厂，做到集中贮存、集中处理仍然有很大难度，并且处理费用也高达每吨数千元，因此迫切需要一种简易、高效、经济的废液处理方法，尽可能先将废液中所含的80%以上的水分离出来。目前使用的主要为油基型工作液、水基合成工作液和复合型工作液，主要由基础油、表面活性剂、无机盐、防锈剂及缓蚀剂等按一定比例配制而成。任何工作液无论如何"环保"，放电切割后，组分都会在高温下发生改变，而且其中含有金属蚀除产物，因此严格而言均需经过处理后才能排放。

如失效的工作液直接排放，其中的悬浮油流入水体会形成油膜，阻碍水体氧的来源；乳化油由于微氧微生物的分解作用消耗了水中的溶解氧，会使鱼类和其他水生物不能生存。含油废水流入土壤会在土壤中形成油膜，使空气难以进入，阻碍土壤微生物的繁殖，破坏土层的团粒结构；并且有些物质在水体或土壤中被生物吸收并富集，再通过食物链进入人体，危害人类健康。

常用的失效工作液处理方法主要有化学絮凝法、电解法、超滤法、生物法、蒸发法等，较适合电火花线切割失效工作液处理的方法是先通过添加化学净化剂初步将工作液净化再蒸发冷凝，以获得接近于纯净水的蒸发水。先添加化学净化剂虽然会在净化水中产生由添加剂形成的二次化学污染，但净化水并非最终处理完毕的水，并且这样的处理方式可以大大提高蒸发冷凝的效率。失效工作液添加化学净化剂前后的效果如图 2.163 所示。

净化水在蒸发处理时，为降低系统的投资和运行成本，一般采用常压蒸发冷凝处理装置，工作原理如图 2.164 所示。蒸发冷凝处理装置主要由蒸发箱、冷凝器及辅助处理装置组成。

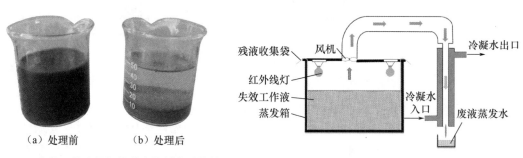

图 2.163　失效工作液添加化学净化剂前后的效果　　图 2.164　蒸发冷凝处理装置工作原理

其工作过程主要包括以下几个阶段。

（1）净化：将失效工作液倾倒在蒸发箱中，加入化学净化剂搅拌、静置进行净化。

（2）加热：用红外线灯顶部加热等方式使净化水蒸发。

（3）隔热：为尽可能减少热量流失、降低能耗及提高能量的利用率，对蒸发箱进行隔热处理。

（4）抽风：风机将加热形成的水蒸气加快带入冷凝器中冷凝，提高蒸发效率。

（5）冷凝：冷凝器采用水冷式冷凝，将蒸发的饱和蒸汽冷凝，并从冷凝室底部收集纯净的蒸发水。

（6）残渣处理：蒸发结束，用收集袋取出固体残渣，而后做进一步处理。

利用蒸发冷凝装置在处理废液时，为避免失效工作液中挥发性有机物由于温度过高而随水蒸气流出造成蒸发水的污染，同时为了尽可能降低能耗、保障安全，通常将蒸发温度控制在60℃以下。

采用失效工作液的蒸发水配制的工作液与蒸馏水配制的工作液进行切割对比试验，发现两者在切割速度、表面质量、切割稳定性等方面基本一致，因此通过蒸发冷凝的方式处理失效工作液可以实现水资源循环利用。

2.9.5 工作液集中供液

高速走丝机目前都是单机配备一个工作液箱，通过水泵抽取实现工作液的循环使用。因为线切割工作液有一定的使用寿命，所以需要定期更换工作液，而更换工作液由于涉及工作区域狭小、水箱沉重难以搬运、清理困难、污水横流及对环境产生污染等一系列问题，因此对于线切割机床较多的厂家，可以考虑采用多台线切割机床集中供水的方案，统一由一个水箱集中供给工作液，并统一进行废液更换处理，改善线切割的使用环境并可提高环保和节能效益。

线切割集中供液系统如图2.165所示，主要包括自动恒压出水泵、回水泵、过滤水箱、工作液集中水箱。自动恒压出水泵直接连接工作液集中水箱，通过进水控制阀与各线切割机床冷却系统连接，并通过自动恒压出水泵保证每一台机床工作液压力恒定。

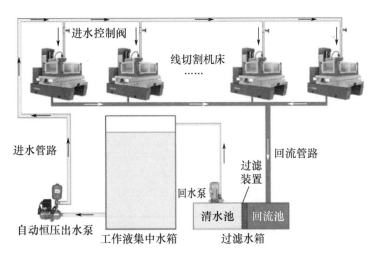

图2.165　线切割集中供液系统

加工过程中工作液通过回流管路流至过滤水箱中的回流池，过滤水箱中设有分流器、磁性分离器和纸芯过滤器等，以能够更好地对回流工作液中的金属蚀除产物及固体颗粒进行过滤沉淀。回水泵设置在过滤水箱的清水池部分，分离处理后的清水工作液被抽回工作液集中水箱中，从而实现对多台线切割机床的集中供液。另外，过滤水箱回流池部分设有沉淀液的出水口，不加工时，可回收回流工作液分离出来的废液，并进行环保处理。

这种集中供液方式既可以避免单独配置储液箱导致的废液更换、收集困难的问题，提升工作效率，又可以避免在收集过程中因为存在不定因素对工作环境产生二次污染。在多台线切割机床同时工作的情形下，与单设备单独供液相比，集中供液系统只有两个水泵工作，具有节能的优势，并且节省了人工成本。

2.10 电 极 丝

电火花线切割用电极丝应具有良好的导电性和抗电蚀性、抗拉强度高、材质均匀等特点，比较适合作电火花线切割电极丝的主要有钼丝、钨合金丝、黄铜丝等。

2.10.1 传统电极丝

1. 电极丝特性

高速往复走丝电火花线切割用的电极丝以纯钼丝和钼合金丝为主，常见的有钨钼合金丝、铱钼合金丝。该类电极丝以纯钼和钼合金为原料，经过旋锻、拉伸等金属压延加工，制取各种直径规格的丝材。同低速单向走丝电火花线切割不同，高速往复走丝电火花线切割所使用的电极丝需要反复使用，它的热物理特性对加工工艺指标有重要影响。高速往复走丝电火花线切割用电极丝应具有以下特性。

(1) 良好的耐蚀性，以利于提高线切割加工精度。

(2) 良好的导电性，以利于提高放电能量输入效率。

(3) 较高的熔点，能承受大电流加工。

(4) 较高的抗拉强度和良好的直线性，以利于提高使用寿命。

(5) 较低的损耗特性，由于其反复使用的特点，因此电极丝的损耗也是评价电极丝特性的一项重要指标。

钼丝的直径一般为 $\phi 0.08 \sim \phi 0.20mm$，常用电极丝直径为 $\phi 0.10mm$、$\phi 0.12mm$、$\phi 0.14mm$、$\phi 0.18mm$、$\phi 0.20mm$，电极丝直径应该根据切缝宽窄、工件厚度和拐角尺寸选择。

2. 钼丝生产过程

钼、钨均属于难熔金属，同时是稀有金属，我国是钼、钨的生产与应用大国。高速往复走丝电火花线切割用电极丝主要是钼丝或钼钨合金丝，最常用的是钼丝，它具有价廉、韧性及强度高、导电性好、伸长率低及放电加工稳定等优点，近年来，线切割加工用钼丝量增长很快，在钼金属加工行业占据着越来越重要的地位。

目前，钼丝生产厂家主要分布在山东、四川、福建、江苏等地，主要品牌有光明、长城、虹鹭、峰峰等。

钼丝生产主要包含两大过程：钼棒的制作及钼丝的拉制。图 2.166 所示为钼丝的生产工艺流程。钼棒由工业原料钼酸铵制成的钼粉压制而成，钼丝的拉制是将制得的钼棒通过轧制、旋锻、拉丝等步骤将粗直径的钼棒逐渐拉成直径较小的钼丝，并在钼丝制作过程中通过一系列材料处理方法提高钼丝的使用特性。

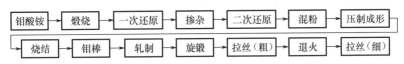

图 2.166 钼丝的生产工艺流程

拉伸是指被加工金属在拉力作用下，通过模具产生断面减缩和长度增大的塑性变形过程，按加工温度可分为冷拉伸和温拉伸，按经过模具个数分为单模拉伸和多模拉伸。拉丝就是将旋锻退火后的钼棒材通过拉伸加工，拉成所需直径的钼丝，即完成钼丝的制作。钼丝拉丝现场及成品如图 2.167 所示。

（a）拉丝现场

钼丝拉丝

（b）钼丝成品

图 2.167 钼丝拉丝现场及成品

转盘拉丝机主要拉制较粗钼丝，多模拉丝机主要拉制细钼丝。

3. 钼丝的发展

对于纯钼丝，当温度超过 1000°C 时，会产生再结晶现象，组织结构由纤维状转变为等轴状，并发生脆性变化，使钼丝的使用温度范围受到一定的限制。因此，提高钼丝的再结晶温度，扩大钼丝的使用温度范围，提高钼丝的抗拉强度，减少断丝，延长钼丝使用寿命成为目前钼丝制造加工需解决的问题。目前普遍采用的提高钼丝再结晶温度和抗拉强度的方法是合金化和掺杂，即通过添加合金元素及稀土氧化物和掺杂元素，提高钼丝再结晶温度和抗拉强度。

目前对钼丝性能方面的研究基本还是在传统性能方面，如高温性能、力学性能等，而针对其在电火花线切割方面最重要的性能，如导电性，尤其是在高频传输条件下的导电性，以及与排屑性能相关的电极丝外观形貌等方面的研究仍然较少。

对电极丝性能的研究今后应更加具有针对性，需针对细分的市场需求进行，如针对高效切割、中走丝切割、小能量精细切割、高厚度切割、低损耗切割，甚至对于某类特殊材料（如铝合金、磁钢）的具体切割要求，有针对性地改进钼丝性能。想通过某种钼丝涵盖所有工艺需求是不现实的。

2.10.2 绞合电极丝

电火花线切割中使用的均是圆柱电极丝，在切割过程中，加工区域的冷却、洗涤、排屑和消电离过程主要依靠吸附在电极丝上并随着电极丝带入切缝的工作液进行。但在高效切割及高厚度切割中，带液及排屑能力已经满足不了极间的要求。高效切割时加工表面产生的严重交叉烧伤痕迹说明此时极间已经处于十分恶劣的放电状态，主要问题在于随着放电能量的增大，放电形成的热量使得电极丝带入切缝内的有限工作液瞬间汽化，导致极间尤其是在电极丝出口区域，处于工作液很少甚至无工作液状态，而大量的蚀除产物由于不能及时排出极间，会反粘在工件出口表面；而在高厚度切割时，由于圆柱电极丝的带液能力有限，也会导致高厚度工件的出口端因为没有足够的工作液冷却，因此切割平稳性及切割速度大幅度降低。

为解决普通圆柱电极丝带液能力差的问题，设计了一种绞合电极丝。该电极丝由至少两根圆柱电极丝以一定的绞距通过旋转绞合而成，故在结构形态和切割性能上绞合电极丝与圆柱电极丝均有很大的差异。图 2.168 所示为双绞合电极丝外观示意图。

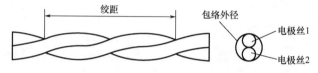

图 2.168　双绞合电极丝外观示意图

由于绞合电极丝具有螺旋状凹槽结构，不但可以将更多的工作液带入加工缝隙，使极间冷却、消电离更加充分，保证极间放电稳定进行，而且可以将放电蚀除产物容纳在凹槽中并及时排出，避免蚀除产物堵塞放电通道；从图 2.169 可以看出绞合电极丝在加工方向的半圆面内与工件之间形成有规律的放电加工面，并呈螺旋状分布在放电通道中，对于高厚度工件放电通道中一个固定的放电位置而言，这种螺旋状分布的放电加工面实际上增大了每个位置脉冲的放电间隔，类似于在高厚度工件微元体中人为加入了不确定时长的脉冲间隔，使极间得到有效排屑、消电离；而对于整个高厚度工件放电通道而言，这种规律性的放电加工面使绞合电极丝在每个放电位置都会被强行隔开一段时间后再进行第二次放电，从而有效避免短时间内在同一位置产生集中放电现象，而这种集中放电现象正是大能量和高厚度切割时，因为极间洗涤、冷却、排屑和消电离不好而经常引起的情况，而一旦发生这种情况，就意味着产生电弧，极易导致出现断丝。因此绞合电极丝这种有规律的放电，伴随着对工作液的拖拽和对蚀除产物的排出，并且在一点强制性的将放电关断，改善了极间的放电状况，增强了加工稳定性，有效地提高了放电脉冲概率。试验证明绞合电极丝能提高切割速度及高厚度切割的稳定性和能力。

绞合电极丝的初步试验说明电极丝截面形状的改变将对极间带液及排屑能力产生很大的影响，但具体如何生产绞合电极丝，以及如何调整绞合电极丝绞距，以解决其由于截面的不同，在导轮上走丝时产生振动等问题还有待后续进一步研究。

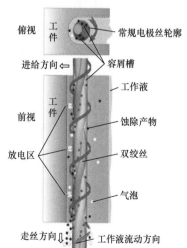

图 2.169　绞合电极丝放电规律示意图

2.10.3　功能镀层及形貌电极丝

高速走丝机电极丝一直用钼丝，随着加工要求的细分，尤其是中走丝机比例的不断增加，预计不久的将来一定会研发出类似低速走丝机用的各类功能镀层电极丝。对于中走丝机切割，由于导向的要求，电极丝一般使用的直径范围为 $\phi0.18\text{mm}$ 到 $\phi0.16\text{mm}$，而 0.01mm 厚度的损耗区域正是可以实现各种功能镀层及表面形貌的区间，同时电极丝的芯材也可以根据不同的需求更换为高拉伸强度的钢丝等材料，形成类似低速走丝机用俗称"钢琴线"的电极丝结构。以应对超高厚度切割、高效切割、微小能量修切、细丝切割及纯水条件下切割等不同的加工要求，也可以更好地满足今后可实现的自动穿丝功能。

2.11　专用机床

高速走丝机结构相对简单，切割中主要依靠电极丝将工作液带入切缝，对极间介质的冷却要求不苛刻，适合切割各种不规则零件。同时机床整机制造成本相对较低，因此可以通过走丝系统的改造、附加工作台或增加旋转轴及工作台改造，制成各种专用机床，以适合特殊零件，尤其是大型、高厚度、异形零件的加工需求。

2.11.1　多工位线切割机床

我国目前已有近百万台各类电火花加工机床，其中70%～80%为高速走丝机，根据行业统计，每年全国高速走丝机产量为4万台左右，最高时每年约有10万台，保守估计线切割全年加工费约为410亿元（按市场保有量80万台，每台机床每年开机200天，每天加工16小时，市场计价按切割速度 $20\text{mm}^2/\text{min}$ 计，加工费为4元/小时，目前实际切割速度为 $80\text{mm}^2/\text{min}$，实际加工费为16元/小时），其中作为零件切割部分至少占据了一半以上的份额，并且该市场份额随着高速走丝机世界市场的不断拓展将不断提升。采用线切割加工的零件十分广泛，在汽车配件、机械设备、电机、家电产品、电子消费类产品等各个行业均有广泛应用。目前线切割零件加工行业面临的主要问题仍然是切割速度偏低，已经受到激光切割和精密铸造等效率更高的替代工艺方法的冲击。但激光切割零件的厚度受限，还易在零件切断面产生坡口，总体而言切割精度仍不及电火花线切割；而精密铸造固定资产一次性投入大，生产的零件材料受限制，精度也比电火花线切割加工零件差。因此电火花线切割还将长久拥有对零件切割的存在空间和价值。传统的电火花线切割机床一次只能切割一个工件，为此行业内研制出了针对零件加工的多工位线切割机床，每个工位配备一台脉冲电源，对多个零件同时进行线切割加工。

多轴数控电火花线切割机床

多工位线切割机床的所有脉冲电源的负极与电极丝相连，各个脉冲电源之间相互独立。由于在产生火花放电时，电流总是从电源的正极流向负极，因此一根电极丝在多个位置同时发生火花放电时，各个放电点产生的电流将分摊到同一根电极丝的不同区域，每段电极丝承担的电流并不太大，从而能有效防止电极丝熔断。由于每个脉冲电源独立工作，电极丝在一个位置或多个位置发生放电时，每个放电点的放电过程都是独立的，因此多工位线切割的放电机理与传统电火花线切割相同，每个放电点的放电能量并没有发生改变，但电极丝在走丝过程中的放电概率增大，使单位时间内的总放电次数增加，故切割速度能获得成倍提高。多工位线切割机床走丝路径如图2.170所示，机床如图2.171所示，加工现场如图2.172所示。

2.11.2 回转式多单元电火花线切割组合机床

图 2.173 所示为用于加工超大型精密齿轮及齿轮轴的回转式多单元电火花线切割组合机床。机床结构布局以一个重载回转工作台为中心，有 2～4 组对称设置的半闭环线架移动式电火花线切割机床加工单元，再配以冷却系统、控制柜、交流伺服数控系统及附件等。该产品与传统的超大型齿轮加工设备（如超大型滚齿机）相比，在设备成本、生产周期及能耗等方面有着巨大的优势。

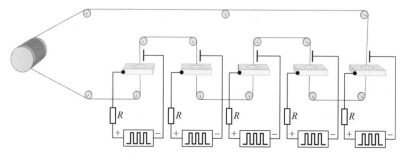

图 2.170　多工位线切割机床走丝路径

图 2.171　多工位线切割机床

图 2.172　多工位线切割机床加工现场

多工位线切割机床

图 2.173　回转式多单元电火花线切割组合机床

该机床加工的重载超大型齿轮，可以满足特定设备（如大型水面舰只）的要求。目前，该技术已成为我国加工重载超大型齿轮的重要技术。

2.11.3 大型环件电火花线切割专用机床

大型环件电火花线切割专用机床是为航空发动机机匣类和环形类零件等各种大中型环形件、机加工难加工材料的半环切割、成形和半精加工而设计的专用线切割机床，适用于高温合金、钛合金等难切削材料的加工。其结构形式类似于回转式多单元电火花线切割组合机床。

薄壁环形类零件是航空航天发动机中的关键零部件之一，因其具有直径大、壁厚薄、质量轻、结构紧凑等特点而广泛应用。特别有一类零件，加工时需先将其整环车削为薄壁零件，然后切分为等分或不等分的若干个环段零件，并且其切缝宽度要求在 0.2mm 左右，切口可带斜度且可调，被切割端面表面要求光滑、无烧伤痕、重熔凝固层厚度小于 0.02mm，在使用时再将切分的零件组合在一起成为一个整环，以满足设计功能要求。

环件电火花线切割专用机床结构如图 2.174 所示。该机床在 X、Y 轴上安装了一个直径 ϕ1000mm 的回转工作台 C 轴，采用四连杆大锥度切割机构以实现斜度切割，由于机床安装了回转工作台，并采用了五轴（X、Y、U、V、C 轴）联动系统，无论什么尺寸规格的环段零件，都可一次装夹零件后，通过数控自动分度完成内环或外环切割，尤其对于内环零件，只需采用不同数量的垫块支撑后一次装夹零件，无须移动夹具即可完成切割，大大节约了零件加工成本。该机床（图 2.175）加工的自动化程度高，加工精度也相应提高。

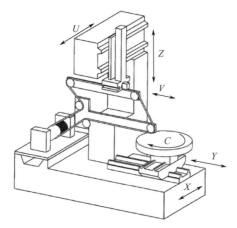

大型环件电火花线切割专用机床

图 2.174　环件电火花线切割专用机床结构　　图 2.175　环件电火花线切割专用机床

2.11.4　聚晶金刚石刀盘齿形修整机床

高速走丝机上附加一个专用旋转轴并通过专用的数控系统控制其运动，可将机床的加工范围进一步扩大。使用旋转轴后可以针对一些形状复杂、无法用常规线切割加工的特殊零件（如聚晶金刚石刀盘的齿形）进行修整，加工现场如图 2.176 所示。

聚晶金刚石刀盘线切割修整

（a）　　　　　　　　　　　（b）

图 2.176　聚晶金刚石刀盘齿形修整加工现场

聚晶金刚石刀盘齿形修整加工过程如下：修整完一个齿形后，数控系统关闭机床的走丝系统及水泵，而后进行 X 轴方向运动，使刀盘与电极丝保持一定的距离，接着旋转轴带动刀盘转动到下一个齿位置，数控系统打开走丝系统和水泵，X 轴进给，实现对下一个齿形的修整。为保证加工精度，对机床的走丝系统进行了相应调整，如图 2.177 所示，走丝系统的前端缩小了在加工区域电极丝的跨距，使得电极丝能伸入刀盘加工区域并维持足够的刚度。修整后的聚晶金刚石刀盘及刀头如图 2.178 所示。

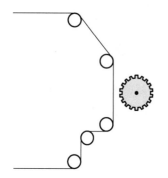

聚晶金刚石刀盘齿形自动检测及修整

图 2.177　机床前端走丝示意图　　图 2.178　修整后的聚晶金刚石刀盘及刀头

2.11.5　发动机连杆切槽机床

连杆是发动机正常运转的重要零部件，其在工作过程中承受着很大的周期性冲击力、惯性力和弯曲力，这就要求连杆应具有很高的强度、韧性和耐疲劳性。因而，连杆的制造质量直接影响发动机的性能和可靠性。

20 世纪 90 年代，在汽车工业发达国家逐渐发展起来一项新的连杆加工工艺，即连杆涨断加工技术。连杆传统加工与涨断加工对比如图 2.179 所示。在整个涨断工艺中，裂解应力槽加工是核心工序之一。目前，国内外普遍采用拉削和激光加工的方法加工连杆裂解应力槽。连杆激光切槽后涨断工艺过程如图 2.180 所示。

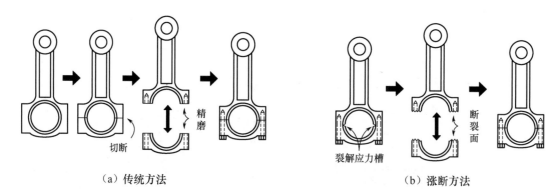

（a）传统方法　　　　　　　　　　　（b）涨断方法

图 2.179　连杆传统加工与涨断加工对比

采用电火花线切割技术批量加工连杆裂解应力槽的工艺方法与传统的拉削和激光加工工艺相比具有显著的优点，主要体现在以下方面。

（1）电火花线切割过程中，工具线电极与工件间不存在显著的机械切削力，可以避免拉削加工中拉刀容易磨损及崩韧的发生。

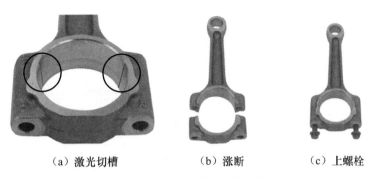

（a）激光切槽 （b）涨断 （c）上螺栓

图 2.180　连杆激光切槽后涨断工艺过程

（2）电火花线切割适于窄缝和硬质材料的加工，切割速度较高，裂解应力槽形状完全能满足加工精度要求，符合裂解工艺需求。

（3）电火花线切割机床价格远低于激光加工设备，经济性显著，制造、维护成本低，拥有良好的性价比。

为加工连杆裂解应力槽设计了单臂连杆切槽专用电火花线切割机床，其结构原理如图 2.181 所示。工作台上安装有连杆定位夹具，单支撑臂上安装一个大导轮，其两边固定两个稍小的导轮，电极丝在贮丝筒的带动下，通过这三个主要的导轮形成两个垂直方向平行的加工区间。计算机数控系统控制工作台前后移动，使连杆大头孔内表面与电极丝放电，从而加工出所需要的裂解应力槽。但由于普通高速走丝机不具有空行程快速进给功能，因此加工中前后运动的空行程时间较长。实际加工中切槽只需 8~10s，而空行程进给则需要 2~3min，并且空行程时间取决于连杆大头孔径。因此，在上述单臂连杆切槽专用电火花线切割机床的基础上，改进设计了双推杆切槽机构，采用双臂（杆）支撑双导轮结构，双向同步加工连杆大头孔裂解应力槽。双臂（杆）可以根据连杆大头孔径进行两杆间距调节，大大减少了加工过程中的空行程时间。其走丝布局如图 2.182 所示，左右双螺旋丝杠传动定心机构如图 2.183 所示，整机装配实物如图 2.184 所示，切槽的连杆及槽口微观形貌如图 2.185 所示。

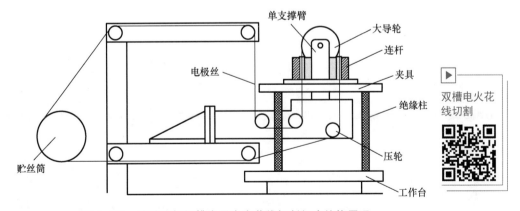

图 2.181　单臂连杆切槽专用电火花线切割机床结构原理

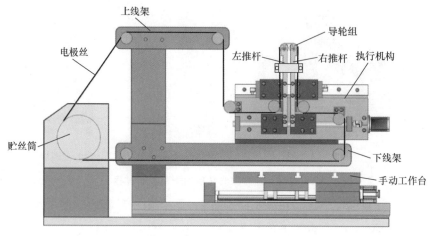

图 2.182　双推杆切槽机构空间走丝布局

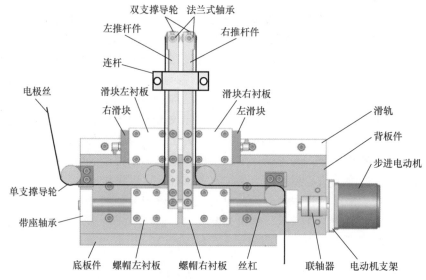

图 2.183　左右双螺旋丝杠传动定心机构

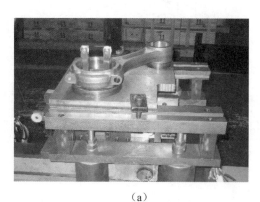

（a）　　　　　　　　　　　　　　　（b）

图 2.184　整机装配实物

(a) 连杆   (b) 槽口微观形貌

图 2.185　切槽的连杆及槽口微观形貌

2.11.6　多槽同步切割电火花线切割机床

随着汽车工业的飞速发展，汽车轮胎模具的需求量急剧增大。在轮胎模具制造中，根据型号、规格的不同，轮胎模具需要切割为8、12、16等份(图 2.186)。现有的轮胎模具切割制造工艺是采用普通电火花线切割方式一条条顺序切割，这样不但内应力分布不均匀，易产生变形，而且切割速度低。

图 2.186　轮胎模具

图 2.187 所示为一种多工位专用电火花线切割机床即多槽同步切割电火花线切割机床。该机床主要用于对环形零件自内向外分块切割，也可用于在环形零件内圆表面开槽。它解决了传统线切割机床按顺序一块块切割时加工周期长、内应力分布不均匀、零件变形大的问题，成倍地提高了生产率。该机床可以在上好电极丝后安装工件，便于操作，并能方便地偏转线架角度以实现非对称加工。

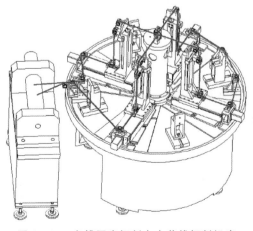

多槽同步切割电火花线切割机床

图 2.187　多槽同步切割电火花线切割机床

2.11.7　直齿锥齿轮加工机床

齿轮是机械链传动中的重要零件，锥齿轮传动常用于传递两相交轴间的运动和动力，而直齿锥齿轮广泛应用于汽车、矿山机械、工程机械、石油化工、仪器仪表和航空航天等机械制造领域，市场需求量很大。但直齿锥齿轮传统机械加工的加工刀具复杂、价格高，而且需要专用刀盘，只适用于大批量生产；采用传统机械加工时，加工材料硬度不宜过大（不能加工淬硬材料），精密的直齿锥齿轮还需要粗加工后淬火再经磨齿，工序长，成本高。由于传统机械加工过程存在机械振动，因此加工的直齿锥齿轮精度不高，大型直齿锥齿轮加工则更加困难。

采用电火花线切割加工直齿锥齿轮没有宏观切削力，与现有机械加工方法相比，具有以下优势。

（1）加工时工件变形小，精度高。

（2）针对高强度、高韧性、高硬度等机械难加工材料，电火花线切割优势更加明显。

（3）便于制造高精度和超大行程机床，满足特殊零件高精度等级加工要求。

（4）机械加工不同模数的齿轮需用相应模数刀具，刀具复杂、价格高，刀具使用中磨损严重，影响加工效果；而电火花线切割加工中采用的是电极丝，改变程序即可满足不同模数齿轮加工要求。

（5）能耗低，基本无污染。

直齿锥齿轮加工专用电火花线切割机床结构原理如图 2.188 所示，切割样品如图 2.189所示。

直齿锥齿轮
电火花线切割

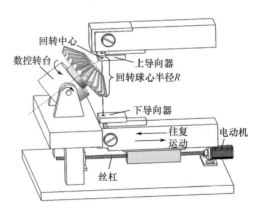

图 2.188　直齿锥齿轮加工专用电火花线切割机床结构原理

图 2.189　直齿锥齿轮切割样品

电火花线切割加工直齿锥齿轮的基本方法如下：电火花线切割机床的上线架位置固定，下线架做往复运动，调整上下线架跨距，使得上下导轮间的长度大于待加工直齿锥齿轮的回转球心半径 R。将机械加工齿轮毛坯安装在数控转台回转中心上。倾斜调整回转中心轴，使电极丝与数控转台轴线夹角为直齿锥齿轮锥度角。数控转台绕其回转中心做回转运动，使电极丝一端以直齿锥齿轮的顶尖为定点（即锥齿轮回转球心），另一端以直齿锥齿轮齿面大端上基圆为进给基点进行切割加工。

直齿锥齿轮线切割加工的推广使用可使精密直齿锥齿轮制造工序简化，易于扩大生产，大幅提高直齿锥齿轮的制造精度。

2.11.8　龙门-线架机构随动式大型电火花线切割机床

龙门-线架机构随动式大型电火花线切割机床采用型材框架结构，结构简单。由于上、下驱动电动机同步驱动上、下运丝机构进给，因此适用于大型零件的直线切割及下料，切割行程可以做到数米。机床电极丝采用安装于上、下运丝机构上的双丝盘往复走丝，如果采用砂线，还可以对非金属材料进行切割。运丝机构改进后，还可以进行多线切割。其应用范围包括对泡沫铝、玉石、碳化硅、钛棒、磁性材料的直线下料切割。

龙门-线架机构随动式大型电火花线切割机床结构如图 2.190 所示。

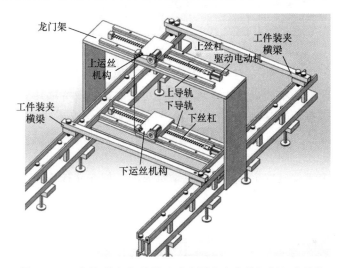

图 2.190　龙门-线架机构随动式大型电火花线切割机床结构

2.11.9　自旋式电火花线切割机床

自旋式电火花线切割机床是我国发明的一种新型的电火花线切割机床，其结构如图 2.191所示。主机部分主要由机座、左右立柱导轨、工作台、走丝架和走丝机构四个单元组成。通过 Z 轴电动机使走丝架和走丝机构在左右立柱导轨上同步移动，工作台通过 Y 轴电动机带动可在机座上前后运动，从而实现二维加工。主轴电动机通过三角带使同步连接光杆旋转，通过左右走丝机构同步工作，从而使电极丝一边高速旋转，一边往复直线运动。该机床的走丝机构水平放置，需要将传统的 X、Y 轴数控改为 Y、Z 轴数控。

该机床改变了传统电极丝走丝方式，图 2.192 所示为主机左立柱导轨上的走丝机构结构示意图。当电动机运转时，通过带轮带动主轴做高速旋转，长齿轮固定在主轴上，也随主轴做同样旋转，通过齿轮 2 和小轴使齿轮 3 反向旋转，齿轮 3 带动齿轮 1 旋转，齿轮 1 与贮丝筒连接在一起，因此，贮丝筒也做与主轴方向相同的旋转，适当选取长齿轮和齿轮 1、齿轮 2、齿轮 3 的齿数，就可使贮丝筒与主轴做同向同轴旋转但转速不同。大滚筒与主轴相连，此时大滚筒与贮丝筒做同向同轴旋转但转速不同，电极丝通过四个导轮与大滚筒同时旋转；贮丝筒、齿轮 1、支架与连接板相连，连接板通过丝杠螺母做左右直线运动。

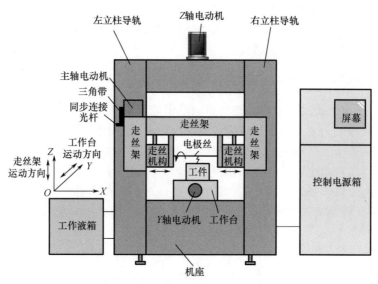

图 2.191　自旋式电火花线切割机床结构

由于大滚筒与贮丝筒做同相异步旋转,两者的旋转方向与绕丝方向一致时,由于大滚筒的转速大于贮丝筒的转速,因此绕丝,反之则放丝;同时贮丝筒还通过连接板做直线运动,因而完成了绕丝(放丝)和排丝两种运动,故通过两个对称的机构就可以完成电极丝的旋转和左右直线往复运动。图 2.191 中右立柱导轨上所装的走丝机构与左立柱导轨上的走丝机构完全对称,两个走丝机构全部由主轴电动机驱动,如左立柱导轨上的走丝机构进行放丝,则右立柱导轨上的走丝机构便进行收丝。

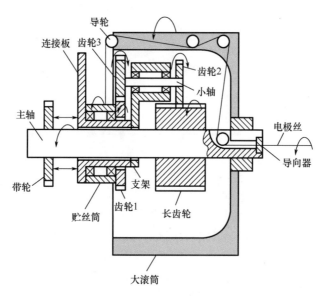

图 2.192　主机左立柱导轨上的走丝机构结构示意图

这种走丝机构将传统的电极丝单纯做直线运动变化为电极丝一边绕自身轴心做高速旋转,一边做直线往复运动,利用离心原理实现了恒张力。并由于往复运动的走丝速度很低,延长了导向装置的使用寿命,减少了电极丝的滞后,提高了拐角切割精度,并可以实现较高精度的多次切割。同时，该机构工件垂直放置，克服了传统机床往复走丝排屑状况受重力影响的问题，切割工艺指标有一定的提高。

该机床走丝机构较复杂，为实现电极丝绕自身轴心做高速旋转，各部件的加工精度要求高，并且工件采用竖立放置方式，与传统零件的安装定位方式不同，斜度切割困难。

▶
线切割加工
功能的拓展

2.11.10 加工功能的拓展

电火花线切割机床可以进行四轴联动，通过 X、Y、U、V 四个直线轴的数控联动，加工出直壁、锥度、上下异形等零件。但对管状螺旋纹、端面凸轮、旋转刀头等特殊零件的加工，必须通过增加旋转轴与直线轴联动控制才能实现，下面介绍几种特殊零件的加工。

机床可以通过增加一些工作台附件实现螺旋表面、双曲线表面和正弦曲面等复杂表面的加工。例如，增加一个数控回转工作台附件，工件装在用步进电动机驱动的回转工作台上，采取数控移动和数控转动相结合的方式编程，用 θ 角方向的单步转动来代替 Y 轴方向的单步移动，即可完成上述复杂曲面的加工工艺。

(1) 图 2.193 (a) 所示为在 X 或 Y 轴方向切入后，工件仅按 θ 轴单轴伺服转动，可以切割出如图 2.193 (b) 所示的双曲面体。

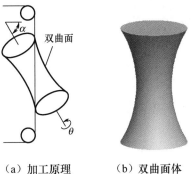

（a）加工原理　　（b）双曲面体

图 2.193　工件倾斜、数控回转加工双曲面零件

(2) 图 2.194 所示为 X 轴与 θ 轴联动插补（按极坐标 ρ、θ 数控插补），可以切割出阿基米德螺旋线平面凸轮。

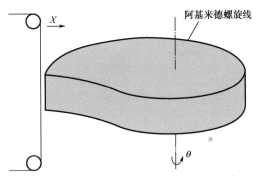

图 2.194　数控移动与转动（极坐标）加工阿基米德螺旋线平面凸轮

(3) 图 2.195 (a) 所示为电极丝自工件中心平面沿 X 轴切入，与 θ 轴转动，两轴数控联动，可以"一分为二"地将一个圆柱体切成两个"麻花"瓣螺旋曲面零件，图 2.195 (b)所示为其切割出的一个螺旋曲面零件。

(4) 图 2.196 (a) 所示为电极丝自穿丝孔或中心平面切入后与 θ 轴联动，电极丝在 X 轴方向往复移动数次，θ 轴转动一圈，即可切割出两个端面为正弦曲面的零件；如图 2.196 (b)所示。

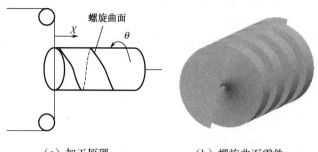

（a）加工原理　　　　　　（b）螺旋曲面零件

图 2.195　数控移动加转动加工螺旋曲面

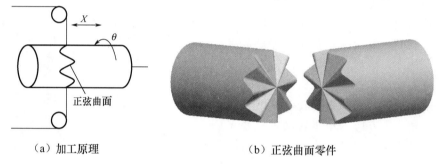

（a）加工原理　　　　　　　（b）正弦曲面零件

图 2.196　数控往复移动加转动加工正弦曲面

（5）带有窄螺旋槽的套管，可用作机器人等精密传动部件中的挠性接头。图 2.197（a）所示为电极丝沿 Y 轴侧向切入至中心平面后，电极丝沿 X 轴移动，并与工件按 θ 轴转动相配合，可切割出图 2.197（b）所示的带窄螺旋槽的套管，其扭转刚度很大，弯曲刚度则稍小。

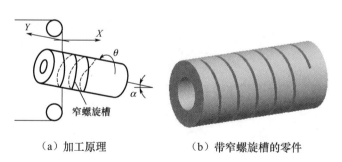

（a）加工原理　　　　　　　（b）带窄螺旋槽的零件

图 2.197　数控移动加转动加工窄螺旋槽

（6）如图 2.198（a）所示，电极丝自塔尖切入，在 X、Y 轴方向按宝塔轮廓在水平面内的投影，两轴数控联动，切割到宝塔底部后，电极丝空走回塔尖，工件做八等分分度（转 45°），再进行第二次切割。这样共分度七次，切割八次即可切割出图 2.198（b）所示的八角宝塔。

（7）切割四方扭转锥台需三轴联动数控插补才能加工出来。工件（圆柱体）水平装夹在数控转台轴上，电极丝在 X、Y 轴方向两轴联动插补，其轨迹为一斜线，如图 2.199（a）所示，同时与工件 θ 轴转动相联动，进行三轴联动数控插补，即可切割出扭转的锥面。切割完一面后，进行 90°分度，再切割第二面。这样三次分度，四次切割，即可切割出四方扭转锥台，如图 2.199（b）所示。

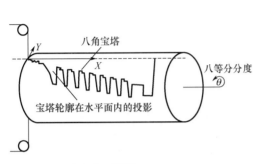

线切割加工宝塔

（a）加工原理 　　　　　　　　　　　　　（b）八角宝塔

图 2.198　数控二轴联动加分度加工宝塔

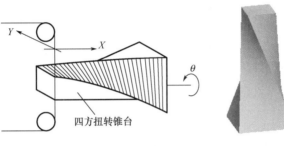

（a）加工原理 　　　　　　　　　　　　　（b）四方扭转锥台

图 2.199　数控三轴联动加分度加工四方扭转锥台

思 考 题

2-1　高速走丝机工作台有哪几种驱动方式？各有什么特点？

2-2　运丝系统按贮丝筒的运动方式可分为哪几种形式？各有什么特点？

2-3　高速走丝机线架的主要结构有哪几类？对线架的一般要求是什么？

2-4　高速走丝机导向器的主要形式有哪几类？导向器能提高加工过程中电极丝空间位置精度的主要原因是什么？

2-5　高速往复走丝电火花线切割张力机构有哪几种主要形式？各有什么特点？

2-6　简述六连杆摆动式锥度线架的工作原理。

2-7　通常高速往复走丝电火花线切割对工作液的性能要求是什么？工作液分为哪几类？

2-8　请列举五种高速往复走丝电火花线切割专用机床。

第3章
高速往复走丝电火花线切割控制系统及脉冲电源

控制系统是电火花线切割机床的核心与大脑。控制系统的控制精度、稳定性、可靠性及自动化程度都直接影响加工工艺指标及操作人员的劳动强度。目前，国内主要应用的高速往复走丝电火花线切割编控一体系统有 HL、HF、AutoCut、迈科全、E-cut、CAXA、万稞、X8 等。

3.1 控制系统的组成

控制系统主要包括轨迹控制与伺服进给控制，此外还有运丝及走丝控制、机床操作控制及辅助控制等。控制系统结构框图如图 3.1 所示。

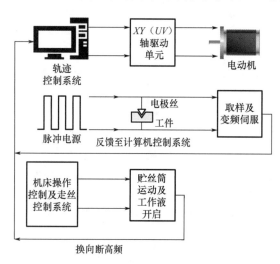

图 3.1 控制系统结构框图

（1）轨迹控制。轨迹控制是电火花线切割机床控制系统的核心，由数字处理单元、数据及轨迹输入单元和输入/输出数据处理接口板、模数转换接口板等组成。其作用是使机床按加工要求自动控制电极丝相对于工件的运动轨迹，以对工件进行形状与尺寸的加工。

（2）伺服进给控制。其作用是在电极丝相对工件按一定方向进给时，根据放电间隙的变化与加工状态自动控制进给速度，使进给速度与工件蚀除速度相平衡，维持稳定的放电加工状态。

（3）运丝及走丝控制。其作用是控制电极丝走丝的速度及方向，高速走丝机的运丝及走丝机构是影响加工质量及稳定性的关键部件。运丝机构带动电极丝按一定线速度往复走丝，并将电极丝整齐排绕在贮丝筒上。走丝机构使电极丝保持空间位置的稳定性。

（4）机床操作控制。机床操作控制包括机床的总开通与总关断、各部分的开通与关断，以及各种手动控制功能等。

（5）辅助控制。辅助控制是指除上述基本控制外的为有利于加工顺利进行、提高操作自动化程度的各种控制电路，如自动对中心、自动找边、加工中的自动监控、出现异常的自动报警、自动停机控制电路及各种保护电路等。

下面主要介绍轨迹控制和伺服进给控制。

3.1.1 轨迹控制

轨迹控制采用的是数字程序控制，分为开环控制和闭环控制两种。开环控制是目前大多数高速走丝机的常用形式，它没有位置反馈环节，加工精度取决于机械传动精度、控制精度和机床刚性。闭环控制又分为半闭环控制和全闭环控制，半闭环控制的位置反馈点为伺服电动机的转动位置，一般由旋转编码器完成，但机床丝杠的传动精度没有反馈；全闭环控制的位置反馈点则为工作台的实际移动位置，加工精度不受传动部件误差的影响，只受控制精度的影响。

1. 数字控制系统的基本原理

计算机数字控制系统的主要功能是计算机根据"命令"控制电极丝沿指定的轨迹加工，此轨迹即加工工件的图形，所以必须将线切割加工的工件图形用控制系统可以接受的"语言"编写好"命令"，输入计算机，这种"命令"称为线切割程序，编写这种"命令"的工作称为编程。计算机根据输入的程序，插补运算后，通过驱动电路控制电动机，由电动机带动精密丝杠，使工件相对电极丝做轨迹运动。图3.2所示是计算机数字控制系统框图。

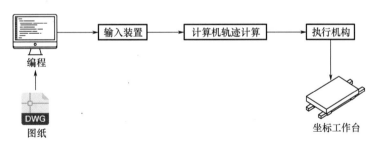

图 3.2　计算机数字控制系统框图

2. 插补原理

插补就是在一条曲线或工程图形的起点和终点间用足够多的折短线段组成斜线以逼近所给定的曲线。常见的工程图形均可分解为直线和圆弧或其组合，可以根据给定的精度和曲线形状，计算一个插补周期内各坐标轴进给的长度。插补精度直接影响工件的加工精度，而插补速度决定了工件表面粗糙度和加工质量。常用的插补方法有逐点比较法、数字积分法、矢量判别法和最小偏差法等。在电火花线切割控制系统中，大多采用逐点比较法。

（1）逐点比较法插补原理。

在加工过程中，每进给一步，先判断加工点相对给定线段的偏离位置，并用偏差的正负表示，根据偏差的正负，向逼近线段的方向进给一步，到达新的加工点后，再对新的加工点进行偏差计算，求出新的偏差，再判别、进给。这样不断运算，不断比较，不断进给，总是使加工点向给定线段逼近，以完成对切割轨迹的追踪。逐点比较法每进给一步，都要经过图3.3所示的四个工作步骤。

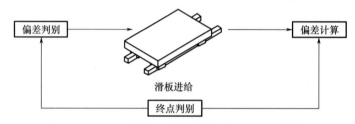

图 3.3　逐点比较法进给的步骤

① 偏差判别。判别加工点对规定图线的偏离位置，以决定滑板走向。

② 滑板进给。控制纵滑板或横滑板进给一步，向规定的图线逼近。

③ 偏差计算。对新的加工点进行计算，得出反映偏离位置情况的偏差，作为下一步的依据。

④ 终点判别。当进给一步并完成偏差计算之后，应判断是否到达图形终点，如果已到达终点，则发出停止进给命令；如果未到达终点，则继续重复前面的步骤。

切割斜线时，若加工点在斜线的下方，计算机计算出的偏差为负，这时控制加工点沿 Y 轴正方向移动一步；若加工点在斜线的上方，计算机计算出的偏差为正，这时控制加工点沿 X 轴正方向移动一步，如图3.4（a）所示。同理，切割圆弧时，若加工点在圆外，应控制加工点沿 X 轴负方向移动一步；若加工点在圆内，应控制加工点沿 Y 轴正方向移动一步，如图3.4（b）所示。从而使加工点逐点逼近已给定的图线，直至整个图形切割完毕。

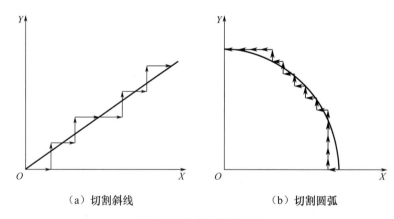

（a）切割斜线　　　　　　　（b）切割圆弧

图 3.4　逐点比较法原理

（2）斜度切割原理。

斜度切割时，切割工件的电极丝由上下导轮支承，步进电动机带动工作台上的工件做

X 轴、Y 轴方向移动，形成工件和电极丝的相对运动，实现平动切割。为讨论方便，可以认为工件是静止的，电极丝相对工件运动。在带有斜度切割功能的线切割机床上，上线架有两块可在水平方向上做相互垂直运动的小滑板，由它来移动电极丝的上端做以电极丝下端为支点的电极丝倾斜运动，因此由电极丝平动和电极丝倾斜运动按一定方式构成了斜度切割运动。

如图 3.5 所示，先使电极丝倾斜一定角度（使 AA' 移至 AA_1），然后电极丝在 O' 平面内的点 A_1，相对电极丝下端在 O 平面内的 A 点走一个圆，于是在空间形成了以电极丝轨迹为母线的圆锥，呈尖锥状，如果此时整个电极丝同时做相对工件走圆（实际为 X、Y 滑板走圆）的运动，只要满足这两个走圆同步，即可叠加出如图 3.6 所示的圆锥体。

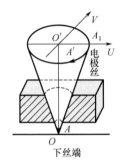

图 3.5　线架走圆示意图

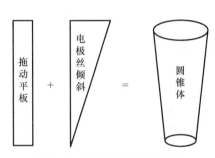

图 3.6　锥度切割成形示意图

当线架相对于工件走圆的顺逆方向（电极丝平动）与线架上端走圆顺逆方向（电极丝倾斜）一致且相位差为 0°时，能切割出倒锥体。当线架电极丝平动走圆顺逆方向与电极丝倾斜走圆顺逆方向一致，但相位差为 180°时，则能切割出正锥体。表 3 - 1 示出了从第二象限开始的线架方向相对工件方向的走圆运动。所以斜度切割基本原理是电极丝平动和倾斜轨迹叠加，小滑板 U、V 轴运动方向与大滑板 X、Y 轴带动电极丝运动方向一致时，得到的是上大下小锥体（倒锥体），运动方向不一致时为上小下大锥体（顺锥体）。

表 3 - 1　从第二象限开始的线架方向相对工件方向的走圆运动

倒锥体	顺锥体

斜度切割与平面切割一样，一般也采用逐点比较法。平面加工在控制加工一个脉冲当量（一般为 $1\mu m$）后，与加工轨迹比较，从而确定加工的方向。斜度切割参考平面切割方

法，采用逐面比较法，每加工一个小的斜面，与加工轨迹比较，判断电极丝的位置，然后计算出要加工的小斜面，决定 X、Y、U、V 各坐标轴的走向及走的步数。

如图 3.7 所示，斜度切割是由无数个这样的小斜面组成的。

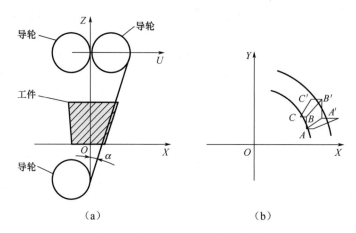

图 3.7   斜度切割插补原理示意图

如图 3.7（a）所示，在 XOZ 平面，U 轴控制电极丝达到斜度要求，X 轴控制工作台面带动工件移动达到工件的尺寸要求。

单纯 U 轴移动不仅使电极丝达到一定的斜度，还在工件上下平面产生一定的加工距离，而 X 轴带动工件整体移动，达到工件要求的尺寸。

以上下两平面均为圆的圆锥台为例说明。如图 3.7（b）所示，下平面加工到 A 点，上平面加工到 A' 点，两点均在圆弧内，为了逼近上下平面圆弧，控制应使加工到 B 和 B' 点，这样在 YOZ 平面就产生了小锥面 $AA'B'B$，到达 BB' 后再比较，如果 BB' 均在圆弧的外面，控制应使加工朝向 CC' 的方向，此时，在 XOZ 平面又形成一个小锥面。以此类推，直至完成整个圆锥台的加工。

（3）上下异形切割。

上下异形是指工件的上下表面不是相同或者相似的图形，上下表面之间的平滑过渡，需要通过 X、Y、U、V 四轴联动实现。上下异形加工主要应用于拉制模的生产，如应用于日常生活中的铝合金门窗的型材拉制等。上下异形拉制模如图 3.8（a）所示，该模具可以将圆棒料拉伸为十字花型材，如图 3.8（b）所示。

对于上下异形工件，电极丝切割时所走的上下表面的轮廓长度不相等，其加工斜度是按一定的线性变化的，这是上下异形零件的加工特点。切割上下异形体斜度面时，工件的上下表面轨迹按照图样分别单独编程，然后经过四轴轨迹合成计算，把带圆弧或形状复杂的曲面线性化处理到上下导轮的线架平面，从而转换为空间直线段的集合，即大量直线的集合，最终控制 X、Y、U、V 四轴联动切割出变斜度的曲面，故上下异形切割的核心是加工轨迹的线性化计算。

工件上下表面轨迹依图样分别单独编程，由上下导轮按一定比例进给来实现，其插补速度则由数控系统的行程协调函数控制。通过行程协调函数的处理，对上下表面的切割步数进行对比分析，反馈到行程协调函数中，控制 X、Y、U、V 四轴的运动，使上下表面轨迹的插补速度协调一致，达到切割的需要。

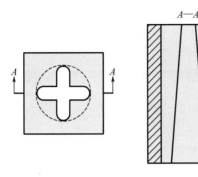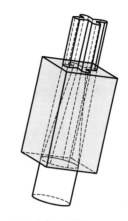

（a）拉制模　　　　　　　　（b）十字花型材

图 3.8　上下异形拉制模及拉出材料示意

对于上下两面各段起止点都一一对应的情况，如图 3.9 所示，可以认为工件是由很多小直纹曲面组成的，由于对应点位置均是已知的，可以不要标志，直接进行轨迹叠加合成计算。

对于上下图形几何分段数不相等，各段无法找到一一对应标志的情况，需对有些线段进行拆分，从而产生新节点，使上下各节点位置一一对应。这种拆分段产生节点由计算机根据确定的对应点计算公式计算。如图 3.10 所示，图中 A_1、A_2、A_3、A_4、A_5 及 B_1、B_2、B_3、B_4、B_5、B_6、B_7 是原图形的各端点，为了对应需要找到 $A_2{}'$、$A_3{}'$、$A_4{}'$ 及 $B_2{}'$、$B_3{}'$、$B_4{}'$、$B_5{}'$、$B_6{}'$ 点。

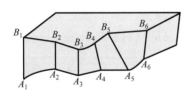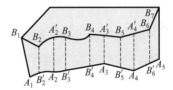

图 3.9　上下面轨迹几何分段相等　　　　图 3.10　对应段拆分产生新节点

采用这种加工编程原理切割上下异形零件，减小了曲线拟合误差，对零件加工精度影响不大，应用广泛。上下异形加工实物及对应线段拆分情况如图 3.11 所示。

3.1.2　伺服进给控制

对于高速走丝加工而言，伺服进给控制系统的主要功能就是使电极丝的进给速度等于金属蚀除速度并保持某一合适的放电间隙。目前，常用的伺服进给控制方法是峰值电压取样变频伺服控制。根据不同的加工情况，采用的伺服控制方法还有基于电流脉冲概率检测的伺服控制、变厚度自适应伺服控制、智能自适应采样控制、浮动阈值检测伺服控制等。

1. 峰值电压取样变频伺服控制

峰值电压取样变频伺服控制是目前高速往复走丝电火花线切割中最常用的伺服进给控

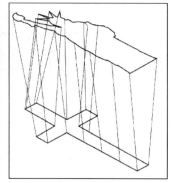

（a）上下异形加工实物　　　（b）线段拆分情况

图 3.11　上下异形加工实物及对应线段拆分情况

制方法。电极丝的进给速度由变频电路控制，使电极丝的进给速度"跟踪"工件的蚀除速度，以防止放电间隙开路或短路，并自动维持一个合适的放电间隙。其控制原理如下。

由取样电路检测出工件和电极丝之间的放电间隙。间隙大，则电极丝加速进给；间隙小，则电极丝放慢进给；间隙为零，则为短路状态，短路状态超过设定的时限，控制系统判断短路发生，电极丝按原已切割轨迹回退一段距离，直至消除短路状态，而后继续进给。

实际加工时，由于放电间隙很小，无法检测电极丝与工件间隙的实际值，因此通常测量与放电间隙有一定关系的间隙电压用作判断间隙变化的依据，此测量值一般为间隙平均电压。然后将测量的间隙平均电压输入"变频电路"，变频电路是一个电压-频率转换器，它把间隙平均电压的变化成比例地转换为频率的变化，间隙大，间隙平均电压高，变频电路输出脉冲频率高，插补运算器运算频率高，则电极丝进给速度高；反之，间隙小，间隙平均电压低，变频电路输出脉冲频率低，则电极丝进给速度低或停止进给，从而实现线切割的自动伺服进给。

此外，若机床不处于放电加工状态，此时需要使工作台移动一段距离，可以将自动伺服进给开关由自动挡变换为手动变频挡，由"变频电路"内部提供一个固定的直流电压代替间隙平均电压，再经变频电路输出一定频率的脉冲，触发插补运算器，使 X、Y（或 U、V）轴快速移动。

设计取样电路时，采用光电耦合器隔离放电间隙与取样电路，使这两部分没有直接电的联系，以减少间隙放电对取样信号的干扰，从而提高变频电路的稳定性。

图 3.12 所示为峰值电压取样变频伺服控制电路。在此电路中，取样信号分别取自工件和电极丝，取出工件和电极丝之间的间隙电压经过限流电阻后，再经过 24V 稳压管，使 3 点电压的峰值得到一定限幅，24V 稳压管起到一个门槛作用，即只有高于 24V 的电压才能进入取样电路。电火花线切割的几种放电波形如图 3.13 所示，24V 电压值大约在正常放电维持电压的下临界线上，也就是说只有放电加工中出现空载及加工时，取样电路才有信号输入，从而触发插补运算器，使工作台向前进给；出现短路及少部分加工信号时，由于几乎没有信号进入取样电路，计算机插补运算器无信号发出，因此工作台不进给，而如果在设定时间内计算机没有检测到输入的取样信号，则判断为短路，从而控制工作台沿原加工轨迹回退。放电脉冲信号进入取样电路后由两个电容和一个电阻组成 π 形滤波器，将

已经降幅的脉冲放电信号整流和滤波转换成近似直流电压信号。33V 稳压管起限幅作用，正常加工时它不起作用，在间隙开路时，它限制取样电压 $E_{取样}$ 不能太高，以保护后面的电路。取样电压 $E_{取样}$ 经光电耦合后输入以单结晶体管 BT32DJ 为主的变频电路，再由 9 点输出变频脉冲至控制系统计算机进行轨迹插补运算。

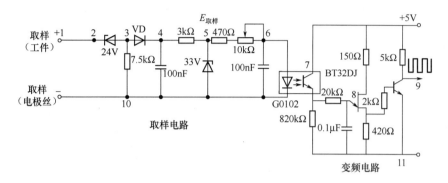

图 3.12　峰值电压取样变频伺服控制电路

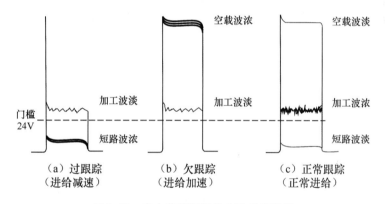

图 3.13　电火花线切割的几种放电波形

2. 基于电流脉冲概率检测的伺服控制

电火花线切割中，有些切割材料或电极丝的电阻是不可忽略的，如对半导体硅晶体材料的切割及采用细电极丝进行切割时，由于此时放电维持电压与短路电压已经很难区分，即意味着采用传统的基于极间电压检测的伺服控制方法失效，因此必须重新选择能对空载、放电及短路加以区分的特征量作为极间状态的判断依据。

基于脉冲概率检测的伺服控制方法在 1.16 节已经有详细介绍，此处不再赘述。

3. 变厚度自适应伺服控制

随着电火花线切割应用范围的扩大，加工对象也扩展到有座孔或台阶状等变厚度的工件。加工过程中工件厚度发生变化后，若加工参数不随之调整将会带来一系列问题：如果工件厚度由大变小，则进给速度会加快，单位长度电极丝上的热密度会增大，易出现放电集中现象而导致断丝；反之，如果工件厚度由小变大，则进给速度会变慢，导致切割速度降低，甚至出现短路。同时，厚度变化引起放电间隙的变化，也会导致加工精度发生改变。因此在切割过程中，当工件厚度发生改变时，为避免断丝和短路并保持最佳切割速度，必须根据工件厚度的变化实时调整加工参数（脉冲间隔、伺服电压、进给速度等），使加工保持稳定且具有高的切割速度；同时对加工过程中的放电能量优化，使加工工件各部分所释放的能量趋于一致，保证工件的表面质量、放电间隙始终如一，从而确保切割精度。

变厚度电火花线切割的研究目标主要集中在如何避免断丝和提高材料去除率方面。目前关于变厚度切割的研究可以形象地分为"白盒法"和"黑盒法"。"白盒法"是根据工件三维几何模型提取工件在加工路径上的厚度信息；而"黑盒法"是通过采集加工过程中的相关信息，根据构建的厚度辨识模型在线辨识工件厚度，在加工过程中根据工件厚度变化调整加工参数，控制加工过程。

"白盒法"直观简单，但在实际中较难实现，因为实际加工时并不是每一个工件都具有三维模型，同时目前大多数机床的数控系统还不具备直接读取工件三维模型信息的能力。"黑盒法"则充分利用加工过程中可以获取的相关信息与数据，构建工件厚度识别模型，并对相应的参数进行调节。

研究人员将自校正控制理论应用于电火花线切割伺服进给控制系统中，将电火花放电状态中空载率和短路率的检测信号作为输入信息，实施对伺服进给的自校正控制和宽范围快速调节，取得了对变厚度工件稳定、高效的加工效果。其理论基础是在电火花线切割中，对于某个确定的加工条件和加工电规准，必然对应有火花放电率最高时的最大材料去除率，即对应的最高切割速度。而空载、正常火花放电和短路三种放电状态的时间比例与电极丝、工件之间的放电间隙有着密切的关系。放电状态概率与放电间隙的特性曲线如图 3.14 所示，当放电间隙变大时，短路状态发生的概率即短路率 Φ_s 逐渐减小至零，空载状态发生的概率即空载率 Φ_d 逐渐增大到 1；反之，间隙变小时，Φ_d 逐渐减小到零，而 Φ_s 逐渐增大到 1，即完全短路。而当放电间隙在一定范围内时，三种放电状态共存。由于电火花线切割加工存在空载、短路和正常火花放电三种状态，因此三种状态发生的概率之和等于 1。在空载状态和短路状态的概率曲线的交点上，正常火花放电状态的概率取得极大值，而且在该点附近，正常火花放电状态的概率曲线变化比较平缓。这意味着，当随机发生的空载脉冲和短路脉冲数相等时，有效放电脉冲利用率最高，材料去除率也最高，此时的平衡间隙就是最佳平衡间隙。

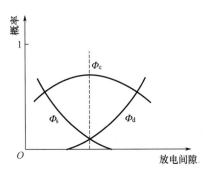

Φ_d—空载率（空载/开路状态）；
Φ_e—火花率（正常状态）；
Φ_s—短路率（短路状态）

图 3.14　放电状态概率与放电间隙的特性曲线

其伺服进给控制的基本思路：通过在线估测工件的厚度，为脉冲间隔的调节提供依据，使加工脉冲能量始终与工件的厚度相对应，从而获得较高的切割速度。通过分析线切割加工过程中加工能量和蚀除面积之间的关系，得出描述工件厚度、工作台位移量与放电时间之间关系的数学表达式，并建立适合高速往复走丝电火花线切割的工件厚度在线估计数学模型，用所建立的数学模型进行仿真分析，最后以在线调节脉冲间隔来调整工件厚度变化时的加工参数。

自适应控制总体方案：采用 DSP 设计线切割自适应控制器，对线切割加工间隙放电状态进行识别，将得到的空载率和短路率作为进给控制的调整依据，利用自适应控制算法对其进行处理，将处理得到的结果送到机床控制器接口；用自适应算法处理得到的火花率，在线估测所加工工件厚度，将估测得到的工件厚度作为电源参数脉冲间隔的调节依据，从而实现对放电加工的进给和电参数的自适应调节；同时将机床控制器接口芯片上的短路信号和电源主振板上继电器的换向断高频信号引入 DSP 控制器中，作为控制决策的输入信息，使 DSP 控制器能够对短路和运丝电动机换向做出相应处理；线切割放电状态检测仪和上位机相连，利用其可以实时地显示放电加工的火花、短路、空载三种放电状态。自适应控制总体方案结构框图如图 3.15 所示。

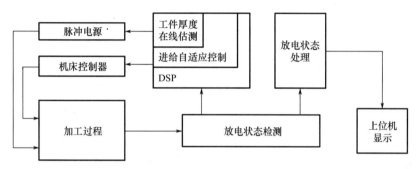

图 3.15　自适应控制总体方案结构框图

4. 智能自适应采样控制

目前常用的峰值电压取样变频伺服控制方法的缺点如下：控制系统并不能获知极间真实放电情况的趋向性，发生不稳定的放电和短路的概率相对较高，并且对同一种材料，不同厚度的工件，在正常稳定放电情况下，空载波、加工波和短路波的波形比例也是不同的，但还是有规律可循的，因此可以放电波形比例的变化为依据进行采样。如在持续放电过程中，若第一秒检测到的有效放电脉冲占总脉冲的 70%，第二秒占比是 75%，第三秒占比是 80%，则可以认为放电状态趋向良好，系统控制驱动电动机加速，提高工作台的伺服进给速度；反之，则认为放电状态趋向恶化，系统控制驱动电动机降速，降低工作台的伺服进给速度，同时，调节高频电源参数，如增大脉冲间隔，从而实现自适应控制进给速度和高效加工的匹配。采用此智能自适应采样控制，可实现采用一个放电加工参数，工件稳定切割厚度为 35～150mm，而且可以适用于不同材料工件的切割。

5. 浮动阈值检测伺服控制

对于普通有阻晶体管脉冲电源（非节能型）而言，其加工时的极间放电维持电压和峰值电流基本形式接近矩形波。因此设定固定电压或电流阈值就可以比较容易区分空载、放电和短路状态，虽然这种检测方法并不十分准确，但由于简单且稳定可靠，目前绝大部分电火花线切割系统在通常切割情况下仍采用该种伺服控制方法。但实际在加工参数变化时，极间放电维持电压也会有所变化，尤其是在变厚度、变截面加工时，此时设定的固定阈值就有可能不能准确区分放电和短路状况，这也是人们一直不断研究新的伺服控制方法，以能更加准确判断在各种加工条件下放电和短路状况的原因。

除加工条件变化外，近年来出现的节能型无阻脉冲电源由于极间放电加工的峰值电流波形已非传统的矩形脉冲形式，放电维持电压及峰值电流变化更复杂，随机性强，影响因素也多，采用传统阈值的检测方法就会更加困难。

有阻普通和无阻节能型脉冲电源的电压、电流波形对比如图 3.16 所示。由于无阻节能型脉冲电源功率管主回路中没有限流电阻，因此与传统的有阻普通脉冲电源相比，其脉冲电压波形虽仍是矩形波，但其脉冲电流波形是三角波（或锯齿波），加工时电流按照一定的斜率上升到设定值。由于主回路中没有限流电阻，电流上升很快，可以达到很高的峰值电流，间隙放电维持电压的变化范围大。与传统的有阻普通脉冲电源相比，由于无阻节能型脉冲电源的电流按照一定的斜率上升到设定值，因此不可能像有阻普通脉冲电源那样简单地用固定的阈值来区分电流的有无，使得常用的固定阈值检测方法难以对脉冲参数变化范围大的无阻脉冲电源间隙放电状态进行有效检测。

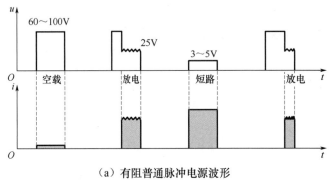

（a）有阻普通脉冲电源波形

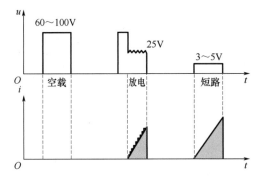

（b）无阻节能型脉冲电源波形

图 3.16　有阻普通和无阻节能型脉冲电源的电压、电流波形对比

由于开路状态的间隙电压比较高（40V 以上），在检测中容易区分，但影响正常火花放电状态的极间维持电压和短路状态的短路电压的因素多，变化特性复杂，在检测中很难清晰地区分，因此主要是要区分无阻节能型脉冲电源的放电状态和短路状态。

（1）不同工件材料放电间隙的电压特性。

三种材料分别是 Cr12（厚 92mm）、铸铁（厚 90mm）、钨合金（厚 100mm）。

图 3.17 所示为间隙电流为矩形波时不同材料的间隙电压（放电维持电压与短路电压）特性。从图中可以看到，不同材料的曲线都非常接近，说明各种材料的放电维持电压及短路电压在不同峰值电流条件下体现的规律基本相同。在放电加工时，放电维持电压随峰值电流的增大而增大；在短路时，短路电压也随峰值电流的增大而增大。但在图中峰值电流变化的区间内，所设定的固定阈值还是可以区分放电和短路状况的。

图 3.18 所示为间隙电流为三角波时不同材料的间隙电压（放电维持电压与短路电压）

特性。从图中可以看到，不同材料的曲线都非常接近，说明各种材料的放电维持电压及短路电压在不同峰值电流条件下体现的规律基本相同。在放电加工时，放电维持电压随峰值电流的增大而增大，但在后面增大趋势放缓；在短路时，短路电压随峰值电流的增大趋势与放电维持电压类似。但在峰值电流变化的区间内，所设定的固定阈值在峰值电流较大时已经失效(图中峰值电流约为46A时)，不能区分放电和短路状况。

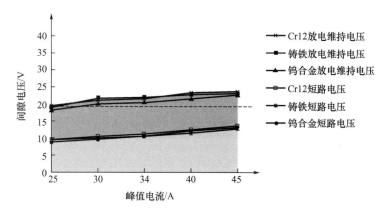

图 3.17　间隙电流为矩形波时不同材料的间隙电压（放电维持电压与短路电压）特性

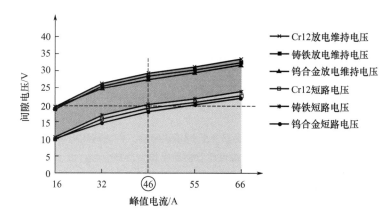

图 3.18　间隙电流为三角波时不同材料的间隙电压（放电维持电压与短路电压）特性

（2）工件厚度不同时放电间隙的电压特性。

分别以40mm、92mm、150mm厚的Cr12为试件。同样在间隙电流分别为矩形波和三角波的情况下，采集不同峰值电流所对应的放电维持电压和短路电压进行测试。图 3.19和图 3.20所示分别为间隙电流为矩形波和三角波时，不同厚度工件的间隙电压（放电维持电压与短路电压）特性。

由图 3.19和图 3.20可知，放电维持电压及短路电压均随峰值电流的增大而增大，各自情况下的三条曲线几乎重合，说明工件厚度对间隙电压的影响不明显，峰值电流是影响间隙电压的主要因素。在图中峰值电流变化的区间，间隙电流为矩形波时，所设定的固定阈值还是可以区分放电和短路状况的；但间隙电流为三角波时，所设定的固定阈值在峰值电流较大时已经失效(图中峰值电流约为46A时)，不能区分放电和短路状况。

这表明对无阻节能型脉冲电源，间隙放电状态的检测是比较困难的，并且间隙电压随

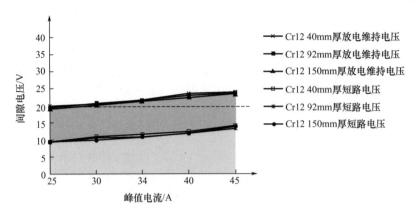

图 3.19　间隙电流为矩形波时不同厚度工件的间隙电压
（放电维持电压与短路电压）特性

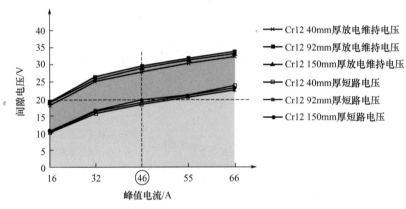

图 3.20　间隙电流为三角波时不同厚度工件的间隙电压
（放电维持电压与短路电压）特性

峰值电流增大而增大，当间隙电流波为三角波且峰值电流较大时，短路电压可以明显高于峰值电流较低时的放电维持电压，因此采用固定阈值的检测方法将难以对加工时间隙电流变化范围大的脉冲电源的间隙放电状态进行有效检测。

　　浮动阈值间隙放电状态检测系统框图如图 3.21 所示。该系统主要由间隙电压采样模块、间隙电流采样模块、浮动阈值电压生成模块、波形判别模块、浮动稳压电源模块、显示和输出驱动模块等几部分组成。

　　浮动阈值间隙放电状态检测的基本原理：通过在线实时采样间隙电压和间隙电流，并根据随间隙电流在线实时浮动的电压阈值与间隙电压比较，在线实时地鉴别电火花线切割加工过程中的空载、正常火花放电和短路三种放电状态。该检测方法提高了放电状态的检测精度，解决了以往固定电压阈值法存在的缺陷（不适用于非矩形加工电流波形和加工放电峰值电流变化范围大）。

　　由图 3.17～图 3.20 可知，间隙火花放电维持电压曲线和间隙短路电压曲线是等距的平行曲线，并且其差值（两条曲线间的距离）基本不随间隙电流波形幅值的变化而变化。因此，可以在间隙电压的放电维持电压曲线的下方和短路电压曲线的上方形成一条与两条

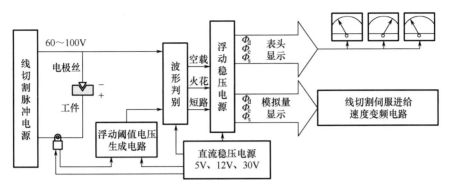

图 3.21　浮动阈值间隙放电状态检测系统框图

曲线大概等距的平行曲线，以此随间隙电流浮动的电压 U_{es} 作为比较器的浮动阈值电压，就可以区分放电状态和短路状态。同理，可以在间隙空载电压曲线的下方和间隙放电维持电压曲线的上方形成一条与间隙放电维持电压曲线大致等距的平行曲线，以此随间隙电流浮动的电压 U_{de} 作为比较器的浮动阈值电压，以区分空载状态和放电状态。

　　辨别空载和放电状态的浮动阈值电压 U_{de} 及辨别放电与短路状态的浮动阈值电压 U_{es}，间隙电流为方波和三角波时浮动阈值电压波形如图 3.22 所示。

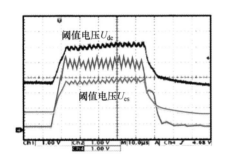
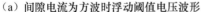

（a）间隙电流为方波时浮动阈值电压波形

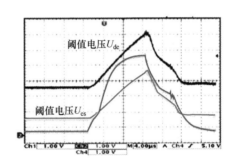

（b）间隙电流为三角波时浮动阈值电压波形

图 3.22　方波和三角波时的浮动阈值电压波形

　　图 3.22（a）所示为间隙电流为方波时正常火花放电的波形，上下两条为浮动阈值电压波形，中间一条为分压滤波后的间隙电压波形，由图可知，两条浮动阈值电压的波形与间隙放电维持电压波形非常相似，只不过它们的直流偏置电压不同。图 3.22（b）所示为间隙电流为三角波时正常火花放电的波形，从图中可看出，虽然间隙电压随间隙电流的上升一直上升，但阈值电压也随间隙电流一起上升，从而可保证对间隙放电状态的准确辨别，这是固定阈值检测系统无法比拟的。

　　图 3.23 所示为某切割条件下采用浮动阈值间隙放电状态检测系统进行伺服控制时，极间加工的空载率、火花率、短路率随时间变化的曲线，从图中可以看出火花率在 85% 左右振荡，空载率和短路率都在 7% 左右振荡，三者之和为 100%。此时空载波与短路波比重相等，而此时火花率最高、切割最稳定、切割速度最快。因此说明检测系统有较高的检测准确性和输出计算精度。

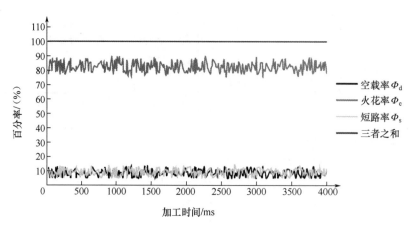

图 3.23 极间加工的火花率、空载率、短路率随时间的变化曲线

3.2 线切割编程方法及仿形编程

线切割机床的控制系统是按人的"命令"去控制机床运动的，因此必须事先用机器所能接受的"语言"为要切割的图形编排好"命令"，并告诉控制系统。这项工作称为数控线切割编程，简称编程。

为便于机器接受"命令"，必须按照一定的格式编制线切割机床的数控程序。线切割程序格式有 ISO、EIA、3B、4B 等，我国以往使用较多的是 3B 代码程序，随着技术的发展及与国际接轨的要求，目前已逐渐使用 ISO 代码程序。

3.2.1 3B 代码程序编制方法

我国高速走丝机广泛采用 3B 代码程序。3B 代码程序为相对坐标程序，即每条图线的坐标原点随图线发生变化，直线段的坐标原点为直线起点，圆弧段的坐标原点为此圆弧的圆心。

1. 程序格式

3B 代码程序格式是 BxByBJGZ，可以看出代码一共含有三个 B，所以称为 3B 代码。3B 代码一共含有五个必要参数，分别是 x、y、J、G 和 Z。3B 代码含义见表 3-2。

表 3-2 3B 代码含义

B	x	B	y	B	J	G	Z
分隔符	X 轴坐标值	分隔符	Y 轴坐标值	分隔符	计数长度	计数方向	加工指令

B 为分隔符，用来区分、隔离 x、y 和 J 等数码，如 B 后的数字为 0，则可以不写。当程序输入控制器时，读入第一个 B 后，控制器做好接受 X 轴坐标值的准备，读入第二个 B 后做好接受 Y 轴坐标值的准备，读入第三个 B 后做好接受 J 值的准备。

x、y 为直线的终点坐标值或圆弧起点坐标值，编程时均取绝对值，以 μm 为单位。

J 为计数长度，以 μm 为单位。

G 为计数方向，分 Gx 或 Gy，即可以按 X 方向或 Y 方向计数，工作台在该方向每走 1μm 计数累减 1，当累减到计数长度 J＝0 时，这段程序加工完毕。

Z 为加工指令，分为直线 L 与圆弧 R 两大类。直线按走向和终点所在象限分为 L1、L2、L3、L4 四种；圆弧按第一步进入的象限及走向的顺逆圆，分为 SR1、SR2、SR3、SR4 及 NR1、NR2、NR3、NR4 八种，如图 3.24 所示。

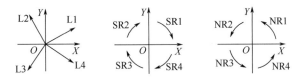

图 3.24 直线和圆弧的加工指令

2. 直线编程

（1）把直线的起点作为坐标的原点。

（2）把直线的终点坐标值作为 x、y，均取绝对值，单位为 μm，因 x、y 的比值表示直线的斜度，故亦可用公约数将 x、y 缩小整倍数。

（3）计数长度 J，按计数方向 Gx 或 Gy 取该直线在 X 轴或 Y 轴上的投影值，即取 x 值或 y 值，以 μm 为单位，决定计数长度时，要和所选计数方向一并考虑。

（4）计数方向的选取原则，应取此程序最后一步的轴向为计数方向，不能预知时，一般选取与终点处的走向较平行的轴向作为计数方向，这样可减小编程误差与加工误差。对直线而言，取 x、y 中较大的绝对值和轴向作为计数长度 J 和计数方向。

（5）加工指令按直线走向和终点所在象限不同分为 L1、L2、L3、L4，其中与＋X 轴重合的直线计作 L1，与＋Y 轴重合的计作 L2，与－X 轴重合的计作 L3，与－Y 轴重合的计作 L4。与 X、Y 轴重合的直线，编程时 x、y 均可为 0，并且在 B 后可不写。

3. 圆弧编程

（1）把圆弧的圆心作为坐标原点。

（2）把圆弧的起点坐标值作为 x、y，均取绝对值，单位为 μm。

（3）计数长度 J 按计数方向取 X 轴或 Y 轴上的投影值，以 μm 为单位。如果圆弧较长，跨越两个以上象限，则分别对计数方向 X 轴（或 Y 轴）上各个象限投影值的绝对值做累加，作为该方向总的计数长度，也要和所选计数方向一并考虑。

（4）计数方向同样取与该圆弧终点处的走向较平行的轴向作为计数方向，以减小编程和加工误差。对圆弧来说，取终点坐标中绝对值较小的轴向作为计数方向（与直线相反）。

（5）加工指令对圆弧而言，按其第一步所进入的象限可分为 R1、R2、R3、R4；按切割走向又可分为顺圆 S 和逆圆 N，于是共有八种指令，即 SR1、SR2、SR3、SR4 和 NR1、NR2、NR3、NR4。

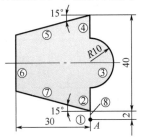

图 3.25 编程图形示例

4. 工件编程举例

应用 3B 代码编写图 3.25 所示图形的线切割程序（不考虑间隙补偿）。

（1）确定加工路线。起点为 A，加工路线按照图中所示的①→②→…→⑧段的顺序进行，①段为切入，⑧段为切出，②～⑦段为程序零件轮廓。

（2）计算各段曲线的坐标值（略）。

（3）应用 3B 代码编写程序。由于不考虑间隙补偿，因此可直接按图形轮廓编程。

B0 B2000 B2000 Gy L2	加工第①段
B0 B10000 B10000 Gy L2	加工第②段,可与上句合并
B0 B10000 B20000 Gx NR4	加工第③段
B0 B10000 B10000 Gy L2	加工第④段
B30000 B8040 B30000 Gx L3	加工第⑤段
B0 B23920 B23920 Gy L4	加工第⑥段
B30000 B8040 B30000 Gx L4	加工第⑦段
B0 B2000 B2000 Gy L4	加工第⑧段

3.2.2 ISO 代码程序编制方法

ISO 代码有 G 功能码、M 功能码等，ISO 代码程序段的格式为 N ×××× G ×××× X ××××× Y ××××× I ××××× J ×××××，其中 N 表示程序段号，×××× 为 1～4 位数字序号。线切割机床在加工以前，必须按照加工图纸编制加工程序，所编制的程序必须符合下列规则。

（1）每个程序行只允许含一个代码。

（2）程序行开始可标记行号，系统可不对行号检查，仅作为用户自己的标记。

（3）程序起始行（G92）必须位于其他所有行（不包括注释行）之前。

（4）每个程序必须含结束行（M02），结束行以下的内容将被系统忽略。

电火花线切割机床常用的 ISO 代码见表 3-3。

表 3-3　电火花线切割机床常用的 ISO 代码

代　码	功　能	代　码	功　能
G00	快速定位	G12	取消镜像
G01	直线插补	G17	XY 平面选择
G02	顺时针圆弧插补	G18	XZ 平面选择
G03	逆时针圆弧插补	G19	YZ 平面选择
G04	暂停指令	G20	英制
G05	X 轴镜像	G21	公制
G06	Y 轴镜像	G25	回指定坐标原点
G07	X、Y 轴交换	G26	图形旋转打开
G08	X 轴镜像，Y 轴镜像	G27	图形旋转关闭
G09	X 轴镜像，X、Y 轴交换	G28	尖角圆弧过渡
G10	Y 轴镜像，X、Y 轴交换	G29	直线圆弧过渡
G11	X、Y 轴镜像，X、Y 轴交换	G30	取消 G31

代 码	功 能	代 码	功 能
G31	延长给定距离	G80	有接触感知
G34	开始减速加工	G81	移动轴直到机床极限
G35	取消减速加工	G82	移动到原点与现在位置的一半
G40	取消间隙补偿	G84	微弱放电找正
G41	左偏间隙补偿	G90	绝对坐标指令
G42	右偏间隙补偿	G91	增量坐标指令
G50	取消锥度	G92	指定坐标原点
G51	锥度左偏	M00	程序暂停
G52	锥度右偏	M02	程序结束
G54	加工坐标系 1	M05	接触感知解除
G55	加工坐标系 2	M98	子程序调用
G56	加工坐标系 3	M99	子程序调用结束
G57	加工坐标系 4	T84	喷液电动机启动
G58	加工坐标系 5	T85	喷液电动机关闭
G59	加工坐标系 6	T86	走丝电动机启动
G60	上下异形关闭	T87	走丝电动机关闭
G61	上下异形打开	W	下导轮到工作台面高度
G74	四轴联动打开	H	工件厚度
G75	四轴联动关闭	S	工作台面到上导轮高度

下面对表 3-3 中的主要代码功能进行讲解。

1. G 指令

(1) 快速定位指令 G00。

在机床不加工情况下，G00 指令可使指定的某轴以最快速度移动到指定位置，其程序段格式为 G00 X ____ Y ____。如果程序段中有了 G01 或 G02 指令，则 G00 指令无效。

(2) 直线插补指令 G01。

G01 指令可使机床在各个坐标平面内加工任意斜率直线轮廓和用直线段逼近曲线轮廓，其程序段格式为 G01 X ____ Y ____。

举例说明：加工图 3.26 中 AB 直线段，程序如下。

绝对坐标编程方式（G90）：G01 X4500 Y3500，增量坐标编程方式（G91）：G01 X-1000 Y3000，式中-1000，3000 是直线终点对起点的相对坐标。

目前可加工锥度的电火花线切割机床具有 X、Y 坐标轴及 U、V 附加轴工作台，其程序段格式为 G01 X ____ Y ____ U ____ V ____。

(3) 圆弧插补指令 G02、G03。

G02 为顺时针圆弧插补指令，G03 为逆时针圆弧插补指令。用圆弧插补指令编写的程序段格式为 G02 X____ Y____ I____ J____ 和 G03 X____ Y____ I____ J____。

程序段中，X、Y 分别表示圆弧终点坐标，I、J 分别表示圆心相对圆弧起点在 X、Y 轴方向的增量尺寸。

举例说明：加工图 3.27 中的 AB 圆弧段，程序如下。

绝对坐标编程方式：G03 X4500 Y3500 I－5000 J0，相对坐标编程方式：G03 X－1000 Y3000 I－5000 J0，式中－1000，3000 是圆弧终点对起点的相对坐标。

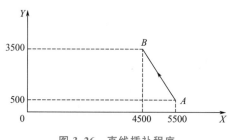
图 3.26　直线插补程序

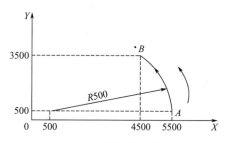
图 3.27　圆弧插补程序

（4）坐标指令 G90、G91、G92。

G90 为绝对坐标指令。该指令表示该程序中的编程尺寸是按绝对尺寸给定的，即移动指令终点坐标值 X、Y 都是以工件坐标系原点（程序的零点）为基准计算的，其程序格式为 G90X____ Y____。

G91 为增量坐标指令。该指令表示程序段中的编程尺寸是按增量尺寸给定的，即坐标值均以前一个坐标位置作为起点来计算下一点位置值，其程序格式为 G91X____ Y____。

G92 为指定坐标原点指令。G92 指令中的坐标值为加工程序的起点的坐标值，其程序段格式为 G92 X____ Y____。

（5）镜像和交换指令 G05、G06、G07、G08、G09、G10、G11、G12。

轴镜像就是在各轴移动及加工时使指令值的符号反向。轴交换就是把 X 轴的指令值和 Y 轴的指令值进行交换处理。轴镜像和交换示例如图 3.28 所示。

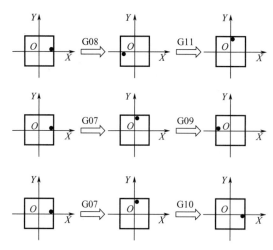
图 3.28　轴镜像和交换示例

G05 表示 X 轴镜像，函数关系式：X＝－X。

G06 表示 Y 轴镜像，函数关系式：Y＝－Y。

G07 表示 X、Y 轴交换，函数关系式：X＝Y，Y＝X。

G08 表示 X 轴镜像，Y 轴镜像，函数关系式：X＝－X，Y＝－Y，即 G08＝G05＋G06。

G09 表示 X 轴镜像，X、Y 轴交换，即 G09＝G05＋G07。

G10 表示 Y 轴镜像，X、Y 轴交换，即 G10＝G06＋G07。

G11 表示 X、Y 轴镜像，X、Y 轴交换，即 G11＝G05＋G06＋G07。

G12 表示取消镜像，每个程序镜像结束后都要加上该指令。

（6）间隙补偿指令 G40、G41、G42。

G40 为取消间隙补偿指令。零件切割完毕，电极丝撤离工件回到起始点的过程中，执行 G40 指令，电极丝逐渐回位。

G41 为左偏间隙补偿指令 [图 3.29（a）]，即沿加工方向看，格式为 G41D（间隙补偿量）。

G42 为右偏间隙补偿指令 [图 3.29（b）]，即沿加工方向看，格式为 G42D（间隙补偿量）。

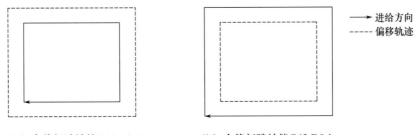

（a）左偏间隙补偿 G41 D0.1   （b）右偏间隙补偿 G42 D0.1

图 3.29   左右偏间隙补偿

（7）锥度加工指令 G50、G51、G52。

G50 为取消锥度指令。

G51 为锥度左偏指令，即沿走丝方向看，电极丝向左偏离。顺时针加工，锥度左偏加工的工件为上大下小；逆时针加工，锥度左偏加工的工件为上小下大。

G52 为锥度右偏指令，即沿走丝方向看，电极丝向右偏离。顺时针加工，锥度右偏加工的工件为上小下大；逆时针加工，锥度右偏加工的工件为上大下小。

锥度加工的建立和退出都是一个渐变的过程，建立锥度加工（G51 或 G52）和取消锥度加工（G50）程序段必须是 G01 直线插补程序段，分别在进刀线和退刀线中完成。

锥度指令的程序段格式为 G51 A＿＿＿和 G52 A＿＿＿（A 为锥度值）。

如图 3.30 所示，箭头为加工轨迹的进给方向，虚线为电极丝倾斜方向。

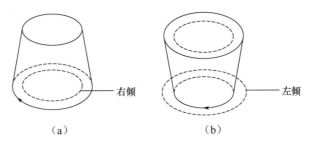

（a）   （b）

图 3.30   电极丝倾斜图

2. M 指令

（1）程序暂停指令 M00。

执行 M00 指令后，程序运行暂停。M00 指令单独作为程序段使用，程序运行暂停后需人为按 Enter 键确定，程序才接着运行。

（2）程序结束指令 M02。

执行 M02 指令后，整个程序结束，其后的指令将不再被执行。M02 指令放在主程序的末尾，每个程序中都必须指定 M02 指令，以确定整个程序结束。

（3）与子程序相关的指令 M98、M99。

M98：使程序进入被调用的子程序。格式为 M98 P（子程序号）L（调用次数）。

M99：子程序结束，返回主程序继续执行程序。

3. T 指令

T 指令为一组机械设备控制指令，表示一组机床控制功能。

T84、T85：打开、关闭喷液电动机。

T86、T87：打开、关闭走丝电动机。

4. 线切割用 ISO 代码手工编程实例

图 3.31（a）所示零件，工件材料为 45 钢，厚度为 40mm。工件毛坯尺寸为 40mm×34mm×40mm。

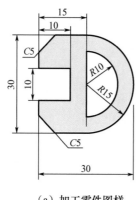

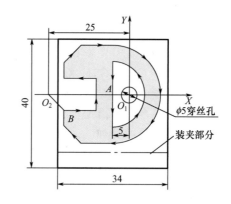

（a）加工零件图样　　　　　　　　　　（b）零件加工方案

图 3.31　加工图例

（1）确定加工方案。这是一个内外轮廓都需加工的工件，加工前需在毛坯上预钻工艺孔作为穿丝孔。选择底平面为定位基准，采用悬臂装夹方式将工件悬臂固定于工作台横梁上并让出加工区域，找正后用压板压紧。加工顺序为先切割半圆孔后切割外轮廓。

（2）确定穿丝孔位置与加工路线。穿丝孔位置为加工起点，如图 3.31（b）所示，半圆孔加工以 $\phi5$mm 穿丝孔中心 O_1 为穿丝位置，外轮廓加工的起割点设在毛坯左侧 X 轴上 O_2 处，$O_1O_2=25$mm。加工路线如图 3.31（b）中箭头所示，半圆孔逆时针加工，外轮廓顺时针加工。

（3）确定补偿量 f。选用钼丝直径为 $\phi0.18$mm，单边放电间隙 $\delta=0.02$mm，则补偿量 $f=d/2+\delta=$（0.18/2+0.02）mm=0.11mm。按图 3.31（b）中箭头所示加工路线方向，半圆孔与外轮廓加工均应采用左偏间隙补偿指令 G41。

（4）编制程序。

半圆孔加工：以穿丝孔中心 O_1 点为工件坐标系零点，O_1A 为进刀线（退刀线与其重合），逆时针方向切割。

外轮廓加工：以加工起点 O_2 为工件坐标系零点，O_2B 为进刀线（退刀线与其重合），顺时针方向切割。参考程序如下。

N001	T84 T86 G90 G92 X0.0 Y0.0;	加工半圆孔
N002	G01 G41 X-5.0 Y0.0 D110;	设置偏移方向和偏移量
N003	G01 X-5.0 Y-10.0;	
N004	G03 X-5.0 Y10.0 I0.0 J10.0;	
N005	G01 X-5.0 Y0.0;	
N006	G40 G01 X0.0 Y0.0;	取消偏移
N007	T85 T87;	
N008	M00;	程序暂停
N009	G00 X-25.0 Y0.0;	移动到 O_2 点
N010	M00;	程序暂停
N011	T84 T86 G01 G41 X-20.0 Y-5.0 D110;	加工外轮廓
N012	G01 X-10.0 Y-5.0;	
N013	G01 X-10.0 Y5.0;	
N014	G01 X-20.0 Y5.0;	
N015	G01 X-20.0 Y10.0;	
N016	G01 X-15.0 Y15.0;	
N017	G01 X-5.0 Y15.0;	
N018	G02 X-5.0 Y-15.0 I0.0 J-15.0;	
N019	G01 X-15.0 Y-15.0;	
N020	G01 X-20.0 Y-10.0;	
N021	G01 X-20.0 Y-5.0;	
N022	G40 G01 X-25.0 Y0.0;	
N023	T85 T87 M02;	程序结束

尽管 ISO 代码是国际标准化组织规定的指令集，但其中一些 ISO 代码可以由生产厂家自行定义。因此在使用 ISO 指令时必须认真阅读生产厂家配套的代码使用说明。

对于上下异形切割及四轴联动引进，在切割锥度和上下异形时增加两条移动类指令。

四轴联动直线指令格式为 G01 Xx Yy Uu Vv。

x、y 为线架电极丝底端运动的终点坐标或终点相对起点坐标。

u、v 为电极丝顶端平动（X 轴、Y 轴）和倾斜（小滑板 LX 轴、LY 轴）运动合成形成的轨迹点，合成轨迹终点的坐标由此可知，小滑板终点坐标：$LX=u-x$，$LY=v-y$。

在锥度切割圆弧加工中也可以使用四轴联动圆弧指令，对于顺、逆圆弧锥度加工，其指令格式分别如下。

G02 Xx Yy Ii Jj Uu Vv

G03 Xx Yy Ii Jj Uu Vv

与四轴联动直线指令相同，u、v 是电极丝顶端平动（X 轴、Y 轴）和倾斜（小滑板 LX 轴、LY 轴）运动合成形成的轨迹点，电极丝下端终点坐标 x、y、i、j 是相对起点的圆心坐标，LX、LY 是小滑板倾斜后的终点坐标或终点相对起点坐标。

3.2.3 计算机自动编程系统

目前，高速往复走丝电火花线切割的自动编程系统均采用绘图式编程技术，操作人员只需根据待加工的零件图形，按机械制图的步骤，在计算机屏幕上绘出零件图形，应用软件即可求得各交、切点坐标及编写数控加工程序所需的数据，编写出线切割控制系统所需要的加工代码程序（如 3B 代码或 ISO 代码等），工件图形可在屏幕上显示，也可由打印机打出加工程序单，或将程序通过通信方式传输给线切割控制系统。

典型的中走丝线切割自动编程系统的工作流程：利用标准文件接口或绘图功能获取零件的几何图形，调用系统 CAM 模块，采用人机交互的方式输入工艺参数，系统自动生成电极丝轨迹并输出加工代码。自动编程系统按功能可分为基础功能模块、DXF 文件读写模块、图形绘制与编辑模块、图形文件预处理与电极丝轨迹生成模块、加工仿真与代码输出模块，其整体结构框图如图 3.32 所示。

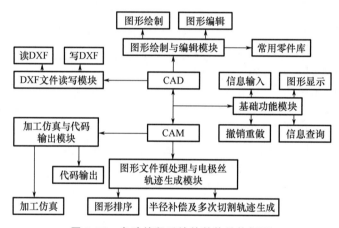

图 3.32　自动编程系统的整体结构框图

1. 基础功能模块

基础功能模块主要完成信息输入、图形显示及信息查询、撤销重做等。

2. DXF 文件读写模块

线切割自动编程时，需要先处理工件图形的来源问题，可以采用系统绘制或调用外部图形文件方式进行。因此数据交换接口是自动编程系统的关键技术之一，可以与其他系统间进行数据信息的交换。DXF 是 Autodesk 公司开发的 CAD 数据交换数据文件格式，应用广泛，绝大多数 CAD 系统都支持 DXF 文件。线切割加工图形文件可存储在 DXF 文件的实体段内。

3. 图形绘制与编辑模块

零件图形需要通过图形绘制与编辑模块实现。图形绘制模块可以对零件的曲线、直线和圆等进行绘制，采用键盘和鼠标绘制图形。针对花键、齿轮等线切割经常加工的零部件，可为其提供参数设计的常用办法。在作图时，用户通过设置捕捉选项，可以捕捉端点、圆心、垂足、切点等，方便用户定位。图形编辑模块包括图形几何变换和图形编辑处理，可以对图形进行平移、旋转、复制、镜像、倒圆、倒角、修剪等操作，方便用户根据需要对已绘制图形进行修改。

4. 图形文件预处理与电极丝轨迹形成模块

（1）图形排序。

DXF 获取到的图形文件信息及经过绘图形成的图形，都是以绘图顺序存储的，没有创建有方向的图形链，无法应用到电火花线切割编程中，需要对图形信息进行处理才可以应用。应删除重复的图形、长度为零的线段，根据加工制作流程重新编排。电火花线切割可以划分为封闭图形及非封闭图形，在封闭图形中的每点都可以当作排列顺序的起始点，也就是加工的切入点。非封闭图形可以把有向图形链两个端点作为加工的切入点。排序后所获得的图形序列是零件的实际轮廓轨迹，若直接按照轮廓轨迹加工，由于受电极丝半径、放电间隙等影响，零件尺寸必然存在偏差。因此系统必须要有间隙补偿功能，可以将工件轮廓轨迹自动转换为电极丝的中心运动轨迹。

（2）半径补偿及多次切割轨迹生成。

电火花线切割多次切割中，电极丝的偏移量需要根据电极丝半径、单边放电间隙和加工余量计算得出。并且在多次切割凸模时，为保证加工精度，工件一般在最后一次切割时才会被切断，这就要求系统在多次切割轨迹编排时必须留有一定的支撑宽度，在完成其余部分的多次切割之后，再加工支撑宽度部分。开口零件和凹模的加工因不需要预留支撑宽度，轨迹编排较简单，只需要计算每次加工的偏移量，生成单次切割轨迹，再将这些轨迹按顺序连接成一条可靠的电极丝多次切割轨迹即可。

5. 加工仿真与代码输出模块

生成加工代码是自动编程的最终目的，在生成加工代码之前，需要确保电极丝轨迹的正确性，自动编程系统需要有轨迹验证与仿真功能。可以应用仿真功能对加工轨迹进行确认，确认无误后形成加工控制指令，驱动机床工作。

3.2.4 拐角优化策略的自动编程系统

电火花线切割机床在正常加工时，上下线架上的导向器会按照输入的数控程序运动，而电极丝在导向器的带动下，对工件进行切割加工运动。电极丝在切割工件过程中会受到各种力（包括电磁力、爆炸力，甚至工作液对电极丝的扰动力等）的作用。由于电极丝是半柔性的，在上述各种力的综合作用下，电极丝会发生与加工进给方向反向的弯曲，使实际加工轨迹与理论加工轨迹产生一定的滞后，这种弯曲滞后现象在直线加工时，并不会对加工精度产生较大影响，只会影响加工直线的长度。但是，在加工各类拐角及曲线时就会产生较大误差。由于加工过程中，电极丝受到与进给方向反向的阻力而存在挠曲变形现象，这种挠曲滞后将使机床在切割各类拐角和曲线时，电极丝实际轨迹与数控轨迹之间存在较大误差，发生欠切、过切、塌角等现象，因此加工出的零件存在较大误差。图 3.33 所示为拐角加工形成的误差。因此拐角控制优化已经成为电火花线切割加工的关键技术之一。拐角误差形成的机理及控制方法详见 4.2 节。

对于拐角误差的控制除了采取工艺方法外，先

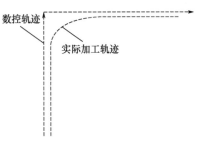

图 3.33 拐角加工形成的误差

进的自动编程系统也会在加工轨迹方面对各种拐角的加工轨迹进行优化。目前比较典型的拐角类型情况有直线与直线相接拐角、直线与圆弧相接拐角、圆弧与圆弧相接拐角、圆弧与直线相接拐角。

采取拐角优化策略的自动编程系统处理的直线接圆弧拐角无优化及有优化仿真对比如图 3.34 所示。

由图 3.34（a）可以看出，当机床引导点运动到 B 点时，因为电极丝滞后现象，电极丝此时的位置在 A 处，线段 AB 的长度即为直线加工时电极丝的滞后量。下一时刻，机床引导点将沿圆弧 BC 移动，电极丝则从 A 点开始做不规则曲线运动。与直线接直线拐角运动明显不同的是，随着时间的推移，电极丝轨迹最终并不会和引导点轮廓轨迹重合。

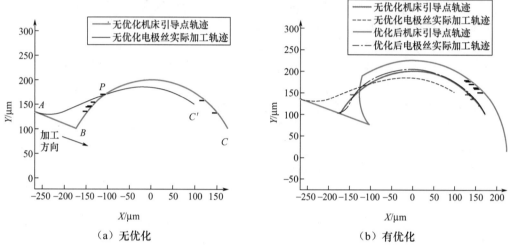

图 3.34 采取拐角优化策略的自动编程系统处理的直线接圆弧拐角无优化及有优化仿真对比

将工件厚度、电极丝张力、切割速度三个变量作为输入变量，把电极丝滞后量作为输出变量。采用模糊控制方法，最终得到的具有拐角优化策略对应的加工仿真效果如图 3.34（b）所示。

3.3 数 控 系 统

数控系统通常采用开放式结构，即采用 PC＋NC 综合控制模式，PC 端负责图形处理、编程和加工控制状态的显示，NC 端执行 PC 端的控制命令，并向 PC 端实时反馈执行情况。两者之间采用 RS232 串口进行通信控制信号处理及 ISO 代码交换。

目前，操作系统广泛采用基于工业 PC 的 Windows XP 操作系统，其具有如下特点：运行可靠、稳定性强、速度快；用户操作界面简洁友好；兼容性好，支持众多软件应用；操作系统安全性高等。

3.3.1 数控系统的规划

由于中走丝数控系统要求控制的高实时性与高精度性，目前市面上开放式数控系统主要选用工业 PC＋运动控制板卡模式，其中工业 PC 处理非实时控制部分，而运动控制板卡实现实时控制。这种模式可以提升人机交互界面的开放性和独特性，最主要的是该模式具有很强的伺服控制、插补计算和实时控制能力。数控系统结构如图 3.35 所示。在 Windows XP 操作系统下，工业 PC 完成各种非实时性任务，如加工参数输入、采用应用软件绘图、数控编程、文件编辑、代码转换、代码仿真、报警与故障诊断等。在上位机（工业 PC）上借助第三方软件，完成加工工件图形的输入；采用自动编程软件将加工图形生成 3B 代码；然后通过软件将 3B 代码转换为国际通用 ISO 代码（G 代码）；接着对生成的 ISO 代码进行插补运算和电极丝补偿设置，生成加工轨迹，并且校验代码的正确性；最后根据加工需求，设置加工工艺参数（脉冲宽度、脉冲间隔、放电峰值电流等），通过通信将加工代码和加工工艺参数发送给下位机，由下位机运动控制板卡（DSP＋FPGA）完成实时性任务。下位机任务主要包括运动轨迹的插补运算、每个轴位置控制、电动机进给控制、误差补偿、加工状态监测等实时性

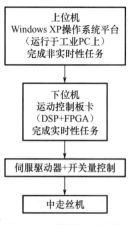

图 3.35　数控系统结构

要求的控制，并且实时向上位机反馈机床的加工状态，进而由上位机对实时信息进行相应的处理与控制。

3.3.2　数控系统硬件构成

典型中走丝数控系统的硬件结构如图 3.36 所示，上位机是工业 PC，下位机包括的模块主要有运动控制及位置反馈模块、放电间隙及放电检测模块、高频脉冲电源控制模块、通信模块及其他开关功能模块等。

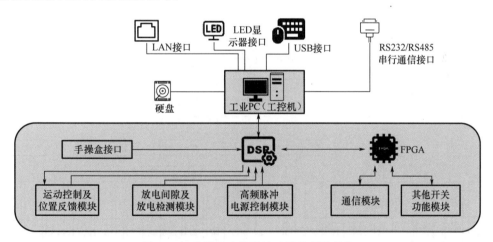

图 3.36　典型中走丝数控系统的硬件结构

（1）工业 PC：选用工控机，并配置外部存储硬盘，有 LED 显示器接口、LAN 接口、USB 接口及 RS232/RS485 串行通信接口。

（2）运动控制及位置反馈模块：主要由 DSP 及 FPGA 组成。DSP 及 FPGA 主要接收来自上位机的输出指令，根据上位机指令完成插补运算、电极丝补偿运算、手操盒操作、发送脉冲指令给伺服电动机驱动电动机转动，从而带动滚珠丝杠运动，实现工作台的实时运动控制。伺服电动机上带有编码器，其各轴位置反馈信号传递给伺服电动机驱动器，驱

动器根据位置反馈信号调节机床各轴的位置，以保证机床的定位精度与进给精度。

（3）放电间隙及放电检测模块：在电火花线切割加工中，电极丝与工件之间的放电间隙和放电状态是相互关联的。可以通过对放电状态的实时检测，并由其分析出放电间隙，从而通过一定的伺服进给策略控制电动机做出相应的进给或回退以维持电火花的正常放电，保证加工正常进行。放电间隙及放电检测模块总体设计方案如图 3.37 所示。其中放电状态检测装置由间隙电压采样电路、间隙电流采样电路、波形识别电路及光耦隔离电路等组成。放电状态检测装置对间隙放电状态进行实时检测，并把检测到的电压信号与波形信号送入波形识别电路，判别出实时放电状态，从而反馈给运动控制及位置反馈模块和高频脉冲电源控制模块。

（4）高频脉冲电源控制模块：将工频交流电转换为更高频的脉冲电源，提供材料蚀除加工所需脉冲能量。

（5）通信模块：上位机（工控机）和下位机（DSP＋FPGA）采用的是 PC/104 总线通信，双端口 RAM 连接，FP-GA 电路进行时序控制。

（6）其他开关功能模块：FPGA 电路还提供四个轴的限位控制、水泵开关、工作液压力调整、走丝张力调整及控制等。

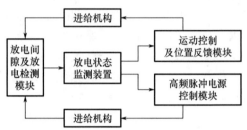

图 3.37　放电间隙及放电检测模块总体设计方案

3.3.3　数控系统软件构成

数控系统软件通常采用模块化设计，各模块之间具有独立性，并且柔性化程度高、灵活性强。因此，在增添和修改软件功能时，只需要完成相应模块的修改与调试，不会对数控系统其他部分产生影响，方便维护人员编程和调试。典型中走丝数控系统软件总体功能模块结构如图 3.38 所示，其主要功能模块包括人机交互界面模块、文件操作模块、文件译码模块、参数设置模块、加工控制模块、辅助功能模块、系统信息模块等。

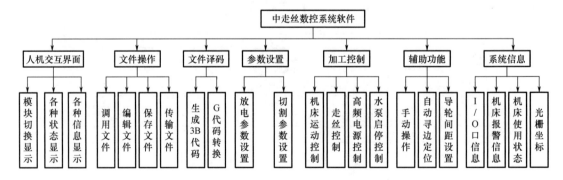

图 3.38　典型中走丝机数控系统软件总体功能模块结构

1. 人机交互界面模块

人机交互界面模块主要完成各个功能模块界面的切换操作，并且显示实时加工信息、机床状态、机床坐标、工件坐标、加工工艺参数、报警信息等。这个模块是操作员对机床进行操作的窗口，必须充分考虑用户体验，使操作简单、易上手、人性化，减小误操作率，从而容易进行市场推广并便于客户接受。

2. 文件操作模块

文件操作模块主要具有调用、编辑、保存、传输文件等功能。调用文件即把由自动编程生成的 ISO 代码（G 代码）文件调用到数控系统内存中，经过译码后生成系统可识别的加工执行文件；编辑文件就是对调用的代码文件进行二次编辑修改操作，修改后的文件可以直接保存；传输文件就是将数控系统内存储的加工代码文件传输到移动存储设备中，主要用于备份文件。

3. 文件译码模块

在电火花线切割机床加工编程中，主要使用 3B 代码、ISO 代码（G 代码）的程序格式；其中，3B 代码是我国特有的主要用于高速走丝机的编程代码，ISO 代码（G 代码）是机床国际统一编程代码。对于一般数控系统而言，译码就是把加工程序中的加工信息按照一定顺序与语法规则，翻译成数控系统可以识别的数据，并且传输到下位机运动控制部分发出相应的加工指令，进而使得机床执行加工指令完成加工任务。

4. 参数设置模块

参数设置主要包括放电参数设置和切割参数设置。放电参数主要包括脉冲宽度、占空比、放电峰值电流、分组脉冲间隔（采用分组脉冲时）、间隙电压、加工波形；切割参数主要包括加工材料种类、加工厚度、切割次数、走丝速度、跟踪系数、功放管数等。

5. 加工控制模块

加工控制主要包括机床运动控制、走丝控制、高频电源控制、水泵启停控制。机床运动控制主要是实现 X、Y、U、V 轴的进给方向与进给速度。走丝控制是控制电极丝的开启、走丝速度与张力，根据用户设置的走丝速度与张力，数控系统按照走丝速度与张力传感器信号对电极丝进行反馈控制，确保加工过程中电极丝处于恒速、恒张力状态。高频电源控制包括分组脉冲组数控制和脉冲宽度、脉冲间隔反馈控制。根据加工要求（粗加工或精加工）选择加工脉冲组数，脉冲宽度、脉冲间隔反馈控制是根据放电间隙监测信息，判断加工状态（短路、开路、正常加工）并且控制脉冲电源调节脉冲宽度及脉冲间隔。水泵启停控制主要是根据加工情况开启和停止水泵，并检测喷水压力及流量。另外，加工过程中，报警信息提示、加工程序代码执行显示、加工图形显示都在此模块中实现。

6. 辅助功能模块

辅助功能主要包括手动操作、自动寻边定位、导轮间距设置等。手动操作实现各轴点动、机床坐标清零、各轴快速移动、简易加工及机床坐标设定功能，其中各轴点动和简易加工是非常重要的功能。各轴点动可以代替手操盒直接控制各轴运动，简易加工可以无须编程直接加工一些简单零件。自动寻边定位可以实现寻工件边、寻空槽中心、寻方柱中心、寻圆柱中心、内角定位、外角定位、找垂直、回原点。导轮间距设置主要用于锥度和上下异形加工时，设置原上下导轮间距、原下导轮到工作台面距离、工件厚度、斜角度、上下圆直径，从而得到加工时的上下导轮间距和下导轮到工作台面的距离。

7. 系统信息模块

系统信息主要包括数控机床的所有基本信息，具体为 I/O 口信息、机床报警信息、机床使用状态、光栅坐标。I/O 口信息包括各个输入口、输出口定义和输入口、输出口状态；机床报警信息包括报警内容及报警时间；机床使用状态包括机床使用时间和电极丝使用时间；光栅坐标显示光栅尺坐标位置，并反馈信息给运动控制系统。

3.4 中走丝数控系统的主要功能

随着模具加工技术迅速发展的需要及零件加工精度的不断提高，多次切割工艺已成为高速往复走丝电火花线切割必然的发展方向，对控制系统也提出了相应的架构及功能要求，目前中走丝数控系统具有的主要功能如下。

3.4.1 闭环控制功能

中走丝机控制系统

由于中走丝机对定位精度、重复定位精度要求的提高，原有的步进电动机的开环控制系统已无法满足加工精度的需求，因此使用精密滚珠丝杠加编码器式的半闭环控制系统及采用线性光栅尺对数控机床各坐标轴进行全闭环控制，提高机床的定位精度、重复定位精度及精度可靠性已经成为中走丝机进一步发展的需求。

闭环控制系统有以下特点。

（1）具有先进的架构。比如采用工业 Windows 系统，采用 PCI 接口或 PC/104 - Plus 接口，以提高系统稳定性，人机界面友好，兼容 G 代码、3B 代码并具有工艺专家数据库。

汉奇中走丝机功能

（2）高精度控制。可以匹配各种电动机，尤其支持伺服电动机和直线电动机驱动，半闭环控制系统具有螺距补偿功能，采用螺距补偿可以显著提高大工件的加工精度和大行程跳步的跳步精度；全闭环控制则可选用光栅尺进行控制。

目前先进的中走丝数控系统可接驳分辨率为 0.001mm 的光栅尺，实现工作台移动的闭环控制。在工作中能使加装光栅尺的工作台在机床全行程范围内达到很高的定位精度。理论上可以把机床工作台的移动精度提高到和光栅尺一样的精度。系统具有机械原点找寻功能，从而实现对各段螺距误差进行补偿，通常开机后首先执行机床回零点操作；可以进行快速移动、快速空走、快速找圆心及曲线加减速控制等操作，在高运动速度下也能保证控制精度，以显著节省加工时间。

采用螺距补偿的机床工作车间必须使用空调，一般要求室温为 20～24℃，相对湿度为 30%～60%。机床补偿库以 22℃ 为工作环境，即要求工作环境温度为（22±2）℃（以 20℃ 的 Cr12 为标准，温度每升高 1℃，100mm 将延长 0.001mm）。

目前，有些较先进的控制系统可以实现 0.1μm 进给分辨率控制，以实现更高的控制精度，以与常用控制系统十分之一的位置当量控制数字式伺服电动机运转，将使得所控制的实际运动加工轨迹柔和平滑，极大地减小了机床的振动和电极丝的抖动，从而提高了加工工件的精度和表面粗糙度，插补路径对比如图 3.39 所示。这种控制精度在微精加工及修切时效果体现得尤为明显。

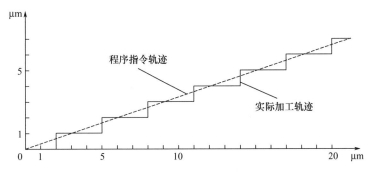

（a）采用控制指令单位进给分辨率为1μm的轨迹

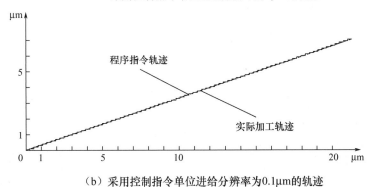

（b）采用控制指令单位进给分辨率为0.1μm的轨迹

图 3.39　传统控制系统 1μm 与先进控制系统 0.1μm 插补路径对比

3.4.2　Z 轴数控升降及附加旋转轴加工控制功能

1. Z 轴数控升降

采用 Z 轴数控可以提高锥度切割精度并可为今后可能采用的工作液高压喷液贴面加工提供保障。锥度切割时需要获得上下定位导轮的中心距，传统的方法一般是采用钢板尺人工进行测量，导轮中心距不准确，必然带来锥度切割的不准确。因此采用 Z 轴数控运动到整数的位置（Z 轴定位，厂家已经做过矫正），自然就能获得较高的中心距精度。机床数控升降 Z 轴结构如图 3.40 所示，其锥度切割示意图如图 3.41 所示。其中工件高度 L 及下导轮至工作台工件固定面距离 H。是可以准确获得的，因此上下导轮中心距 H 即成为锥度切割尺寸保障的关键。

贴面加工是低速走丝机为保障极间供液压力而采用的高压喷液方式，对于高速走丝机，极间喷液压力的提高同样可以达到改善极间状态的目的，目前只是工作液高压喷液后形成的泡沫无法解决，因此该项功能是作为预留的功能选项。

图 3.40　机床数控升降 Z 轴结构

191

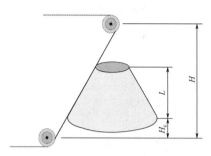

图 3.41　数控升降 Z 轴锥度切割示意图

2. 附加旋转轴加工

附加旋转轴将方便回转体类模具或零件的切割。图 3.42 所示为直径 $\phi100\text{mm}$ 的硬质合金环状模具加工现场，图 3.43 所示为螺旋状滚压模具加工现场。

旋转轴切割

图 3.42　直径 $\phi100\text{mm}$ 的硬质合金环状模具加工现场

图 3.43　螺旋状滚压模具加工现场

3.4.3　加工参数智能化控制功能

1. 可自动变更加工参数

具有可自动变更加工参数功能的数控系统在加工中可通过编程自动变更加工参数。在程序段中通过设置加工参数，控制系统可以做到：通过指令控制开关高频电源；通过指令控制设置高频电源的参数；通过指令控制高频电源参数的自动调用；通过指令控制高频电源的参数与多次切割工艺的修整偏移量同步；在线修改高频电源的参数；机床可以自动改变跟踪速度、走丝速度、电极丝张力等非电参数，从而实现在保证加工质量的情况下的无人操作加工。

该功能改变了传统线切割控制系统轨迹控制和参数设定相互不关联的状况，使加工参数能够随着加工轨迹按照最佳状态自动改变，系统内置 E 代码和 M 代码，可通过程序控制改变放电参数、走丝速度、跟踪速度甚至电极丝张力。图 3.44 所示实例中，在切割直线部分时，可以用大电流参数快速切割，当切割到拐角部分时，自动降低进给速度，改变脉冲宽度、脉冲间隔及电极丝走丝速度等，从而减小电极丝滞后产生的拐角误差，切割完拐角部分后程序自动控制加工参数恢复到直线部分切割参数。在切割不同厚度工件时，也可以根据轨迹，在厚度变化的位置设置自动改变加工参数，使整机切割速度一直保持最高。

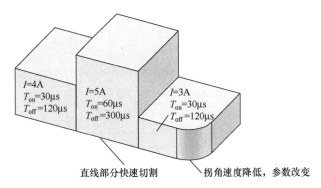

$I=4$A
$T_{on}=30\mu s$
$T_{off}=120\mu s$

$I=5$A
$T_{on}=60\mu s$
$T_{off}=300\mu s$

$I=3$A
$T_{on}=30\mu s$
$T_{off}=120\mu s$

直线部分快速切割　　　拐角速度降低，参数改变

图 3.44 切割过程自动改变加工参数实例

2. 加工中可改变偏移量

具有加工中可改变电极丝偏移量功能的数控系统可在加工中改变电极丝补偿量，调整长时间切割时电极丝直径损耗的补偿。

3.4.4 更加丰富的感知功能

与高速走丝机数控系统相比，中走丝机具有更加丰富的感知功能。

1. 找边功能

(1) 找边。选择所需的轴向+X、−X、+Y、−Y，并沿着所选方向移动，直至找到相应的工件边缘，如图 3.45 所示。

(2) X、Y 轴旋转功能。加工时，如果无法将工件的轮廓边放置的与 X、Y 轴完全平行，则可以使用此功能在外轮廓面上找出两个点，系统会记录这两个点的坐标并自动计算出偏转角度，然后在操作界面上勾选"旋转角度"功能，就可以使坐标轴旋转(图 3.46)，最后在旋转的坐标系内完成加工，这样就不需要调整偏转的工件，从而缩短了工件安装调整时间。

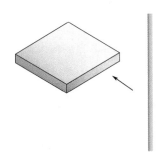

图 3.45 找边功能示意图

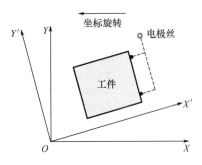

图 3.46 X、Y 轴旋转示意图

(3) 内角定位及外角定位。加工时，有时电极丝无法精确移动到工件的两条边顶角位置，导致无法定位基准点，此时可以按图 3.47 及图 3.48 所示完成内角定位及外角定位。

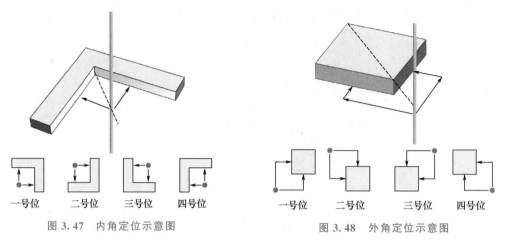

图 3.47　内角定位示意图　　　　　图 3.48　外角定位示意图

2. 找中心功能

（1）寻孔（槽）中心。可以选择 0°或 45°方向运动，进行寻找，如图 3.49 所示。

（2）寻方柱中心。寻方柱中心示意图如图 3.50 所示。

（3）寻圆柱中心。寻圆柱中心示意图如图 3.51 所示。

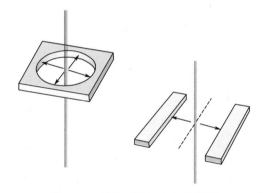

图 3.49　寻孔（槽）中心示意图

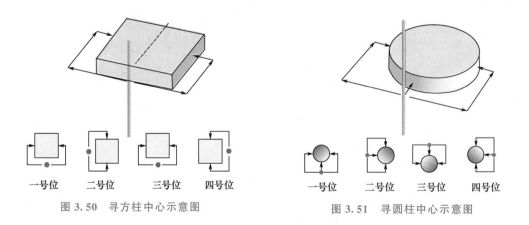

图 3.50　寻方柱中心示意图　　　　　图 3.51　寻圆柱中心示意图

3. 垂直定位功能

垂直定位主要用来校准和确定电极丝相对于机床台面的垂直位置。需加特定的垂直块来实现此功能。垂直校准需要分 X、Y 两个方向进行。如 X（U）轴的垂直校准，手动移动使 X（U）轴接近校准规，选择校正方向 $+X$（U），系统开始自动进行校准。机床先沿 $+X$ 方向缓慢移动，至校准规上端测点或下端测点接触电极丝，然后调整 X 轴或 U 轴进给，使电极丝同时接触上下两个测点，并记忆 X 轴和 U 轴位置。同理完成 Y（V）轴的校准。校准得到的（U，V）是能够保证电极丝垂直于机床工作台面的位置点。垂直定位示意图如图 3.52 所示。

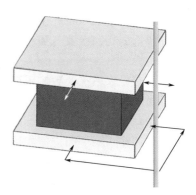

图 3.52　垂直定位示意图

4. 回半程功能

回半程功能可用于手动对中时，电极丝回到所选轴坐标值一半的位置。

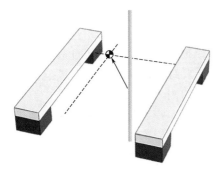

图 3.53　回原点示意图

5. 回原点功能

当掉电记忆失败后，工作台应回各轴的原点，以重新恢复螺距补偿数据，并重新从该点开始进行螺距误差的补偿运算，这将直接影响机床的定位精度。回原点示意图如图 3.53 所示。

3.4.5　具有专家系统及智能化数据库

专家系统及智能化数据库可以降低对操作人员的要求，通过大量试验和优化组合，供用户针对不同工件切割需求进行选择，也可由用户自行编辑加工参数并存盘，查询调用简便。具有专家系统的数控系统应做到以下几点。

（1）按照不同工件材料自动生成多次切割的程序。

（2）按照不同工件高度自动生成多次切割的程序。

（3）按照不同表面粗糙度要求自动生成多次切割的程序。

（4）按照不同电极丝直径自动生成具有不同电极丝偏移量的多次切割的程序。

（5）凸凹模切割方向和补偿方向的自动生成。

（6）多次切割凸模时预留段的自动生成和单次或多次切割段程序的自动生成。

（7）指令调用加工条件和控制高频脉冲电源参数功能。

（8）自动控制走丝速度和在线改变加工过程的走丝速度。

（9）自动电极丝直径损耗补偿。

（10）具有自动清角功能。

具有专家系统的数控系统与普通数控系统的主要差异体现在以下方面。

（1）普通数控系统需要由用户自己输入参数，如切割次数、脉冲宽度、脉冲间隔、放电间隙等，这些均需要用户具有一定的经验。

具有专家系统的数控系统，用户输入的参数均为已知条件与最终需求（如工件材料、高度、所需表面粗糙度等），而无须关心也无须了解切割次数、脉冲宽度、放电间隙等只有专业人员才能得出的中间参数。

（2）普通数控系统中，由于用户知识的局限性及用户对脉冲放电电源特性不足够了解，所选的切割次数与加工参数等均未必为理想选择，往往会造成切割速度低甚至加工失败。

具有专家系统的数控系统可以根据用户给出的最终需求自动计算得出所需的切割次数与各次切割所需使用的加工参数，因此可确保加工以高效率完成。

（3）由于一般用户不可能精确得出任意所选加工参数所对应的放电间隙，因此在补偿量中往往输入一个固定值或估计值，这样很容易导致最终加工精度偏低。

具有专家系统的数控系统可以以工艺试验基础获得的工艺数据库作为编程依据，其各加工参数所对应的放电间隙均为准确测量值，因此可以大幅提升最终的加工精度。

（4）普通数控系统往往忽略了电极丝直径损耗给最终加工精度带来的影响，最终导致加工精度受电极丝直径损耗影响而降低。

具有专家系统的数控系统可以以工艺数据库为基础，综合考虑各段加工带来的电极丝直径损耗，规划出切割轨迹，进而消除电极丝直径损耗带来的精度损失。

3.4.6　智能张力控制及电极丝刀库化控制功能

电极丝张力系统采用双传感器实现对高速运行电极丝张力变化的全闭环自适应双向监测及控制，在多次切割时，系统可以根据数据库的指令，对每一次切割时的电极丝张力设定值进行切换，从而减小多次切割中，尤其是高厚度多次切割工件纵、横剖面尺寸差（切割正四棱柱时称为腰鼓度）及拐角误差。借鉴加工中心的刀库控制理念，实现线切割机床从粗加工（主切）到精加工（修切）过程中的电极丝自动分区切换。系统根据操作者的加工工艺要求，控制贮丝筒上电极丝自动进行粗、精加工区域切换，粗加工时使用粗加工区域电极丝，当粗加工完成后，系统发出精加工信号，控制单元控制执行机构自动切换到精加工区域电极丝（详见 4.2 节）。由于修切具有小能量单边放电磨削的特点，电极丝的损耗几乎为零，电极丝的机械性能几乎不变，因此保证了工件精加工时的工艺需求，至此完成精加工过程。再次加工时，系统又恢复从粗加工到精加工的加工过程，所有过程完全智能化，无须操作者干预。

3.4.7　操作控制人性化

（1）安全防护。具备加工区域开门报警，电动机超负载报警，超行程报警（软行程和硬限位），电压过电压、欠电压报警，温度报警，张力异常报警，工作液压力异常报警等功能。

（2）自动化程度高。数控系统具有一键启动加工功能，可以自动延时顺序开启工作液、贮丝筒电动机、高频电源。在工作台运动中具有智能防撞功能，移动中自动检测电极丝是否碰到障碍，避免拉断。自动停靠贮丝筒任意一端，以方便上丝。可进行故障记录，自我诊断，比如输入、输出量信号诊断，是否错误报警，查阅历史报警记录等，可以帮助用户和维修人员更好地监控机床并处理机床故障。

（3）操作方便。机床配置电子手轮，可实现工作台每次 $1\mu m$、$10\mu m$、$100\mu m$ 的移动。

（4）高效断续加工功能。当电极丝与工件没有接触时（空切），系统自动将进给跟踪速度调至最快;一旦电极丝与工件接触后,系统又自动将跟踪频率恢复正常设定,进行切割。该功能可提高无效切割时的空走速度,减少无效切割时间,在无人看守的情况下实现高效断续加工。

3.4.8　其他特色功能

(1) 单段修切功能。在程序中对 G 代码程序进行简单的修改就可以对指定段进行多次切割加工。如整个加工一次完成,但可以有针对性地对表面粗糙度要求高的加工面多次切割,而其他加工面一刀切过,如图 3.54 所示。

(2) 跳步加工中的快速移轴功能。在加工跳步模过程中加工完一个模孔后,需要快速移动到下一个模孔,此时可以快速移轴,如图 3.55 所示,以缩短移轴消耗的时间。在加工现场,能使配有交流伺服电动机的机床以最大10m/min的速度平滑移轴定位,节省辅助加工时间。

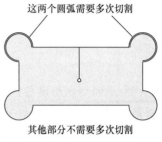

图 3.54　单段修切功能

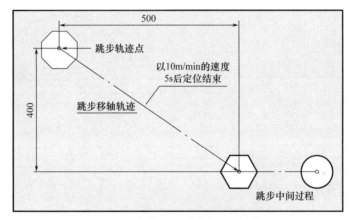

图 3.55　跳步加工中的快速移轴功能

(3) 多次加工中余料取出功能。在凹模的多次加工中,主切后需要把内部余料取出。在某些情况下,受上下导向器的影响,会出现内部余料不易取出的情况,此时传统解决方案,需要先记下机床工作台刻度盘上的指示值,然后通过软件设定解锁轴电动机,用手摇动工作台至可取出余料的适当位置,最后取出余料并按原记录指示值手动恢复工作台位置。由于操作过程中的电动机解锁和手摇过程往往存在很多人为因素,因此将对后续的加工精度产生影响。

新数控系统中,可以在不解锁电动机的情况下,先按该功能按钮,计算机将记下当前坐标,然后通过电子手轮移动工作台,取出余料后,只要再按该功能按钮,工作台便自动回到移动前的位置,自动继续加工,如图 3.56 所示。由于整个过程电动机一直保持在锁紧工作状态,因此移位过程不会对工件加工精度产生影响。

(4) 过切功能。在切割轨迹结束点继续切割一段距离,以减少在进刀点形成的表面凸起。

(5) 清角功能。根据不同的转角设定停顿时间和停顿时高频放电能量,并可以选择转角角平分线过切、转角延长线过切进行加工。

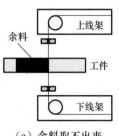

（a）余料取不出来

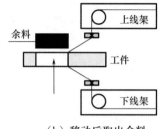

（b）移动后取出余料

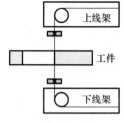

（c）恢复原位继续加工

图 3.56　多次加工中的取余料功能

（6）出固定点切换参数功能（图 3.57）。该功能可以提高修切切换点处工件表面质量，特别是最后切割预留段时，由于高频能量突然增大，因此预留段与修切表面结合处粗糙，采用出固定点切换参数的方法可以提高结合线处表面质量。

（7）防工件掉落功能。在切入线返回前 0～1mm（可设置）暂停加工，如图 3.58 所示，以便于人工处理工件，防止工件掉落后砸断电极丝或损坏工件。

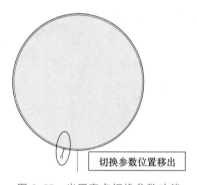

图 3.57　出固定点切换参数功能

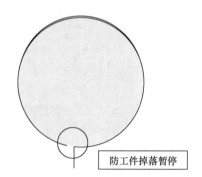

图 3.58　防工件掉落功能

（8）融入数字化工厂功能。支持通过网络接入数字化工厂，远程编程下发模式，系统可远程读取工艺中心服务器上的加工代码文件，不用将图纸下发给操作人员，以减少泄密风险。同时预留反馈给管理信息系统和数字化工厂管理系统的接口。

（9）自诊断功能报警信息记录。数控系统内置自动诊断功能，每次上电自动诊断系统是否正常及与各模块进行通信，并且随时提供错误信息报警，有助于操作人员掌握机器状态。

3.5　高速往复走丝电火花线切割脉冲电源

脉冲电源是产生脉冲电压、进行火花放电的必要条件，其主要功能是将直流或工频正弦交流电转变为加工所需要的具有一定频率的脉冲电压和电流，以提供电极丝与工件间火花放电所需要的能量，从而对金属材料进行放电蚀除加工。高频脉冲电源性能是决定整机切割速度、电极丝直径损耗和切割表面粗糙度等工艺指标的主要因素。

在电源硬件方面：20 世纪 70—80 年代中期，受到当时电子技术和电子工业水平的限制，高频电源一般都采用简单的晶体管多谐振荡器为脉冲主振电路，用大功率晶体管作功率放大，输出功率脉冲。这种电源通过切换电容和电阻获得不同的脉冲宽度和脉冲间隔。受电容电阻元件一致性的影响，这类电源的脉冲电参数离散性强，并且由于大功率晶体管的特征频率较低，很难稳定地输出脉冲宽度小于 $5\mu s$ 的功率脉冲。因此，当时一般高速往复走丝电火花线切割工件的最低表面粗糙度大于 $Ra2.0\mu m$。随着电子工业的发展，在 80 年代中期，出现了新型的功率元件 V 形槽金属氧化物半导体场效应管，由于它具有输入阻抗高、驱动电流小、开关速度快、耐压高、工作电流和输出功率大等优点，尤其是半导体场效应管的开/关时间和迟滞时间仅为几十纳秒（与其栅极驱动电路特性有关），单管输出电流在 10A 以上，这些特性使得半导体场效应管特别适用于高频脉冲电源功率的输出器件。此外在脉冲电源的主振电路方面，开始采用 555 时基电路、TTL 和 CMOS 数字逻辑电路，这些集成电路组成的主振级比晶体管多谐振荡器工作稳定。其后又出现了晶体振荡加数字逻辑电路分频和采用单片机的高频脉冲电源主振电路，使得高速往复走丝电火花线切割机脉冲电源输出参数的精确性、一致性更好。

经历了数十年的研究及大量的工艺试验，人们已经对高频脉冲电源各脉冲参数与切割工艺指标间的联系有了深入的了解。脉冲宽度（T_{on}）决定着单个脉冲的能量，脉冲宽度的适度增大，可以提高切割速度，但工件的表面粗糙度变差；反之，则切割速度下降，但工件的表面粗糙度得到改善。脉冲间隔（T_{off}）影响放电间隙消电离状况，从而影响放电加工的稳定性，脉冲间隔减小，可以在获得相近的切割表面粗糙度情况下，提高切割速度；但过小的脉冲间隔会造成切割加工不稳定，电极丝受到损伤，甚至会造成断丝；此外，脉冲间隔的大小还与切割工件的厚度有关，工件越厚则要求更长的脉冲停歇时间。放电峰值电流（I_P）同样决定着单个脉冲的能量，它与切割速度和切割表面粗糙度的关系与脉冲宽度（T_{on}）相似。脉冲电源的放电峰值电流大小及脉冲放电的电流波形会对电极丝直径损耗产生很大的影响。

目前传统高速走丝脉冲电源大多仍采用简单的等频脉冲电路，在切割加工前，由操作人员根据加工经验对脉冲电源的三项参数（脉冲宽度、脉冲间隔和放电峰值电流）进行设定。在加工过程中，无论实际放电状态如何变化，高频脉冲电源的这三项参数都不改变。

在对高速往复走丝电火花线切割工艺的研究中，研究人员在传统矩形脉冲的基础上，又研发了一种分组脉冲高频脉冲电源。该电源采用两个不同周期的脉冲发生器经与门处理，形成由较小脉冲占空比的功率脉冲串和一个较长脉冲间隔组成的放电波形。它利用较短的脉冲间隔获得相对较高的切割速度和相对较低的切割工件表面粗糙度，而后在放电间隙中消电离情况开始恶化，但在还没有影响加工稳定的情况之前，结束功率脉冲串，然后通过一个较大的脉冲间隔给放电间隙充分消电离的时间。这种电源在兼顾较低切割表面粗糙度的情况下，可获得相对较高的切割速度。但它仍属于一种固定频率的脉冲电源。由于高速往复走丝电火花线切割脉冲极间放电的随机性，并且在狭长的放电间隙中受电极丝振动、蚀除物产生二次放电等因素的影响，其极间的放电具有多变性、随机性、不稳定性和不确定性。在这样的情况下，这种固定小脉冲宽度和长、短脉冲间隔的分组脉冲电源同样很难找到一个最佳脉冲参数。

考虑极间放电的复杂性，要保障极间处于一种比较理想的加工状态，最好的解决办法是设计一种能实时检测和鉴别极间放电状态，并能按预置的工艺专家库程序来实时控制脉冲的三大参数（脉冲宽度、脉冲间隔、放电峰值电流）和脉冲放电电流波形的智能高频脉冲电源。

在电火花线切割中，影响加工的因素非常多，但在众多影响因素中，脉冲电源对加工工艺指标的影响最显著。脉冲电源的各项参数、放电波形及状态对工件表面质量、切割速度、加工稳定性及电极丝直径损耗等都有重要的影响，同时脉冲电源是电火花线切割技术升级换代的重要标志。

要总体提高机床的加工性能和质量，必须同步改进机与电两个方面。任何指望仅对电源升级就想提高加工工艺指标的想法是片面的，因为有些原因是由机械因素造成的，相反随着机械的改进，使放电间隙中理想放电状态的比例增大，可以使智能高频脉冲电源更好地发挥其优点，从而使机床的加工工艺指标获得更大提高。

3.5.1 脉冲电源的组成及基本要求

1. 脉冲电源的组成

高速走丝机的脉冲电源结构形式大同小异，其基本组成如图 3.59 所示，各部分功能如下。

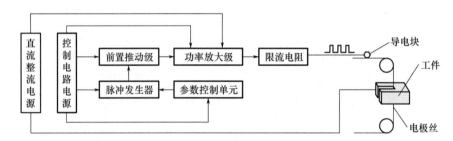

图 3.59 高速走丝机的脉冲电源基本组成

（1）直流整流电源。

直流整流电源由变压器、整流电路、滤波电容等器件组成，将电网输入的交变电压转换为平滑稳定的直流电压。它是整个电路的主电源，为输出大功率脉冲提供能量。普通高速走丝机的直流整流电源电压一般为 70～100V，输出功率可达 2kW 以上。

（2）控制电路电源。

控制电路电源为各单元控制电路提供直流电源，一般电压为 5～24V，属于弱电部分。为避免受到脉冲放电时的高频干扰，除用于驱动功放开关器件的电源以外，其他弱电的地线都要与主电源相隔离。目前，用于控制电路的电源普遍为开关电源。

（3）脉冲发生器。

脉冲发生器是提供各种形式脉冲的源头，脉冲电源的一些重要参数（如脉冲宽度、脉冲间隔）的改变也是通过脉冲发生器完成的。它主要由一些分离元件、集成芯片或可编程芯片、单片机组成的电路构成。

（4）前置推动级。

由于脉冲发生器发出的各种脉冲信号比较微弱，不能直接驱动后面功率放大级的大功率开关器件，因此需要前置推动级放大该信号。一般来说，功率放大级输出脉冲电流波形的前后沿是否满足放电加工的要求，功率开关器件是否工作在功率放大区域，很大一部分取决于前置推动级的电路设计及参数选择是否合理。另外，为了避免对波形造成干扰，有些电路设计在这一单元增加了隔离环节，使得强电与弱电的地线彻底分离。

（5）参数控制单元。

参数控制单元与脉冲发生器、前置推动级相连，是脉冲电源参数（如脉冲宽度、脉冲间隔和脉冲放电峰值电流）的输入端。

（6）功率放大级。

功率放大级是脉冲电源输出的重要单元，将前置推动级所提供的脉冲信号通过大功率开关器件进一步放大，为工件和电极丝之间放电加工提供脉冲能量。一般将功率放大级设计成并联形式，为便于逐级增大放电脉冲能量，并联功率放大级越多，所输出的脉冲放电峰值电流越大。功率放大级的主要元器件是大功率管，目前，普遍使用的有达林顿管、场效应管、绝缘栅双极型晶体管等。

（7）限流电阻。

限流电阻串联在功率放大级的后端，其作用是限制短路时最大脉冲放电峰值电流，并有效保护大功率开关器件。

2. 脉冲电源的基本要求

目前中走丝机都是采用由粗至精的电规准将工件通过多次切割加工成形的，因此对加工精度、表面粗糙度和切割速度等工艺指标均有较高的要求。电火花线切割脉冲电源应满足如下要求。

（1）脉冲宽度在适当的范围内可调。

线切割加工与成形加工一样，为获得很高的加工精度和较低的表面粗糙度，必须控制单个脉冲的能量。当脉冲放电峰值电流和电源电压确定后，脉冲能量只取决于脉冲宽度。脉冲宽度越小，即放电时间越短，放电所产生的热量来不及传导扩散，能量集中释放在放电点，有利于提高能量的利用率，减少能量损耗。更重要的是在工件上形成的放电凹坑小而光滑，有利于提高加工表面质量。然而，当脉冲放电峰值电流确定后，如果脉冲宽度减小，将会大幅度影响材料去除率，或者加工根本无法进行。因此，脉冲宽度要在一定的范围内可调，目前高速往复走丝电火花线切割脉冲电源的脉冲宽度调节范围一般为 $0.5\sim64\mu s$。

（2）脉冲间隔在较宽范围内可调。

高速往复走丝电火花线切割的工件材料、工件厚度及加工要求等变化较大，由于目前成熟的工艺数据库较少，因此根据各种切割要求人工干预程度较大，故要求脉冲电源参数要有足够的调节量，便于操作人员调整。当单个脉冲能量确定后，放电脉冲的频率是影响材料去除率和稳定性的重要因素。提高脉冲频率，也就是减小脉冲间隔可以提高材料去除率，但是，脉冲间隔太小，会使得消电离不充分，易引起极间放电状况恶化，使加工表面产生烧伤，也会对电极丝造成损伤，并且一旦形成电弧放电，电极丝会即刻烧断；降低脉冲频率，即增大脉冲间隔，有利于排屑和提高脉冲利用率，但是会降低材料去除率。因此，在加工时要兼顾其他电参数（如电源电压、脉冲宽度、放电峰值电流）及工件材料、工件厚度等进行脉冲频率的设定。实际应用中以占空比（脉冲宽度 T_{on}：脉冲间隔 T_{off}）进行脉冲频率的调节，高速往复走丝电火花线切割脉冲电源的占空比一般设置为 1：（3～12）。

（3）脉冲放电峰值电流在适当的范围内可调。

一般而言，脉冲放电峰值电流较高会提高切割速度，但由于在实际加工过程中，电极丝直径较小（$\phi 0.08 \sim \phi 0.20 \text{mm}$），加上电极丝的电阻率一般较大，它所允许的脉冲放电峰值电流将受到一定限制，而且脉冲放电峰值电流较大时，易造成电极丝损伤甚至断丝。另外，由于工件具有一定的厚度，欲维持稳定的加工，脉冲放电峰值电流又不能太小，否则不宜进行稳定的伺服加工或者根本无法加工。高速往复走丝电火花线切割脉冲放电峰值电流通常在 $10 \sim 100 \text{A}$ 可调。脉冲放电峰值电流的调整还应与脉冲宽度的调整相匹配，一般而言，脉冲放电峰值电流越大，脉冲宽度应该越小。如果用于切割超硬材料并形成气化蚀除，脉冲放电峰值电流可达数百安，此时脉冲宽度应调整至数百纳秒甚至更小。

（4）脉冲电流前沿和后沿需要适当陡峭。

改变脉冲电流前沿的上升斜率，可以调整放电加工时产生的气化爆炸力，从而改变金属蚀除量。一般为使脉冲电流前后沿陡峭，脉冲电源的功率输出级采用大功率的高频管，现在一般采用绝缘栅双极型晶体管，并在电路中采取措施使之加速导通或截止。但脉冲电流前后沿过于陡峭，则会产生一定的负作用，会直接加快电极丝直径损耗，故要统筹考虑电极丝直径损耗与表面粗糙度及材料去除率等多项指标来设计脉冲电源。

（5）有利于减少电极丝直径损耗。

高速往复走丝电火花线切割中电极丝需要高速往复走丝，电极丝直径损耗将直接影响加工精度，并且由于电极丝直径损耗也会导致电极丝张力降低，会大大影响加工的稳定性，从而增大断丝的概率。脉冲电源各项参数（如脉冲宽度、脉冲间隔、脉冲电流前后沿斜率）的设置均会对电极丝直径损耗产生较大的影响。这是设计和使用高速往复走丝电火花线切割脉冲电源时必须考虑的问题。目前，高速往复走丝电火花线切割脉冲电源已经可以实现在切割速度大于 $150 \text{mm}^2/\text{min}$，切割面积大于 10^5mm^2 面积时，电极丝直径损耗小于 $10 \mu \text{m}$（从 $\phi 0.18 \text{mm}$ 到 $\phi 0.17 \text{mm}$）。

（6）输出单向脉冲。

根据极性效应原理，不能采用交变脉冲电源作为高速往复走丝电火花线切割的脉冲电源，因为交变脉冲失去了极性效应，材料去除率将大幅度降低，电极丝直径损耗增大。所以高速往复走丝电火花线切割的脉冲电源输出的脉冲电流一定是单向直流脉冲，要对可能出现的负脉冲（即反向脉冲）加以限制。

（7）电源电压在适当的范围内可调。

由于高速往复走丝电火花线切割用水溶性工作液作为加工介质，其绝缘性较低，因此采用的电源电压相对较低，一般为 $70 \sim 100 \text{V}$，当切割超硬材料、半导体材料及高厚度工件时，可以适当提高电源电压。

（8）参数调节方便，稳定可靠，适应性强。

高速往复走丝电火花线切割中，由于工件材料的多样性、厚度的变化性、加工要求的不同性，因此脉冲电源应能适应各种变化的条件，在不同的加工条件下，都能获得满意的加工结果。为此，需要电源输出的脉冲电参数可以方便、可靠调节，以适应各种加工情况。

3.5.2 典型脉冲电源

1. 矩形波脉冲电源

脉冲发生器电路的形式很多，常用的是晶振式脉冲发生器。图 3.60 所示为晶振脉冲发生器电路原理。矩形波脉冲电源的工作原理是由晶振脉冲发生器发出固定频率的矩形方波，经过多级分频后发出所需要的脉冲宽度和脉冲间隔。为便于选择脉冲参数，一般将选择脉冲宽度和脉冲间隔的旋钮都安装在控制面板上。

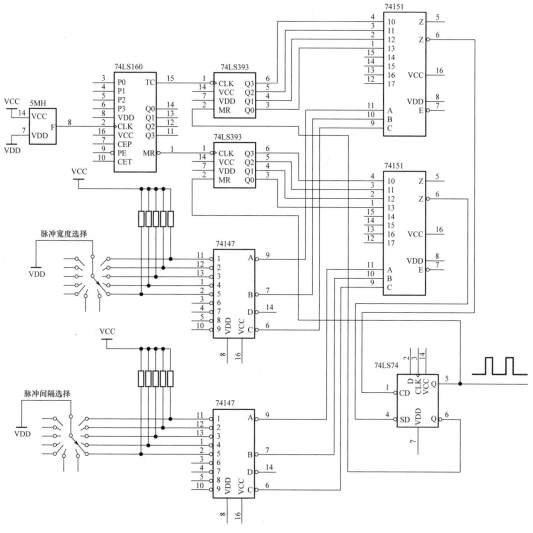

图 3.60 晶振脉冲发生器电路原理

2. 高频分组脉冲电源

高频分组脉冲电源是使用效果比较好的脉冲电源之一。高频分组脉冲电源电路由高频短脉冲发生器、低频分组脉冲发生器和门电路组成。高频短脉冲发生器是产生小脉冲宽度与小脉冲间隔的高频多谐振荡器，低频分组脉冲发生器是产生大脉冲宽度和大脉冲间隔的低频多谐振荡器，两个多谐振荡器输出的脉冲信号经过与门（或者非与门）后，输出分组脉冲波形，然后经过脉冲放大和功率输出，得到分组脉冲波形的电压脉冲。高频分组脉冲电源的电路原理如图 3.61 所示。

高频分组脉冲电源输出波形如图 3.62 所示。由于在使用矩形波脉冲电源加工时，切

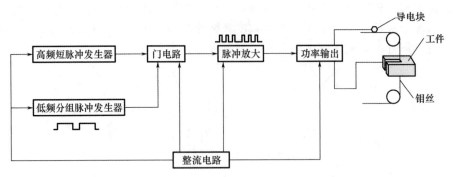

图 3.61 高频分组脉冲电源的电路原理

割速度的提高和切割表面粗糙度的改善是相互矛盾的（提高切割速度时，表面粗糙度变差），因此若要求获得较好的表面粗糙度，必须采用较小的脉冲宽度，这将使得切割速度下降很多。高频分组脉冲在一定程度上能缓解两者的矛盾。它由较小的脉冲宽度 t_{on} 和较小的脉冲间隔 t_{off} 组成，由于每一个脉冲的放电能量小，将使得切割表面粗糙度减小，但由于脉冲间隔 t_{off} 较小，对加工间隙消电离不利，因此在输出一组高频短脉冲后再经一个比较大的脉冲间隔 T_{off} 使加工间隙充分消电离后，输入下一组高频脉冲，这样就形成了高频分组脉冲，以达到既稳定加工又保障切割速度和维持较低表面粗糙度的目的。

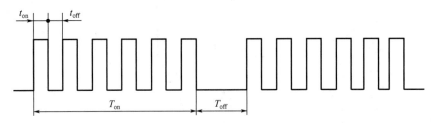

图 3.62 高频分组脉冲电源输出波形

为了满足不同表面粗糙度的加工需求，通常高速走丝机的高频脉冲电源既能提供矩形波脉冲，又能提供分组脉冲。

3. 高低压粗精复合加工脉冲电源

实际加工中使用的高频脉冲电源一般只能分别产生矩形波脉冲和分组脉冲。矩形波脉冲主要用于粗加工和一些表面粗糙度要求不高的场合；分组脉冲则用于精加工和表面粗糙度要求较高的场合。但当切割较高厚度工件且要求表面粗糙度较低时，用分组脉冲、小放电峰值电流加工将十分不稳定且切割速度很低；如果采用矩形波脉冲切割则很难达到低表面粗糙度的要求。为此，提出一种高低压粗精复合加工脉冲电源。所谓高低压粗精复合加工，就是在加工过程中先用低压（100V 左右）、大脉冲宽度（30μs 左右）粗加工，然后用高压（130V 左右）、小脉冲宽度（10μs 以下）精加工，以兼顾切割速度、表面粗糙度。其基本原理如下：加工时，脉冲电源主振级先发出一组脉冲宽度较大的脉冲，驱动低压功放管工作，进行粗加工；然后脉冲电源主振级发出另一组脉冲宽度较小的脉冲，推动高压功放管工作，使加工表面在小脉冲宽度情况下被修光，一直重复该过程，直至加工结束。高低压粗精复合加工脉冲电源的波形如图 3.63 所示。

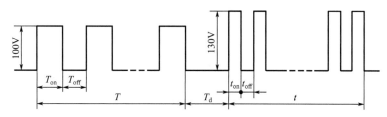

图 3.63　高低压粗精复合加工脉冲电源的波形

试验表明，该电源具有高低压粗精复合加工的功能。在保证一定的加工表面粗糙度的条件下，采用高低压粗精复合加工脉冲电源的切割速度比矩形波脉冲电源的加工速度要大；在加工速度相近时，采用高低压粗精复合加工脉冲电源加工的工件表面粗糙度比矩形波脉冲电源加工的表面粗糙度低。

4. 等能量脉冲电源

电火花线切割加工中，单脉冲放电能量取决于脉冲放电期间放电维持电压与放电峰值电流的乘积。而对于特定的放电介质，其放电维持电压基本是一个常数，因此单脉冲放电能量主要取决于放电电流宽度。对等频矩形波脉冲电源而言，虽然脉冲频率在加工过程中保持不变，但由于极间放电状态是不断变化的，导致每个脉冲击穿介质的时间（击穿延时）有长有短，因此每个脉冲的放电电流宽度各不相同，最终致使每个脉冲的放电能量也不相同，因而工件表面蚀除凹坑大小不一，致使加工表面质量不均，其放电电压、电流波形及蚀除凹坑示意图如图 3.64 所示。

等能量脉冲电源是指加工中每个脉冲在介质击穿后所释放的单个脉冲的放电能量相等。对于传统矩形波脉冲电源而言，由于加工中每个脉冲的击穿电离点不同，因此实际上每个脉冲的放电时间都是在变化的，无法精确控制。而等能量脉冲电源能够保持加工中每个脉冲具有相等的脉冲电流宽度，因而每个脉冲都具有相等的放电能量，可以保证在一定材料去除率的条件下提高工件表面蚀除凹坑的均匀性，从而改善加工表面质量。

获得相同脉冲电流宽度的方法通常是利用电火花击穿后极间电压突然降低来控制脉冲电源主振级中的延时电路，令其开始延时，并以此作为脉冲电流的起始时间。延时结束后，关断导通的功率管，使其中断能量输出，切断火花通道，从而完成一次脉冲放电。经过一定的脉冲间隔，发出下一个信号使功率管导通，开始第二个脉冲周期，每次的脉冲电流宽度都相等，而电压脉冲宽度不一定相等。

等能量脉冲电源通过检测放电延时后的下降沿信号，反馈到脉冲电源的控制端，使得脉冲电源的输出自放电延时结束后，维持相等放电时间，因此每个放电脉冲形成的放电能量也基本一致，保障了蚀除凹坑的均匀性，如图 3.65 所示，与图 3.64 相比，保证了加工表面均匀并在同等表面粗糙度条件下

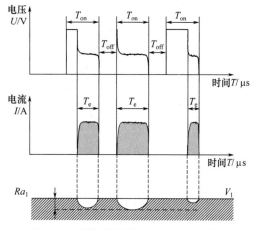

图 3.64　普通电源放电电压、电流波形
及蚀除凹坑示意图

获得最高的材料去除率。某智能型脉冲电源等能量放电波形参见第 1 章图 1.68。

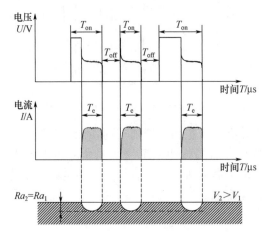

图 3.65　等能量电源放电电压、电流波形及蚀除凹坑示意图

5. 非对称加工可编程脉冲电源

如第 1 章已阐述的，高速往复走丝电火花线切割加工过程由于极间受到重力的影响，导致放电、冷却、洗涤、排屑、消电离等一系列过程产生非对称，因此严格意义而言，往复走丝放电是非对称的。这种放电方式将导致加工中产生诸多弊端，因此在高频参数设置方面，可以根据不同的走丝方向设置不同的放电脉冲参数。对于较厚工件的切割，可以在反向走丝（电极丝从下往上走丝）时设置较大的脉冲间隔，以利于顺利排屑，即采用非对称加工可编程脉冲电源进行加工。

具体工作原理如下：在正向走丝（电极丝从上往下走丝）时，减小脉冲间隔，增加或不改变脉冲宽度；在反向走丝时，增大脉冲间隔，减小或不改变脉冲宽度。当脉冲宽度不变时，仅调整脉冲间隔，因此切割表面粗糙度及放电间隙基本一致，对加工精度影响甚微。采用该种电源协调了正反向走丝的排屑状况，尤其适合较厚工件的切割，并且可以通过增大单脉冲能量提高切割速度及稳定性。

6. 双频叠加高效切割脉冲电源

切割速度的提高一直是业内始终不变的追求目标，目前大于 $200\text{mm}^2/\text{min}$ 的大能量切割容易出现断丝且工件表面会产生较严重的烧伤情况，其根本原因是放电极间处于十分恶劣的加工状态。由于放电能量高，因此蚀除颗粒大，加上工作液汽化严重，带动蚀除产物排出的能力降低，致使极间蚀除产物难以顺利排出极间，从而使得蚀除产物堆积在工件表面形成严重烧伤，同时异常的放电也会对电极丝造成损伤，甚至因为产生拉弧而断丝。

大颗粒的蚀除产物将造成放电间隙内排屑困难，并易引发二次放电，而大能量导致的工作液汽化又进一步加剧了排屑难度。针对上述问题，设计了一种在极间大脉冲宽度放电的同时，叠加高频小脉冲宽度放电的方法，大脉冲宽度用于对工件形成高效蚀除，而小脉冲宽度用以击碎极间较大的蚀除颗粒，从而有利于蚀除产物的顺利排出。

由此研制的电感限流双频叠加高效切割脉冲电源，大脉冲宽度可向极间发出 $64\sim80\mu\text{s}$ 的放电脉冲，输出电流为 $5\sim10\text{A}$，工作电压高；高频段可向极间发送 $125\sim250\text{ns}$ 的放电脉冲，输出电流为 $5\sim10\text{A}$，工作电压低。

放电加工过程中，在发送微秒级大脉冲宽度放电脉冲的同时叠加发送纳秒级小脉冲宽度的放电脉冲，其波形如图3.66和图3.67所示，二者的叠加效应使在大脉冲宽度内形成若干小脉冲宽度的放电通道，从而使大颗粒的蚀除产物碎屑化，加之放电后所形成的爆炸及冲击作用，使已碎屑化的蚀除产物更容易分散在工作介质中，并从放电间隙被排出，从而能实现高速、稳定切割。

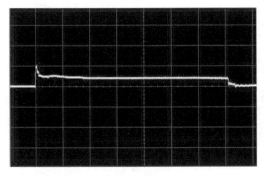 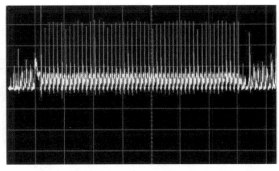

图3.66　大脉冲宽度放电波形　　　　　图3.67　小脉冲宽度放电波形

采用电感限流双频叠加高效切割脉冲电源，试验参数见表3-4，可以实现350mm²/min以上的稳定切割，切割后的工件落料容易，工件切割表面烧结物减少。ϕ0.2mm电极丝以大于300mm²/min的切割速度，连续切割10h没有出现断丝。蚀除产物粒度分布检测结果也证明强化碎屑后排屑良好。

表3-4　双频叠加高效切割脉冲电源试验参数

电源类型	脉冲宽度	脉冲间隔	空载电压/V	平均电流/A
大脉冲宽度电源	80μs	140μs	110~130	8
小脉冲宽度电源	125ns	125ns	45~55	7

注：材料，Cr12；厚度，70mm；丝径，ϕ0.2mm；丝长≈260m；走丝速度，12m/s；工作液，DIC-206。

7. 节能式脉冲电源

晶体管电阻式脉冲电源是最常用的电火花加工脉冲电源，因电阻为耗能元件，故放电主回路中的电能大部分消耗在限流电阻上而转换为热能，造成脉冲电源能量利用率很低。此外，电阻的发热使脉冲电源甚至整个电控柜的温度升高，需要增加散热风扇，因此进一步降低了脉冲电源的能量利用率。晶体管电阻式脉冲电源存在的主要问题如下。

① 晶体管电阻式脉冲电源放电主回路由直流电源、功率开关管、限流电阻、放电间隙及之间的高频导线连接组成。假定直流电源输出电压为100V，通常间隙火花放电维持电压为20V左右，如图3.68所示，则限流电阻两端的电压将近80V。由于限流电阻和放电间隙是串联关系，因此两者通过的电流相同，致使直流电源输出的近80%电能消耗在限流电阻上而转换为热能，脉冲电源能量利用率仅为20%左右甚至更低。图3.69所示为晶体管电阻式脉冲电源放电主回路能量分布情况。

② 放电峰值电流的调整响应速度慢，而且加工电流不稳定，随着加工状态的变化而变化，当极间短路时，加工电流急速增大，容易造成切割表面出现短路痕迹，影响切割表

面均匀性，并且容易产生断丝。

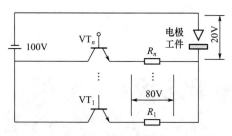

图 3.68　晶体管电阻式脉冲电源

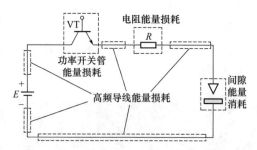

图 3.69　晶体管电阻式脉冲电源放电主回路能量分布情况

③ 为了保证加工波形前后沿的陡度，需要控制电阻的电感量，使其尽量小，这增加了电阻的制造成本，但因为仍有部分电感存在，使脉冲波形前后沿都有延时。当脉冲宽度较小时，由于延时作用，脉冲波形会变为三角形，无法满足精加工的需求，最小脉冲宽度很难控制在微秒级以下。

随着电火花线切割向绿色、节能及精密加工方向的发展，对脉冲电源的能量利用率及脉冲宽度的控制提出了更高的要求，同时促进了节能脉冲电源技术的发展。

近几年，各种各样的节能脉冲电源纷纷出现，其中，绝大多数脉冲电源采用电感或者在变压器绕组中串联电感的方式取代限流电阻并储存能量。因此，脉冲电源的能量利用率大大提高。还有部分节能脉冲电源主回路没有电阻和电感元件，采用功放管电流斩波的方法对极间电流进行叠加。功放管采用全桥或者半桥拓扑来产生不同的脉冲电压波形。并设计了能量快速反馈电路，使得储存在电感中的能量能够释放给电源和加工电路，以提高能量利用率。

一种典型的电火花线切割节能脉冲电源即电火花线切割无阻脉冲电源原理如图 3.70 所示，电路中没有限流电阻，直接利用 DC/DC 转换器来控制回路电流。通过控制功率管的导通和断开，给间隙提供能量。

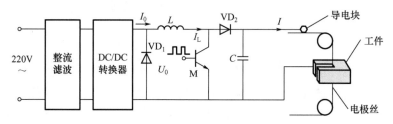

图 3.70　电火花线切割无阻脉冲电源原理

图 3.70 中 M 驱动信号为固定脉冲，低电平和高电平时间分别为加工脉冲宽度和消电离宽度，当 M 关断时，电流向电容 C 充电。其中 U_0 为 DC/DC 转换器输出电压，I_0 为输出电流。

在无阻脉冲电源主回路中，应用高速电子开关管（MOSTFET）来控制所需脉冲电源的脉冲宽度和占空比。

在无阻脉冲电源主回路中既无限流电感又无限流电阻，电能的利用率高。线切割加工过程中只有很小一部分的电能损耗在功率开关本身的发热方面，其电能的利用率在 85％ 以上，该脉冲电源具有很好的节能效果。

传统的脉冲电源因为主回路中限流电阻的存在，电压和电流波形都是方波，并且较规整。其开路、短路和正常火花放电波形状态区别明显，采样和检测都非常方便。而无阻的节能脉冲电源应用在线切割加工中时，波形与传统的加限流电阻的脉冲电源有很大的不同，它的放电状态较复杂，随机性很强。无阻节能脉冲电源加工波形有其自身的特点，具体如下。

① 回路中的电流波形为三角波。电流上升沿斜率除了与回路线路导线电阻和间隙电阻有关外，还与其回路电感有很大关系，电流下降沿斜率则与回路特性选择有关。单纯从改变电路的电感来抑制放电峰值电流，在脉冲宽度较大时效果并不理想。

② 由于没有限流电阻，短路时电流上升特别快，在单个脉冲中如短路时间过长，其放电峰值电流足以将开关管击穿。因此，必须控制短路时间，一旦短路超过限值就应将回路切断，防止对电路造成危害。

8. 抗电解脉冲电源

低速单向走丝电火花线切割采用去离子水作为工作介质，在直流脉冲电源的作用下会发生电化学反应，形成所谓的变质层及软化层，使模具使用寿命大大缩短。针对这一问题，研究人员研制了抗电解脉冲电源，也称无电解电源，并成功应用在对切割工件表面完整性的提高方面。抗电解脉冲电源在不产生放电的脉冲间隔内于电极丝和工件间施加反极性电压，使极间平均电压为零，从而使去离子水中的少量 OH^- 在原地处于振荡状态，不趋向于工件和电极丝，有效地防止了工件表面的锈蚀氧化。

在高速往复走丝电火花线切割中，已有厂家设计出原理类似的抗电解脉冲电源，为达到极间平均电压为零的要求，一般可以采取正负脉冲完全对称的输出方式，或者采取在脉冲间隔内施加较低反向电压的方式。第一种方式由于存在极性相反的加工，会对切割速度及电极丝直径损耗产生影响，因此一般只在修切时采用。

高速往复走丝电火花线切割抗电解电源的研究才刚刚开始，很多机理还有待进一步探索和试验。但从现象上看，在模具钢切割方面，由于工作液一般含有油性介质和防锈组分，虽然介质中存在大量的 OH^-，但宏观上并没有观察到由于 OH^- 沉积在工件表面而形成电解氧化锈蚀现象，因此在模具钢切割时，抗电解脉冲电源优势体现的并不如低速单向走丝电火花线切割明显。在中走丝修切时，采用抗电解脉冲电源可以有效消除普通电源修切时出现的电解纹，使得修切表面的均匀性及色泽有显著改善。至于采用抗电解脉冲电源对模具加工表面完整性的改善，尤其是对硬质合金表面完整性的改善还需要进一步研究。

在有色金属切割方面，由于工作液具有一定的导电性，在放电加工过程中会有漏电流产生，从而使放电加工后的新鲜表面会发生阳极氧化溶解，因此传统电源加工会在有色金属加工表面和顶面附近产生变色现象，而抗电解电源可有效防止钛合金加工时产生的发蓝和阳极氧化，对于铝合金加工则可以有效防止孔蚀及蚀除产物附着在电极丝上。钛合金普通电源与抗电解脉冲电源切割表面及顶面照片如图 3.71 所示。

9. 大能量切割防烧伤脉冲电源

大能量切割条件下工件表面易形成烧伤，并产生烧伤条纹，一旦烧伤形成，则表明极间缺乏充足的冷却介质，导致蚀除产物无法及时排出极间，放电是在具有蚀除产物和少量工作液的胶团介质中形成的，一旦产生严重烧伤，将会对切割速度继续上升产生影响，更重要的是工件表面的烧伤也意味着电极丝表面受到损伤，电极丝断丝的概率也会增加。对

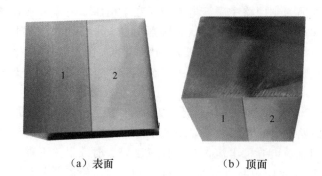

（a）表面　　　　　　　（b）顶面

1—普通电源切割；2—抗电解脉冲电源切割

图 3.71　钛合金普通电源与抗电解脉冲电源切割表面及顶面对比

于中走丝的主切而言，一定程度的烧伤表面，将使得后续的修切无法正常进行。

极间形成正常放电和产生烧伤的差异在放电波形上主要体现在具有击穿延时波形的比例方面（详见 1.12 节）。正常放电时由于极间充满工作液，因此放电时将存在较多比例的击穿延时波形；但烧伤形成，意味着极间存在较多的蚀除产物，由于极间蚀除产物的搭接桥作用，具有击穿延时的波形比例将大大降低。因此可以通过检测具有极间放电延时波形的比例，来判断工件表面烧伤的情况。

具有不同击穿延时波形比例的切割表面情况如图 3.72 所示，加工表面烧伤状况会随着具有击穿延时波形比例的升高而减轻。因此可以通过调节脉冲间隔保障有一定比例的击穿延时波形，从而达到减少工件表面烧伤的目的。当具有击穿延时波形的比例小于设定目标时，表明极间工作液不充足，则应增大脉冲间隔，使工作液有时间进入极间，充分洗涤、冷却极间间隙，保护电极丝和工件表面；当击穿延时波形比例大于设定目标时，表明极间工作液均匀，应当减小脉冲间隔，以提高切割速度。

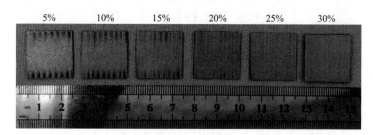

图 3.72　具有不同击穿延时波形比例的切割表面情况

将该电源与 3.1.2 节所述的变厚度自适应伺服控制结合后，构成了变厚度及防烧伤双反馈控制系统，可以对变厚度工件进行稳定的伺服跟踪，并且做到大电流切割条件下，表面基本没有烧伤。采用传统峰值电压取样变频伺服系统与双反馈控制系统变厚度切割对比如图 3.73 所示。最高平均电流从 5A 提高到了 7A，切割速度提高了 24%，并且实现了稳定高效且基本无表面烧伤的切割。

10. 实时控制智能高频脉冲电源

随着电子技术的进步和数字处理技术的成熟，已有条件实现对每一个输往放电间隙的脉冲能量进行精确控制。针对高速走丝机的特性和普通电源的不足，设计了实时控制智能

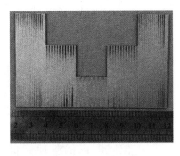

（a）采用传统峰值电压取样变频伺服系统　　　（b）采用双反馈控制系统

图 3.73　采用传统峰值电压取样变频伺服系统与双反馈控制系统变厚度切割对比

高频脉冲电源，其结构框图如图 3.74 所示。

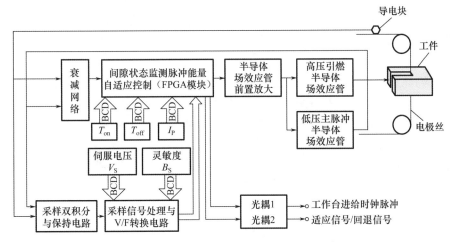

图 3.74　实时控制智能高频脉冲电源的结构框图

电源对取自火花放电间隙的信号进行不失真衰减，然后把衰减后的信号送入模块作为脉冲电源实时控制的依据。模块核心部分由 FPGA 芯片组成，主要完成如下工作。

① 高压引燃脉冲和低压主脉冲的控制，高、低压复合脉冲的合成，形成完整的放电脉冲，使之具有电流等脉冲宽度的特性。

② 对四种放电状态（开路、正常火花放电、微电弧放电和短路）进行实时检测，并根据检测结果对脉冲参数（脉冲宽度 T_{on}、脉冲间隔 T_{off}、放电峰值电流 I_P）及电流波形进行实时调整。调整方法如下：正常放电时，按设定的 T_{on}、T_{off}、I_P 输出脉冲，并对电流波形进行控制；异常放电时，根据异常放电的类型及在一段时间里间隙放电状态的变化趋势，实时控制 T_{on}、T_{off}、I_P 参数和电流波形。

③ 实时检测可能出现的短路和烧丝的放电迹象，进行实时控制，在现象出现的萌发阶段就将其制止，以避免产生非正常放电。

④ 自动调整多次切割时电流波形特性曲线。在第一次切入工件时，获得大电流低直径损耗电流波形，在精加工切割时，转变为小脉冲宽度的电流波形，满足低表面粗糙度加工的要求。为适应脉冲电源实时控制每一个脉冲参数、电流波形和单位时间内间隙能量的输入量不断变化的情况，解决以往高速走丝变频特性不理想的问题，在电源内部内置了一

211

个新型的伺服跟踪电路，根据高速走丝的特点，设计了新的伺服特性曲线，并增加了新的处理功能。

实时控制智能高频脉冲电源在正常放电加工状态时，呈现等能量脉冲电源的特性，即具有等电流脉冲宽度的功能，有理想的脉冲电流的前后沿斜率，电源能在一定切割工件表面粗糙度的前提下，获得相对最高的切割速度，同时获得相对最低的电极丝直径损耗。一旦电火花脉冲放电的状态偏离理想的状态，该实时控制智能高频脉冲电源能根据实时检测和鉴别的放电状态，以及预置在电源中的专家数据库中的工艺专家程序，实时控制每一个脉冲的能量（脉冲宽度 T_{on} 和放电峰值电流 I_P）、单位时间内的脉冲能量（脉冲间隔 T_{off}）和脉冲电流波形的前后沿斜率，以一种闭环智能变化的方式适应瞬变的电火花脉冲放电状态，使脉冲电源输出最佳的实时脉冲规准，以达到相对最高的切割速度、相对最低的电极丝直径损耗并获得相对最佳的切割工件表面质量。

思 考 题

3-1 高速走丝机控制系统主要包括哪些控制功能？

3-2 简述峰值电压取样变频伺服控制原理。

3-3 简述浮动阈值间隙放电状态检测的基本原理并说明其主要应用工况。

3-4 简述中走丝控制系统的主要功能。

3-5 高速往复走丝电火花线切割脉冲电源的组成及基本要求分别是什么？

3-6 列举五种电火花线切割脉冲电源并简述其特点。

第4章
高速往复走丝电火花线切割加工特性及多次切割

电火花线切割加工工艺指标主要包括切割速度、加工精度、表面粗糙度、表面完整性、电极丝直径损耗和耐用度等。取得良好加工工艺指标，尤其是切割速度和表面粗糙度与合理选择参数及工艺方法是密切相关的。

4.1 切 割 速 度

切割速度在《数控往复走丝电火花线切割机床 性能评价规范》中也称切割效率，是指单位时间内所切割的工件面积（mm^2/min）。最大切割速度是指沿一个坐标轴方向切割时，在不考虑切割精度和表面质量的前提下，单位时间内切割工件能达到的最大切割面积。电火花线切割中，切割速度与材料去除率是不同的概念，尽管它们之间有着密切的联系。材料去除率指的是单位时间内从工件上去除材料的体积（mm^3/min）或质量（g/min）。在单位时间内去除的工件材料体积与切割速度及切缝宽度有关。在电火花线切割中，调整加工参数，实际上直接影响的是材料去除率。

4.1.1 影响材料去除率的主要因素

1. 电参数的影响

电火花线切割中，无论是正极还是负极，单个脉冲的蚀除量都与单个脉冲能量在一定范围内成正比关系，某段时间内的总蚀除量约等于这段时间内各单个有效脉冲蚀除量的总和，因此正、负极材料去除率与单个脉冲能量、脉冲频率成正比。

放电凹坑直径与脉冲宽度的对应关系如图4.1所示，假设放电击穿延时相等，则放电脉冲宽度基本决定了放电凹坑直径；而放电峰值电流则基本决定了放电凹坑深度，如图4.2所示。

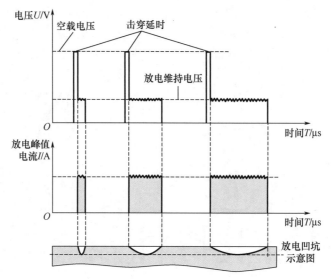

图 4.1　放电凹坑直径与脉冲宽度的对应关系

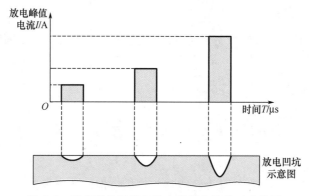

图 4.2　放电凹坑深度与放电峰值电流的对应关系

　　进一步研究发现，放电脉冲蚀除量不仅与脉冲能量有关，还与蚀除形式有关，对于小脉冲宽度高放电峰值电流，产生的蚀除形式主要以材料的气化为主，而大脉冲宽度低放电峰值电流主要的蚀除形式是熔化。气化蚀除形式材料去除率比熔化的要高 30%～50%，并且放电凹坑表面残留的金属少，表面质量有明显改善，如图 4.3 所示。

　　因此要提高材料去除率，可以通过提高脉冲频率、增大单脉冲能量，或增大平均放电电流（或放电峰值电流）和脉冲宽度、减小脉冲间隔的方式获得，还可以通过增大放电峰值电流、减小脉冲宽度以获得气化的蚀除方式，达到既提高材料去除率，又改善表面质量和降低变质层厚度的目的。

　　但上述措施都必须在保障极间处于正常的放电状态下进行，否则脉冲能量或平均能量的增大，不仅不能提高材料去除率，还会导致极间冷却、洗涤及消电离情况进一步恶化，极易导致断丝。

　　2. 金属材料热学物理常数的影响

　　金属热学物理常数是指熔点、沸点（气化点）、热导率、比热容、熔化热、气化热等。当脉冲放电能量相等时，金属的熔点、沸点、比热容、熔化热、气化热越高，电蚀量将越

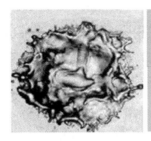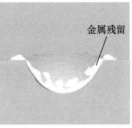

（a）熔化蚀除

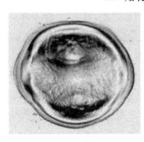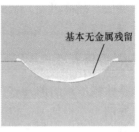

（b）气化蚀除

图 4.3　放电蚀除形式不同产生的表面质量及放电凹坑形状差异

少，越难加工；另外，热导率越大，瞬时产生的热量越容易传导到材料基体内部，也会降低放电点本身的蚀除量。

钨、钼、硬质合金等金属材料的熔点、沸点较高，所以难以蚀除，故对这些材料的电火花线切割，材料去除率会明显降低；纯铜的熔点虽然比铁（钢）的低，但其导热性好，放电形成的热量极易被材料基体吸收，因此材料去除率也较低；铝的热导率虽然比铁（钢）的大好几倍，但其熔点较低，因此单位电流的切割速度比较高，但因为切割过程中，会产生氧化铝，对走丝系统造成损伤，所以在线切割中通常也将铝列为难加工材料；石墨的熔点、沸点相当高，热导率也不太低，故耐蚀性好，适合制作电极，但对于电火花线切割而言，加工起来是比较困难的。表 4－1 列出了常用材料的热学物理常数。

表 4－1　常用材料的热学物理常数

热学物理常数	材　料				
	铜	石墨	钢	钨	铝
熔点 T_r/℃	1083	3727	1535	3410	657
比热容 c/ [J/（kg・K）]	393.56	1674.7	695.0	154.91	1004.8
熔化热 q_r/（J/kg）	179258.4	—	209340	159098.4	385185.6
沸点 T_f/℃	2595	4830	3000	5930	2450
气化热 q_q/（J/kg）	5304256.9	46054800	6290667	—	10894053.6
热导率 λ/ [W/（m・K）]	3.998	0.800	0.816	1.700	2.378
热扩散率 a/（cm²/s）	1.179	0.217	0.150	0.568	0.920
密度 ρ/（g/cm³）	8.9	2.2	7.9	19.3	2.7

3. 工作液的影响

电火花线切割加工过程中，工作液是维持极间正常放电的重要因素，其作用如下：被电离击穿后形成放电通道，并在放电结束后迅速恢复极间的绝缘状态；对放电通道产生压缩，以提高放电能量利用率；帮助抛出和排除蚀除产物；冷却电极丝、工件。因此工作液的性能对材料去除率有很大影响。

4. 影响材料去除率的其他因素

加工过程的稳定性影响材料去除率。加工过程不稳定将影响甚至破坏正常的火花放电，使有效脉冲利用率降低，如高厚度、大斜度切割加工，都不利于蚀除产物的排出，影响加工稳定性，降低材料去除率，使切割速度下降明显，严重时会产生断丝。

4.1.2 影响切割速度的主要因素

实际加工中，各种参数实际影响的是材料去除率，但对于电火花线切割而言，人们更关心的是切割速度。实际加工中根据加工情况的不同，切割速度又分为正常切割速度、平均切割速度及变截面切割速度等，而最大切割速度一般又称表演切割速度，是需要有特定加工条件的，用户一般不能获得。

平均切割速度＝切割总面积/切割时间＝切割长度×工件厚度/切割时间

为方便评估脉冲电源性能，考察其性能时还可以采用单位电流切割速度来衡量，公式为

$$v_{sp} = v_s / I$$

式中，v_{sp} 为单位电流切割速度 $[mm^2 / (min \cdot A)]$；v_s 为切割速度 (mm^2 / min)；I 为平均加工电流 (A)。高速往复走丝电火花线切割单位电流切割速度在采用复合型工作液条件下一般为 $25 \sim 30 mm^2 / (min \cdot A)$。

切割速度不仅受到脉冲参数的影响，而且受到电极丝直径、走丝速度及工作液等非电参数的影响，主要因素如图 4.4 所示。

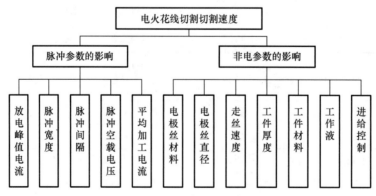

图 4.4 影响切割速度的主要因素

下面对影响切割速度的主要因素进行分析。

1. 脉冲参数的影响

（1）放电峰值电流的影响。

　　放电峰值电流的增大对材料去除率有利，从而影响切割速度。在一定范围内，切割速度随放电峰值电流的增加而提高；但放电峰值电流达到某个临界值后，电流的继续增大将导致极间冷却条件恶化，加工稳定性变差，断丝概率大幅度增大，切割速度呈饱和甚至下降趋势。放电峰值电流一般通过投入的功率管数调节，其宏观的表现是在占空比一定的前提下，投入的功率管数增大后，平均加工电流 I_e 也随着增大。高速走丝平均加工电流与切割速度的关系如图 4.5 所示，较粗的电极丝在较大的平均加工电流下仍可以稳定加工，主要原因是切缝较宽，有利于工作液的进入及蚀除产物的排出。

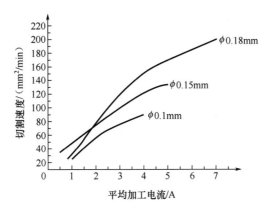

图 4.5　高速走丝平均加工电流与切割速度的关系

　　（2）脉冲宽度的影响。

　　在其他条件不变的情况下，脉冲宽度 T_{on} 对切割速度的影响类似于放电峰值电流 I_p，即在一定范围内，脉冲宽度的增大对提高切割速度有利，但当脉冲宽度增大到某个临界值后，切割速度也将呈现饱和甚至下降趋势。其原因是脉冲宽度达到临界值后，加工稳定性变差，影响了切割速度。在高速走丝加工中，脉冲宽度 T_{on} 一般为 $0.5 \sim 128 \mu s$，最常用的是 $10 \sim 60 \mu s$。脉冲宽度太小，脉冲放电能量低，切割不稳定，甚至表现为切不动；脉冲宽度太大，脉冲放电能量增大，切割表面质量变差。当进行 300mm 以上高厚度切割时，为提高切割稳定性，可选用大于 $60 \mu s$ 的脉冲宽度切割，以达到增大放电间隙、改善极间冷却状况的目的。某加工条件下，脉冲宽度与切割速度的关系如图 4.6 所示。

　　（3）脉冲间隔的影响。

　　在其他条件不变的情况下，脉冲间隔 T_{off} 越大，放电后极间排屑、冷却和消电离越充分，加工稳定性越高，但切割速度越低；减小脉冲间隔，脉冲频率提高，单位时间放电次数增加，平均电流增大，切割速度提高。脉冲间隔的调整由于并未改变单脉冲放电能量，因此不会过多地破坏切割表面质量。某脉冲宽度及切割电流情况下，脉冲间隔与切割速度的关系如图 4.7 所示。但减小脉冲间隔是有条件的，如果

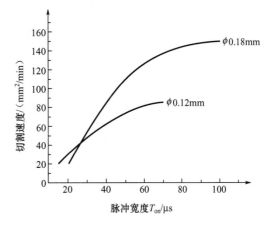

图 4.6　脉冲宽度与切割速度的关系

一味减小脉冲间隔，影响了蚀除产物的排出和放电通道内消电离的过程，就会破坏加工稳定性，降低切割速度，甚至产生断丝。线切割加工中以脉冲宽度和脉冲间隔的比值即占空比来说明脉冲参数的关系，占空比的选择主要与工件的切割厚度有关，高速走丝加工占空比的选择范围一般为1∶3～12。

（4）脉冲空载电压的影响。

提高脉冲空载电压 U_p，实际上起到了提高放电峰值电流的作用，有利于提高切割速度。脉冲空载电压对放电间隙的影响大于放电峰值电流对放电间隙的影响。提高脉冲空载电压，增大放电间隙，有利于介质的消

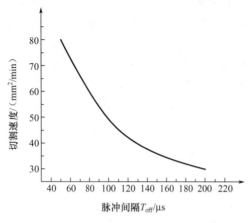

图 4.7　脉冲间隔与切割速度的关系

电离和蚀除产物的排出，提高加工稳定性，进而提高切割速度，因此一般对于厚工件切割需提高脉冲空载电压。

（5）平均加工电流的影响。

在稳定切割情况下，平均加工电流 I_e 越大，切割速度越快。所谓稳定切割，就是正常火花放电占主要比例的加工，一般正常放电加工脉冲应占总脉冲的80％～95％。工作液的种类对正常放电脉冲比例影响较大。如果加工不稳定，短路和空载的脉冲增加，将大大影响切割速度。短路脉冲增加，也可使平均加工电流增大，但这种情况下切割速度反而降低。

采用不同的方法提高平均加工电流，对切割速度的影响是不同的。例如，改变放电峰值电流、脉冲宽度、脉冲间隔、脉冲空载电压等都可以改变平均加工电流，但切割速度的改变略有不同。通过改变脉冲空载电压调节平均加工电流，对切割速度的影响较大；而通过改变脉冲间隔调节平均加工电流，对切割速度的影响略小。

2. 非电参数的影响

（1）电极丝的材料、直径的影响。

高速往复走丝电火花线切割使用的电极丝有钼丝、钨丝、钨钼合金丝、铜钨丝等。采用钨丝加工时，可以获得较高的切割速度，但放电后丝质变脆，容易断丝，故应用较少，因此目前钨丝只在低速走丝的细丝加工中采用。钼丝比钨丝熔点低，抗拉强度低，但是韧性好，在频繁急热急冷的加工过程中，丝质不易变脆，不易断丝。钨钼丝（钨、钼各占50％）加工效果比前两者都好，它具有钨、钼两者的特性，使用寿命和切割速度都比钼丝高，但成本高。铜钨丝有较好的加工效果，但抗拉强度差，价格高，故应用很少。因此，目前高速往复走丝电火花线切割中广泛使用钼丝作为电极丝。

电极丝直径主要根据加工要求和工艺条件选取，钼丝直径与最小破断拉力及电极丝张力选择关系见表4-2。电极丝直径大，承受电流大，可采用较高的电规准加工，同时切缝宽，放电蚀除产物排出条件好，加工过程稳定，能提高脉冲利用率和切割速度，但电极丝直径过大，则难切割出较小半径的内尖角工件，同时切缝过宽会使材料的蚀除量增大，导致切割速度有所降低；而电极丝直径过小，则最小破断拉力低，易断丝，而且切缝较窄，放电蚀除产物排出条件差，会经常出现加工不稳定现象，导致切割速度降低，但细电极丝

可以得到较小半径的内尖角。高速走丝机一般选用直径 $\phi0.08\sim\phi0.25mm$ 的钼丝；目前最常用的钼丝直径是 $\phi0.18mm$。当采用张力装置时，建议张力范围在电极丝最小破断拉力的 $30\%\sim50\%$。中走丝机主切时由于放电能量较高，因此张力选择在最小破断拉力 30% 左右，修切时为提高修切精度，尤其是减小纵、横剖面尺寸差，可以增大电极丝张力。

表 4-2 钼丝直径与最小破断拉力及电极丝张力选择关系

电极丝直径/mm	0.06	0.08	0.10	0.13	0.15	0.18	0.22
最小破断拉力/N	5~6	9~11	14~17	23~29	31~39	44~56	66~84
电极丝张力/N	1.6~2	3~4	4.6~6	8~10	10~13	15~19	22~28

（2）走丝速度的影响。

走丝速度对加工的影响主要与以下因素相关：电极丝上任一点在放电区域的停留时间，放电区域电极丝的局部温升，电极丝在运动过程中将工作液带入放电区域的速度，电极丝在运动过程中将放电区域蚀除产物带出切缝的速度等。

因此走丝速度越快，切缝内放电区域温升就越小，工作液进入加工区域速度越快，蚀除产物的排出速度也越快，这都有助于提高加工稳定性，减小二次放电发生的概率，提高切割速度。某加工条件下，电极丝走丝速度与切割速度的关系如图 4.8 所示。

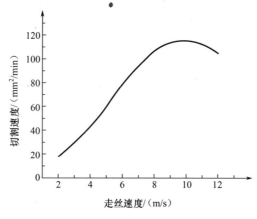

图 4.8 电极丝走丝速度与切割速度的关系

某加工条件下，不同走丝速度切割工件出口处表面微观形貌如图 4.9 所示。走丝速度 $v=12m/s$ 时，工件表面残留的熔融再凝固颗粒少，放电凹坑轮廓清晰，表面平整；$v=7.2m/s$ 时，工件表面局部区域出现了残留的熔融再凝固颗粒，表面开始变得粗糙；$v=4.8m/s$ 时，工件表面残留的熔融再凝固颗粒增加，表面变得更粗糙；$v=2.4m/s$ 时，工件表面烧伤区域被残留的熔融再凝固颗粒覆盖。

走丝速度较高时，极间蚀除颗粒被电极丝及时带离切缝，极间介质能维持良好的介电性，其放电波形如图 4.10（a）所示，放电波形中击穿延时波形比重较高，正常放电加工波形占总脉冲的 90% 以上，极间状态良好，不同放电点在工件表面分散均匀，切割表面平整光滑。

走丝速度降至一定程度时，蚀除颗粒被电极丝带出切缝的量减小，并在电极丝出口表面堆积，导致极间放电状态变差，如图 4.10（b）和图 4.10（c）所示，放电波形中击穿

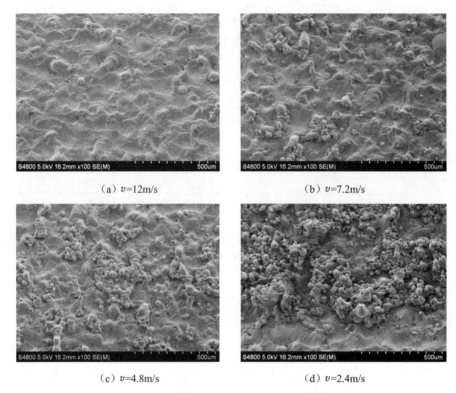

（a）v=12m/s　　　　　（b）v=7.2m/s

（c）v=4.8m/s　　　　　（d）v=2.4m/s

图 4.9　不同走丝速度切割工件出口处表面微观形貌

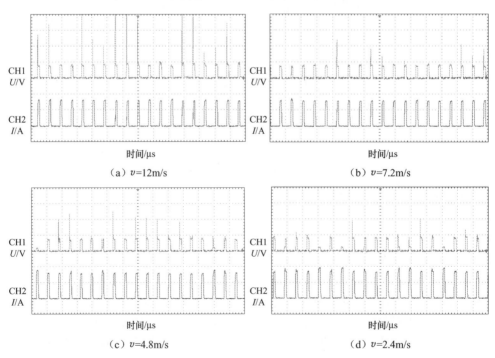

（a）v=12m/s　　　　　（b）v=7.2m/s

（c）v=4.8m/s　　　　　（d）v=2.4m/s

CH1 每格 20V；CH2 每格 20A；时间每格 500μs

图 4.10　工件在不同走丝速度下的放电波形

延时波形减少，并出现了一定比重的微短路击穿波形和短路波形。电极丝出口表面堆积的一部分蚀除颗粒在放电高温作用下会重新熔凝在工件表面，同时会导致极间二次放电增加，使切割速度降低，切割表面粗糙。

当走丝速度进一步降低时，电极丝的排屑能力更差，电极丝出口表面将堆积更多的蚀除颗粒，极间放电状态进一步恶化，如图 4.10（d）所示，短路波形、微短路击穿波形及正常击穿放电波形转化为短路波形的比例均增大。切割速度大大降低，切割表面出口处出现严重的烧伤，电极丝因为得不到及时冷却，断丝概率增大。

因此电火花线切割中，选用合适的走丝速度对提高切割速度和表面质量具有重要意义。高速走丝机的走丝速度一般为 6～12m/s。中走丝修切时为提高电极丝空间位置精度和稳定性，走丝速度将进一步降低。

高速走丝加工中当走丝速度达到足以维持极间处于良好放电状态后，就失去了进一步提高走丝速度的必要，若继续提高走丝速度，反而会出现电极丝抖动加剧等不利现象，会导致切割速度略有降低，并影响走丝系统的使用寿命。切割厚度在 200mm 以内，走丝速度一般选择 8～10m/s；切割厚度继续增大，如切割厚度大于 300mm，则可选用 10～12m/s 的走丝速度。走丝速度对切割速度的影响并不是孤立的，当采用洗涤性良好的复合型工作液后，由于较低的走丝速度已经可以维持极间处于良好放电状态，因此稳定切割的走丝速度可以降低，以提高走丝系统的稳定性及使用寿命，并且由于电极丝振动减弱，切割精度及表面质量均会有所改善。

（3）工件厚度的影响。

工件厚度对工作液进入加工区域和蚀除产物的排出、放电通道的消电离都有较大影响。同时，放电爆炸力对电极丝抖动的抑制作用也与工件厚度密切相关。

一般情况下，虽然工件薄有利于工作液进入加工区域和蚀除产物的排出，但放电爆炸力对电极丝的作用距离短，切缝难以抑制电极丝的抖动，很难获得较高的脉冲利用率和理想的切割速度，此时由于放电后材料去除率可能会大于电极丝进给速度，极间不可避免地会出现大量空载脉冲而影响切割速度；而工件过厚，虽然切缝可使放电的电极丝抖动减弱，但是工作液流动和排屑状况恶化，也难以获得理想的切割速度，并且因为工作液在整个切缝内分布不均匀，所以切割表面的平整性较差，而且容易断丝。因此，只有在工件厚度适中时，才能获得理想的切割速度。理想的切割速度还与使用的工作液性能有很大关系，如采用一般油基型工作液，最佳切割厚度在 50～100mm；当使用性能良好的佳润复合型工作液后，不仅切割速度有大幅度提升，而且最佳切割厚度也会增大到 150mm 左右。某加工条件下，工件厚度与切割速度的关系如图 4.11 所示。

（4）工件材料的影响。

电火花线切割时材料的可加工性主要取决于其导电性及热学特性，因此对于具有不同热学特性的工件材料，切割速度明显不同。一般而言，熔点较高、导电性较差的材料（如硬质合金、石墨等），以及热导率高的材料（如纯铜等）都比较难加工；而铝合金由于熔点较低，切割速度会比较高，但切割铝合金时会形成不导电且硬度很高

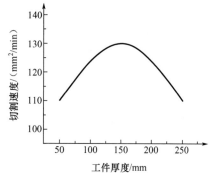

图 4.11　工件厚度与切割速度的关系

的 Al_2O_3 镀覆在电极丝上,并混于工作液中,一方面影响了电极丝的导电性,另一方面会大大加速导轮及导电块等部件的磨损,此外由于极间导电性能不稳定,易导致加工异常。切割过铝合金的工作液及钼丝再切割钢材时加工稳定性将大大降低,切割速度会降低 30% 以上,一般称这种现象为"铝中毒"。因此切割过铝合金的工作液与电极丝必须更换。表 4-3 列出了在相同加工条件下,以模具钢切割速度 $100mm^2/min$ 计,不同材料的参考切割速度。

表 4-3　不同材料的参考切割速度

工件材料	铝	模具钢	钢	石墨	硬质合金	纯铜
切割速度/ （mm²/min）	180	100	90	25	40	50

（5）工作液的影响。

相同工艺条件下,采用不同工作液加工,切割速度及工艺效果差异很大。切割速度与工作液的介电性能、流动性、洗涤性有关。高速走丝加工中,目前业内主要使用的三种工作液是油基型工作液、水基合成型工作液及复合型工作液。此外,工作液的浓度和电导率对切割速度也有一定的影响。

某加工条件下,三种典型工作液平均切割电流与切割速度的关系如图 4.12 所示,油基型工作液和水基合成型工作液切割电流的适用范围一般为 5A 左右,复合型工作液的适用范围可以达到 7A 左右,当然随着工作液浓度的提高,平均切割电流的适用范围会有所扩大。

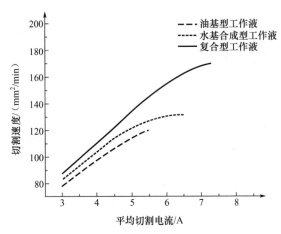

图 4.12　三种典型工作液平均切割电流与切割速度的关系

（6）进给控制的影响。

理想的电火花线切割,电极丝进给速度应严格跟踪蚀除速度,进给过快或过慢都会影响脉冲利用率,并且易产生断丝。

目前,电火花线切割的进给系统有伺服进给控制、自适应控制等多种控制方式,在多次切割中因为修切的需要还可以采用恒速进给控制。伺服进给控制主要根据加工间隙的变化,不断自动地调整进给速度,使加工稳定在设定的目标附近,以获得较高的切割速度,目前高速走丝机普遍采用这种控制方式。自适应控制不仅能根据加工间隙状态的变化控制进给速度,而且可以根据不同的工艺条件调整原先设定的控制目标,如对于工件材料变化、厚度变化或加工要求变化（粗加工还是精加工）等，系统都能自己做出相应的调整。自适应控制进给方式能获得更好的工艺效果，但系统较复杂。

4.2 加工精度

加工精度是对加工工件的尺寸精度、形状精度和位置精度的总称。其中人们最关心的是尺寸精度，主要包括加工尺寸精度，纵、横剖面尺寸差（切割正四棱柱时称为腰鼓度）及拐角误差等。加工精度涉及切割轨迹的控制精度，机械传动精度，工件装夹定位精度及脉冲电源参数的波动，电极丝直径误差、损耗及抖动，工作液脏污程度的变化，操作者工艺水平等方面。影响加工精度的因素很多，主要有机床机械精度、进给控制、脉冲参数、电极丝、工作液、工件材料、加工工艺及环境等，其中较重要的因素有机床的运动精度，电极丝空间位置稳定性，工件变形控制，放电间隙的变化，纵、横剖面尺寸差控制，拐角误差控制及环境因素等。

1. 机床的运动精度

机床运动的控制方式在第2章已有详细论述。高速走丝机基本采用开环控制方式，工作台的运动精度只能依靠制造精度保障。目前，已有相当一部分中走丝机采用半闭环控制甚至闭环控制方式，从而使工作台的运动精度获得进一步提高。目前，高速走丝机所能达到的切割精度一般为 $\pm 0.01 \sim \pm 0.02$mm，表面粗糙度为 $Ra2.5 \sim Ra5.0 \mu m$；中走丝机能达到的指标一般为经过三次切割（又称割一修二），切割精度可达 ± 0.008mm 以内，表面粗糙度小于 $Ra1.2 \mu m$，最佳切割精度可达 ± 0.005mm，最佳表面粗糙度小于 $Ra0.4 \mu m$。

高速往复走丝
电火花线切割
丝筒分区加工

2. 电极丝空间位置稳定性

高速走丝机由于电极丝采用导轮定位，导轮和轴承的跳动会影响电极丝空间位置稳定性，此外由于缺乏性能稳定的张力控制装置，切割过程中电极丝张力始终在变化，并且电极丝高速走丝后会导致机床产生振动，同时换向后产生的冲击作用等均会大大影响电极丝的空间位置稳定性，因此作为切割工具的电极丝自身的空间位置稳定性较难保障，导致工件切割精度受到一定程度的制约。此外，电极丝直径损耗也会影响加工精度。所有这些因素都导致高速往复走丝电火花线切割加工零件的尺寸精度受到较大制约。目前在中走丝机走丝系统中增加了导向器、张力控制系统等机构，改善了电极丝的空间位置稳定性，并采用多次切割工艺，减小了工件切割过程中的变形，此外部分厂家还采用了电极丝分段切割技术，规避了电极丝直径损耗对切割精度的影响，对切割精度的提高起到了一定的作用。

3. 工件变形控制

机械加工工序都是按粗、中、精的工艺流程进行的，但对于高速往复走丝电火花线切割而言，由于存在众多不可控因素，特别是走丝系统的不可控，因此以往均采用一次切割方式，使得工件切割后由于材料内部残余应力释放引起的变形无法控制。中走丝机通过多次切割，可以对工件的变形进行有效控制，但由于仍然存在一些不可控因素，如往复走丝的特性，张力及工作液性能难以准确控制，修切工艺数据库仍然有待进一步完善等，因此切割精度的提高仍受到一定限制。

4. 放电间隙的变化

由于以往平均切割电流变化范围不大（2.5～3.5A），并且切割精度要求不高，因此单边放电间隙均假设为0.01mm。随着高效切割及中走丝机切割的推广，切割能量变化范围扩大，切割工艺的多样化及各种不同工作液的使用，放电间隙的变化已成为一个必须考虑的因素。切割时中只有准确设置电极丝偏移补偿量，才能获得准确的加工尺寸。而放电间隙的准确设定是设置电极丝偏移补偿量的前提。实际加工中一般采用试切后进行测试的方法获得放电间隙的准确值。放电间隙涉及的因素很多，但主要与切割能量相关。放电间隙与平均切割电流的关系如图4.13所示，随着平均切割电流的增加，放电间隙逐步增大，但到一定程度后，放电间隙增长缓慢，主要是因为平均切割电流增加后，切割表面的"毛刺"，即放电蚀除凹坑的边缘残留物增多，测量时宏观方面抵消了放电间隙的增加。此外，不同厚度的工件，在相同切割参数条件下（平均切割电流为3.5A），呈现的放电间隙的变化规律如图4.14所示。由于平均切割电流相同，因此放电间隙的总体变化不大，虽然随着工件厚度的增大，放电间隙先有所增大，但当工件厚度进一步增大后放电间隙则随之降低，直至趋于稳定。其原因在于，起始时随着工件厚度的增大，伺服进给速度降低，电极丝对切缝两边的放电蚀除量有所增大，但随着切割工件厚度的进一步增大，电极丝振动受到的切缝及工作液的阻尼作用增大，振动减弱，致使放电间隙有所减小。

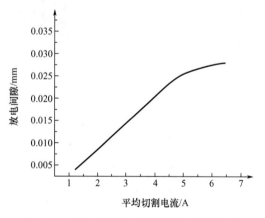

图4.13 放电间隙与平均切割电流的关系

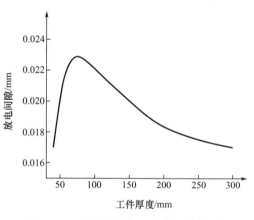

图4.14 放电间隙与工件厚度的关系

5. 纵、横剖面尺寸差控制

对于纵、横剖面尺寸差，行业标准规定为在对边长20mm、高度40mm的正八棱柱厚度方向上的中间及距两端面各5mm的三个位置，分别测量四组相对平行面间的距离，取所有尺寸的最大差值为误差值。纵、横剖面尺寸差主要与走丝方式、电极丝张力、加工能量及工件厚度等有关，尤其体现在切割方式上。一次切割时，由于电极丝在与进给垂直的方向上受力对称，因此切割面纵、横剖面尺寸差较小，但在多次切割修切时，因电极丝单边受放电爆炸力的作用，切割面纵、横剖面尺寸差会大大增加。

电火花线切割加工方式不同，其切缝的剖面形状也不同，如图4.15所示。低速走丝加工时一般会形成切缝中凹，其原因一方面是在放电力作用下，上下导向器间的电极丝会产生振动；另一方面是上下高压喷液的作用，使得部分蚀除产物在工件中部汇集，导致该区域工作液的电阻率下降，易引发二次放电。因此提高走丝速度和增大电极丝张力，有助于蚀除产物的排出并减小电极丝振幅，减小切割面纵、横剖面尺寸差。高速走丝排屑条件好，切缝窄，工作液的黏度较高，可以抑制电极丝的振动，所以不会出现中凹。但高速走丝时电极丝振动主要来自导轮与轴承，在工件上下两端电极丝振幅较大，所以切缝剖面会呈现中凸的"枕形"。随着切割工件厚度的增大，加工区域电极丝的刚性降低，其切割面纵、横剖面尺寸差会增大。

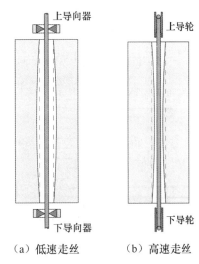

（a）低速走丝　　（b）高速走丝

图 4.15　不同切割方式对应的切缝剖面形状

中走丝机修切时，由于单边放电的原因，切割面纵、横剖面尺寸差会急剧增大，甚至出现在高厚度修切时工件中部无法修切的情况。高厚度工件修切纵、横剖面尺寸差控制详见 4.10.8 节。

6. 拐角误差控制

拐角误差又称塌角误差，是衡量线切割加工精度的一个重要指标，一直是线切割加工领域的研究热点。随着模具工业的发展及精密电子、精密机械零件，尤其是微小型零件加工的需要，拐角误差的控制越来越引起人们的关注。

拐角误差是指切割方向改变时在工件上所产生的形状误差。在加工中，由于电极丝在放电爆炸力等因素作用下，不可避免地会产生与进给方向相反的弯曲滞后，使得加工拐角时，会形成塌角，影响工件的形状精度。具体体现在如下方面：切割凸角时，由于电极丝的滞后和在凸角附近放电能量的集中，会产生过切；而在切割凹角时，由于电极丝运动轨迹偏离并滞后理论轨迹，会产生一部分切不到的现象，如图 4.16 所示。拐角误差将导致精冲模具的配合间隙发生改变，致使出现冲裁零件产生飞边，模具使用寿命下降，甚至产生模具报废等问题。

（1）拐角误差形成的主要原因。

① 电极丝弯曲滞后引起拐角误差。由上下导轮或导向器支撑的电极丝具有半柔性特性，加工时作用在电极丝上的力主要包括放电爆炸力、高压冲液时液体向已形成的切缝后方的冲液压力（低速单向走丝电火花线切割时）、电场作用下的静电引力和电极丝的轴向张力等。在各种力的综合作用下，电极丝将向加工方向的反方向凸起，形成理论位置和实际位置的差异，体现为滞后量 δ，如图 4.17 所示。故在进行拐角和小半径圆角切

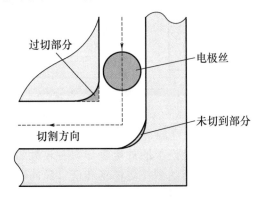

图 4.16　拐角加工产生的问题

割时，由于电极丝的运动轨迹滞后于编程设定的轨迹 δ，在切割轨迹转向时，电极丝实际运动轨迹将产生滞后效应，形成拐角误差，如图 4.18 所示。

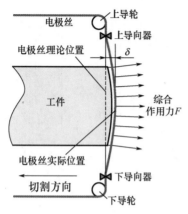

图 4.17 电极丝弯曲原理图

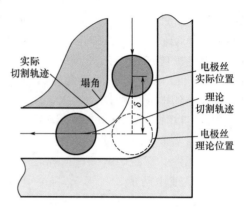

图 4.18 电极丝的滞后效应

② 拐角处放电概率引起拐角误差。加工拐角时，在其附近由于电荷的聚集将导致电场强度增大，使得在拐角附近放电概率增大；此外，拐角特殊的几何形状将导致放电时在其附近产生热量集中，温度升高，从而使电荷运动加剧，促使液体介质发生电离，增大放电概率，因此在拐角切割时会产生过切现象。

拐角角度分为三类：第一类是拐角角度 $\theta > 135°$，电极丝的滞后是导致拐角误差的主要原因；第二类是拐角角度 $30° \leqslant \theta \leqslant 135°$，如图 4.19 所示，电极丝轴向牵引力 F_e 与加工阻力 F_r 不在同一条直线上，会产生另一个方向的合力 F，此时电极丝将产生明显的非对称性误差；第三类是拐角角度 $\theta < 30°$，由于尖角处的放电概率增大，尖角会被严重蚀除，形成更大的拐角误差。

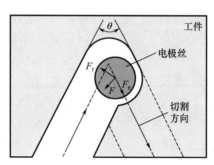

图 4.19 电极丝拐角切割时的受力分析

（2）拐角误差的控制方法。

① 能量控制法。能量控制法是指在不改变拐角编程轨迹的前提下，对各项加工参数或加工条件进行控制。由于单个脉冲放电能量对作用在电极丝上的放电爆炸力有较大的影响，电极丝的形变量一般随着加工能量的增大而增大，直至达到一定的饱和值。脉冲放电能量的增大会增大电极丝振动弯曲的变形量，致使电极丝相对于导向器的滞后量增大。而加工能量又与脉冲宽度、放电峰值电流等参数有关，因此拐角切割时可以通过在拐角附近减小脉冲宽度、放电峰值电流，增大脉冲间隔来减小电极丝的形变量，从而减小加工时的

拐角误差，提高加工精度。

② 设置超切程序和设置停滞时间。设置超切程序，在拐角处增加一个正切的小正方形或三角形作为附加程序，以切割出清晰的尖角，如图 4.20 所示。但这种方法只能应用于凸模加工，而且会延长加工时间，一般使用较少。目前，高速走丝加工中最常用的拐角处理方法是在程序的转接点处设置停滞时间（一般设定 10～20s），在此点，通过火花放电的持续及电极丝张力的作用，使电极丝在拐角处尽可能地在停滞时间内回弹到理论位置，以尽量消除滞后量，然后进行下一道程序的加工。此方法简单易行，但在拐角停顿会造成拐角处切割时间长，使拐角处产生过烧现象。

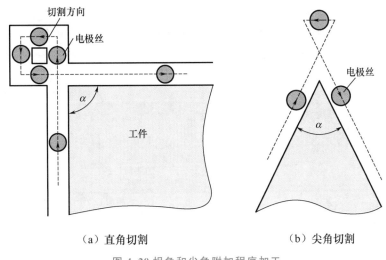

（a）直角切割　　　　　　　　　　　（b）尖角切割

图 4.20 拐角和尖角附加程序加工

③ 电极丝张力控制和提高电极丝定位精度。通过提高电极丝的张力及稳定性减小电极丝的振动，可以减小工件的拐角误差。通过适当增大电极丝张力，并在切割过程中采用张力装置收紧电极丝，从而提高电极丝的刚性，同时尽量缩短上下定位导轮与工件表面之间的距离，采用导向器提高电极丝定位精度并使上下间距保持一致，以提高拐角切割精度。

④ 选用具有拐角优化策略的自动编程系统。此部分内容在 3.2.4 节已经有详细表述。

随着中走丝控制系统智能化水平的提高，对于拐角切割的控制策略也向着各因素综合控制方面发展，目前已经从原来最简单的在转接点处设置停滞时间向采用能量控制策略和增大电极丝张力的控制方法转变。在不改变拐角编程轨迹的前提下，对各项加工参数或加工条件进行控制，如在接近拐角处的一定长度内，控制系统会通过降低脉冲能量、减小跟踪速度、提高电极丝张力等综合措施以改善拐角的切割精度。

7. 环境因素

影响加工精度的主要环境因素是室温和振动。研究发现，室温变化 1℃，中型机床在全行程范围内会产生 0.001mm 的误差；而环境中存在振动源，会使电极丝与工件的相对位置发生变化。因此，精密加工时，应设法使环境温度尽可能恒定，并与周围的振源隔离。

8. 电极丝分段切割

由于高速往复走丝电火花线切割的电极丝往复循环使用，随着切割时间的增加，电极丝直径损耗将越来越大，势必影响切割精度，尤其是中走丝多次切割时，电极丝直径损耗将会对修切的绝对尺寸产生影响。因此为减小电极丝直径变化造成的精度误差，在加工时可以将贮丝筒上的电极丝人为设置成粗加工、半精加工及精加工使用段，如图 4.21 所示。粗加工时，利用贮丝筒电极丝总长的 1/2；半精加工时，利用总长的 1/4；精加工时，再利用余下的 1/4。粗加工是主要产生电极丝直径损耗的区域，半精加工及精加工采用较小的脉冲能量，此时电极丝直径的变化可以控制在 1～2μm，因此经过多次切割后的工件，可以确保小批量模具（如电机模的冲头）工件的加工精度及表面粗糙度的一致性；加工大型模具工件时，其加工精度、表面质量不会因为电极丝的直径损耗而下降。

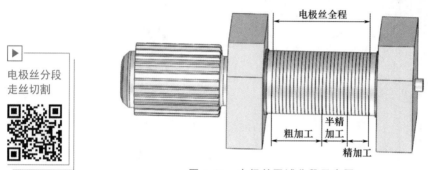

电极丝分段
走丝切割

图 4.21　电极丝区域分段示意图

为实现电极丝的分段切割，先通过角度编码器检测贮丝筒的旋转角度，然后由可编程控制器计算出此段电极丝的长度并设置贮丝筒不同的旋转角度区间，控制电动机三种切割方式的旋转角度，从而将不同区域所用的电极丝加以区分。

使用电极丝分段切割需要注意：电极丝在不同区域加工时，需要调节电极丝张力，避免电极丝在粗加工区域因张力过大产生断丝，而在精加工区域张力过小影响切割稳定性及表面质量。

4.3　表面完整性

切割加工表面完整性主要包括表面粗糙度、表面变质层和表面机械性能三部分。

4.3.1　表面粗糙度

表面粗糙度是衡量电火花线切割表面质量的重要指标，是指加工表面的微观几何形状误差，国家标准规定常用两个指标评定表面粗糙度：轮廓的平均算术偏差 Ra 和轮廓的最大高度偏差 Rz。在实际应用中多用 Ra，单位为 μm。轮廓的最大高度偏差 Rz 在国外常用 $R\max$ 表示。

一般高速走丝机切割表面粗糙度为 $Ra2.5\sim Ra5\mu m$，中走丝机多次切割后可达到 $Ra0.8\sim Ra1.2\mu m$。随着纳秒级高频脉冲电源的逐步应用，中走丝机修切后的最佳表面粗

糙度已经达到小于 $Ra0.4\mu m$。但进一步降低表面粗糙度难度很大，主要的困难仍然是由高速走丝加工的特性所造成的。高速走丝加工采用的是钼丝，相对于低速走丝采用的铜丝而言不是良导体，自身具有较大的电阻，因此从进电端到加工区域，将会消耗掉部分脉冲电源的能量，这在放电能量十分微小的精加工阶段，对放电能量的影响会变得很大；此外，由于高速走丝机采用具有一定导电性的工作液，放电加工时有漏电流产生。这两方面的因素都将导致高频脉冲电源的输出能量进一步降低难度很大，因为能量一旦降低将导致无法正常放电。目前中走丝机能修切的脉冲电源最小的脉冲宽度已经做到在 100ns 以下，放电峰值电流超过 100A，但也只能对较薄的工件（厚度 20mm 以下）稳定修切。目前这方面的研究仍在进一步深入进行。

影响表面粗糙度的因素虽然很多，但主要是受到放电能量（脉冲参数及蚀除方式）的影响。另外，表面条纹种类、加工进给速度、工件厚度、工作液种类等对表面粗糙度也有一定影响。

1. 脉冲参数及蚀除方式的影响

电火花线切割加工脉冲参数对表面粗糙度的影响规律与电火花成形加工类似。脉冲参数对加工表面粗糙度的影响如图 4.22～图 4.25 所示。由图可见，无论是放电增大峰值电流还是增加脉冲宽度，都会因增大了脉冲放电能量而使加工表面粗糙度增大。电火花成形加工时，一般认为脉冲间隔的变化对加工表面粗糙度没有什么影响，但在电火花线切割加工时，脉冲间隔的影响是不可忽略的，在其他脉冲参数不变的条件下，脉冲间隔减小，切割表面粗糙度会增大。但由于脉冲间隔的调整理论上不影响单个脉冲的放电能量，只影响极间的冷却和消电离状况，因此

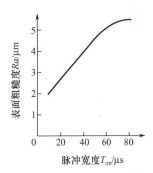

图 4.22　脉冲宽度与表面粗糙度的关系

对表面粗糙度的影响比其他电参数小。电火花线切割加工在平均加工电流一定的条件下，通过压缩脉冲间隔提高切割速度比通过增大放电峰值电流提高切割速度所获得的表面粗糙度有很大差异，如图 4.26 所示，平均加工电流都是 4A，但前者的占空比是 1∶4，因此放电峰值电流是 20A，而后者占空比是 1∶6，放电峰值电流是 28A，故前者获得的表面粗糙度要低很多，但切割速度会略有下降。为形象地说明此情况，可用图中放电凹坑的深度近似表示表面粗糙度的状况。

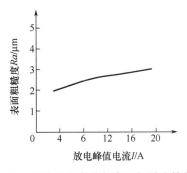

图 4.23　放电峰值电流与表面粗糙度的关系

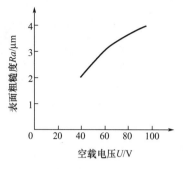

图 4.24 空载电压与表面粗糙度的关系

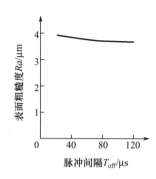

图 4.25 脉冲间隔与表面粗糙度的关系

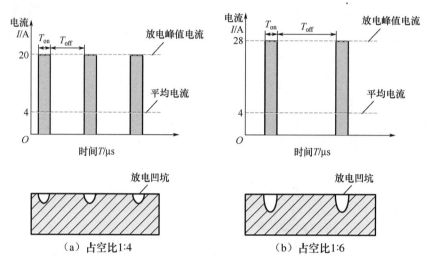

图 4.26 同样平均切割电流下不同脉冲间隔对表面粗糙度的影响

近期研究发现,当高速往复走丝电火花线切割采用小脉冲宽度高放电峰值电流切割时,同样有气化蚀除效果,并能改善切割表面质量。在修切时采用纳秒级的脉冲宽度及数百安培放电峰值电流形成气化蚀除修切时,可以获得表面粗糙度小于 $Ra0.4\mu m$ 甚至接近亚光面的切割表面,目前该研究仍在继续。

2. 表面条纹种类的影响

高速走丝机加工时产生的条纹主要分三类,其形成的原因在 1.12 节已有详细论述。第一类是换向机械纹,对切割表面粗糙度影响很大,只能通过改善走丝系统的稳定性,如提高导轮、轴承、贮丝筒的精度与装配精度,保持电极丝张力恒定并采用电极丝导向器等措施解决。在中走丝小能量修切时,由于放电间隙小,对电极丝空间定位精度敏感性增强,也会导致修切表面均匀性发生改变,造成修切面上产生随机性的贯穿条纹。第二类是电解纹,主要出现在中走丝修切的表面,条纹处表面粗糙度并不比无条纹处差,可以通过弱酸清洗去除,目前还可以采用抗电解电源修切去除。第三类是通常说的切割表面黑白交叉条纹,是切割表面产生烧伤所致,条纹上有蚀除产物颗粒堆积,会大大影响切割表面粗糙度。

3. 加工进给速度的影响

虽然进给速度对表面粗糙度影响不大,但对切割表面的色泽有较大影响。加工过程中,如果总体跟踪进给速度过慢,加工偏欠跟踪,此时空载脉冲较多,工件表面将由于极间空载脉冲的电化学作用而色泽发暗;如果总体跟踪进给速度过快,加工偏过跟踪,工件表面将由于极间短路脉冲比重增大色泽发黄。

4. 工件厚度的影响

在脉冲参数和其他工艺条件不变的情况下,工件越厚,其加工表面粗糙度越小,其原因是厚的工件缓解了线切割加工过程中的面积效应并且抑制了电极丝的抖动。此外,在相同规准、相同切割速度条件下,厚工件的加工进给速度小于薄工件的进给速度,容易自然形成换向痕和走丝痕的叠加,减少了在加工表面形成纵向波纹的机会。但如果工件厚度进一步增大,切割表面的平整性又将成为一大难题,一旦切割不稳定,切割表面不平整,表面粗糙度就无从谈起。这个问题在后续的 4.6.4 节超高厚度切割表面平整性中有详细论述。

5. 工作液种类的影响

采用油基型工作液作为工作液时,加工中因油性物质裂解会产生含碳胶团物质,影响极间消电离和蚀除产物的排出,因此切割表面容易残留蚀除产物,并容易产生表面烧伤条纹,而当采用洗涤性良好的复合型工作液后,由于极间获得良好的洗涤及消电离特性,放电状况大为改善,因此切割表面平整、光滑。

4.3.2 表面变质层

电火花线切割中,由于火花放电的瞬时高温和工作液的快速冷却及工作液具有一定的导电能力,在加工过程中还伴有一定的电解作用,因此材料的表面层化学成分和组织结构会发生很大变化,其改变的部分称为表面变质层。表面变质层包括松散层、熔化凝固层和热影响层,如图 4.27 所示,在熔化凝固层往往还存在显微裂纹。表面变质层的厚度随脉冲能量的增大而变厚。由于火花放电过程的随机性,在相同的加工条件下,表面变质层的厚度是不均匀的。

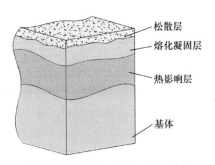

电火花加工表面变质层

图 4.27　电火花加工表面变质层

(1) 松散层。松散层是由放电后飞溅的蚀除产物黏附在熔化凝固层表面而形成一层很薄的松散颗粒构成的,极易剥落,因此在有些教材中不将其列为表面变质层的组成部分。

(2) 熔化凝固层(俗称重熔层、重凝层、再铸层、重铸层)。熔化凝固层处于工件表面最上层，它被放电时的瞬时高温熔化后又滞留下来，受工作液快速冷却而凝固。因此其与内层的结合不牢固，通常含有电极丝材料和基体材料。对于碳钢，熔化层在金相照片上呈现白色，故又称白层，它与基体金属完全不同，是一种晶粒细小的树枝状淬火铸造组织。

（3）热影响层。热影响层位于熔化层和基体之间。热影响层的金属材料并没有熔化，只是受到高温的影响，使材料的金相组织发生了变化。对淬火钢，热影响层包括再淬火区、高温回火区和低温回火区；对未淬火钢，热影响层主要为淬火区。

（4）显微裂纹。电火花加工表面由于受到瞬间高温作用并迅速冷却而产生拉应力，往往出现显微裂纹。实验表明，一般显微裂纹仅在熔化凝固层内出现，只有在脉冲能量很大的情况下才有可能扩展到热影响层。

脉冲能量对显微裂纹的影响非常明显，脉冲能量越大，显微裂纹越宽、越深。不同工件材料对裂纹的敏感性也不同，硬脆材料更容易产生显微裂纹。工件预先的热处理状态对显微裂纹产生的影响也很明显，加工淬火材料要比加工淬火后回火或退火的材料容易产生显微裂纹，因为淬火材料脆硬，原始内应力也较大。

为提高电火花线切割加工表面质量和切割速度，高速走丝采用多次切割工艺，第一次加工采用大能量高速切割，表面质量较差，而后通过后续的修切，可以降低表面粗糙度并减薄表面变质层，甚至可以采用电解线切割修整的方法消除表面变质层（详见 4.11 节）。

高速走丝切割表面变质层尤其是熔化凝固层与低速走丝切割表面是不同的，由于采用具有一定油性和防锈性能的工作液，切割表面经光谱分析和电子探针检测，碳元素的含量有所增大，并且一般表面呈现硬化特征。主切时其熔化凝固层厚度为 $25 \sim 40 \mu m$，并且不均匀，多次切割后熔化凝固层厚度可以控制在 $10 \mu m$ 左右，均匀性也得到很好的改善。高速走丝切割表面变质层的特性详见 4.10.9 节。

4.3.3　表面机械性能

（1）显微硬度及耐磨性。电火花线切割加工后表面层的硬度一般均比基体高，但对某些淬火钢，也可能稍低于基体硬度。对未淬火钢，特别是含碳量低的钢，热影响层的硬度甚至都比基体硬度高；对淬火钢，热影响层中的再淬火区硬度稍高或接近于基体硬度，而回火区的硬度比基体硬度略低，高温回火区又比低温回火区的硬度低。因此，一般情况，电火花线切割加工表面最外层的硬度比较高，耐磨性好。但对于滚动摩擦，由于是交变载荷，特别对于干摩擦，熔化凝固层和基体的结合不牢固，容易剥落而加快磨损。因此，对于精密模具一般需要把表面变质层研磨掉。

（2）残余应力。电火花线切割加工表面存在由于瞬间先热胀后冷缩作用而形成的残余应力，而且表现为拉应力。残余应力的大小和分布主要与材料在加工前的热处理状态及加工时的脉冲能量有关。因此，对表面要求质量较高的工件，应尽量避免使用较大的电规准加工。

（3）抗疲劳性能。电火花线切割加工表面由于存在较大的拉应力，还可能存在显微裂纹，因此其抗疲劳性能比机械加工的表面低许多。采用回火、喷丸处理等有助于降低残余应力，或使表面应力状态转变为残余压应力，以提高抗疲劳性能。

有试验表明，当表面粗糙度在 $Ra0.08 \sim Ra0.32 \mu m$ 时，电火花加工表面的抗疲劳性能将与机械加工表面相近。这是因为电火花精微加工表面所使用的电规准很小时，熔化凝固层和热影响层均非常薄，不易出现显微裂纹，而且表面的残余拉应力较小。但高速往复走丝电火花线切割表面质量还未进入该区域。

（4）表面软化层。复合型工作液中虽然存在较多的 OH^-，也会定向流向切割工件表面，但复合型工作液所具有的油性组分及添加的多种防锈组分可起到对工件表面保护和防锈的作用，减弱了 OH^- 对切割表面的腐蚀，所以高速往复走丝电火花线切割表面不像传统的低速单向走丝电火花线切割（无抗电解加工电源）表面一样会产生表面软化层。但在放电形成的高温通道及周边区域形成的高温电解作用仍存在，因此表面微观上仍存在高温电解的微孔洞。

4.4　电极丝直径损耗

电极丝直径损耗一般规律如图 4.28 所示，宏观表现是直径先增加，然后逐步减小。直径的增加并非真实的增大（俗称负损耗），而是放电后，在原光滑的电极丝表面因为放电产生了"毛刺"和积瘤。由于实际测量的是包含"毛刺"和积瘤的直径，导致形成了直径反而增加的错觉。放电能量越大，"毛刺"越高，直径增加越快、越多，但持续时间也越短。电极丝上单个放电凹坑表面如图 4.29 所示。

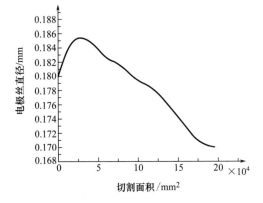

图 4.28　电极丝直径损耗一般规律

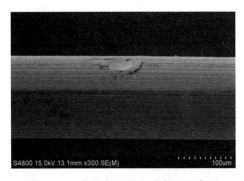

图 4.29　电极丝上单个放电凹坑表面

影响电极丝直径损耗的因素很多，主要有脉冲参数、放电电流波形、电极丝材质、工件材质及工作液性能等。短脉冲加工电极丝直径损耗较大，因此增大脉冲宽度是一种有效降低电极丝直径损耗的方法。

业内并未对电极丝直径损耗的评判给出统一标准，通常用一丝损耗所切割的面积对电极丝直径损耗进行评价（详见 1.13.2 节）。试验时为保障电极丝在 360° 方向均匀损耗，需要在 X、Y 方向切割面积基本相等，试验用工件材料为 Cr12 或 45 钢，工件外形尺寸（长×宽×高）为 120mm×70mm×60mm，切割试验图形如图 4.30 所示，连续切割路径如图 4.31 所示。

此试验方法在《数控往复走丝电火花线切割机床 性能评价规范》中也被用于对线切割机床进行满负荷连续切割加工测试，此时按切割速度不低于 120mm²/min 进行，应连续稳定切割超过 24h，不断丝。

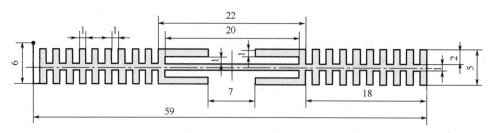

图 4.30 切割试验图形

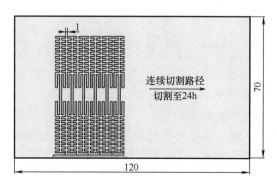

图 4.31 连续切割路径

4.5 高效切割

长期稳定的高效切割一直是高速往复走丝电火花线切割的追求目标。低速单向走丝电火花线切割由于小脉冲宽度高放电峰值电流脉冲电源的研发，在与其他条件（控制方式、供液条件、复合电极丝等）配合下可使最高切割速度达 $400\sim500\mathrm{mm}^2/\mathrm{min}$。近年来，随着复合型工作液的普及使用，高速往复走丝电火花线切割的最高切割速度也已从 $100\mathrm{mm}^2/\mathrm{min}$ 左右提高到接近 $400\mathrm{mm}^2/\mathrm{min}$。

1. 极间状态的要求

采用复合型工作液正常切割极间状态及工件表面形貌如图 4.32（a）所示，其切割表面基本均匀，极间电极丝获得充分冷却，不会产生非正常断丝。但随着放电能量的继续增大，电极丝带入切缝内有限的工作液将被放电产生的热量进一步汽化，导致极间尤其在电极丝出口区域处于工作液很少甚至无工作液状态，如图 4.32（b）所示，致使该区域的冷却、洗涤、排屑及消电离状态恶化。由于工件和电极丝在该区域得不到及时冷却，并且排屑困难，从而使工件表面产生严重烧伤，电极丝也由于得不到及时冷却，断丝概率大大增加，这就是高速走丝机切割速度提升所面临的瓶颈。

因此稳定、高效切割必须在正常加工（极间有充足的工作液并能及时排出极间蚀除产物）的前提下，通过提高脉冲电源输入的能量进行。

2. 进电方式的改进

对于高效切割，进电方式也有严格的要求。

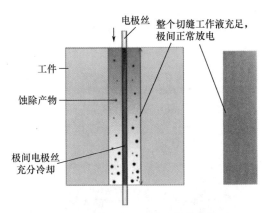 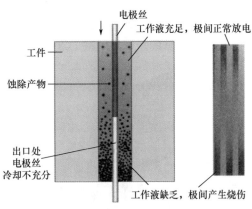

（a）极间有充足工作液的切割情况　　　　（b）极间无充足工作液产生烧伤的情况

图 4.32　复合型工作液正常切割及极间有烧伤状态图

电极丝的进电在大能量高效切割时十分关键。首先，由于电极丝自身存在一定的电阻，该电阻在加工电流较小时，对材料去除率和稳定性影响不大，但一旦能量增大，从进电点到加工区域段的电阻就会消耗较多的脉冲电源能量，而消耗的能量将导致电极丝发热，材料去除率降低；其次，因为进电点也有接触电阻，如果接触面积过小，则此点接触电阻将升高，大能量加工时，在加工过程中发热更加严重，将大大增加电极丝在进电点的损伤概率；最后，电极丝在走丝过程中，不可避免会有微弱的跳动，这种跳动一般肉眼不易察觉，但客观存在，一旦在进电点产生微弱跳动，在小能量加工时对电极丝危害不大，但在大能量加工时，会导致进电点接触不稳定，而且会产生不易察觉的跳火而导致断丝。因此对于切割电流超过 10A 的大能量高效切割，建议将图 4.33 所示的传统进电方式改为图 4.34 所示的压上进电方式，并且在实际使用中需要注意以下几点。

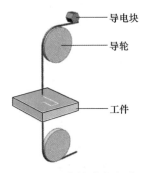 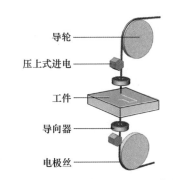

图 4.33　传统进电方式　　　　图 4.34　大电流切割（压上）进电方式

（1）进电点前移，靠近加工区，以减少脉冲电源能量在电极丝上的损耗。

（2）为减小接触电阻，需尽可能增大进电的接触面积，建议用大圆弧进电接触方式。此外，为保持电极丝与导电块良好接触，应该定期检查和更换接触线段，建议加工 50h 后更换一次位置。

（3）为减少进电点发热的情况，最好在进电处增加工作液冷却。

（4）要维持进电点的稳定，不允许电极丝在进电点产生跳动。

实际使用中，进电及导向装置结构示意图如图 4.35 所示，其实物如图 4.36 所示。用压丝棒将电极丝压在导电块上。压丝棒可以用硬质合金或红宝石材料制成。当采用两根压丝棒时，虽然压丝的效果更加可靠，但两个压丝点可能会形成微弱的电位差，影响加工的稳定性，故此时最好采用绝缘的红宝石压丝棒。

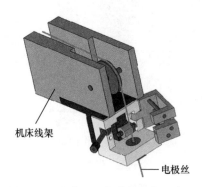

图 4.35　进电及导向装置结构示意图

图 4.36　进电及导向装置实物

目前，高效切割主要采取如下措施：使用高压喷液，使用高汽化点组分复合型工作液，通过绞合电极丝提高带液能力，使用两级叠加高效切割脉冲电源等，并配合增大脉冲电源能量。

3. 高压喷液对高效切割的影响

高效切割由于输入极间能量的增大，极间工作液在放电高温作用下汽化、分解加速，如果极间工作液得不到及时补充，后续放电将只能在部分工作液或无工作液的条件下进行，极间放电状态将严重恶化，致使切割速度无法进一步提高，甚至发生切割速度降低及断丝现象。因此依靠电极丝将工作液带入极间的传统浇注冷却方式不能满足高效切割时快速补充工作液的需求，而高压喷液是一种能尽快有效补充极间工作液的方法。目前使用的复合型工作液或水基合成型工作液均具有较强的洗涤性，加工中极间不易产生胶体状物质，而且切缝较宽，蚀除产物易排出，为工作液高压喷入提供了有利条件。同时为降低高压喷液对电极丝产生的扰动，可以采用导向器对电极丝定位并提高电极丝张力以增强加工区电极丝刚性。高压喷液喷嘴结构如图 4.37 所示，加工时将喷嘴贴近工件表面。

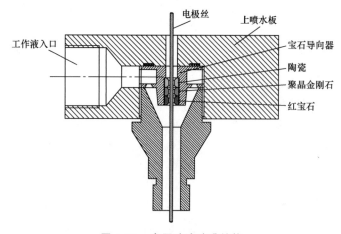

图 4.37　高压喷液喷嘴结构

采用复合型工作液 JR1A 高压喷液切割现场如图 4.38 所示，两种供液方式切割表面对比如图 4.39 所示，切割数据对比见表 4-4。

图 4.38　采用复合型工作液 JR1A 高压喷液切割现场

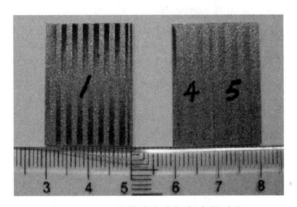

图 4.39　两种供液方式切割表面对比

表 4-4　两种供液方式的切割数据对比

冷却方式		平均电流/A	切割速度/（mm²/min）
常压浇注（0MPa）		7.9~8.2	184
高压喷液	0.5MPa	7.8~7.9	218.73
	0.7MPa	7.8~7.9	216.15

试验结果表明，高压喷液的切割速度较常压浇注有大幅度提高，在加工参数相同的条件下，切割速度增幅接近20%。此外，常压浇注冷却条件切割表面存在由极间没有充足工作液冷却形成的黑白交叉烧伤纹，高压喷液冷却条件下的切割表面基本没有烧伤纹，而且电极丝的断丝概率也大大降低。

目前，高压喷液存在的主要问题是喷液时会产生大量泡沫，因此无泡沫工作液的研制是高压喷液能实际应用的前提。

4. 高汽化点组分复合型工作液的应用

为保障在高效切割时，尽可能减小极间工作液的汽化量，需对工作液进行改进。采用高溶点、高汽化点介质以维持极间大能量放电时仍处于充满工作液的状态，从而使高效切割仍可以长期稳定进行。该部分内容详见 1.12.4 节。

5. 绞合电极丝的使用

绞合电极丝自身具有螺旋状的凹槽结构，不仅可以将更多的工作液带入加工间隙，使极间冷却、消电离更加充分，以保障极间放电状态的稳定，而且可以将放电蚀除产物容纳在凹槽中并及时顺利排出，以减少蚀除产物堵塞放电间隙，从而达到提高带液及排屑能力的目的，以适合高效切割的要求。绞合电极丝的结构及特点在第 2 章已经详细阐述。

6. 两级叠加高效切割脉冲电源

高效切割加工中，由于蚀除产物的颗粒较大而堵塞在放电间隙中，造成冷却及排屑不畅，影响切割速度的提高，因此在发送微秒级大脉冲宽度放电脉冲的同时叠加发送纳秒级小脉冲宽度的放电脉冲，从而使大能量切割的大颗粒蚀除产物碎屑化，并容易从放电间隙内排出，对实现稳定高效切割也有重要的作用。相应的内容已在第 3 章详细阐述。

4.6　超高厚度工件切割

由于高速往复走丝电火花线切割的工作液依靠电极丝高速运动带入切缝，因此其对高厚度工件（厚度小于 1000mm）切割具有与生俱来的优势，但对于厚度大于 1000mm 的超高厚度工件的长期、稳定切割仍然有相当的难度。超高厚度工件的切割将经历能切割、长期稳定切割、表面平整性改善及切割精度精确控制几个阶段。目前，超高厚度切割的需求日趋增加，某些特殊零部件尤其是应用在航空航天、舰船及核工业领域的特殊构件，必须依靠超高厚度切割完成。

高厚度工件切割的难点主要体现在以下方面。

（1）随着工件厚度的增大，蚀除产物排出越来越难，导致能够进入极间底部的工作液减少，加工稳定性受到影响，甚至出现断丝。

（2）随着工件厚度的增大，上下导轮间的跨距增大，电极丝受到各种扰动形成的振动增大，尤其是单边松丝进一步加剧，电极丝空间位置的稳定性大大降低，导致无法形成稳定的放电加工。

（3）当工件厚度达到一定程度时，原来对普通厚度工件的加工参数不再适用，高厚度工件切割时一般需选择较大的脉冲宽度和脉冲间隔，同时采用较高的空载电压及放电峰值电流，以增大放电间隙，减小电极丝振动对加工稳定性的影响。

（4）工作液是十分重要的因素，工作液不但需要有极好的排屑、洗涤、冷却及消电离性能，而且需要具有一定的阻尼特性，以维持电极丝在切缝中的稳定状态。

超高厚度切割除需考虑上述因素外，还需考虑极间能量的泄漏、平稳切割以维持切割表面平整性等问题，具体问题如下。

（1）极间漏电流及加工能量的分配问题，以维持稳定的切割速度。

（2）除工作液能尽可能进入极间的要求外，还需考虑电极丝在极间的空间位置稳定性,即在切割过程中,不但要求能顺利切割,而且需要保证切割表面的平整性。超高厚度切割时电极丝刚性较差,其空间位置很容易受到走丝系统振动及放电爆炸力等因素的影响而发生变化,一旦放电不稳定,就会在超出电极丝进给方向180°范围外形成放电,导致切割表面形成非正常放电条纹,严重影响切割表面的平整性。

(3) 需要采用有针对性的伺服进给控制策略。

4.6.1 超高厚度切割极间能量损耗分析

1. 极间工作液电阻模型

由于采用的工作液具有微弱的导电性,加工时极间不可避免地存在一定的漏电流,一般切割厚度情况下,漏电流很小,可忽略不计,但随着工件厚度的增大,尤其是切割厚度超过1000mm时,漏电流对放电能量的影响不容小觑。由于影响极间工作液介电性能的因素较多,为简化起见,对模型做如下假设。

(1) 电极丝为均匀圆柱体且表面光滑,在切缝中的电极丝呈直线状。

(2) 切缝圆弧段为规则圆弧,切缝表面光滑,电极丝与切缝圆弧同轴。

(3) 极间工作液无杂质、无气泡,均匀充满整个极间切缝。

极间工作液电阻模型如图4.40所示。

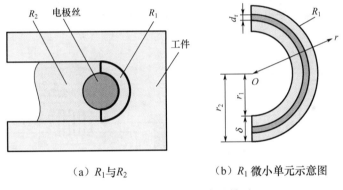

(a) R_1与R_2 (b) R_1微小单元示意图

图 4.40 极间工作液电阻模型

图4.40 (a) 中R_2为切缝内电极丝与工件表面在放电区域之外的工作液电阻,R_1为切缝内工件距电极丝表面放电间隙δ的半环体工作液电阻。对于R_2,由于切缝的工件表面与电极丝表面的距离远大于放电间隙δ,因此从这里流过的漏电流非常小,忽略R_2消耗的能量,只考虑在R_1上消耗的能量。

电阻R与电阻率ρ、长度L、横截面面积A的关系如下。

$$R = \rho \frac{L}{A}$$

如图4.40 (b) 所示,对电极丝径向积分,得R_1为

$$R_1 = \int_{r_1}^{r_2} \mathrm{d}R = \int_{r_1}^{r_2} \rho \frac{\mathrm{d}r}{\pi r h} = \frac{\rho}{\pi h} \ln \frac{r_2}{r_1}$$

式中,ρ为工作液电阻率;h为工件厚度;r为沿电极丝径向的长度变量;r_2为电极丝表面与圆弧段切缝的间隙;r_1为电极丝半径。

电导率σ与电阻率ρ之间的换算关系为

$$\rho = \frac{1}{\sigma}$$

由此得

$$R_1 = \frac{1}{\pi h \sigma_{介} \ln \dfrac{r_2}{r_1}}$$

r_2 在满足理论假设条件下是一个定值：$r_2 = r_1 + \delta$；设 $k = \dfrac{\ln \dfrac{r_2}{r_1}}{\pi}$；$k$ 一定，则

$$R_1 = \frac{1}{\pi h \sigma_{介}} \ln \frac{r_2}{r_1} = \frac{k}{h \sigma_{介}}$$

从上式可以看出极间工作液电阻 R_1 与工件厚度 h、工作液电导率 $\sigma_{介}$ 成反比关系。

2. 极间能量分配

由于工作液具有一定的导电性且电极丝不是良导体，因此加工中脉冲电源所提供的极间放电能量除一部分用于正常的放电蚀除外，另一部分消耗在极间的工作液及电极丝上，形成了漏电流及电极丝的发热，并且消耗的比例随切割厚度的增大而增大。

脉冲电源的输出可以简化为如图 4.41 所示的简图。图中 I 为回路总电流，I_0 为放电通道内的电流，I_1 为放电时通过极间工作液的电流；R_0 为放电通道电阻，R_1 为极间工作液电阻，R_2 可看成电极丝从导电端到放电通道形成点间的电阻。放电加工过程中，R_1 与 R_0 并联再与 R_2 串联，假设 R_2、R_1 及 R_0 的阻值恒定。

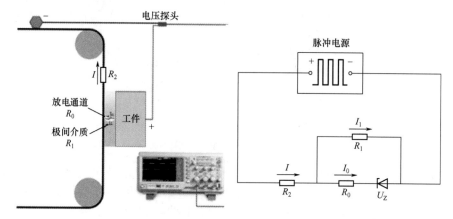

图 4.41　脉冲电源的输出及对应电阻关系简图

（1）在脉冲宽度内消耗在极间工作液上的能量占单个脉冲总能量的比例 η_1 为

$$\eta_1 = \frac{W_1}{W_{总}} = \frac{W_1}{W_2 + W_1 + W_0} = \frac{R_1 R_0^2}{R_1 R_0^2 + R_2 (R_1 + R_0)^2 + R_0 R_1^2}$$

若暂不考虑电阻 R_2，则脉冲宽度内消耗在极间工作液上的能量占单个脉冲总能量 $W_{总}^*$ 的比例 η_1^* 为

$$\eta_1^* = \frac{W_1}{W_{总}^*} = \frac{W_1}{W_1 + W_0} = \frac{\dfrac{1}{R_1} \displaystyle\int_0^{T_{on}} u^2(t)\,\mathrm{d}t}{\dfrac{1}{R_1} \displaystyle\int_0^{T_{on}} u^2(t)\,\mathrm{d}t + \dfrac{1}{R_0} \displaystyle\int_0^{T_{on}} u^2(t)\,\mathrm{d}t} = \frac{R_0}{R_1 + R_0}$$

式中，W_1 为消耗在极间工作液上的能量；$W_总$ 为单个脉冲总能量；W_0 为消耗在放电通道上的能量；W_2 为消耗在电极丝上的能量；$u(t)$ 为随时间变化的极间间隙电压；T_{on} 为脉冲宽度。

将 $R_1 = k/(h\sigma_介)$ 代入 η_1^*，得

$$\eta_1^* = \frac{R_0}{R_1 + R_0} = \frac{R_0}{\dfrac{k}{h\sigma_介} + R_0}$$

通过上式可知，若暂不考虑电极丝电阻，随着电导率的升高或工件厚度的增大，消耗在极间工作液的能量比例 η_1^* 增大。

（2）脉冲宽度内消耗在电极丝上的能量占单个脉冲总能量的比例 η_2 为

$$\eta_2 = \frac{W_2}{W_总} = \frac{W_2}{W_2 + W_1 + W_0} = \frac{R_2(R_1+R_0)^2}{R_1R_0{}^2 + R_2(R_1+R_0)^2 + R_0R_1{}^2}$$

$$= \frac{(R_1+R_0)^2}{\dfrac{R_1R_0{}^2 + R_0R_1{}^2}{R_2} + (R_1+R_0)^2}$$

由上式可知，脉冲宽度内消耗在电极丝上的能量与电极丝阻值 R_2 成正比，而工件厚度 h 与电极丝阻值 R_2 成正比，因此随着工件厚度 h 的增大，消耗在电极丝上的能量比例 η_2 也会增大。

4.6.2 极间能量损耗比例的验算

为说明工件厚度与极间工作液电阻的关系，采用按一定量配比的同种工作液以不同厚度工件进行试验验证，试验条件见表 4-5。

表 4-5 试验条件

项目	数值或条件
电极丝尺寸	直径 ϕ0.18mm，长度 350m
工作液	佳润 JR1A（配比为 1:20）
工作液电导率	4120μS/cm
工件	45 钢调质处理
走丝速度	12m/s
切割参数	脉冲宽度 120μs，占空比 1:12

先在不同工件厚度条件下，使机床处于正常加工状态，当电极丝切入工件一段距离后，工作台停止进给，继续施加一段时间高频，使放电处于开路状态，此时电极丝与工件间的距离近似为放电间隙 δ。对不同厚度的工件，均按上述步骤操作，然后用示波器分别采集不同厚度工件对应的极间放电波形，如图 4.42 所示，通过波形中电压与电流的测量值可近似计算出极间工作液电阻值。

图 4.42 中各电流波形显示的即为极间流过工作液的漏电流。可以看出极间工作液漏电流随工件厚度的增大而增大。根据欧姆定律可计算出不同厚度工件所对应的极间工作液电阻值，极间工作液电阻与工件厚度的关系如图 4.43 所示。

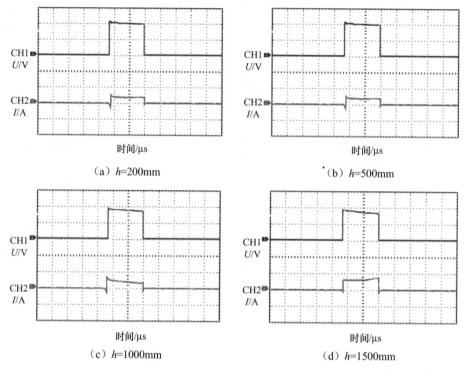

（a）h=200mm 　　　　　　　（b）h=500mm

（c）h=1000mm 　　　　　　（d）h=1500mm

CH1 每格 50V；CH2 每格 2A；时间每格 50μs

图 4.42　不同厚度工件对应的极间开路放电波形

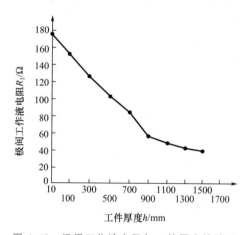

图 4.43　极间工作液电阻与工件厚度的关系

从图 4.43 可看出，随着工件厚度的增大，极间工作液电阻基本呈现线性降低。

由上述能量分析可知，消耗在极间工作液上的能量与消耗在电极丝上的能量之和占总能量的比例 η_3 为

$$\eta_3 = \eta_1 + \eta_2 = \frac{R_1 R_0^2}{R_1 R_0^2 + R_2 (R_+ R_0)^2 + R_0 R_1^2} + \frac{R_2 (R_1 + R_0)^2}{R_1 R_0^2 + R_2 (R_1 + R_0)^2 + R_0 R_1^2}$$

$$= \frac{R_1 R_0^2 + R_2 (R_1 + R_0)^2}{R_1 R_0^2 + R_2 (R_1 + R_0)^2 + R_0 R_1^2}$$

放电通道电阻 R_0 可以采用在尽可能低的线架跨距条件下（以减小电极丝电阻 R_2 的影响），并采用尽可能薄的工件（如小于 1mm，以减小工作液漏电流的影响）切割，近似代表一个放电通道内的电阻，采集的放电波形如图 4.44 所示。

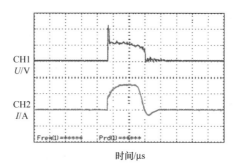

CH1每格20V；CH2每格2A；时间每格50μs

图 4.44　工件厚度为 1mm 时的放电波形

由图 4.44 可知放电维持电压约为 25V、电流约为 3.2A，由于工件较薄，因此极间工作液漏电流及电极丝电阻可忽略不计。此时总电阻 $R_总$ 近似等于放电通道电阻 R_0，即 $R_总 \approx R_0$。根据欧姆定律，此时放电通道电阻为 $R_0 = 25V/3.2A \approx 7.81\Omega$。

高速往复走丝电火花线切割所采用的钼丝电阻率 ρ 约为 $6\mu\Omega \cdot cm$，试验中采用的钼丝直径为 $\phi0.18mm$，则可计算出各个高度条件下电极丝的电阻 R_2。

$$R_2 = \rho\frac{h}{A} = \frac{6 \times 10^{-5}}{\pi \times 0.09^2}\Omega \approx 0.0024\Omega$$

由此获得极间能量损耗比例与工件厚度的关系，如图 4.45 所示。在其他加工条件相同的情况下，随着工件厚度的增大，损耗在极间的能量比例增大，当工件厚度为 10mm 时，极间能量损耗比例为 5% 左右，当工件厚度为 1500mm 时，极间能量损耗比例则高达 50%。如果采用导电性更好的工作液或提高工作液的浓度，由于漏电流的增大，极间的能量损耗将会更大。

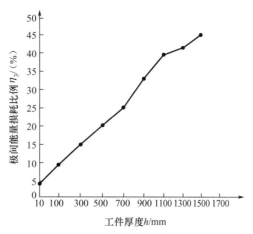

图 4.45　极间能量损耗比例与工件厚度的关系

为使切割速度与加工能量的关系更加直观，在其他加工参数不变的情况下，选用了不同的加工电流进行了一组工艺实验，图 4.46（a）对应切割工件厚度为 10mm，图 4.46（b）对应切割工件厚度为 1500mm，可以看出不同工件厚度条件下，平均加工电流与切割速度的对应关系。

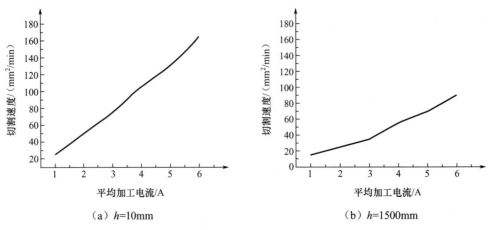

图 4.46　不同工件厚度平均加工电流与切割速度的关系

因此，对于超高厚度工件加工而言，若想进行持续高效切割，就必须提高输入的加工能量，以弥补消耗在极间工作液及电极丝上的能量损失，同时维持极间正常放电所需能量。但这必将导致输入能量增加后，断丝概率升高，同时超高厚度切割，其本身极间冷却、洗涤、排屑及消电离状态就不佳，也易导致断丝概率升高，这种双重影响必然增大了超高厚度切割的难度。

4.6.3　极间伺服控制策略的改进

目前超高厚度切割采用的伺服控制方法通常仍然是峰值电压取样变频伺服控制方法（见 3.1.2 节）。由于超高厚度切割时，电极丝电阻不可忽略，在电极丝上存在压降，因此一方面门槛电压必须适当调高（门槛电压根据不同切割厚度在 24~40V 之间调节），此外由于在超高厚度工件不同点放电后，脉冲放电的极间维持电压也会有所不同，因此也会造成取样的不准确性。另外，超高厚度切割时单边松丝现象严重（见 1.11 节），因此当电极丝运行到张力较小一侧时，空载脉冲的比例较高，间隙平均电压较高，机床伺服系统将快速进给，但此时形成空载脉冲的原因并非是材料蚀除速度提高，而是电极丝张力降低所产生的假空载现象，从而导致了误进给；当电极丝运行到张力较大一侧时，误进给产生的短路及张力变大引起的短路将导致短路脉冲比重增加，导致在加工初期电极丝张力基本均匀时机床可以正常进给切割，但加工一段时间后将会发生单边松丝，使电极丝在松边时出现快速进给，而在紧边时则出现频繁短路，导致加工难以持续进行。

图 4.47 所示为采用固定阈值的峰值电压检测方法切割时所检测的极间脉冲放电概率。从图中可以看到，中间加工相对稳定区间（电极丝在紧边时），检测到的放电加工波形主要以正常放电和短路波形为主，但在此区间的两侧（电极丝在松边时），则出现了大量的空载波形。这就是由于电极丝往复走丝后形成的单边松丝造成的，并且对于超高厚度切割而言，随着切割的延续，这种现象将越来越严重，最终导致切割无法稳定进行。

为改善超高厚度切割中单边松丝现象导致的加工不稳定问题，需要正确识别加工中极

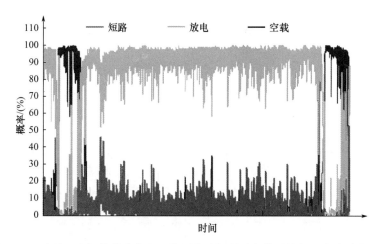

图 4.47 采用固定阈值的峰值电压检测方法切割时所检测的极间脉冲放电概率

间的各种放电状态，再采用合理的伺服控制方式以适应正向走丝和反向走丝加工时不同的放电规律。在正向走丝时，由于电极丝张力逐渐减小，放电脉冲中存在占比较高的空载脉冲，因此检测时，在一定时间内的空载概率达到一定比例后，机床才会进给；在反向走丝时，由于电极丝张力逐渐增大，放电脉冲中短路脉冲的占比会有所升高，因此将正常放电概率与短路概率之和设置为目标概率，从而进行进给的判断。图 4.48 所示为正反向走丝采用不同伺服控制策略加工时的脉冲放电概率。从图中可以看出加工时空载、放电和短路概率变化较小，而且空载概率略大于短路概率，单边松丝现象导致的超高厚度切割不稳定情况得到大幅降低，机床能够持续平稳地进给。由于切割平稳性得到提高，超高厚度切割的切割速度及表面质量均获得很大的提高。

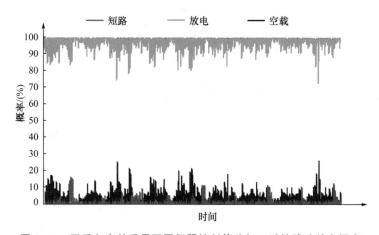

图 4.48 正反向走丝采用不同伺服控制策略加工时的脉冲放电概率

超高厚度切割，单边松丝是必然存在的现象，因此在加工中为尽可能维持电极丝的稳定性，减少单边松丝对超高厚度切割稳定性的影响，在走丝系统的上、下线架上均加装了重锤式张力装置（图 4.49），电极丝张力为 10N。目前，切割厚度超过 2000mm，平均切割电流为 3～4A，切割速度为 50～60mm²/min，腰鼓度误差为 0.1mm。

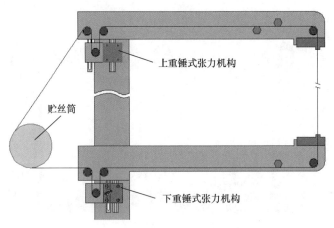

图 4.49　双向重锤张力机构示意图

4.6.4　超高厚度切割表面平整性

伺服控制策略的改进为超高厚度工件的长期稳定切割提供了前提保障，但切割超高厚度工件时，由于加工区域电极丝长度大幅增加致使电极丝刚性急剧降低，而且工作液难以进入切缝深处，导致极间的放电状态与常规厚度切割有很大差异，因此切割超高厚度工件时的加工稳定性远低于切割常规厚度工件，电极丝振动也会大幅增加，即使能完成工件切割，但切割表面经常会出现如图 4.50 所示的条纹，尤其在工件上下两端产生的条纹深且密集，深度达到亚毫米级，严重影响了工件表面质量。

图 4.50　厚度 1500mm 工件整体及局部表面

切割超高厚度工件时电极丝振动主要包含走丝系统高速运动引起的低频振动及放电爆炸力引起的高频振动。首先，机床在高速、往复走丝过程中走丝系统引入了低频振动，振源主要包括贮丝筒换向及导轮的轴向窜动和径向跳动，尤其是贮丝筒换向前后电动机加减速阶段导致电极丝张力突变引起的电极丝振动，使加工稳定性大幅度降低；其次，在超高厚度工件加工过程中电极丝进给速度很低，贮丝筒的频繁换向必然会导致电极丝空间位置精度难以得到保持，造成切割表面不平整；最后，切割超高厚度工件时为了保证单个脉冲具有较强的蚀除能力，一般采用较大的放电能量，因此半柔性的电极丝在狭长的加工区域内受到较大的放电爆炸力作用，而此时电极丝抗干扰能力又很差，并且极间没有充足的工作液对电极丝的振动进行阻尼作用，因此随机产生的放电爆炸力会导致电极丝形位在短时间发生较大变化。当电极丝空间位置精度较低时，电极丝的进给路径将不能严格按照直线方向前进而是朝着预定直线方向摆动前进，如图 4.51 所示，于是在加工表面产生了凹凸不平的条纹，在振动较严重的情况下，切割表面甚至会产生贯穿的条纹。

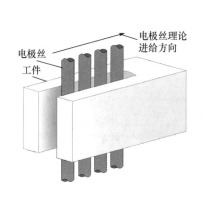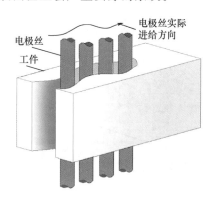

（a）电极丝理论进给路径　　　　　（b）电极丝出现振动时的进给路径

图 4.51　超高厚度切割极间电极丝进给模型

因此在切割超高厚度工件时，为获得较平整的加工表面，必须维持极间电极丝的稳定。应先减小走丝系统内部因高速走丝产生的低频大振幅振动，采用导向器，主要切断振动由贮丝筒、导轮、轴承传递给加工区域电极丝的传播途径，采用双向重锤式张力机构，减小电极丝在往复走丝过程中的张力变化，进一步减小电极丝在加工过程中的形位变化；然后要保障极间均匀地充满工作液，使电极丝在整个狭长切缝中都能受到工作液的限制和阻尼作用，从而保障电极丝在加工过程中的形位精度，使电极丝保持在稳态下持续稳定进给。

试验证明，采用导向器及双边张力机构对提高电极丝稳定性固然十分重要，对提高切割表面平整性具有一定的作用，但其只是外因；而在超高厚度切割中，狭长加工区域内电极丝因放电爆炸力产生的对电极丝的扰动才是影响加工稳定性的主要内因。而这种内因必须由极间工作液对电极丝的限制和均匀阻尼作用才能解决。

工作液在放电加工区域对电极丝起到限制和阻尼作用包含以下几个方面。

① 必须保障极间均匀地充满工作介质。如图 4.52（a）所示，一旦工作液不能充满极间或因为加工中大量被汽化，将导致放电后极间电极丝不能获得均匀的阻尼作用，致使极间电极丝，尤其是在缺少工作液的出口段产生较大的振动，使得工件表面的平整性得不到保障。如果极间能保障在整个放电加工过程中充满工作液，则极间电极丝将受到较均匀的阻尼作用，电极丝的振动幅值将大大降低，并且比较均匀，如图 4.52（b）所示。

② 在放电加工过程中，工作液需要有足够的动力将狭长的缝隙中的蚀除产物带出。

③ 在保障工作液具有足够的冷却、洗涤、消电离的前提下提高工作液黏度，从而进一步对电极丝的振动起到缓冲、吸振的阻尼作用，减小极间电极丝的振动。

对于保障极间均匀充满工作液的要求又涉及三方面：首先工作液需要有良好的冷却、洗涤、消电离性能，能随电极丝带入极间；其次，放电间隙尽可能加大，便于工作液进入极间，因此适当提高工作液电导率，增加放电电压，可以获得较宽的放电间隙；最后，对于超高厚度工件的切割，由于蚀除产物排屑的距离更长，因此需要尽可能减小极间工作液的汽化量，保障工作液有足够的动力将狭长缝隙中的蚀除产物带出，故提高工作液中高熔

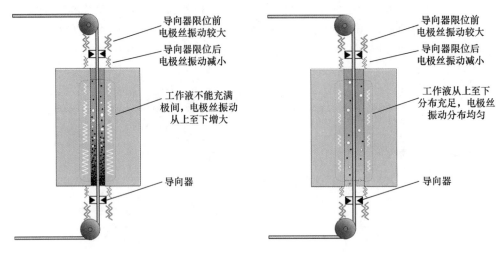

（a）一般工作液未充满切缝　　　　　　　　（b）洗涤性良好的工作液充满切缝

图 4.52　超高厚度切割极间电极丝振动示意图

点、高汽化点组分的比例是必要的，并且在保障工作液性能的基础上，再适当提高其黏度，则可以起到提高切割表面平整性的目的。

　　根据此思路研制了佳润 JR3A 升级版工作液，JR1A 工作液与 JR3A 升级版工作液的相关参数见表 4-6，JR3A 升级版工作液的电导率是 JR1A 工作液的 2.11 倍。使用两种工作液在相同加工参数下，测量其切缝宽度，如图 4.53 所示。

表 4-6　JR1A 工作液与 JR3A 升级版工作液的相关参数

工作液	配比	电导率/（μS/cm）	平均切缝宽度/μm
JR1A	1：20	5930	219
JR3A 升级版	1：20	12540	240

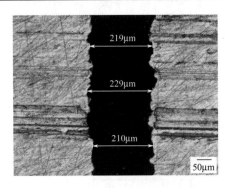

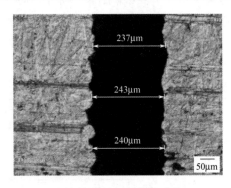

（a）使用JR1A工作液　　　　　　　　　（b）使用JR3A升级版工作液

图 4.53　使用两种工作液在相同加工参数下的切缝

　　图 4.54 所示为使用不同工作液超高厚度切割极间状态及携带蚀除产物示意图。从图 4.54（a）可看出，传统工作液由于放电后切缝较窄，进入切缝的工作液量较小，并且在狭窄且超长的放电间隙中，不断被汽化，致使其不能对电极丝起到阻尼和吸振作用，其携带放电蚀除产物排出工件的能力大大降低 ［图 4.54（a）左侧箭头所示］，致使加工不稳

定；而电导率较高且增加了高熔点、高汽化点组分的工作液正好与其相反，由于能获得较大的放电间隙，随电极丝带入切缝的工作液会增加，因此在狭窄且超长的放电间隙中，对电极丝能起到很好的阻尼作用，此外，由于工作液充足，并且工作液中高熔点、高汽化点的组分增加，因此工作液携带放电蚀除产物的能力大大提高［图 4.54（b）左侧箭头所示］，致使切割稳定性大大加强，其极间状态示意如图 4.54（b）所示。虽然工作液的电导率增大后，漏电流会增大并消耗更多的放电能量，同时会导致放电间隙增大，致使切割速度有所降低，但此时切割稳定性是最主要的目标，而切割稳定性又是保障切割平稳性最关键的因素。

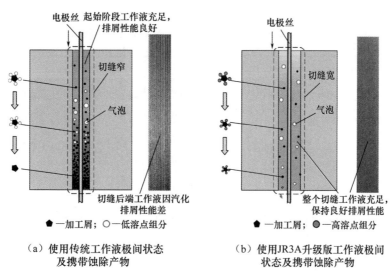

图 4.54 使用不同工作液超高厚度切割极间状态及携带蚀除产物示意图

图 4.55 所示为采用导向器、双向张力装置，结合工作液的调整等综合措施后切割的超高厚度（1500mm）工件，可以看到切割表面完整性得到极大改善。

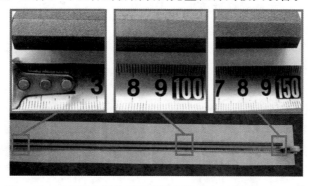

图 4.55 采用综合措施后切割的超高厚度（1500mm）工件

4.6.5 超高厚度切割的尺寸精度

超高厚度切割还有一个关键问题就是切割尺寸精度的控制。超高厚度切割时，由于极间漏电流对放电能量的影响不可忽略，而且更为重要的是极间电极丝长度增大后，受电极丝电阻的影响，极间放电能量沿电极丝的分布是不均匀的，加上极间介质从入口到出口的非均匀性，因此沿着电极丝分布的放电概率也是不同的，这些因素都将导致沿电极丝轴向的材料去除率不同，从而影响超高厚度工件的纵、横剖面尺寸差和切割尺寸精度。其影响规律及调整方法还在进一步研究中。

4.7　浸液式切割

目前，低速单向走丝电火花线切割一般采用浸水切割方式，其主要目的是减小工件热变形，并保障去离子水充分进入切缝，抑制放电加工中电极丝的抖动，达到提高加工表面质量、精度及稳定性的目的。高速往复走丝电火花线切割能否同样采用浸液切割方式呢？研究人员为此构建了高速走丝机的浸液式切割平台，走丝机构及加工现场如图4.56所示。

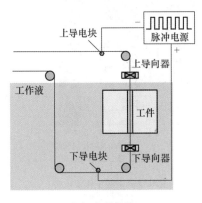

（a）走丝机构　　　　　　　　　　（b）加工现场

图 4.56　浸液式切割平台的走丝机构及加工现场

试验发现，采用浸液式切割加工一段时间后，工件表面会出现一层浅红褐色胶状物沉积层，如图4.57所示，而且越靠近放电加工区域表面，沉积物质越多。而在相同加工条件下，传统工作液浇注式加工工件表面仍比较光洁，如图4.58所示，与加工前表面没有明显区别。此外，在相同的放电加工条件下，切割相同材料、厚度的工件，浸液式比浇注式的切割速度有所降低。

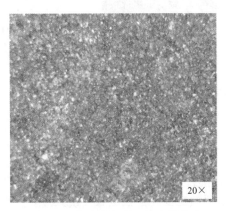 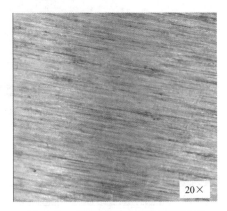

图 4.57　浸液式切割工件表面形貌　　　　　图 4.58　浇注式切割工件表面形貌

浸液式切割时，工件浸没在工作液中，负极电极丝与正极工件表面间始终存在复合型工作液，而复合型工作液中含有一定量的 OH^- 并具有一定的导电性。由于工件整体浸没在工作液中，因此不仅是放电间隙，而且是整个工件表面与负极电极丝间都会持续发生微弱的电化学反应，如图 4.59 所示。试验中切割材料是 Cr12，其主要成分是铁，因此正极工件表面的铁原子将失去电子形成 $Fe(OH)_2$，且被迅速氧化成 $Fe(OH)_3$ 并在工件表面沉积，形成浅红褐色的胶状物质。

浸液式切割加工面积较大的正极工件与负极电极丝间由于存在稳定的漏电流将产生电化学反应，而浇注式切割时工件上下表面工作液比较少，而且不断流动，电化学反应较弱，漏电流较低，漏电流主要发生在极间放电间隙附近，如图 4.60 所示，因此在工件表面基本不会产生由电化学反应形成的生成物。由于浇注式切割能量泄漏较少，因此其切割速度将高于浸液式切割。

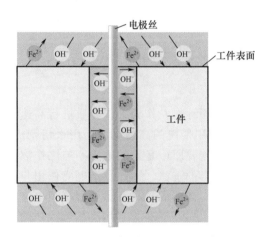

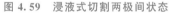

图 4.59　浸液式切割两极间状态

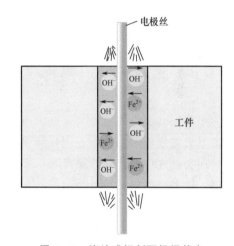

图 4.60　浇注式切割两极间状态

采用浸液式切割，由于放电加工时工作液能得到及时补充，极间放电间隙冷却均匀，电极丝与工件能够得到及时冷却，加工工件热变形小，蚀除产物能够随流动的工作液及时排出，不易产生堆积及积炭，切割表面不易产生烧伤条纹，切缝内电极丝和工件表面持续发生的电解反应，对切割表面有一定的修整作用，表面粗糙度略有降低。工作液对电极丝的振动有较强的阻尼作用和吸收作用，浸液式切割条件下，工作液将电极丝完全包裹，切缝内工作液也很均匀，阻尼效果较浇注式切割好，减小了电极丝的振动，提高了工件加工精度。

因此采用浸液式加工需要解决的主要问题是由于工作液具有导电性而形成的漏电损失（以提高切割速度）；由于下线架导轮浸没在工作液中，需设计防水导轮。而漏电损失可以通过改变工件表面漏电面积及降低工作液的电导率解决。

如图 4.61 所示的 Cr12 圆柱棒料，通过在其表面涂一层绝缘介质，将其与复合型工作液绝缘，分别采用将表面全部绝缘、一半表面积绝缘、对加工路径两侧 10mm 的区域进行绝缘的方式，测得实际切割速度，如图 4.62 所示，减小工件表面漏电面积，切割速度会逐渐增大；当工件表面一半的面积绝缘时，切割速度与不绝缘时相比有明显提高；当工件表面全部绝缘时，由于工件表面几乎不产生漏电，因此浸液式切割速度与浇注式切割速度基本相同。对切割路径两侧 10mm 的区域绝缘，切割速度也会有一定提高。

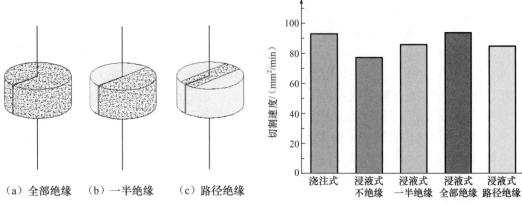

（a）全部绝缘　（b）一半绝缘　（c）路径绝缘	
图 4.61　Cr12 圆柱棒料的不同绝缘方式	图 4.62　不同绝缘方式的切割速度

4.8　去离子水或纯净水介质切割

采用环保及电导率可控的去离子水或纯净水（此处简称水）作为工作介质进行高速往复走丝电火花线切割一直是业内探索的课题，但目前采用传统的高频电源，用水切割后，工件表面会粘连许多挂留蚀除产物，排屑相当困难。其主要原因是水的电导率与工作液相比极低，放电过程中，放电间隙将大大减小，加上水本身的洗涤、冷却及消电离作用与工作液相比十分微弱，因此极间蚀除产物的排出相当困难，加上目前的高频电源峰值电流较小（一般小于 30A），因此蚀除方式几乎全部是熔化蚀除。放电结束后，熔融的蚀除产物一旦离开放电区域，就在电极丝带入水的冷却作用下产生熔凝，因而出现蚀除产物挂留在工件表面的现象。此外，对于电极丝而言，由于其也得不到及时冷却，极易变脆甚至断丝。

随着人们对高频脉冲电源研究的深入，以及高峰值电流及纳秒级脉冲电源在高速往复走丝电火花线切割领域的逐步应用，人们对采用水进行高速走丝切割的条件也有了进一步的认识。

首先，需要解决极间蚀除产物的排出问题。由于采用水切割后，极间放电间隙很小，因此较大的蚀除产物排出将十分困难，因此必须加强蚀除产物排出的动力，而采用具有更大膨胀爆炸形式的汽化蚀除方式，使蚀除产物从固体急剧膨胀成气体，从而形成很大的爆炸性压力，增强放电区域蚀除产物向外的喷发能力则成为一种较好蚀除方式。由于蚀除产物气化，将形成十分细小的蚀除颗粒，进一步改善了蚀除产物在较窄放电间隙的排屑能力。因此采用水切割时，必须用较小的脉冲宽度及较高的峰值电流（脉冲宽度小于 $5\mu s$，峰值电流大于 250A），以保障尽可能形成气化蚀除方式。

其次，进一步增强极间的排屑性能，可以适当增加水的喷液压力，采用水嘴贴近工件表面的方法，一般水压要求大于 2～3atm，并结合高速走丝运动。

最后，在后续的修切过程中，同样需要形成气化蚀除，一般修一脉冲宽度小于 $1\mu s$，修二脉冲宽度小于 500ns，并尽可能提高峰值电流。

从目前试验的情况看，采用水切割具有以下特点。

（1）高速往复走丝电火花线切割的可控性大大提高。

（2）由于水的电导率较低，加工过程中漏电流较小，因此切割表面的一致性很高，尤其是困扰中走丝多次切割的纵、横剖面尺寸差得到了很大改善，试验中，100mm 工件用去离子水修切后，纵、横剖面尺寸差几乎检测不出。

（3）由于一次切割需采用一定的喷液压力，因此机床尤其是 Z 轴需要有足够的刚性，工作台需用不锈钢材质，水箱需要有电阻测试仪对水进行检测，并根据水的电阻变化自动开启离子交换树脂进行循环。

目前，用水切割的切割速度还只能达到采用工作液切割的一半左右，并且主切表面色泽是深灰色，通过多次切割后，其切割表面逐渐恢复金属银白色泽。用水切割的工件如图 4.63 所示。

用水切割，由于放电间隙很小，传统的伺服取样方式已经不再适合，工作台的运动精度也要求更高。

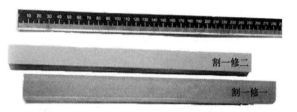

图 4.63　用水切割的工件（180mm，主切 $Ra4.8\mu m$，割一修二 $Ra1.35\mu m$）

4.9　细 丝 切 割

高速往复走丝电火花线切割由于走丝速度高，与低速单向走丝电火花线切割相比，具有更好的排屑、冷却和消电离性能，具有细丝切割的先天优势，尤其是具有细丝高厚度切割的能力。但往复走丝不同于单向走丝，电极丝需要反复使用，随着电极丝直径的减小，其物理性能与机械特性都会发生很大的变化，致使往复走丝细丝切割同样具有很大的难度。

4.9.1　细丝切割的应用及现状

细丝切割主要应用于以下几个方面。

（1）切割贵金属（金、银、铂等金属），为节省贵金属在加工中的损耗，要求切缝尽可能窄且具有较高的切割速度。

（2）加工梳状电极或微细（阵列）电极，如图 4.64 所示。

（3）加工高精度模具（如微型插接件、微型马达铁芯、微型齿轮等的模具）及集成电路模具等，如图 4.65 所示的集成电路引线框架模具。

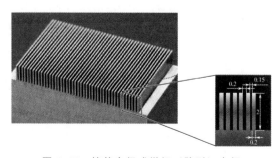

图 4.64　梳状电极或微细（阵列）电极

（4）切割微小零件（如微小齿轮、微小联轴器等），如图 4.66 所示。

图 4.65　集成电路引线框架模具

图 4.66　微小零件

目前，细丝切割领域完全被 GF、Sodick、三菱等高端低速走丝机垄断。表 4-7 列出了细丝切割加工指标。低速单向走丝电火花线切割细丝切割的现状是工件薄、切割速度低且成本高，并且对高厚度工件的切割显得无能为力。而在这方面，高速走丝机细丝切割具有优势。

表 4-7　细丝切割加工指标

电极丝直径/mm	丝材	走丝速度/(mm/min)	工件材料	电介质	厚度/mm	切缝/μm	切割速度/(mm²/min)	表面粗糙度 Ra/μm
0.07	铜丝 镀锌丝 钼丝	<70	铝 铜合金 钛合金 不锈钢 硬质合金	去离子水 煤油	最高 15，一般<4	100 以内	<5	<1.17
0.03	钨丝				1 以下	38	不考虑	0.7 左右

注：数据来源于文献资料、公司官网手册。

4.9.2　高速走丝细丝切割关键技术

1. 放电状态的准确鉴别及伺服控制

在电火花线切割加工中，放电间隙电压无法直接测量，实际检测的放电间隙电压为工件与导电块间的电压 U_{AC}，如图 4.67 所示。图中 R_1 为电源内阻、限流电阻及线路电阻的等效电阻，R_2 为进电点与放电点间电阻。由电路分析可知，无论是正常放电还是短路，放电间隙的测量值与实际值始终都存在差值 IR_2。常规 $\phi0.18$mm 钼丝电阻约为 $2.2\Omega/m$，比较小，因此可忽略其对放电间隙电压的影响，U_{AC} 可相对准确地反映放电间隙电压值，并作为后续放电状态鉴别系统的输入。但 R_2 随电极丝直径的减小而增大，$\phi0.05$mm 电极丝电阻为 $\phi0.18$mm 电极丝电阻的 12.96 倍，约为 $28.5\Omega/m$，此时 R_2 的影响则不容忽视。如果采用传统固定阈值平均电压检测法只能鉴别出极间的空载和非空载（包含正常放电及短路）状态，难以区分正常放电和短路状态，因此加工中致使短路检测及短路回退失效，无法保证加工的稳定性，并大大增加了断丝风险。

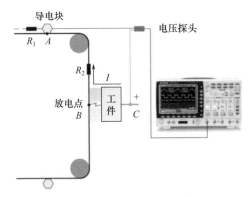

图 4.67　间隙电压测量示意图

因空载、正常加工及短路三种状态的电流仍具有辨识度，提出了一种用于电火花线切割细丝加工极间放电状态鉴别的新方法，如图 4.68 所示。极间放电电流信号通过霍尔电流传感器线性转换为模拟电压信号，经减法、放大和跟随电路处理后的模拟信号输至高速AD。脉冲电源发生器的输出信号作为 MOSFET 的驱动信号，并经光耦隔离后作为高速AD 的启动信号。FPGA 在 50MHz 采样时钟的上升沿从高速 AD 输出端口连续读取 12 位数据，并进行存储和运算。由上位机分别计算出空载率、正常放电概率和短路率，并结合一定的伺服控制策略控制电动机的进给速度。

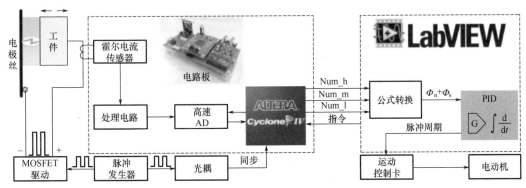

图 4.68　放电状态鉴别系统框架图

2. 电极丝直径损耗规律及使用寿命预测

图 4.69 所示为切割 10mm 厚工件的电极丝直径损耗过程曲线，工作液 JR3A 配比 1：25，试验参数见表 4-8。

表 4-8　试验参数

脉冲宽度/μs	占空比	MOSFET 数量	平均电流/A	张力/N	电极丝直径/mm
8	1：8	2	1	5	0.08

从图 4.69 可知，ϕ0.08mm 电极丝的持续稳定切割是可行的，并于 60000mm² 断丝，其原因主要是细丝损耗后，其抗拉强度更低，断丝概率增大。图 4.70 所示为极间放电维持电压与电极丝直径的关系，极间放电维持电压随电极丝直径的减小非线性增大，因此可

以通过极间放电维持电压的变化监控、预测电极丝直径。

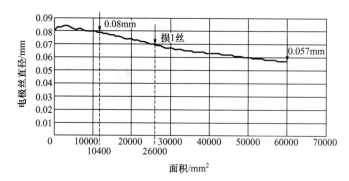

图 4.69　切割 10mm 厚工件的电极丝直径损耗过程曲线

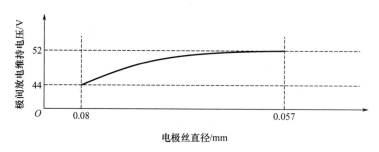

图 4.70　极间放电维持电压与电极丝直径的关系

3. 电极丝直径损耗控制

细丝切割对电极丝直径损耗的控制是十分重要的。细丝切割中电极丝直径损耗不仅影响切割的持久性，而且影响切割速度，因为电极丝直径减小，则其电阻将大大增加，加工中电极丝发热严重，将消耗更多的脉冲能量，致使切割速度迅速降低。

目前，减少电极丝直径损耗的方法主要如下：通过工作液阳极胶团对电极丝进行主动保护，按此设计思路生产的 JR3A 升级版工作液并增大浓度的试验表明，可以显著降低电极丝直径损耗；此外，可以在脉冲电源的脉冲间隔期间增加直流电压，利用工作液具有一定的导电特性，在阴极电极丝表面产生一层电镀层（详见 1.13.3 节），试验表明如果电参数及工作液调整合适，甚至可以产生"负损耗"，即电极丝直径长大。

4. 表面完整性改善

复合型工作液具有一定的导电性，而且加工过程中具有一定比例的空载脉冲和正常放电击穿延时，因此工作液中的正、负离子将在电场作用下分别移向阴、阳极，并在电极表面发生还原反应和氧化反应，故电火花线切割加工过程中存在一定的电解作用。由于微细零件的切割一般不再可能进行多次切割的修整，因此如需要去除表面变质层，则可以通过控制加工中脉冲的空载率，提高切割过程中的电解作用，在不明显增大切缝宽度的情况下减小熔化凝固层的厚度。图 4.71 所示为平均熔化凝固层厚度与空载率的关系，90% 空载率下切割表面基本可以实现无熔化凝固层，工件表面形貌如图 4.72 所示。

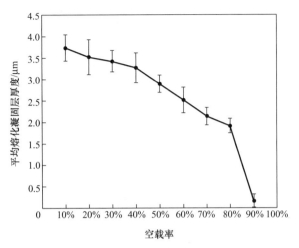

图 4.71 平均熔化凝固层厚度与空载率的关系

图 4.72 工件表面形貌

4.10 多 次 切 割

多次切割是提高电火花线切割加工精度及表面质量的根本手段，一般通过一次切割成形，二次切割提高精度，三次及三次以上切割提高表面质量。多次切割技术最先应用于低速单向走丝电火花线切割，经过几十年的发展，通过对机床结构、脉冲电源、走丝系统、张力装置、电极丝及系统控制软件等进行创新和改进，多次切割工艺已经相当成熟。高速往复走丝电火花线切割的多次切割研究开始于 20 世纪 80 年代中期，目前已经形成业内普遍接受的产品（即中走丝机）及工艺。

高速往复走丝电火花线切割配合件

4.10.1 多次切割的基本原理

对于精密模具电火花线切割加工而言，一次切割的表面质量远不能满足加工要求，如在冷冲模加工中，一般要求刃口的表面粗糙度小于 $Ra1.0\mu m$，这样才能使模具的初期磨损减小、配合性稳定及耐用度提高。为获得这样的表面粗糙度要求，仅靠一次切割，采用过低的切割速度是无法接受的。多次切割的一个基本概念就是把粗、中、精加工分开，用主切和修切两种工序解决既要快又要好的矛盾。

为便于规范名称，现以常用的"割一修二"为例，将涉及的名词定义如下。

割一：第一次切割，常称主切，俗称"开粗"。

修一：第二次切割，在电极丝偏移量基础上增加修一偏移量，修一偏移量为修一需要修切掉的加工余量，又称修一理论修切量。

修二：第三次切割，在电极丝偏移量和修一偏移量基础上再增加修二偏移量，修二偏移量为修二所需要修切掉的加工余量，又称修二理论修切量。

在实际加工中，通常操作系统不直接设定修切的理论修切量，而是设定电极丝轴线相对于目标尺寸的偏移量补偿。具体为凸模多次切割向尺寸面外补偿，凹模多次切割向尺寸面内补偿。在不同的操作系统中，对偏移量补偿的定义和设定也不相同。图 4.73 所示为 AutoCut 系统各名称含义示例图，加工时分别设置三次切割的偏移量补偿，分别为主切偏移量补偿 f_1、修一偏移量补偿 f_2 及修二偏移量补偿 f_3。

$$主切偏移量补偿 f_1 = 电极丝偏移量 + 修一偏移量 + 修二偏移量$$
$$修一偏移量补偿 f_2 = 电极丝偏移量 + 修二偏移量$$
$$修二偏移量补偿 f_3 = 电极丝偏移量$$

其中，电极丝偏移量是由于电极丝径向尺寸和放电间隙的存在，电极丝轴线偏移工件设计尺寸的量；而每次切割的偏移量补偿是以工件名义尺寸为基准对电极丝偏移量的补偿。

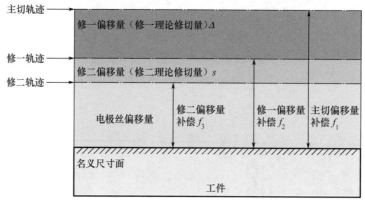

图 4.73 AutoCut 系统各名称含义示例图

主切采用大能量对工件高速切割，以切割速度为主，但也不完全等同于高效切割，其切割表面必须保证后续能正常修切。通常要求主切后的表面不能存在后续修切不了的积炭烧伤，极间应处于较清洁的状态。目前，主切的平均加工电流一般为 4~6A，采用佳润系列工作液在正常切割状态下，主切时空载及短路放电波形较少，一般占总脉冲波形的 5% 左右，随着平均切割电流的增大，切割速度基本成正比上升，其典型加工波形如图 4.74 所示。

修切是采用小能量对主切表面精修，修一主要是对主切产生的变形进行修切以提高加工精度并同时提高表面质量。修一的平均加工电流一般为 1~1.5A，修一时空载及击穿延时放电波形较多，一般占总脉冲波形的 25% 左右，其典型加工波形如图 4.75 所示。此时的伺服进给基本仍采用取样进给。

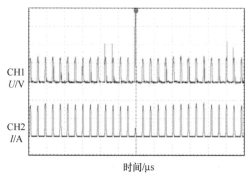

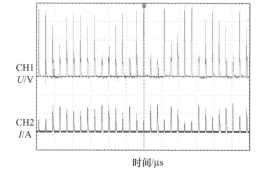

CH1 每格 20V；CH2 每格 20A；时间每格 500μs

图 4.74　主切典型加工波形（切割电流为 5A）

CH1 每格 20V；CH2 每格 10A；时间每格 200μs

图 4.75　修一典型加工波形（切割电流为 1A）

修二主要用于进一步提高表面质量，此时的修切已不是传统意义的切割概念，而更接近采用电极丝的火花放电磨削。修二的平均加工电流一般在 0.5A 左右，此时空载及短路波（放电磨削）的比例较大，其典型加工波形如图 4.76 所示。此时的伺服进给可以采用取样进给或恒速进给。

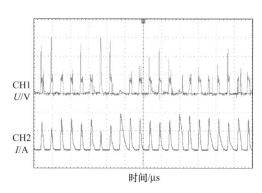

CH1 每格 20V；CH2 每格 5A；时间每格 50μs

图 4.76　修二典型加工波形（切割电流为 0.6A）

修切可以是一次，也可以是多次。

4.10.2　多次切割修切偏移量的确定

修切的目的是将上一次切割的表面去除并减少工件应力释放后产生的变形，以修一为例，修切偏移量的确定主要考虑的因素是主切与修一放电间隙的差异及主切的表面质量。采用不同平均切割电流切割 40mm 厚 Cr12 工件，参数见表 4-9。

表 4-9　主切切割参数

切割序号	参　　数
1	脉冲宽度 40μs；占空比 1：6；功放管数 3；平均切割电流 3.5A
2	脉冲宽度 40μs；占空比 1：6；功放管数 5；平均切割电流 4.5A
3	脉冲宽度 50μs；占空比 1：5；功放管数 5；平均切割电流 5.5A

续表

切割序号	参　　数
4	脉冲宽度 $60\mu s$；占空比 1∶4；功放管数 5；平均切割电流 6.5A

试验条件：工件材料 Cr12，厚度 40mm；电极丝直径 $\phi 0.185 \sim \phi 0.187mm$；工作液为佳润 JR1A，配比 1∶15

　　不同平均切割电流的切缝如图 4.77 所示。可以看出切缝的形貌由宏观及微观两部分组成。宏观方面，为切缝的包络线，其切缝的宽度为电极丝直径加上两边放电间隙，随着平均切割电流的增大，切缝宽度和放电间隙均随之增大；微观方面，切割表面存在由走丝系统波动及熔化凝固层不平整形成的波峰与波谷，定义为切割表面波动值，其随着平均切割电流的增大，切割表面波动值逐步增大，而后趋于平缓。

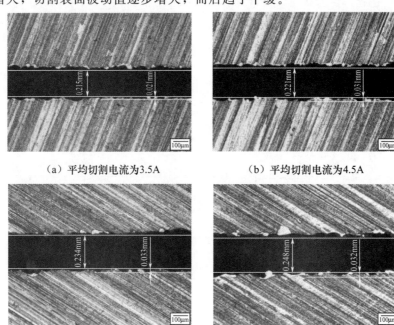

（a）平均切割电流为3.5A　　　　　（b）平均切割电流为4.5A

（c）平均切割电流为5.5A　　　　　（d）平均切割电流为6.5A

图 4.77　不同平均切割电流的切缝

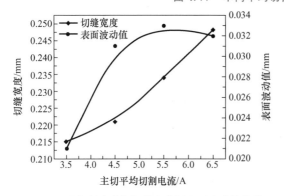

图 4.78　平均切割电流与切缝宽度及表面波动值的关系

　　平均切割电流与切缝宽度及表面波动值的关系如图 4.78 所示，因此对主切表面进行修切，修一偏移量至少应是主切与修一放电间隙差＋主切表面波动值，修一偏移量设置如图 4.79 所示。以主切电流 4.5A，修一电流 1.2A 为例，两种切割条件下，单边放电间隙分别约为 0.018 和 0.004mm（参考 4.2 节取值），表面波动值为 0.031mm，因此修一偏移量 $\Delta = \delta_1 - \delta_2 +$ 波动值 ＝ 0.018mm －

0.004mm＋0.031mm＝0.045mm。所以修一偏移量通常选取 0.04～0.05mm，据此可推算出各主切条件下，表面进行修一的最小偏移量，如图 4.80 所示，也可以推出修二偏移量 s 为 0.005mm 左右。

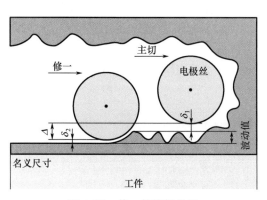

图 4.79 修一偏移量设置

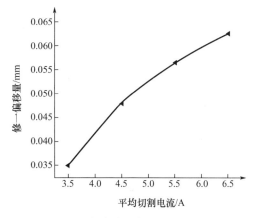

图 4.80 平均切割电流与修一偏移量的关系

4.10.3 多次切割理论修切模型

图 4.81 所示为割一修二多次切割理论模型。

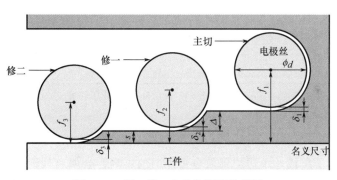

图 4.81 割一修二多次切割理论模型

第一次切割（主切）为粗加工，采用高峰值电流大能量实现高效切割，电极丝中心轨迹的偏移量补偿

$$f_1 = \delta_1 + \frac{d}{2} + \Delta + s$$

式中，f_1 为主切偏移量补偿（mm）；δ_1 为第一次切割时的单边放电间隙（mm）；d 为电极丝直径（mm）；Δ 为预留的修一偏移量（mm）；s 为预留的修二偏移量（mm）。

第一次切割后所预留的总加工偏移量 $\Delta + s$ 分别通过第二次切割和第三次切割去除，从而达到提高尺寸精度和表面质量的目的。修一偏移量 Δ 不能过大也不能过小，选大了会影响第二次切割的速度，选小了又会在第二次切割时难以消除第一次切割遗留的痕迹，通常取 0.04～0.05mm，修二偏移量 s 甚微，约为 0.005mm；这样，主切偏移量补偿 f_1 应在 $d/2＋$（0.05～0.06）mm。

第二次切割（修一）为半精加工，其主要目的是修正第一次切割后工件内部应力释放

产生的变形误差并提升表面质量，修一偏移量补偿

$$f_2 = \delta_2 + \frac{d}{2} + s$$

式中，δ_2 为第二次切割时的单边平均放电间隙（mm）。

第二次切割（修一）需要采用较小的放电能量，此时的放电间隙较小，仅为 $0.004 \sim 0.007$mm，而第三次切割所需的修二偏移量甚微，只有几微米，二者加起来约为 0.01mm。这样，修一偏移量补偿 f_2 约为 $d/2 + 0.01$mm。

第三次切割（修二）为精加工，其主要目的是进一步提升表面质量，因此修二偏移量补偿

$$f_3 = \delta_3 + \frac{d}{2}$$

式中，δ_3 为第三次切割时的单边平均放电间隙（mm）。

第三次切割为精加工，加工能量更小，放电间隙比第二次切割还小，只有 0.003mm 左右。并且，第三次切割作为最后一道加工工序，不需要留有下一刀的加工余量，因此修二偏移量补偿 f_3 主要取决于电极丝直径，即 $f_3 = d/2 + 0.003$mm。

割一修二常用参数推荐见表 4-10。

表 4-10 割一修二常用参数推荐

切割次数	切割电流/A	走丝速度/(m/s)	伺服进给方式	放电间隙 δ/mm	表面粗糙度 Ra/μm	修切偏移量/mm	偏移量补偿 f/mm
主切	$3.5 \sim 4.5$	$10 \sim 12$	取样	0.02	<4.0		$0.15 \sim 0.16$
修一	$1.0 \sim 1.5$	$4 \sim 6$	取样	0.007	<1.5	$0.04 \sim 0.05$	0.10
修二	$0.3 \sim 0.5$	$2 \sim 4$	取样或恒速	0.003	<1.0	0.003	0.09

注：工件材料 Cr12，厚度 40mm；电极丝直径 φ0.18mm，张力 10N；工作液佳润系列。

4.10.4 多次切割理论与实际尺寸差异及规律

多次切割时由于电极丝单边受到放电爆炸力的影响，会偏离理论位置，从而影响实际切割尺寸，并且如果工件距离上下导向器位置不对称，修切时也会产生"大小头"问题。假设切割标准 40mm 厚度的 10mm×10mm 的方形工件，线架跨距及其他尺寸示意图如图 4.82 所示（在进行工件厚度变化切割时，其他尺寸不变）。分别进行主切及修一切割（割一修一），参数见表 4-11，测量尺寸如图 4.83 所示。

表 4-11 割一修一参数

项目	参数
试验条件	Cr12（厚度 40mm）；电极丝直径 φ0.18mm，长度 300m，张力 10N；佳润 JR1A 复合型工作液，配比 1∶20
主切	脉冲宽度 40μs；占空比 1∶6；功放管数 3；平均切割电流 3.5A；取样伺服；走丝速度 12m/s；电极丝偏移量 0.1mm
修一	脉冲宽度 10μs；占空比 1∶8；功放管数 2；平均切割电流 1.2A；伺服速度 120μm/s；走丝速度 7m/s；修切偏移量 0.05mm

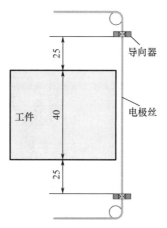

图 4.82　线架跨距及其他尺寸示意图

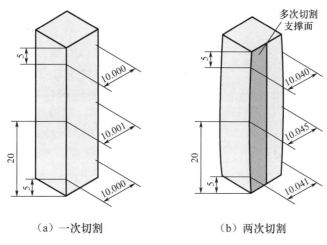

（a）一次切割　　　　　（b）两次切割

图 4.83　10mm×10mm 工件测量尺寸

一次切割按经验值设定单边放电间隙 0.01mm，电极丝偏移量为 0.18mm/2＋0.01mm＝0.1mm，切割后测量尺寸能够达到名义尺寸 10mm 要求。而两次切割采用的主切偏移量补偿为 f_1＝0.01mm＋0.18mm/2＋0.05mm＝0.15mm，其中，电极丝偏移量仍为 0.1mm，修一偏移量为 0.05mm。切割后测量平均尺寸为 10.042mm，修一后纵、横剖面尺寸差由主切的 1μm 增大到 5μm。

由于一次切割时电极丝处于双边放电状态，如图 4.84 所示，在与进给方向垂直的左右两边放电爆炸力基本平衡，因此电极丝实际位置和理论位置处于重合状态，切割后可以获得名义尺寸。

理论割一修一示意图如图 4.85（a）所示，电极丝偏移量仍为 0.1mm，修一偏移量为 0.05mm，理论总偏移量补偿应该为 0.15mm，理论上两次切割后应能够达到名义尺寸面。然而，实际割一修一切割示意图如图 4.85（b）所示，切割后测量的实际尺寸为 10.042mm，与名义尺寸

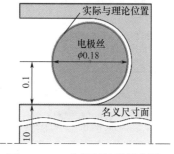

图 4.84　一次切割过程示意图

有 0.042mm 的偏差，单边偏差为 0.021mm。

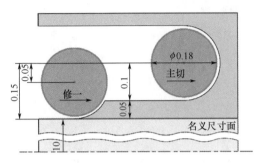

（a）理论割一修一示意图　　　　（b）实际割一修一示意图

图 4.85　理论与实际割一修一示意图

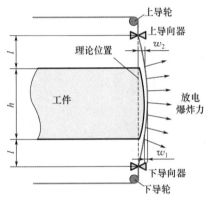

图 4.86　多次切割电极丝
实际位置示意图

分别测量图 4.85（b）中主切和修一后的平均尺寸 h_1、h_2，得到修一后的实际修切量为（$h_1 - h_2$）/2＝0.029mm，小于修一偏移量 0.05mm。造成这种情况的主要原因如下：在修切时，电极丝处于单边放电状态，由于放电爆炸力的作用，电极丝将产生远离加工面的挠曲偏移，如图 4.86 所示，在上下导向器之间，电极丝偏离其理论空间位置，其中在电极丝与工件接触的放电加工区域，电极丝产生最大为 w_1 的挠度，在工件的表面形成纵、横剖面尺寸差，而在上下导向器与工件表面之间电极丝产生最大为 w_2 的偏移，造成修切的实际修切量减小。此外，修切时放电能量小，放电间隙小于主切时的放电间隙，也在一定程度上造成修切时实际修切量减小。这种由于修切时实际修切量减小，与设定修切偏移量产生的偏差称为让刀量。

在修切过程中，无论是放电加工区域电极丝的最大挠度 w_1 还是导向器间电极丝的最大偏移 w_2，都与工件厚度、导向器间跨距、修切偏移量、放电能量及电极丝张力等因素密切相关，其关系见表 4-12 所示。

表 4-12　最大挠度 w_1、最大偏移 w_2 与各相关因素关系

因素	工件厚度 h	放电能量 q	导向器间跨距（$2l+h$）	抗弯刚度 EI	修切偏移量	电极丝张力 T
最大挠度 w_1	＋	＋	＋	－	＋	－
最大偏移 w_2	＋	＋	＋	－	＋	－

注："＋"表示正相关，"－"表示负相关。

4.10.5　多次切割名义尺寸的获得

多次切割时为弥补让刀量对修切偏移量的影响，从而获得准确的名义尺寸，一般采用

调整电极丝偏移量的方法。实际加工中常采用试验法、经验法和调用数据库三种方法。

1. 试验法

选用和切割模具相同或相近的材料及厚度，按理论值输入电极丝偏移量及各次修切偏移量，如切割图4.83所示10mm×10mm的四方，电极丝偏移量为0.10mm，修一偏移量为0.05mm，此时割一修一后实际尺寸为10.042mm，与名义尺寸有0.042mm的偏差，单边偏差0.021mm。那么在正式切割时，可将电极丝偏移量修改为0.10mm－0.021mm＝0.079mm，这样割一修一后，即可得到10mm×10mm四方的名义尺寸。同样在割一修二的情况下，也采用相同的方法，将最后获得的尺寸与名义尺寸的单边偏差在0.10mm电极丝偏移量中扣除，最终获得准确的名义尺寸。

2. 经验法

根据经验进行电极丝偏移量及各次修切偏移量的设定，以标准40mm厚度Cr12为参照标准，不同工件厚度条件下基本经验值及参数选择规律如下。

（1）修一偏移量一般设置为0.05mm，修二偏移量一般设置为0.01mm。

（2）修一高频参数：脉冲宽度8～10μs，占空比1∶5～6，切割电流1.0～1.5A。

（3）修二高频参数：脉冲宽度小于5μs，占空比1∶5～6，切割电流0.5～1.0A。

（4）40mm厚材料修一偏移量为0.05mm，实际修切量为0.03mm。

（5）40mm厚材料修二偏移量为0.01mm，实际修切量为0.005mm。

（6）40mm厚材料割一修二电极丝理论偏移量是0.1mm（一次切割按经验值设定单边放电间隙0.01mm，电极丝偏移量为0.18mm/2＋0.01mm＝0.1mm），但实际电极丝偏移量是0.1mm－0.02mm（修一让刀量）－0.005mm（修二让刀量）＝0.075mm。

（7）材料越薄，实际电极丝偏移量由0.075mm越趋向于0.1mm；材料越厚，实际电极丝偏移量由0.075mm越远离0.1mm。如对10mm工件修切，实际电极丝偏移量约为0.095mm；而对200mm工件修切，实际电极丝偏移量约为0.055mm。实际电极丝偏移量与工件厚度的关系如图4.87所示。

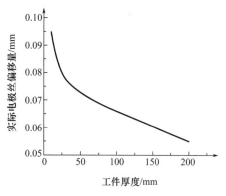

图4.87　实际电极丝偏移量与工件厚度的关系

3. 调用数据库

数据库中有对不同材料、各种厚度、不同切割要求的应用数据，可从中调用数据，但数据库建立的工作量将十分庞大。

4.10.6　高效修切

高效切割与获得高表面质量始终是矛盾的，通过中走丝工艺把两者有效结合起来，一直是人们研究和追求的目标。

目前中走丝机割一修二通常能获得的指标如下：40mm厚Cr12工件，主切电流4A左右，表面粗糙度小于$Ra1.2\mu m$，切割精度±0.005mm，平均切割速度小于$60mm^2/min$。但若要进一步提高修切后的表面质量，主切和修切的切割速度都会降低，平均切割速度会大幅度下降。高效修切是指主切和修切均采用较高的切割速度，在保证工件获得一定表面粗糙度要求的前提下，大幅度提高平均切割速度。高效修切时主切电流一般在 10A 左右，多次切割后工件表面粗糙度小于 $Ra1.6\mu m$，平均切割速度可达到 $10000mm^2/h$（$167mm^2/min$）。

稳定的高效修切需要有以下几个前提。

（1）改进进电方式。采用前端压上进电方式，以保障高效主切的稳定性。

（2）选用超高速切割工作液。通过增加工作液中高熔点、高汽化点组分，保障极间在大能量切割条件下仍具有足够的排屑能力，保持良好的极间状态，以提高大能量条件下的切割速度。

选择合适的工作液是保障高效修切稳定进行的首要前提，也是提高表面质量及切割精度的关键。判断工作液是否适合高效修切加工，最直观的判断标准是主切完毕，工件能自行滑落或很容易取件，同时主切工件表面不能有硬的粘连物，因为一旦出现这种情况，由于硬的粘连物导电性不均匀，仅靠修切时电极丝的电火花磨削作用无法将其去除，因此必然会影响正常修切。目前，一般工作液适合 4~5A 主切后的修切加工，而对于主切电流 10A 左右的高效修切，必须选用超高速切割工作液（如佳润 JR1H），并适当增大工作液浓度。

（3）采用清刀工艺。所谓清刀，就是在主切之后采用主切一半左右的放电能量并在零修切偏移量条件下（沿着原轨迹）仍然采用高速走丝进行一次接近空载条件下的放电切割，目的是去除附着在主切表面的蚀除产物并消除主切后蚀除凹坑的边缘毛刺，为后续修切时工作液顺利进入及小能量修切提供保障。大能量切割极间状态如图 4.88 所示，清刀后极间状态如图 4.89 所示。

高效修切（采用佳润 JR1H工作液）

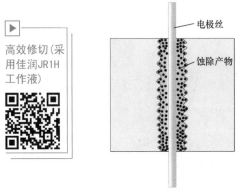

图 4.88　大能量切割极间状态

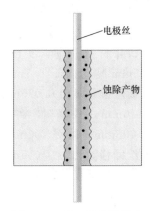

图 4.89　清刀后极间状态

清刀工艺高效修切参数及结果见表 4-13。

表 4-13　清刀工艺高效修切参数及结果

切割次数	走丝速度/（m/s）	平均电流/A	修切偏移量/μm	平均切割速度/（mm^2/min）	表面粗糙度 $Ra/\mu m$	备注
1	10	10	0	252	6.3	主切
2	10	5	0	228	5.1	清刀
3	8	2.5	45	190	2.9	修一
4	2	1	15	175	1.5	修二

注：工件 Cr12，40mm；电极丝直径 ϕ0.18mm；工作液为佳润 JR1H，配比 1:10。

4.10.7 高表面质量修切

目前中走丝修切后，在表面粗糙度不低于 $Ra0.8\mu m$ 时，一般还可以保持切割表面的均匀性，但进一步减小修切能量后，虽然局部区域表面粗糙度可以达到不超过 $Ra0.6\mu m$，但修切表面的均匀性会降低，宏观体现是表面会出现微细的振动纹路，用细砂纸打磨后将更加明显。其原因是随着修切能量的进一步降低，放电间隙将进一步减小，导致修切时对电极丝振动的控制要求大大提高。因此如果需要提高切割表面的均匀性，基本的要求就是要进一步提高电极丝空间位置的稳定性，或者增大修切时的放电间隙，以允许电极丝有一定的振动冗余度。这说明对于高速走丝多次切割而言，实现高表面质量修切，如果仅靠减小单脉冲放电能量往往是不够的，因为电极丝在修切时走丝速度仍然比较快，基本上达到 $2\sim4m/s$，此时理论上任何张力的反馈控制均滞后于放电区域的张力变化，因此一味提高电极丝张力的稳定性虽然对提高电极丝空间位置稳定性有益，但并不能实时解决张力变化的问题，而且张力的精准控制与电极丝振动的抑制并不是直接相关，以极高的代价精准控制电极丝张力的变化，在高质量修切时所体现的效果并不十分明显。

此时最有效的方法是增大修切时的放电间隙，允许电极丝在小范围内振动但又不至于对加工表面均匀性产生影响，而增大放电间隙的主要方法就是采用小脉冲宽度和高峰值电流进行修切。这样一方面控制了单脉冲能量，另一方面形成了允许电极丝在很小范围振动的放电间隙，从而保障了修切的稳定性。目前，采用脉冲宽度200ns，峰值电流55A的纳秒级脉冲电源可以获得表面粗糙度不超过 $Ra0.4\mu m$ 的均匀修切表面，割一修二试验参数见表4-14。

高质量修切
（采用佳润
JR3D工作液

表4-14　割一修二试验参数

切割次数	走丝速度/(m/s)	脉冲宽度	占空比	平均电流/A	峰值电流/A	修切偏移量/μm	切割速度/(mm^2/min)	表面粗糙度 $Ra/\mu m$
1	12	$30\mu s$	1:10	4.5	50	0	133	3.1
2	6	$1\mu s$	1:10	1.2	55	55	300	1.1
3	4	200ns	1:25	0.6	55	10	480	0.4

注：工件材料Cr12，厚度60mm；电极丝直径 $\phi0.18mm$；采用双向弹簧张力机构，18N；工作液佳润JR2A，配比1:15。

4.10.8 高厚度工件修切纵、横剖面尺寸差控制

高速往复走丝电火花线切割与低速单向走丝电火花线切割相比，其显著优势是可以进行高厚度切割，但该优势目前并没有在中走丝加工中得到体现。中走丝加工随着切割厚度的增大，工件高度方向会出现较大的纵、横剖面尺寸差（切割正四棱柱时称为腰鼓度），并且修切次数越多误差越大，从而对零件精度产生很大影响。目前，厚度为40mm内的工件，割一修二，纵、横剖面尺寸差可以控制在 $5\mu m$ 以内；但当工件厚度为 $150\sim200mm$ 时（对于中走丝多次切割而言，工件厚度超过150mm后，称为高厚度工作），如果仍按传统的修切方式进行，割一修二后，纵、横剖面尺寸差将上升至 $20\sim30\mu m$，有时甚至会出现工件中部无法修切的现象，严重影响多次切割在较高厚度工件上的应用。低速单向走丝

电火花线切割修切时对纵、横剖面尺寸差控制的研究由来已久，目前已达到切割 300mm 厚度工件，割一修二后，纵、横剖面尺寸差可以控制在 $7\mu m$ 以内。由于高速往复走丝电火花线切割存在特殊性，如往复走丝、工作液电导率较高和电极丝导电性较差等一系列问题，因此其纵、横剖面尺寸差的控制难度较高。

1. 纵、横剖面尺寸差的成因

(1) 放电爆炸力及冲量的影响。

多次切割时，电极丝受到单边放电爆炸力的作用，致使其实际位置偏离理论位置，形成纵、横剖面尺寸差，这是已知的事实，但对于高厚度工件的特殊性还在于修切时需要有足够的能量，目前高速走丝机采用的普通脉冲电源放电峰值电流仍然较低，因此普遍采用 $5\sim10\mu s$ 的脉冲宽度，并且修切工件厚度越大，修切的脉冲宽度及能量就越大。脉冲宽度的增大，导致放电爆炸力对电极丝作用的时间延长，放电爆炸力形成的冲量增大，一方面使得电极丝越加偏离其理论位置，形成让刀；另一方面致使电极丝的挠度大幅增大。挠度的增大致使电极丝与工件上下端距离较近，放电概率高，材料蚀除量大；工件中部距离电极丝较远，放电概率低，材料蚀除量小，致使高厚度工件修切后纵、横剖面尺寸差急剧增大。而低速走丝机一般采用 $1\sim2\mu s$ 甚至纳秒级高放电峰值电流脉冲电源进行修切，修切时放电爆炸力对电极丝的冲量远低于高速往复走丝电火花线切割，加上低速单向走丝电火花切割电极丝直径一般为 $\phi0.25mm$，并且电极丝张力较大，因此总体而言电极丝刚性较强，故在放电时偏离理论位置较少。

(2) 工作介质及电极丝电阻的影响。

高速往复走丝电火花线切割放电在具有一定绝缘性的工作液中进行，放电加工中不可避免地通过极间介质存在漏电流。随工件厚度增大，漏电流也会相应增大。图 4.90（a）和图 4.90（b）分别是使用工作液 JR1A 和蒸馏水修切时，在相同电参数下的放电波形。使用工作液修切时，漏电流要明显大于蒸馏水修切的。由于漏电流及电极丝电阻的存在，一方面，修切时将导致沿工件表面放电能量存在差异，工件上下两端由于距上下导电块近，放电能量最大，工件中间放电能量最小；另一方面，如采用的修切能量过小，将导致加工不稳定，这是致使高速往复走丝电火花线切割必须采用较大的能量才能稳定修切的原因之一。一般通过增大脉冲宽度和放电峰值电流的方法以弥补漏电流产生的能量损失，这将致使放电爆炸力较大。

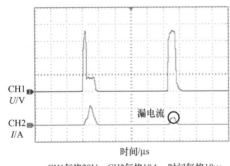

| （a）工作液JR1A | （b）蒸馏水 |

图 4.90　在相同电参数下的放电波形（工件厚度 $h=40mm$）

在电火花线切割加工过程中，极间施加电场后，击穿前静电场产生的静电力会将电极丝吸向加工表面，击穿后放电爆炸力再将电极丝推离加工表面。静电力与空载电压的平方成正比，并且随着放电间隙的增大而减小。由于高速往复走丝电火花线切割采用的工作液电导率较高，放电间隙大且击穿电压较低，因此产生的静电力较小，而单个脉冲放电能量较大，因此单个脉冲产生的放电爆炸力远远大于静电力，此时静电力对电极丝的吸引作用基本可以忽略不计。

（3）电极丝张力的影响。

电极丝张力的稳定是实现高精度修切的保障。对于传统的机械式张力控制装置，目前普遍使用的是重锤式张力机构和双向弹簧式张力机构。该类机构可以实现对电极丝张力的宏观调控，但要实现更加精准的调控很难，并且高厚度修切时，由于放电加工区域内的电极丝长，抗干扰性更差，张力变化对纵、横剖面尺寸差的影响更加显著。因此对于较高厚度工件修切必须采取更加准确的电极丝张力控制方法，并适当提高张力以增强修切时电极丝空间的位置精度、稳定性及刚性。由于高速往复走丝电火花线切割的电极丝反复使用及主切时采用大电流切割的要求，一般只能施加较小的初始张力以保障电极丝的使用寿命，而且修切时一般无法增大电极丝张力，而张力过小，将会大大影响修切时的纵、横剖面尺寸差。

2. 纵、横剖面尺寸差控制

纵、横剖面尺寸差控制关键在于减小电极丝在放电时的挠度，保障工件上下端和中部放电概率基本一致，从而使得工件纵向各部分材料蚀除量相等，当然也必须采取与普通工件修切工艺不同的参数。纵、横剖面尺寸差控制的主要手段如下。

（1）提高电极丝张力、稳定性及刚性。

提高电极丝张力是改善高厚度工件修切纵、横剖面尺寸差的最关键因素。为避免断丝，在主切大能量加工时，控制电极丝张力在其抗拉强度的 30% 左右，但修切时张力值应尽可能提高到电极丝抗拉强度的 40%～50%（$\phi0.18\text{mm}$ 电极丝张力要达到 20N 左右），并且采用更加稳定的张力控制方式，如采用闭环张力控制系统，以提高走丝系统在加工过程中的张力稳定性，如果允许，可以采用更粗的电极丝及更大的张力进行修切。此外，修切时可以适当提高电极丝的走丝速度，以进一步提高电极丝的刚性。

（2）调整修切工艺。

纵、横剖面尺寸差主要由电极丝在放电时的挠度所形成，因此需要尽可能减小放电时的爆炸力，可以适当减小每次修切的偏移量，尤其是修一偏移量，可以考虑采用割一修三的方式，增加一次采用零偏移量进行修三，以进一步降低纵、横剖面尺寸差。

（3）采用小脉冲宽度高放电峰值电流修切。

修切中为减小放电爆炸力对电极丝产生的冲量，应尽量减小修切时的脉冲宽度。采用小脉冲宽度高放电峰值电流修切，保证在放电能量基本相同的条件下，尽可能减少放电爆炸力对电极丝的作用时间，使电极丝受到的冲量减小，从而减小电极丝的弯曲挠度。

（4）适当降低跟踪速度。

跟踪速度的降低，有利于均衡工件纵向剖面各处放电率的差异，改善纵、横剖面尺寸差，并且在修一时采用较高走丝速度，在修二及修三时，再采用较低的走丝速度。

（5）改进工作液。

在修切中，如采用纯水作为工作液，工件的纵、横剖面尺寸差可以控制的很小，这是目前已知的事实，其主要原因是纯水的使用，大大减小了放电间隙，抑制了电极丝的振

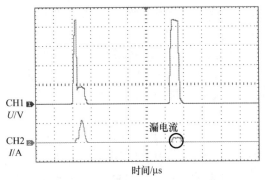

CH1每格20V；CH2每格10A；时间每格10μs

图 4.91　工作液改进后的放电波形（厚度 $h=40$ mm）

动。但工作液在主切和修切过程中的变更在实际加工中不可行，因此对于高厚度工件修切而言，工作液应尽可能具有较低的电导率，一方面以减小修切过程中极间的漏电流，减小能量损失，在保证加工稳定性的情况下，减小修切能量以减弱放电爆炸力的作用，从而减小电极丝的弯曲挠度；另一方面通过减小放电间隙，抑制电极丝的振动。改进前的工作液电导率为 4120μS/cm，改进后的工作液电导率为 2350μS/cm。图 4.91 所示为工作液改进后的放电波形，从图中可以看出，（与图 4.90 相比）在相同电参数下，改进后的工作液在加工过程中漏电流明显减小，修切中用于材料蚀除的能量增大，为小能量修切提供了前提条件。

综合采取上述措施后，由于电极丝刚性提高，放电爆炸力对电极丝形成的冲量减小，电极丝振动空间受到限制，电极丝稳定性明显提高，减小了电极丝的弯曲挠度，使工件上下端和中部放电概率基本相等，工件各部分材料蚀除量基本相等，纵、横剖面尺寸差得到了有效控制。对 150mm 厚度工件割一修二后，工件的纵、横剖面尺寸差基本控制在 10μm 以内，工件表面质量和均匀性也得到了大幅度提高。图 4.92 和图 4.93 所示分别为改进前和改进后割一修二的工件表面及表面微观形貌。

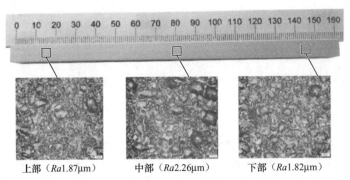

上部（Ra1.87μm）　　中部（Ra2.26μm）　　下部（Ra1.82μm）

图 4.92　改进前割一修二的工件表面及表面微观形貌

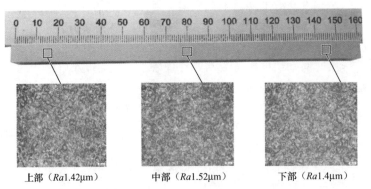

上部（Ra1.42μm）　　中部（Ra1.52μm）　　下部（Ra1.4μm）

图 4.93　改进后割一修二的工件表面及表面微观形貌

4.10.9　表面变质层

随着中走丝工艺的推广应用及工艺指标的大幅度提升，对其切割表面变质层甚至完整性的研究已成为必然趋势。

1. 切割表面变质层的特点

切割表面变质层对工件的使用性能（如耐用性、耐磨性、疲劳强度、高温持久强度、耐腐蚀性等）有重大影响，尤其是表面微裂纹及残余拉应力对于构件的疲劳性能影响很大，致使电火花线切割加工往往不能作为一些关键结构件，尤其是有抗疲劳要求的航空结构件的最后加工工序。低速单向走丝电火花线切割在该领域的研究已经由来已久，其采用去离子水作为工作介质，虽然去离子水中的 OH^- 很少，但在电场的作用下，会趋向于正极的工件表面，并形成锈蚀，对于硬质合金而言，还会导致钴黏结剂的溶解，从而在工件表面形成软化层。因此，目前低速单向走丝电火花线切割普遍采用抗电解电源，使 OH^- 在原地振动，避免在工件表面沉积。高速往复走丝电火花线切割目前普遍采用弱碱性工作液，其中最主要的是复合型工作液，由于工作液中含有的油性物质和防锈剂组分，加工中会在工件表面形成一层吸附保护膜，因此虽然工作液中存在较多 OH^-，但其并未直接沉积在工件表面，故对工件表面产生的锈蚀作用很小。低速走丝和高速走丝电火花线切割极间 OH^- 状态示意图如图 4.94 所示。

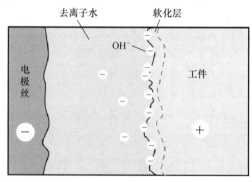
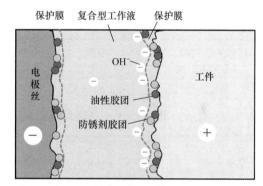

（a）低速走丝　　　　　　　　　　　（b）高速走丝

图 4.94　低速走丝和高速走丝电火花线切割极间 OH^- 状态示意图

两种电火花线切割加工方式在极间高频放电骤热骤冷作用下，均会形成淬火效果，并产生表面微裂纹及残余拉应力，只是低速单向走丝电火花线切割表面形成的是类似水淬的效果，而高速往复走丝电火花线切割表面是介于水和油之间的淬火，并且由于其介质具有弱碱性，虽然保护膜的防护作用能降低常温条件下的电解腐蚀影响，但在放电高温条件下形成的高温电解效应依然存在，因此在放电区域会产生针孔状的高温电解孔洞结构。高速走丝电火花线切割工件截面显微图如图 4.95 所示，切割表面微裂纹及高温电解形成的孔洞如图 4.96 所示。

2. 表面变质层的形貌

高速往复走丝电火花线切割表面同样会形成松散层、熔化凝固层和热影响层。选用模具钢（Cr12）和硬质合金（YG6）两种材料，主切电流为 6A，并用割一修二方式进行切割，加工参数见表 4-15。

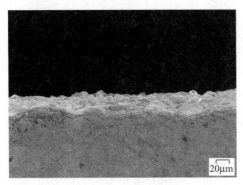

图 4.95 高速走丝电火花线切割工件截面显微图

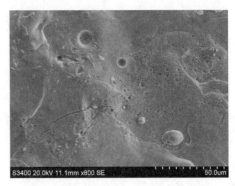

图 4.96 切割表面微裂纹及高温电解形成的孔洞

表 4-15 割一修二加工参数

切割类型	脉冲宽度/μs	占空比	平均切割电流/A	走丝速度/(m/s)	修切偏移量/mm	进给速度/(μm/s)
主切	60	1:5	6	12		48
修一	10	1:8	2	7.2	0.04	150
修二	3	1:10	1	4.8	0.01	120

注：工件材料 Cr12、YG6，厚度 40mm；电极丝直径 ϕ0.18mm，长度 300m，张力 10N；工作液佳润 JR1A，配比 1:15。

模具钢（Cr12）主切和割一修二后表面微观形貌如图 4.97 所示，工件截面晶相照片如图 4.98 所示。可以看出，主切和割一修二后，表面基本均匀，蚀除凹坑减小，表面质量提高。

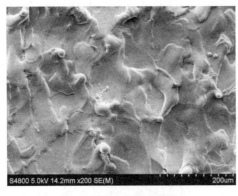

（a）主切后表面微观形貌

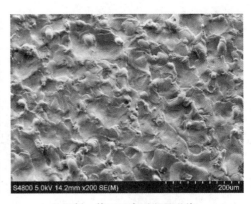

（b）割一修二后表面微观形貌

图 4.97 模具钢（Cr12）主切和割一修二后表面微观形貌

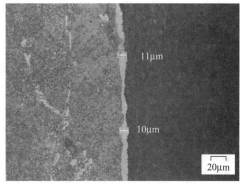

（a）主切工件截面晶相 （b）割一修二工件截面晶相

图 4.98 模具钢（Cr12）主切及割一修二工件截面晶相照片

硬质合金（YG6）主切和割一修二后表面微观形貌如图 4.99 所示，工件截面晶相照片如图 4.100 所示。

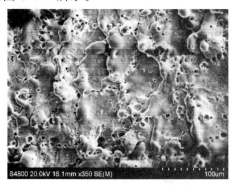

（a）主切后表面微观形貌 （b）割一修二后表面微观形貌

图 4.99 硬质合金（YG6）主切和割一修二后表面微观形貌

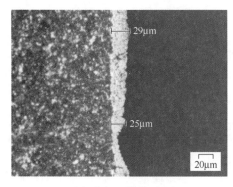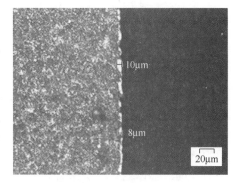

（a）主切工件截面晶相 （b）割一修二工件截面晶相

图 4.100 硬质合金（YG6）主切及割一修二工件截面晶相照片

硬质合金（YG6）主切及割一修二后表面都呈现较多的微孔洞结构，说明电火花线切割会对硬质合金表面造成改变甚至破坏。其原因在于硬质合金是以高硬度难熔金属的碳化物（WC、TiC）微米级粉末为主要成分，以钴（Co）等为黏结剂，在真空炉或氢气还原炉中烧结而成的粉末冶金制品，因此在放电高温作用下，表面会出现龟裂、钴空洞化等缺陷，具体发析如下。

（1）温度作用。放电形成的热效应将导致硬质合金材料形成局部性应力及裂缝。由于高温作用，硬质合金中的钴会产生再沉积，因其熔点只有 800℃，远低于碳化钨 3000℃的熔点，因此钴在高温作用下将先于碳化钨被气化或燃烧掉，由此形成孔洞；此外，在材料内部，由于温度的剧烈变化，会导致内应力及微小龟裂的产生。

（2）侵蚀作用。采用弱碱性的复合型工作液作为工作介质，在加工中会对硬质合金产生侵蚀作用，影响钴的黏结作用，从而形成钴空洞化，此外一部分工作液会长期停留在龟裂处，使龟裂增大。

（3）电解作用。当电流通过工作液时会引起电化学反应，使工作液中的 OH^- 不断增加，并与工件发生化学反应，进一步加剧了工作液对工件的化学侵蚀作用。

从截面晶相图可以看出，两种材料主切后的熔化凝固层厚度为 $25 \sim 35 \mu m$，随主切能量的增大，熔化凝固层厚度还会略有增大，均匀性还会降低。两种材料割一修二后的熔化凝固层厚度可以控制在 $10 \mu m$ 左右，并且比较均匀，不会出现主切时个别部位熔化凝固层厚度突变的情况，说明多次切割对熔化凝固层的改善不仅仅是厚度的减小，而且使其均匀程度有很大的提高。

3. 切割表面硬度

对两种材料主切、割一修一及割一修二后的工件表面进行硬度检测，结果如图 4.101 及图 4.102 所示。

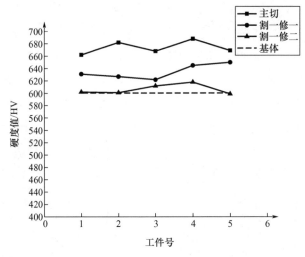

图 4.101　模具钢（Cr12）表面硬度变化

从表面硬度的整体变化趋势来看，无论是模具钢还是硬质合金，都是主切后的工件表面硬度最高，割一修二后的硬度最低，但均超过基体硬度；从硬度的浮动范围来看，模具钢硬度浮动范围在 100HV 以内，硬质合金的硬度浮动范围较大，在 400HV 以内。

4. 表面变质层截面硬度分布

采用纳米压痕测试的方法，对模具钢（Cr12）在主切和割一修二截面的硬度分布趋势进行了测量，测量示意图如图 4.103 所示，从最外层开始，每隔 $5 \mu m$ 测量一次，共 10 个

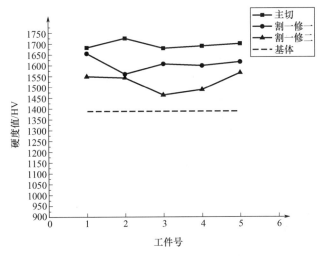

图 4.102　硬质合金（YG6）表面硬度变化

测量点，硬度分布如图 4.104 和图 4.105 所示。

　　从图 4.104 和图 4.105 的硬度分布来看，由于松散层位于工件最外层，虽然硬度较低且松散，但由于厚度很薄，因此基本无法测出，故高速往复走丝电火花线切割表面可以认为不存在明显的软化层，熔化凝固层和热影响层的厚度经过修切后，均有所减小。热影响层受到了高温回火的作用，硬度值与基体相比有小幅降低。

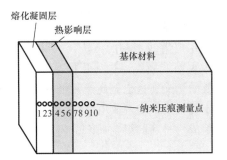

图 4.103　表面变质层硬度分布测量示意图

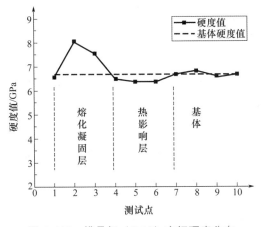

图 4.104　模具钢（Cr12）主切硬度分布

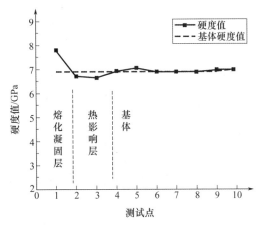

图 4.105　模具钢（Cr12）割一修二硬度分布

　　模具钢（Cr12）的表面硬度与切割次数有较大的关系，主切时由于熔化凝固层较厚，因此表面硬度较高，而在割一修二后由于熔化凝固层大大减薄，因此表面硬度值接近基体硬度值。对硬质合金（YG6）而言，电火花线切割后的硬度值都在基体材料以上，表层的硬化现象较明显，产生的原因主要是放电及高温电解后熔化凝固层钴流失，表面的碳化钨比例升高，由于碳化钨硬度很高，导致整体硬度升高，因此熔化凝固层越厚，表层的硬度也会越高，但脆性也会增大。

因此采用复合型工作液进行电火花线切割后，工件表面不存在软化层，反而出现表面略有硬化的现象，说明复合型工作液起到了对工件表面防护和防锈作用，这与低速单向走丝电火花线切割表面是不同的，但表面变质层必然与基体金属存在差异，会对使用性能产生影响，故在实际使用时，仍应尽可能去除表面变质层尤其是熔化凝固层。

4.11　电解线切割修整

4.11.1　电解线切割修整工艺

电火花线切割由于放电形成的高温，实际上属于热加工方式，即使通过多次切割，最终也无法完全去除熔化凝固层，而电化学加工通过阳极溶解进行，属于冷加工方式，因此可以考虑在多次切割减薄熔化凝固层的基础上，利用复合型工作液具有一定导电特性的特点，采用电解线切割的方法，去除通常具有表面微观裂纹及残余拉应力的熔化凝固层，甚至整个表面变质层，进一步提高切割表面的完整性，这对疲劳强度要求高的结构件加工具有重要的意义。这也是高速往复电火花线切割与低速单向电火花线切割的显著差异之一。为区别于传统多次切割放电修切，将这种方法定义为电解线切割修整，其与电火花线切割多次切割组成一种新的组合加工工艺，加工示意图如图4.106所示。

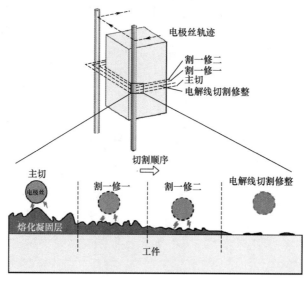

图 4.106　电火花线切割与电解线切割修整组合加工示意图

在电解线切割修整工序中，由于需要保障不形成火花放电，同时尽可能利用极间形成的电解电流对已经割一修二的表面进行电解线切割修整，其电极丝的偏移轨迹是在已进行过多次切割的切缝内，向远离工件表面进行外偏移，外偏移量根据不同修整参数为0.03～0.04mm，并采用较低的走丝速度（如2.0m/s）及较低的进给速度（如20μm/s）进行电解线切割修整。电解线切割修整加工波形如图 4.107 所示，其平均电流为 0.3A。

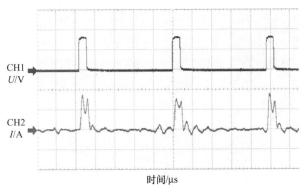

时间/μs

CH1每格50V；CH2每格2A；时间每格20μs

图 4.107　电解线切割修整加工波形

模具钢及硬质合金电火花线切割与电解线切割修整组合加工参数见表 4-16。

表 4-16　模具钢及硬质合金电火花线切割与电解线切割修整组合加工参数

项目	脉冲宽度/μs	占空比	平均电流/A	走丝速度/(m/s)	修切偏移量/mm	进给速度/(μm/s)
模具钢						
主切	40	1∶5	4	12	0	40
修一	10	1∶8	2	7.2	0.04	200
修二	3	1∶10	1	4.8	0.01	150
电解线切割修整	6	1∶4	0.3	2.4	−0.03	20
硬质合金						
主切	40	1∶5	4	12	0	35
修一	10	1∶8	2	7.2	0.04	200
修二	3	1∶10	1	4.8	0.01	150
电解线切割修整	3	1∶6	0.25	2.4	−0.045	30

4.11.2　电解线切割修整工件表面形貌

模具钢（Cr12）主切、割一修二、电解线切割修整后的表面微观形貌如图 4.108 所示。由图可以看出，电解线切割修整后工件表面微观形貌明显不同于电火花线切割的表面。电解线切割修整后的表面虽然仍存在放电凹坑的痕迹，但表面已经观察不到电火花线切割所产生的熔化凝固产物。这说明电解线切割修整在去除熔化凝固层方面效果显著。

硬质合金主切、割一修二、电解线切割修整后的表面微观形貌如图 4.109 所示。由图可以看出，主切和割一修二后的表面的主要差异在于放电凹坑的尺寸及熔化凝固产物的数量，主切及割一修二后表面都存在孔洞。而电解线切割修整后，电火花产生的放电凹坑及熔化凝固产物明显减少，表面变得更加平整。从表面形貌及表面粗糙度的情况而言，电解线切割修整起着对电火花线切割加工表面进行"平整"的作用。

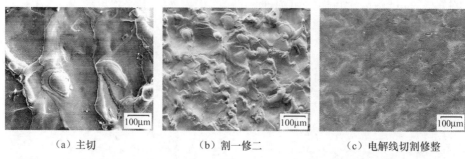

（a）主切 　　　　　（b）割一修二 　　　　　（c）电解线切割修整

图 4.108　模具钢（Cr12）一次切割、割一修二、电解线切割修整后的表面微观形貌

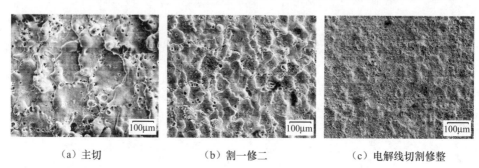

（a）主切 　　　　　（b）割一修二 　　　　　（c）电解线切割修整

图 4.109　硬质合金主切、割一修二、电解线切割修整后的表面微观形貌

4.11.3　电解线切割修整对表面粗糙度的影响

在模具钢割一修二表面粗糙度达到 $Ra1.0\mu m$ 的基础上，采用电解线切割修整后，工件表面粗糙度达到了 $Ra0.5\mu m$ 左右，其电解线切割修整前后表面粗糙度对比如图 4.110 所示，实现了在不更换原有机床及工作液的情况下，提升表面质量的目标，这是单纯依靠降低脉冲能量进行电火花多次切割难以达到的。对于硬质合金而言，割一修二后的工件表面粗糙度为 $Ra0.9\mu m$，经电解线切割修整后，表面粗糙度降低至 $Ra0.7\mu m$ 左右，其电解线切割修整前后表面粗糙度对比如图 4.111 所示。

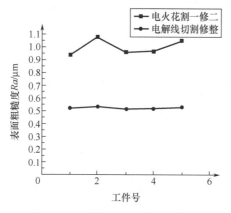

图 4.110　模具钢电解线切割修整
前后表面粗糙度对比

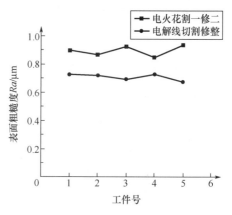

图 4.111　硬质合金电解线切割修整
前后表面粗糙度对比

4.11.4 电解线切割修整对熔化凝固层的影响

电火花线切割加工中理论上无论通过多少次修刀，其表面都会存在熔化凝固层。在某试验条件下，模具钢（Cr12）主切和多次切割后工件表面熔化凝固层厚度对比如图4.112所示。虽然熔化凝固层的厚度随着电火花线切割修切能量的降低在不断减小，在割一修四情况下，熔化凝固层的厚度可以控制在 $3\mu m$ 以内，并且分布比较均匀，但其依然存在。

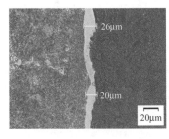 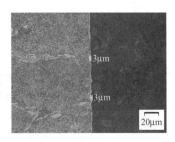

（a）主切　　　　　　　　（b）割一修二　　　　　　　（c）割一修四

图4.112　模具钢（Cr12）主切和多次切割后工件表面熔化凝固层厚度对比

工件表面经过割一修二后，熔化凝固层厚度通常可以控制在 $10\mu m$ 左右，并且分布较均匀，此时在原电火花线切割机床上不更换工作液，只通过改变加工电参数、电极丝偏移量、进给速度等参数，使电极丝在进给的过程中不产生火花放电，只进行电解线切割修整，即可去除熔化凝固层。

采用表4-16中的参数进行割一修二后，进行电解线切割修整，所获得的模具钢和硬质合金截面晶相照片如图4.113及图4.114所示，可以看出，熔化凝固层基本被去除，说明电解线切割修整在去除熔化凝固层方面效果显著。

图4.113　割一修二再电解线切割修整后　　　　图4.114　割一修二再电解线切割修整后
模具钢截面晶相照片　　　　　　　　　　　　硬质合金截面晶相照片

4.11.5 电解线切割修整对表面硬度的影响

模具钢和硬质合金割一修二、电解线切割修整的表面硬度如图4.115及图4.116所示。

由4.10.9可知，模具钢在割一修二后表面硬度与基体相近，而硬质合金割一修二后的硬度要略高于基体硬度。对比图4.115及图4.116可以发现，两种材料在电解线切割修整后的硬度变化趋势是不相同的，模具钢经电解线切割修整后表面硬度略低于割一修二后的表面硬度，也略低于基体硬度，而硬质合金电解线切割修整后的工件表面硬度则高于割一修二后的表面硬度，也高于基体硬度。

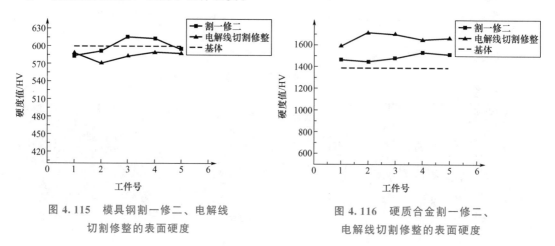

图 4.115 模具钢割一修二、电解线
切割修整的表面硬度

图 4.116 硬质合金割一修二、
电解线切割修整的表面硬度

对于模具钢而言，电解线切割修整后，工件表面去除了熔化凝固层，而熔化凝固层之下为热影响层，由于该层受放电高温作用，存在高温回火，因此电解后的工件表面硬度相较于基体硬度略有降低。为验证上述观点，同样采用纳米压痕的方法对电解线切割修整后工件表面硬度分布进行测量，测量点为每隔 $5\mu m$ 分布一个，共 10 个测量点，硬度分布如图 4.117 所示。

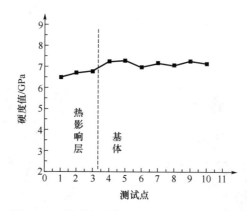

图 4.117 模具钢电解线切割修整后硬度分布

从图 4.117 可以看出，电解线切割修整后，由于去除了松散层和熔化凝固层，表层已经成为硬度略有降低的热影响层。

对于硬质合金而言，在电火花线切割后的表面存在一定的孔洞，在电解线切割修整后，虽然表面熔化凝固层消失，但孔洞减少，表面组织结构与原来相比更加致密，因此显微硬度反而有所升高。

电解线切割修整是基于高速往复走丝电火花线切割，采用具有弱碱性复合型工作液能形成微弱电解作用而进行的表面修整工艺方法，其涉及电参数及非电参数等一系列参数的控制问题，核心是电解电流的控制，因此包括脉冲电源参数、极间距离、工作液电导率、进给速度及走丝速度等均会影响表面的修整，而表面修整不仅涉及熔化凝固层的去除，而且涉及表面变质层的去除，尺寸精度的控制，纵、横剖面尺寸差的控制及表面完整性等相关指标。

思 考 题

4-1 请说明材料去除率与切割速度间的关系，并阐述影响高速往复走丝电火花线切割切割速度的主要因素。

4-2 电火花线切割加工精度主要包括哪些内容？影响加工精度的主要因素有哪些？

4-3 电火花线切割加工表面完整性由几部分构成？切割表面变质层由几部分组成？

4-4 简述使用复合型工作液可降低电极丝直径损耗的机理。

4-5 实现高效切割的基本条件是什么？可以采取哪些措施进行高效稳定切割？

4-6 超高厚度切割的难点主要体现在哪些方面？如何提高超高厚度切割表面的平整性？

4-7 阐述高速往复走丝电火花线切割浸液式加工的优点及缺点。

4-8 高速往复走丝电火花线切割使用去离子水或纯净水作为工作介质切割存在的主要问题是什么？

4-9 高速往复走丝电火花线切割细丝切割的主要关键技术有哪些？

4-10 多次切割的基本原理是什么？为什么多次切割理论尺寸与实际尺寸存在差异？如何进行修正？

4-11 如何减小高厚度工件修切纵、横剖面尺寸差？

4-12 高速往复走丝电火花线切割表面变质层有什么特征？熔化凝固层厚度在什么范围？

4-13 简述电解线切割修整工艺方法的实施步骤。

第5章
高速往复走丝电火花线切割机床安装、操作、加工及维护保养

高速走丝机属高精度精密加工设备，其搬运、安装及操作需按一定的规程进行。为更好地使用机床，需对操作人员进行培训，并且按加工工艺流程进行零件的加工。此外，对机床进行日常保养是保持机床高精度、高质量加工工件，并降低故障率的前提。

5.1　机床的搬运与安装

5.1.1　搬运要求

线切割机床属精密加工设备，搬运前需做好相应的防护措施。

（1）机床固定：搬运及长途运输前，要进行机床固定。固定前，需将 X、Y 轴及贮丝筒运丝滑板的丝杠螺母与螺母座脱开，并用固定板将 X、Y 轴滑板及贮丝筒部件与床身固定，对于锥度线架需要用木头将头部的锥度部件支撑好。

（2）防护要求：机床长期不用时，要将工作台、线架等金属裸露部分擦干净，涂上防锈油，并用油纸覆盖。机床在户外放置时，要注意防潮、防雨。

（3）装卸要求：推荐用叉车叉机床底托或从机床起吊孔穿入吊棒或钢丝绳。注意起吊时务必使机床保持平衡。吊装的钢丝绳长度和角度应适当，吊棒须旋紧，钢丝绳承受的载荷量必须大于机床重量的 3 倍。吊绳应避免与机床任何部位接触，必要时可以在接触处放置纸板等软物件，避免损伤机床外观及机床精度。搬运中应避免颠簸、倾斜、冲击等。

使用叉车时，叉臂必须超过包装箱长度的 3/4，以保证叉运平稳，如图 5.1 所示。

（4）搬运要求：搬运机床时，机床的重心应该在手动叉车的中心，叉臂必须超过机床

的长度，如图 5.2 所示。

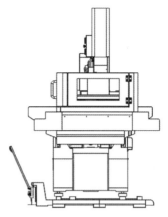

图 5.1　叉车装卸运输示意图　　　　图 5.2　机床搬运示意图

5.1.2　安装要求

对安装线切割机床的工作环境要求如下。

（1）选择没有粉尘的场所。避免空气中的粉尘进入丝杠、导轨，导致严重磨损，影响机床精度及使用寿命；粉尘的存在也会影响计算机使用寿命，并附着在电器组件上，造成电器组件散热不良及非正常接触，导致电路板损坏。

（2）选择没有强振动和冲击传入的场所。如果工作场地条件欠佳，可采用防振式地基使机床与振动源隔离，防振沟内填充软性材料消振，避免对加工精度产生影响。不得将机床与重型机床安放在一起，并且机床四周不得有强振动源。

（3）机床周围不允许有强电磁场及噪声干扰，否则会影响机床的正常工作。

（4）选择温度变化小的场所，尤其加工高精度零件时，尽可能在恒温环境下进行，保证工作环境温度控制在（20±5）℃内。

（5）选择通风条件好，宽敞的厂房。安装机床时尽量使操作者面对自然光源，以便操作者和机床能在明亮的环境下工作。

（6）安装机床时须先拆去 X、Y 轴滑板导轨两端压紧用的导轨压板，同时拆去运丝部件的导轨压板。丝杠副等关键件和重要运动部件应擦干净，不得有纱头之类杂物附在其上。凡已经去除防锈油脂的机床各个部位应擦机械油（20 号）以防生锈，并使各运动部件在工作之前充分注油润滑。借助机床随机的四件地脚螺栓（螺纹千斤顶）将机床工作台面调整水平，使水平仪在工作台面纵、横向的读数差为 0.04mm/1000mm。

（7）安装完毕，检查机床各运动部件应灵活可靠。手摇工作台做纵、横向移动及拨动贮丝筒、导轮均应运动自如、轻便灵活。

（8）机床动力源要求。通常机床电源由三相交流 380V 电源供电。U、V、W 为三根火线，PE 为保护零线，与机床外壳相通，其必须可靠接地、接零。机床接电应由专业人员操作，由于机床控制柜内部多处有交流电，严禁机床上电后触及控制柜内部。

由于交流供电电压的变化，会使加工和控制系统的输出电压幅值不稳定，从而影响加工指标，严重时会使机床电气控制失灵，造成机床运行故障。因此主电源电压误差范围应

控制在 $-5\% \sim 10\%$，即主电源电压为 $360 \sim 420\mathrm{V}$，线路上不允许有电压突变，并且尽可能不与其他大功率电器设备共用电源，如有上述情况则需自备稳压器，若电网不稳，建议在输入端安装 5kW 三相交流稳压器。另外，在接入机床主电源前端安装空气开关。

5.2　机床安全操作规程

5.2.1　操作规程

（1）操作人员必须熟悉线切割机床基本使用规程，开机前应进行全面检查，确认无误后方可操作。

（2）操作人员必须了解线切割基本加工工艺，选择合适的加工参数，按规定的顺序操作，防止造成意外断丝、超范围切割等问题。

（3）用摇柄操作贮丝筒后，应及时拔出摇柄，以防止贮丝筒转动将摇柄甩出伤人。拆下的废丝要缠绕成团放在指定的容器内，防止混入电路、运丝机构或误割伤人体，在上丝和拆卸电极丝时，建议佩戴手套，以免电极丝拉伤手。

（4）注意防止因贮丝筒惯性造成的断丝及传动件的碰撞，停机时要在贮丝筒刚完成换向时按下停止键。

（5）尽量消除工件残余应力，防止切割中工件爆裂伤人，加工前应安放好机床工作台防护罩。

（6）切割工件前，应确认装夹位置是否合适，防止碰撞线架及因超行程撞坏丝杠和螺母。

（7）禁止用湿手按开关或接触电器，防止工作液渗入控制柜，一旦发生事故应立即切断电源，用灭火器灭火，不准用水扑救。

（8）运丝时，人不要站在 X 轴手轮位置和贮丝筒正后方，以防突然断丝伤人及污水飞溅。

（9）控制柜内局部有危险电压，一般加电后不允许开启控制柜面板。即使断电，打开控制柜检修时，也要先对电容充分放电，否则会有触电危险。

（10）机床工作时会产生火花放电，故不得在易燃易爆等危险区域使用机床。

（11）定期检查机床的保护接地是否可靠，注意各部位是否漏电，采用防触电开关。加工电源开启后，不可用手或者手持导电工具同时接触电源的两个输出端，防止触电。

（12）停机时，应先关断高频脉冲电源，之后停工作液泵，使电极丝走丝一段时间并等贮丝筒反向后再停止。工作结束后，关掉总电源，擦拭工作台及夹具，并润滑机床运动部件。

5.2.2　机床操作注意事项

开机前仔细阅读说明书，并检查各插接件与插座接触可靠、运动部件运动灵活。

（1）检查机床动力源的接线。

（2）检查显示器、工控机及各线路板与线路板插座插接是否良好。

（3）检查电路连接点及线是否牢固，防止松动、破损，连接点包括空气开关、接触器、电容、整流桥、接线端子排、变压器等。

（4）检查机床各运动部件，手摇工作台做纵、横向移动，拨动贮丝筒、导轮等，各运动部件均应运动自如、轻便灵活。

（5）加工过程中如需切换脉冲宽度、脉冲间隔及功率管开关，应先关闭高频电源或在贮丝筒换向间隔高频电源关断时切换，防止因开关接触不良而烧坏元器件（大功率管），在通电状态下不可随意拔插控制板卡。

（6）根据工件切割厚度调整线架高度以提高加工精度与表面质量。上下线架出水口距工件表面 15～25mm，调节水阀使工作液包裹住电极丝并随走丝带入切缝，喷液压力不可太大，但要保证流量。

（7）切割电流的选择。在熟悉机床阶段，建议一般厚度工件加工电流控制在 4A 以内，对于厚度超过 200mm 的工件加工电流应控制在 3A 以内，脉冲宽度选择 32～64μs 挡，占空比选择 1∶4 以上。

（8）使用线切割专用工作液（如佳润系列）并按比例配比，工作液挥发后按比例加入原液和水，配制工作液忌用地下水或硬水，有条件时选用纯净水。

（9）供电电压误差应控制在额定电压的 $-5\%～+10\%$，超出此范围应加稳压器。保持机床工作在干燥环境，防止漏电，工作台与床身之间电阻应大于 30kΩ。

（10）当导轮组件有不正常声响、跳动、啸叫时应及时更换、调整，以防止对加工精度、表面质量产生影响，正常加工条件下 3～4 个月换一次导轮、轴承，中走丝机需要经常观察导向器的使用情况，在精密切割时，一旦调整线架上下移动，须重新检查电极丝垂直度并保障电极丝垂直穿过导向器。

（11）机床停止运丝时，电极丝应停在贮丝筒的两侧，以防误操作将电极丝烧断或拉断，致使整筒电极丝报废。

（12）工件装夹完毕，先不挂丝，对于临近切割行程的工件，沿切割工件大致范围手摇滑板空走一遍以防止线架与夹具相碰或行程不够，开始切割零件时为避免意外，先将起始切割点手轮刻度对零位。

（13）加工形状复杂或重要零件时，先用薄板试切样件，对于比较大的工件可以采用缩小比例方式试切，确定正确后开始正式切割，以防报废。

5.3 加工基本操作

5.3.1 上丝

上丝一般按以下步骤进行。

（1）贮丝筒移位。关闭断丝保护开关，使贮丝筒处于绕丝起始位置（一般最左端），压下右边行程开关，保证启动后运丝滑板向右移动，如图 5.3 所示。丝盘可以安装在立柱上（有安装位时）或采用手持式丝盘把手，如图 5.4 所示。

（2）绕丝。丝盘置于立柱安装轴处，将电极丝一端

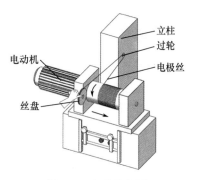

图 5.3 上丝示意图

立柱
过轮
电极丝
电动机
丝盘

高速走丝机
手工上丝

图 5.4　手持式丝盘把手

经排丝过轮绕到贮丝筒固定螺钉处压住，左手微扶丝盘，右手用手柄转动贮丝筒右侧方头

线切割机床
上丝操作

上丝，也可以启动电动机用低速挡上丝，以防伤人，达到所需上丝量时剪断电极丝，用螺钉压住电极丝另一头。

　　（3）挂丝。无论在贮丝筒哪头挂丝，都应使贮丝筒上电极丝的绕丝端与导轮 V 形槽平面错开 3～5mm，如图 5.5 所示，而后将电极丝通过过渡导轮、导电块和导轮再回到贮丝筒。为方便挂丝，可使用挂丝工具，挂丝时，左手拽住丝头，右手用工具挂丝，左右手配合，如图 5.6 所示。挂丝完毕在贮丝筒上固定好电极丝另一端。

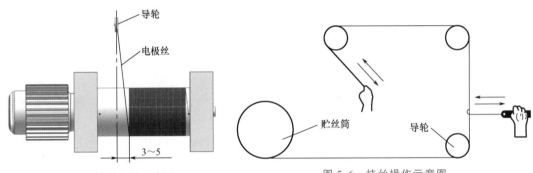

图 5.5　挂丝位置示意图　　　　　　　　图 5.6　挂丝操作示意图

　　（4）调节行程（开关）挡块间距，保证电极丝两端有 3～5mm 缠绕长度的余量。运丝前用手拨推贮丝筒，感觉是否有阻滞，如有阻滞，则必须检查电极丝是否在导轮槽里且与导电块接触良好，否则不能开机运丝。

5.3.2　紧丝

　　电极丝上丝完毕或经过一段时间加工后，需要人工紧丝。紧丝时要注意起始方向，一般从贮丝筒左向右进行，操作前要确认紧丝起始端换向开关处于压上位置，并且结束端处于不换向位置，以避免紧丝过程中途出现换向。然后左手握张紧轮并挂住电极丝，启动贮丝筒旋转，电极丝从左向右排丝，左手握紧丝轮缓慢均匀地向胸前拉动张紧轮直至贮丝筒运行到最右端，如图 5.7 所示。新上电极丝，往往需要经过两次紧丝操作。张紧轮实物如图 5.8 所示。如机床有张力装置，则电极丝的松紧可通过张力装置调节。

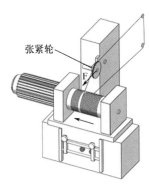

电极丝挂丝
及手工紧丝

图 5.7　人工紧丝示意图

图 5.8　张紧轮实物

5.3.3　上线架高度调整

实际切割时，应根据工件厚度调整上线架高度，一般以上线架喷水嘴到工件上表面的距离为 15～25mm 为宜，并保障加工时工作液充分包裹住电极丝。

5.3.4　电极丝垂直校正

电极丝必须垂直于工件的装夹基面或工作台定位面。调整线架高度后，为保证电极丝的垂直度，需进行电极丝垂直校正，常用方法有以下两种。

1. 校正器校正

校正器是一个六面体，其几何公差要求如图 5.9（a）所示。使用时，将校正器垂直置于工件的装夹基面或工作台定位面的合适位置，同时保持校正器表面干燥、干净，电极丝上不要带有工作液。如果将校正器置于垫铁或其他金属面上，必须用百分表测量校正器上表面，确定校正器上表面与 X、Y 面平行后才能使用，如图 5.10 所示。校正时，调低电极丝走丝速度（如有可能），并将高频能量只开一路功率管，手动操作机床使电极丝靠近校正器，观察放电火花，调整锥度头上的 U、V 轴，使电极丝在 X、Y 方向上的放电火花从上到下一致，其放电找正示意图如图 5.9（b）所示。通常校正的准确度为 0.01mm/100mm 左右。X、Y 两个方向应交替重复调整两次。目前常用的校正器还有哑铃形电极丝校正器，如图 5.11 所示。

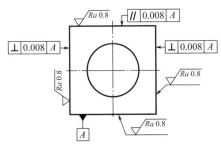

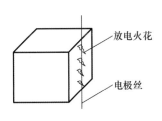

（a）校正器几何公差要求　　　　　　　（b）校正器放电找正示意图

图 5.9　矩形校正器

电极丝垂直度调整

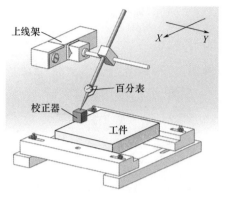

图 5.10　校正器上表面打表找正示意图　　　图 5.11　哑铃形电极丝校正器

2. 校直仪校正

校直仪是由触点与指示灯构成的光电校正装置，内部装有电池，其底座用绝缘大理石或花岗岩制成，其结构及实物如图 5.12 所示。使用时将连着导线的插头插入校直仪座孔中，将导线另一端的鳄鱼夹夹在导电块上，当电极丝与某个触点接触时，将通过回路使被接触触点对应的指示灯亮。

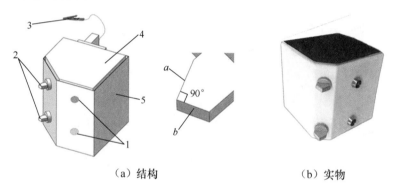

（a）结构　　　　　　　　　　　　　（b）实物

1—上下指示灯；2—上下测量头（a、b 为放大的测量面）；

3—鳄鱼夹及导线；4—盖板；5—支座

图 5.12　垂直校直仪结构及实物

使用时将测量头的 a、b 测量面分别与机床的 X、Y 轴大致平行，手动操作机床使电极丝靠近校直仪的测量头，当上下指示灯同时亮或同时暗时，表明该方向电极丝已校正，使用同样的方法校正另一个方向。为提高调整精度，可以采用低速走丝方式，然后通过调整 U、V 轴，直至两个方向的上下指示灯闪烁发亮。

无论使用哪种方法校正电极丝，都应将电极丝张紧，张力应与加工中使用的张力基本相同。

5.3.5　导向器的安装及调整

中走丝机采用圆形导向器对电极丝导丝定位，导向器对切割稳定性，尤其是修切稳定性及精度提高起到重要的作用。导向器的导向孔一般比电极丝直径大 0.012～0.015mm，因此在安装导向器时，需尽可能保障电极丝垂直穿过导向孔，以减少对导向孔的磨损，延长导向器的使用寿命。导向器的安装步骤如下。

（1）电极丝垂直度调整。在导向器未安装前，挂好电极丝，走丝，开高频，手动 X 轴进给，观察到一侧有轻微火花后，缓慢调节 U 轴旋钮，同时配合 X 轴进给，使校正器表面产生的火花均匀一致，如图 5.13 所示，然后用同样的方法进行 Y 方向垂直度调整，如图 5.14 所示。

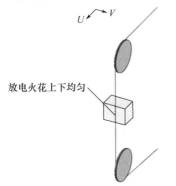

图 5.13　电极丝 X 方向垂直度调整

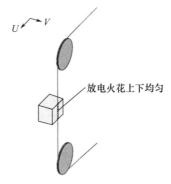

图 5.14　电极丝 Y 方向垂直度调整

（2）导向器的安装与调整。以调整好垂直的电极丝为基准，安装上导向器，仍然通过火花放电的方法，分别在 X、Y 方向调整上导向器，如图 5.15 所示，使电极丝垂直穿过上导向器导向孔，然后固定好上导向器；用同样的方法安装好下导向器，分别在 X、Y 方向通过火花放电方法对下导向器进行调整，如图 5.16 所示，调整好后固定。

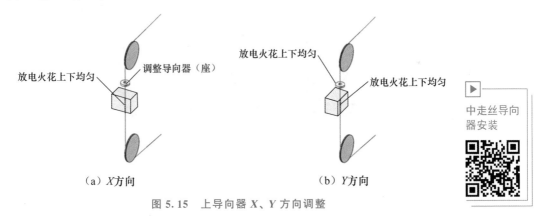

（a）X方向　　　　　　　　　　　（b）Y方向

图 5.15　上导向器 X、Y 方向调整

中走丝导向器安装

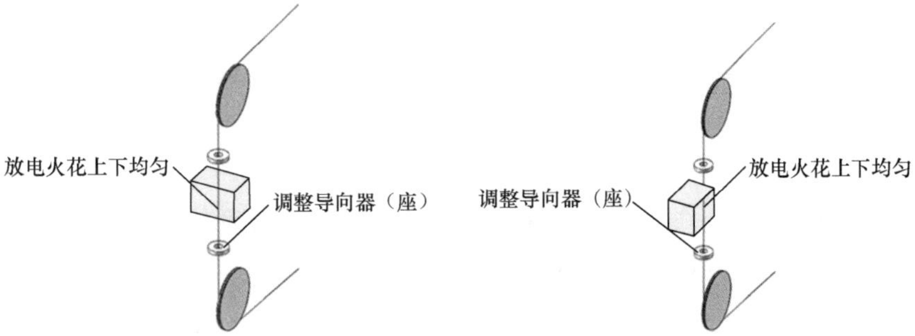

（a）X方向　　　　　　　　　　　（b）Y方向

图 5.16　下导向器 X、Y 方向调整

（3）校验。待上、下导向器均安装好后，对电极丝垂直度进行重复校正，根据火花情况，微调上、下导向器安装位置。

由于导向器的位置只能依靠固定板调整，因此固定板一般采用内六角固定螺栓固定。安装时，上、下导向器安装无先后，为了安装方便，建议先安装上导向器。在使用过程中需要经常检查导向器有无异常，在穿丝状态下，用手轻微触碰导向器固定座，应该各个方向无晃动。每次穿丝时，用剪刀呈斜线将电极丝端部剪去一截，而后用细砂纸包裹电极丝头部拉擦几下，以保障电极丝能顺利穿过。

机床在锥度切割尤其是较大锥度切割时，务必拆除导向器，更换为大孔水嘴，方可切割。

5.3.6　导轮安装及导电块使用注意事项

1. 导轮安装

导轮和导轮轴承是决定电极丝空间位置及稳定性的关键零件。新导轮 V 形槽和工作一段时间后导轮 V 形槽对比如图 5.17 所示。工作一段时间后导轮 V 形槽已经失去定位作用。因此单班制工作，对于金属导轮，2～3 个月需要成套更换导轮和导轮轴承，防水导轮组件及选用氧化锆材料的导轮使用寿命可以适当延长。导轮和导轮轴承使用寿命的保障必须从装配开始，拆卸及装配导轮和导轮轴承时，应使用专用工具，用压力和推力，不允许敲打。因为轴承属于精密部件，敲打必然造成损伤。

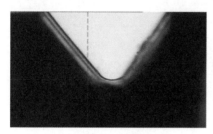 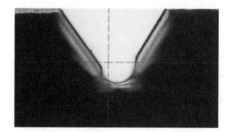

（a）新导轮V形槽　　　　　　　　（b）工作一段时间后导轮V形槽

图 5.17　新导轮 V 形槽和工作一段时间后导轮 V 形槽对比

导轮总成安装时需注意以下事项。

（1）选择质量可靠的导轮和导轮轴承。

（2）安装前，要在洁净的煤油里认真清洗导轮、轴承座、垫片及盖帽等，并保持手和安装工具的洁净。

（3）在轴承和轴承座内涂锂基润滑脂，然后分别压入轴承和导轮，以适当的转力拧紧导轮两端的背母，旋紧盖帽。装填锂基润滑脂时，以导轮轴承中的填充量小于轴承空间的 1/3 为宜。

（4）装配导轮后，转动应轻便、平稳且无阻滞现象，高速运转时无杂音。

（5）线架上的安装孔清洗干净后，压入装配好的导轮组件，要保证两端的盖帽能自如地调整导轮位置，然后顶紧顶丝（力不宜大，以能限制导轮组件轴向窜位为宜）。

（6）整个过程中，不能有任何需敲砸才能安装的部位，要保持导轮运转平稳自如，使用时注意导轮套的洁净、绝缘，并经常用煤油清洗导轮部件，不应有任何的卡阻和周期性松紧现象。

（7）导轮运转 15 天左右，可以拆开导轮组件两端的盖帽，填入一些锂基润滑脂，然后旋紧盖帽，将有可能被工作液污染的锂基润滑脂通过轴承后从导轮的中间排出，以延长轴承的使用寿命。

可以通过下面方法判断导轮轴承的工作情况：手握长柄螺钉旋具（俗称螺丝刀），然后将耳朵贴在大拇指上，将螺钉旋具头顶在线架导轮的锁紧螺母上（图 5.18），如可以清晰听到轴承的旋转声音，则可以判断轴承工作正常。

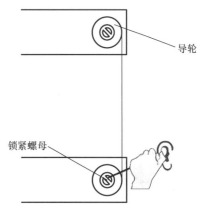

图 5.18　判断导轮轴承工作是否正常的方法

2. 导电块组件调整

导电块一般采用耐磨性良好的 YG6 硬质合金材料，组件结构如图 5.19 所示，有机玻璃绝缘柱上的孔为偏心结构，旋转以实现导电块在上下方向的调节，用以改变导电块与电极丝的接触状况。导电块组件使用通螺纹和薄螺母紧固结构使导电块实现轴向移动，用以调整导电块磨损后与电极丝的接触位置。导电块四个面均可以使用。当导电块上磨损的槽深度超过电极丝半径时应该移位。

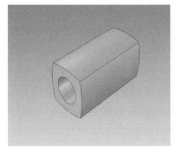

（a）YG6硬质合金导电块　　（b）孔(偏心孔)　　（c）通螺纹和薄螺母(轴向可调)

图 5.19　导电块组件结构

装配好的导电块组件及实物如图 5.20 所示。

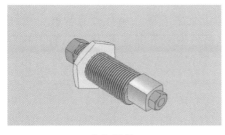

（a）组件　　　　　　　　　　　（b）实物

图 5.20　装配好的导电块组件及实物

5.3.7 进给跟踪最佳点的调整

加工中跟踪状态过快或过慢，都会影响切割速度、表面粗糙度及加工稳定性。合适的跟踪速度切割的工件表面色泽均匀且呈现银白色，如果不合适则切割表面可能会发黄（过跟踪）或发暗（欠跟踪），并且比较毛糙，甚至可能造成断丝。

可通过以下方法寻找变频跟踪最佳点。

(1) 参数初步设置：根据不同材料及工件厚度，合理搭配高频电源的脉冲宽度和脉冲间隔（一般脉冲宽度为 $30\sim40\mu s$，占空比在 1：4 以上）。

(2) 变频跟踪粗调：开始切割时手动将工件与电极丝瞬间短路，观察短路电流。一般正常加工电流是短路电流的 $80\%\sim90\%$，如切割 50mm 厚工件，短路电流是 4A，那么正常切割的电流应该为 $3.2\sim3.6$A，开始加工后，调节变频旋钮，使电流表指针稳定在此区间。

(3) 变频跟踪细调：切割过程中如果发现电流表指针经常向下甩动，说明跟踪速度过慢，需要提高跟踪速度；如果发现电流表指针不时向上摆动，说明跟踪速度过快，需要降低跟踪速度；如果发现电流表指针较大幅度左右甩动，说明加工不稳定，必须停机检查原因，否则极易断丝。

电流表指针左右甩动的原因如下。

① 脉冲电源参数调整不合适，一般是能量偏小，脉冲宽度偏小，切割不动，须增大放电能量。

② 走丝系统稳定性差导致加工不稳定，如导轮、轴承磨损严重，导电块进电不可靠，电极丝张力不均匀或单边松丝严重，这些因素都会使电极丝空间位置精度降低，此时须更换导轮、轴承，调整导电块，或对电极丝进行匀丝。

③ 工作液供应不正常，上下水嘴供液不足，或工作液本身洗涤性有问题，需要调节供液或更换工作液，这种情况需要注意观察工作液是否能稳定包裹住电极丝。

5.3.8 常用辅助操作工具

为提高工作效率，线切割加工操作中常使用以下辅助工具。

(1) 小孔穿丝工具 1：如图 5.21 所示，用一根直径为 ϕ2mm 的钢丝，尾部弯成环，底部用线切割切出一个小倒 V 形槽。该工具主要用于将电极丝从上往下穿入小直径穿丝孔。使用时，先将电极丝嵌入下部 V 形槽内，右手执穿丝工具，左手拉着电极丝一头，使其从孔中穿过。

(2) 小孔穿丝工具 2：如图 5.22 所示，用一根直径为 ϕ2mm 的钢丝，尾部弯成环，在底部用线切割在钢丝的侧面切一个小倒钩。该工具主要用于将电极丝由下往上穿入小直径穿丝孔。使用时，先将穿丝工具插入穿丝孔下部，然后将电极丝挂在小倒钩中，右手执穿丝工具，

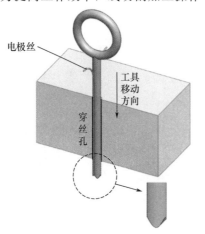

图 5.21 小孔穿丝工具及工作示意（由上向下）

左手拉着电极丝一头，向上提拉，将电极丝从孔中引出。

（3）挂丝工具：工作示意及实物如图 5.23 所示，目前已经有成品供选购，其头部钢丝为半圆钩状，LED 灯照明以方便挂丝，主要用于上丝时将电极丝挂在线架内导轮槽中。

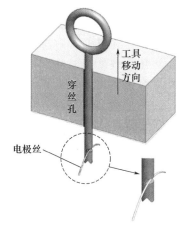

图 5.22　小孔穿丝工具及工作示意（由下向上）

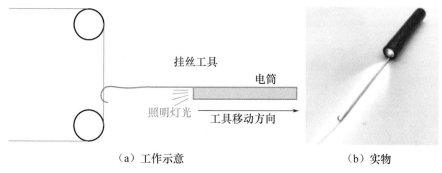

（a）工作示意　　　　　　　　　（b）实物

图 5.23　挂丝工具工作示意及实物

（4）医用圆头带齿镊子（图 5.24）：主要用于断丝时电极丝原地穿丝。

（5）充电照明灯（图 5.25）：主要用于观察电极丝是否挂在导轮 V 形槽和导电块上，以及工件与电极丝相互位置找正时照明。

图 5.24　医用圆头带齿镊子

图 5.25　充电照明灯

（6）线切割用磁力座（图 5.26）：由于磁力座经过精密磨削加工，因此可用于对加工余量较小的导磁工件固定、夹紧，尤其通过其 V 形槽，对圆形工件的夹紧定位具有方便、准确的特点。

（7）精密平口钳及 V 形架：精密平口钳兼具工件 *X*、*Y*、*Z* 轴的定位、夹紧功能，是通用性很强且十分便捷的一种夹具。在线切割加工中，对于小批量零件的切割，往往借助精密平口钳的快速定位及夹紧特性，先用百分表将精密平口钳校正定位后固定在工作台横梁上，然后每次只需松、紧钳口便能更换工件加工。在装夹工件时为能装夹牢固，必须把比较平整的平面贴紧在垫铁和钳口上。为使工件贴紧在垫铁上，可以一边夹紧，一边用铜棒之类的软材料轻轻敲击，使工件表面和垫铁表面贴合并防止损伤工件表面。

V形架适合对轴、套筒、圆盘等圆形工件定位，带有夹持弓架的V形架，可以把圆柱形工件牢固夹持在V形架上。精密平口钳及V形架如图5.27所示。

图5.26　线切割用磁力座

（a）精密平口钳　　　　　　　　　　　　（b）V形架

图5.27　精密平口钳及V形架

（8）线切割用强力磁铁（图5.28）：用于工件快切割完毕时，防止工件跌落砸断电极丝。此外，还有利用强磁铁拾取加工后落入工作台内零件的专用拾捡器，如图5.29所示。

图5.28　线切割用强力磁铁

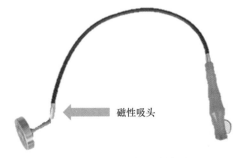

磁性吸头

图5.29　零件专用拾捡器

（9）卷丝器［图5.30（a）］：用于快速卷卸缠绕在贮丝筒上报废的电极丝，其卷头拆装过程如图5.30（b）所示。

卷丝器使用方法：握住卷丝器把手，将废丝一端顺时针绕在卷丝盘几圈，然后打结，在调速开关最慢的位置打开电源，卷丝完成，关闭电源，按压并旋转顶部按钮，将卷丝盘分离，取出废丝。

（10）导轮组件及导轮拆装工具：为防止拆卸导轮组件时损坏组件、线架导轮座孔及线架，建议采用线架导轮组件拆装工具，如图5.31所示，通过逐步旋转顶压的方式将导

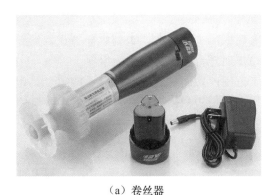

按压按钮

按压同时旋转　　　　抽出

（a）卷丝器　　　　　　　　　　　　　　　（b）卷头拆装过程

图 5.30　线切割用卷丝器及卷头拆装过程

轮组件顶出。组装导轮组件时也需要采用拆装工具，如图 5.32 所示。

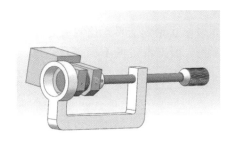

导轮组件拆卸及组装

图 5.31　线架导轮组件拆装工具　　　　图 5.32　导轮组件拆装工具

5.4　电火花线切割加工工艺流程

线切割加工工艺流程主要包括零件图样工艺分析、工件备料、工艺基准的选择、穿丝孔加工、加工路线的确定及切入点选择、工件装夹、工件找正、切割加工几个基本步骤。

5.4.1　零件图样工艺分析

1. 确定线切割工序的合理性

线切割工序通常安排在工件材料热处理后，作为最后的加工工序。如果线切割后还要进行其他加工，一定要考虑是否会引起工件的变形或表面硬度、形状的改变。

2. 工件材料和尺寸的要求

要考虑加工材料是否适合线切割加工，如导电情况、精度要求、表面粗糙度要求等。

一般淬火后硬材料比退火后软材料容易加工，黑色金属比有色金属容易加工。

常用的冷冲模具钢，有时会因锻造、热处理不当导致内部碳化物组织晶粒粗大，导电不均匀而使加工不稳定、容易引起断丝。

对硬质合金、导电陶瓷、聚晶金刚石等复合材料的加工，有时会因所采用的黏结剂的导电性质、原材料晶粒的大小、合成中形成的新物相的组织结构不同，而使加工性能有很

大的差异。

对铝、钛等有色金属的加工，不能完全参照钢的工艺参数，否则容易造成短路、导电块过度磨损、电极丝直径损耗加剧、跟踪不稳定而导致断丝等问题的出现。

另外，要加工的工件轮廓轨迹必须在加工范围内，而且适合装夹，不能超过机床的最大载重负荷。对于比较重要的零件，最好先用薄铁板切割样板，合格后再正式切割。

3. 加工质量的要求

应根据加工要求合理选用线切割机床的类型。

（1）高速走丝机一般能达到的加工表面粗糙度为 $Ra2.5\mu m \sim Ra5.0\mu m$，加工精度为 $\pm 0.015mm$。

（2）中走丝机多次切割后一般能达到的表面粗糙度低于 $Ra1.2\mu m$，加工精度为 $\pm 0.005mm$，目前多次切割的厚度一般不超过 150mm。

4. 切割速度的要求

高速走丝机通常切割速度为 $40 \sim 150mm^2/min$，中走丝多次切割后平均切割速度为 $40 \sim 100mm^2/min$。切割速度的差异主要取决于对表面粗糙度与加工精度的不同要求，以及工件材料不同的物理特性甚至几何形状的差异。

5. 小圆角的要求

线切割所能切割出的最小圆角，理论上等于电极丝半径加上放电间隙，电极丝直径决定了所能够切割出的最小圆角，目前高速走丝机选择的最小电极丝直径大于 $\phi 0.08mm$。

5.4.2 工件备料

电火花线切割前先要准备好工件毛坯，如果加工的是凹形封闭零件，还要在毛坯上按要求加工穿丝孔，然后选择夹具、压板等工具。常用电火花线切割材料如下。

1. 碳素工具钢

常用碳素工具钢牌号为 T7、T8、T10A、T12A。其特点是淬火硬度高，淬火后表面硬度约为 62HRC，有一定的耐磨性，成本较低。但其淬透性较差，淬火变形大，因而在线切割加工前要进行热处理，以消除内应力。碳素工具钢以 T10A 应用最广泛，一般用于制造尺寸不大、形状简单、受小负荷的冷冲模零件。

碳素工具钢含碳量高，而且淬火后切割易变形，故其线切割加工性能不是很好，切割速度比合金工具钢稍低，切割表面发暗，如热处理不当，加工中会发生开裂现象。

2. 合金工具钢

（1）低合金工具钢。常用低合金工具钢牌号为 9Mn2V、MnCrWV、CrWMn、9CrWMn、GCr15。其特点是淬透性、耐磨性、淬火变形均比碳素工具钢好。CrWMn 为典型的低合金工具钢，除了韧性稍差外，其基本具备了低合金工具钢的优点。低合金工具钢常用来制造形状复杂、变形要求小的各种中小型冲模、型腔模的型腔、型芯。低合金工具钢有良好的线切割加工性能，切割速度、表面质量均较好。

（2）高合金工具钢。常用高合金工具钢牌号为 Cr12、Cr12MoV、Cr4W2MoV、W18Cr4V 等。其特点是有高的淬透性、耐磨性，热处理变形小，能承受较大的冲击负荷。Cr12、

Cr12MoV 广泛用于制造承载大、冲次多、工件形状复杂的模具。Cr4W2MoV、W18Cr4V 用于制造形状复杂的冷冲模、冷挤模。高合金工具钢具有良好的线切割加工性能，切割速度高，加工表面光亮、均匀，能获得较低的表面粗糙度。

3. 优质碳素结构钢

常用优质碳素结构钢为 20 钢、45 钢。其中 20 钢经表面渗碳淬火，可获得较高的表面硬度和芯部韧性，适用于冷挤法制造形状复杂的型腔模。45 钢具有较高的强度，经调质处理有较好的综合力学性能，可进行表面或整体淬火以提高硬度，常用于制造塑料模和压铸模。优质碳素结构钢的线切割加工性能一般，淬火件的线切割加工性能比未淬火件好，切割速度比合金工具钢稍低，表面粗糙度较高。

4. 硬质合金

常用硬质合金有 YG 和 YT 两类。其硬度高、结构稳定、变形小，常用来制造各种复杂的模具和刀具。对硬质合金进行线切割加工，切割速度低，但表面粗糙度低。

5. 纯铜

纯铜具有良好的导电性、导热性、耐腐蚀性和塑性。模具制造业常用纯铜制作电极，这类电极往往形状复杂，精度要求高，需用线切割加工，加工时切割速度低，是合金工具钢的 40%～50%，表面粗糙度一般，放电间隙较大，加工稳定性较好。

6. 石墨

石墨是由碳元素组成的，具有导电性和耐腐蚀性，因而也可制作电极。石墨的线切割加工性能很差，效率只有合金工具钢的 15%～25%，放电间隙小，不易排屑，加工时易短路，属于不易加工材料。

7. 铝

铝质量轻又具有金属的强度，常用来制作一些结构件，在机械上也可作为连接件等。铝的线切割加工性能良好，切割速度是合金工具钢的 1.5～2 倍，加工后表面光亮，表面粗糙度一般。铝合金的切割特性见 4.1.2 节。

5.4.3 工艺基准的选择

为提高生产效率并保证零件切割质量，应根据零件的外形特征和加工要求，选择合适的工艺基准，即校正基准和加工基准，并且尽量使工艺基准与设计基准保持一致，常采用的方法如下。

（1）以零件外形同时作为校正基准与加工基准。对于一些外形为矩形的零件，通常选择两个相互垂直且垂直于上、下平面的正交平面，既作为校正基准又作为加工基准。

（2）以零件外形作为校正基准，内孔作为加工基准。对于一些有孔（腔）的矩形、圆形或其他异形的零件，一般可选择与上、下平面垂直的平面作为校正面（或校正线），以内孔（腔）作为加工基准。

大多数情况下，零件的外形基准面在线切割加工前的机械加工中已准备好，在淬硬后，若基准面变形很小，则稍加打光即可；若基准面变形较大，则应重新修磨基准面。在线切割之前还应消磁处理。

5.4.4 穿丝孔加工

线切割加工凹形类封闭零件时，为保证零件的完整性，在线切割加工前必须加工穿丝孔；线切割加工凸形类零件时，在线切

（a）无穿丝孔　（b）无穿丝孔　（c）有穿丝孔

图 5.33　切割凸形零件有无穿丝孔比较

割加工前可以不加工穿丝孔，但当零件的厚度较大或切割的边比较多，尤其对四周都要切割及切割精度要求较高时，在切割前也必须加工穿丝孔，以减小凸形类零件在切割中的变形。如图 5.33 所示，采用穿丝孔切割时，由于毛坯料保持完整，不仅能有效地防止夹丝和断丝的发生，同时能提高零件的加工精度。

穿丝孔位置的设置及对加工的影响详见 6.1 节。

5.4.5 加工路线的确定及切入点的选择

线切割加工中，工件内部应力的释放会引起工件的变形，为限制内应力对加工精度的影响，应注意在加工凸形类零件时尽可能从穿丝孔加工，不要直接从工件的端面引入加工。另外，选择合理的加工路线也可以有效限制应力释放，如在开始切割时电极丝的走向应沿离开夹持部分的方向加工，如图 5.34 所示。当选择图 5.34（a）所示走向时，在切割过程中，工件和易变形的部分相连接会带来较大的加工误差；选择图 5.34（b）所示走向时，可以减少这种影响。

电火花小孔
高速加工

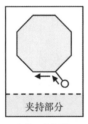 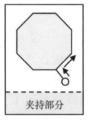

（a）不合理　　　　　　　（b）合理

图 5.34　合理选择程序走向

另外，如果在一个毛坯上要切割两个或两个以上的零件，最好每个零件都有相应的穿丝孔，这样也可以有效限制工件内部应力的释放，从而提高零件的加工精度，如图 5.35 所示。

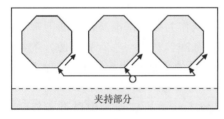 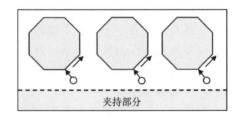

（a）不合理　　　　　　　　　　　　　　（b）合理

图 5.35　多件加工路线的确定

5.4.6　工件装夹

下面介绍工件的一般装夹方法，各种特殊装夹实例详见第 6 章。

1. 装夹的特点

（1）线切割加工属于无力加工，因此不像金属切削机床需要承受切削力，装夹时夹紧力要求不大，对导磁材料还可用磁性夹具吸紧。

（2）高速走丝加工工作液主要依靠电极丝带入切缝，不像低速走丝需要高压冲液，对切缝周边材料余量没有要求，因此工件装夹比较方便。

（3）线切割是一种贯通加工，因此工件装夹后被切割区域要悬空于工作台的有效切割区域，一般采用悬臂支撑或桥式支撑装夹。

2. 装夹的一般要求

（1）工件定位面要有良好表面质量，一般以磨削加工面为宜，定位面加工后应保证清洁无毛刺，通常要对棱边倒钝处理、孔口倒角处理。

（2）切入点的导电性要好，对热处理后工件，切入处及扩孔的台阶处都要进行去氧化皮处理。

（3）热处理的工件一般要充分回火以便去除应力，经平面磨削加工后的工件要充分退磁。

（4）工件装夹的位置应有利于工件找正，并与机床的行程相适应，压紧螺栓高度要合适，保证在加工全程范围内工件、夹具与线架不发生干涉。

（5）工件的夹紧力要均匀，不得使工件产生变形和翘曲。

（6）批量加工时，最好采用专用夹具，以提高生产率。

（7）细小、精密、薄壁的工件应先固定在不易变形的辅助夹具上再装夹。

（8）加工精度要求较高时，工件装夹后，必须用百分表找正。

3. 常用的装夹方法

（1）悬臂式支撑装夹。如图 5.36 所示，工件直接装夹在台面上或桥式横梁的刃口上。悬臂式支撑装夹方便，通用性较强，操作简单，但由于工件的一端悬出，容易出现上仰或倾斜，一般只在工件加工精度要求不高或悬臂较短的情况下使用。如果由于加工部位所限只能采用此装夹方法，而零件又有垂直度要求，则在工件装夹后需用百分表找正工件的上表面。

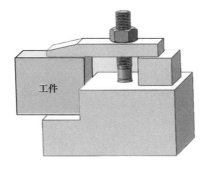

图 5.36　悬臂式支撑装夹

（2）垂直刃口支撑装夹。如图 5.37 所示，工件装在具有垂直刃口的夹具上。采用此种装夹方法工件能悬出，便于加工，装夹精度和稳定性较悬臂式支撑装夹好，而且便于用百分表找正。

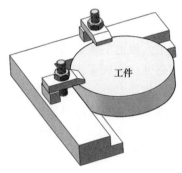

图 5.37　垂直刃口支撑装夹

（3）桥式支撑装夹。如图 5.38 所示，这种装夹方式是高速走丝机最常用的装夹方法，其通用性强，装夹方便，装夹后稳定，平面定位精度高，适用于装夹各类工件，特别是有相互垂直定位基准面的工件，只要工件上、下面平行，装夹力均匀，工件表面即能保证与台面平行。桥的侧面也可作为定位面使用，用百分表找正桥的侧面与工作台 Y 方向平行，工件如果有较好的定位侧面，与桥的侧面靠紧即可保证工件与 Y 方向平行。这种装夹方法有利于外形与加工基准相同的工件实现成批加工。

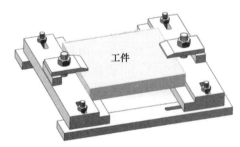

图 5.38　桥式支撑装夹

（4）桥式支撑辅助悬臂式支撑装夹。这种装夹方法很好地结合了桥式支撑装夹平面定位精度高及悬臂式支撑装夹方便的特点。先将工件置于桥式支撑上，保证工件平面度要求，而后在前桥上压紧工件，如图 5.39（a）所示，随后移开后桥，使工件处于悬臂式支撑状态，如图 5.39（b）所示。

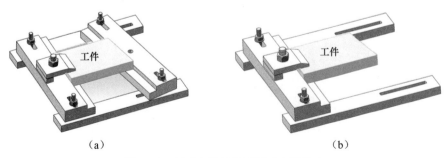

（a）　　　　　　　　　　　　　　　（b）

图 5.39　桥式支撑辅助悬臂式支撑装夹

（5）专用夹具。根据中走丝机的加工特点，业内已经有厂家在中走丝机上配制针对板类零件、回转体零件、块类零件的专用夹具，如图5.40所示。

（a）　　　　　　　　　　　　　　　　（b）

图5.40　中走丝机工作台专用夹具

5.4.7　工件找正

工件在工作台上定位后，要对工件预夹紧，此时夹紧力不能太大，否则工件位置将不能继续调整；但夹紧力也不能太小，否则工件在调整过程中位置不稳定，也不易调整到正确位置。工件预夹紧后，用手轻推工件，工件不能移动，而用比工件材料软的铜棒或尼龙棒等轻轻敲打，使其能发生较小的位移，以找到正确的位置。工件找正的常用方法有以下几种。

（1）划线法找正。当加工的轮廓与工件的基准精度要求不高时，可以采用划线法找正，如图5.41所示。将划针用磁铁固定在上线架上，把针尖指向工件的基准线或基准面，调整工件位置，并往复移动坐标轴，根据目测并配合照明使针尖尽可能靠近工件基准。利用划针可以对工件上表面和侧面找正。

（2）拉表法找正。当加工的型腔与工件的基准有较高的位置精度要求时，常用拉表法找正，如图5.42所示。将百分表固定在磁性表座上，然后将表座固定在上线架上，移动坐标轴使百分表表头与工件的表面接触，然后往复移动 X、Y 坐标轴，根据指针的变化调整工件位置，完成对工件上表面和侧面的找正。

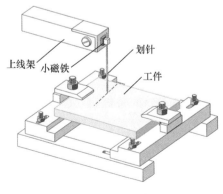 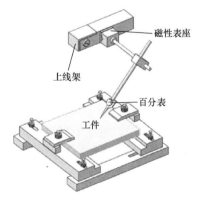

图5.41　划线法找正　　　　　　　　　图5.42　拉表法找正

（3）电极丝找正。电极丝找正主要有透光法、放电法，当然还可以借助万用表的电阻法（详见第 6 章）。

① 透光法找正。当线切割加工的轮廓与工件的基准要求精度不高，或不允许用放电破坏工件表面时，可通过电极丝与工件基准面接触的透光情况及手轮刻度对应值的差异来调整工件位置，如图 5.43 所示。

② 放电法找正。通过电极丝与工件表面放电后对应手轮刻度值的差异调整工件位置，如图 5.44 所示，这是线切割操作时的常用方法，一般精度可以控制在 0.02mm 左右。

（4）固定基面找正法。在安装夹具时，先对通用夹具或专用夹具的基准面采用拉表法找正，然后在安装具有相同加工基准面的工件时，可以直接利用夹具的基准面定位找正。如常用的精密平口钳装夹，先对精密平口钳用拉表法找正后固定，然后通过精密平口钳夹紧工件加工。这种找正方法的效率高，适合多件加工，找正精度比拉表法低，但比划线法高。工件找正后需要对工件进一步夹紧，对于加工型腔与工件基准有较高位置精度要求的工件，在夹紧后通常还需要对工件的位置进行校验，对精度要求较低的工件就不需要校验了。

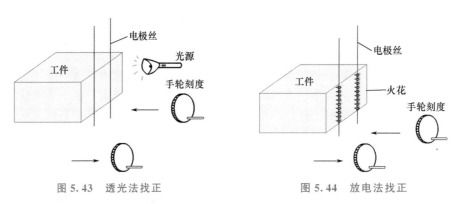

图 5.43 透光法找正　　　　　图 5.44 放电法找正

5.4.8 切割加工

（1）调整电极丝垂直度。电极丝垂直度调整好后进行工件装夹，条件许可时，可以用角尺刃口再复测一次电极丝对装夹好工件的垂直度，以避免工件装夹后可能出现的翘起或者低头，或因为工件表面有毛刺导致安装基准面变化。

（2）调整脉冲电源参数。脉冲电源参数对工件的表面粗糙度、加工精度及切割速度起着决定性作用，故需根据加工要求调整脉冲电源参数。

（3）注意工作液情况。上下供液必须充足并包裹住电极丝。

（4）开始切割前，将手轮刻度盘置零，以备万一需要回到原点时用。

（5）调整进给速度。调整变频进给速度，保障稳定加工。

（6）初步检验：加工完毕，应在工作位置对已切割完工件的关键尺寸、配合间隙、表面粗糙度进行检测，根据不同要求可选用游标卡尺、内外径千分尺、塞规、表面粗糙度等级比较样板等，初步检验合格后，取下工件。

电火花线切割基本加工流程如图 5.45 所示。

302

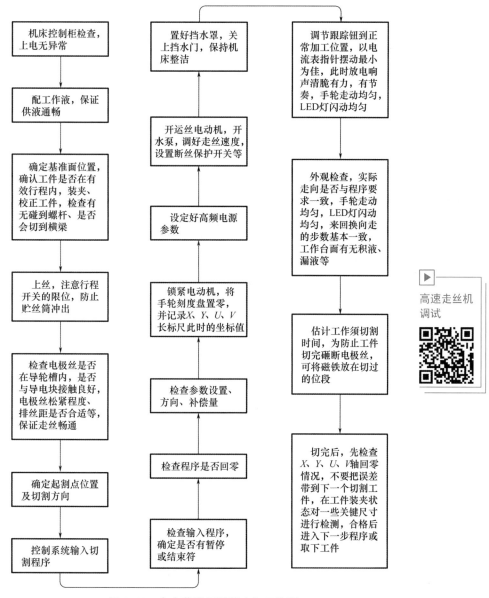

图 5.45　电火花线切割基本加工流程

高速走丝机
调试

5.5　维护保养

线切割机床属于高精度机床，加工工件的高精度和高质量是直接建立在机床的高精度基础上的，因此机床的维护保养十分重要。

5.5.1　机床日常维护保养

（1）加工前，先检查电极丝张力。电极丝张力及稳定性对工件的表面质量和加工精度有很大的影响，加工时应在不断丝的前提下尽可能提高电极丝的张力及稳定性，通常连续切割一个班次后，需要紧丝一次。

（2）选用洗涤性良好的工作液及质量稳定的电极丝。一般建议中走丝机选用洗涤性良好的复合型工作液，如佳润系列。加工前要检查工作液的液量及脏污程度，保证工作液的绝缘、冷却及洗涤性能，保证喷液能包裹住电极丝。定期更换或添加工作液，保证加工的正常进行；选用质量稳定的品牌电极丝，直径一般选用 $\phi0.18\mathrm{mm}$，可以使用到 $\phi0.14\mathrm{mm}$ 左右。

（3）加工前需要检查导电块的磨损情况。经常检查导电块与电极丝是否有良好、可靠的接触，如果导电块上出现较深的沟槽，并且人工转动贮丝筒时感觉电极丝运动有阻滞感，则需要及时更换导电块位置，否则可能引起断丝。

（4）经常检查导轮、排丝轮、轴承的工作情况，当发现电极丝晃动加剧，导轮组件出现异常噪声时，必须检查导轮及轴承的工况，必要时更换。

（5）保持稳定的电源电压。当供电电压超过额定电压−5%～+10%，即供电电压不在 360～420V 时，建议控制柜外接稳定电源。电源电压不稳定会造成电极与工件放电不稳定，从而影响工件的表面质量和切割速度，并有可能影响数控系统正常工作。

（6）定期检查机床导轨的清洁、润滑及磨损情况，有条件可以半年校验调整机床一次，保证机床的加工精度。

（7）要防止机床电气设备受潮，以免降低绝缘强度而影响机床的正常工作，还要避免控制柜过热导致元器件损坏，在日常检查中，必须经常检查控制柜的散热通风系统，主要检查散热通风系统的散热风扇，并定期清洁。此外，控制柜后板上的空气过滤器太脏也会引起控制柜过热，需要定期更换。

为确保机器正常工作，使用中注意不要让电介质渗进控制柜，并且要做到至少三个月清理一次控制柜中的灰尘，否则带有蚀除产物的电介质或灰尘将会破坏电气的绝缘，造成电气损坏。

（8）按照说明书的要求，在机床润滑部位及润滑要求处，定时地注入规定的润滑油或润滑脂，保证机构运转灵活。

（9）定期清洁机床。经常用蘸有中性清洁剂的软布擦洗积聚在控制柜和机床表面的灰尘，用工作液清洗工作液槽及该部位所有部件，用软布擦拭电缆上的线托，用细砂纸擦掉工作台上的锈斑或残渣，保持工作台面干净。经常用煤油清洗导轮及导电块区域，使之干净。清洗工作液管道，保证管道通畅。清洁的主要目的是要使电极丝与工作台保持良好的绝缘状态。因此机床应保持清洁，停机 24h 以上时，工作台面应擦净并涂油防护。

（10）定期检查机床的安全保护装置。定期检查急停按钮、操作停止按钮等装置的工作是否正常，工作中如发现故障，应停机检查修理，不可带"病"工作。

5.5.2 长时间停机前保养及开机注意事项

假期期间，在长时间停机断电前，需要对机床进行保养，以防因长时间停机，机床机械部分生锈及控制柜内部因电气元件受潮而造成短路，影响假期后的正常开机，具体措施如下。

（1）机床清洁。先清理加工区域（图 5.46）：清理机床贮丝筒、挡水板、上下机头部分，工作台上的蚀除产物需要清理干净，台面要擦拭吹干，并涂抹防锈油；然后检查进电线及取样线，如有破损应及时修复，拆除电极丝，并擦拭贮丝筒及两边贮丝筒座；再清理机床外部钣金、控制柜空调、油冷机过滤网等。控制柜清理如图 5.47 所示。

图 5.46　清理加工区域

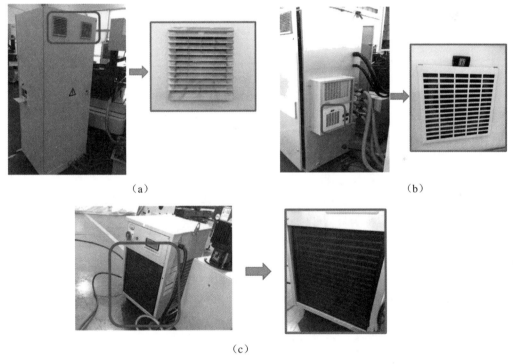

图 5.47　控制柜清理

（2）防锈处理。将清洁好的工作台、走丝系统、运丝系统尤其是导轨（图 5.48）及丝杠部分抹上防锈油；全程采用机动或手动方式使机床各轴全行程移动 10 遍以上，保证导轨的润滑；停机时将数控机床 X、Y 轴运行到中间，Z 轴回零。

（3）断电、断气、断供液。关闭机床总电开关、变压器进线开关、气源开关等。排空工作液箱中的工作液并将工作液箱清洗干净，用气枪吹干水管及喷嘴处的残留液，吹到没有液体排出为止，以免残液堵塞管道。关机前可以使用设备的数据备份功能做完整的机床

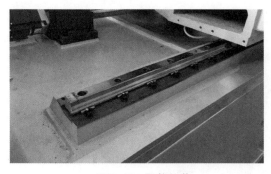

图 5.48　导轨保养

数据备份，以防文件丢失，最后务必要切断设备总电源。

（4）防水防潮。关好控制柜做好防护。

（5）机床防鼠处理。机床做好防鼠处理，封闭漏洞，防止老鼠咬断电线。

假期结束上班后，使用机床步骤如下。

（1）开机前检查。检查机床外围环境，控制柜有无进水等异常现象，油品是否变质。

（2）逐步开机：开机前先确认机床供电电源电压稳定、正常，然后才能开启机床的电源开关，再开启控制柜电源开关，并观察有无异常现象。在开机无报警情况下，不要执行任何动作，使控制柜电气元件通电 30min。

（3）工作台慢速移动。检查有无干涉，用手轮全程移动机床，并注意有无异常现象，再执行回原点步骤。

（4）机床磨合。长时间自动慢速运行机床：在机床长时间停机后再开机时，不要急于进行极限移动，使工作液先进行几次循环，机床上工作液浸泡 10～20min，使干燥的密封条能够恢复弹性后再进行各运动轴的移动。

线切割机床常见故障如下。

（1）风扇故障。机床中的风扇可以为核心设备起到散热、降温的作用，有效避免设备过热损坏。长假结束时，机床风扇经常会由于油污而"罢工"。当机床停机后，机床内部的风扇也会随之停转。此时，机床内的油污就会流到风扇的轴承中，造成风扇的电路发生短路故障，导致再开机时风扇报警或是不能启动。停机的时间越长，这种风险也就越大。

（2）密封件故障。机床液压和气压装置中都必不可少地要使用密封件，目的是保证装置的密闭性，维持其正常的压力供给。密封件一般都为橡胶制品，容易老化，尤其是在长假期间，机床长期不开动，液压油不流动，这样更容易造成密封件硬化，导致出现机床漏油、液压装置提供的压力不足等问题。

（3）油路堵塞。油路堵塞是机床长期停机，油路内脏物不断沉积所致。油路堵塞会造成机床的润滑系统发生故障，而润滑系统故障又会催生其他很多严重的问题。

（4）机床行程开关故障。机床行程开关是限定机床坐标轴机械行程范围的重要装置，当机械的运动部件压到行程开关的传动部件时，其内部触点动作，接通、变换或分断控制电路，达到对电路的控制要求。行程开关内部一般装有弹簧，长时间不开机，会导致弹簧因长期受力而形变，不能再恢复原状，弹簧失去作用，整个行程开关也将卡死并失效。

（5）驱动器、电源、主板等电路板故障。电路板有大量的电容，长时间不通电，这些电容就会老化，使容量降低，导致机床电路损坏。另外，电路板故障的原因还有长时间不用使其长期处于低温状态，产生冷凝水，开机时易导致短路。

（6）机床电池发生故障。一般数控系统都配有电池，如系统电池，主要用来保存系统参数；绝对位置编码器用电池，用来记住零点位置。即使在不开机时，这些电池中的电量也会发生缓慢流失。长时间不开机，容易使电池没电，导致机床数据丢失。

为避免常见故障，应做好以下保养工作。

（1）对于使用时间较长的机床，长假期间应尽量不要关机，可以将急停开关按下。

（2）定期检查系统风扇，如果沾染了过多的油污，应清理或更换。

（3）定期检查液压系统中的液压油压力、液位及杂质，保证油路畅通。

（4）定期清洗或润滑行程开关、刀臂弹簧、液压阀弹簧等带弹簧的器件。

（5）根据驱动器设备沾染油污的情况，定期清洗。

（6）定期更换机床系统电池、机床电器柜干燥剂，尤其在长假关机之前，更是不能忘记这一步。

（7）长假结束后，重新开机前，要人工预热机床各个电路板，可用电吹风给每个电路板加热几分钟，稍微有点温度即可。

数控机床的自动化程度很高，具有高精度、高效率和高适应性的特点，但其运行效率、设备的故障率、使用寿命等，在很大程度上也取决于用户的使用与维护情况。好的工作环境、好的使用和维护，不仅将大大延长无故障工作时间，提高生产率，而且将减少机械部件的磨损，避免不必要的失误，大大减轻维修人员的负担。

思 考 题

5-1 简述导向器的安装及调整步骤。

5-2 电火花线切割加工如何寻找进给跟踪最佳点？如何判断当前加工过程是否稳定？

5-3 阐述电火花线切割加工工艺流程。

5-4 电火花线切割通常工件找正有哪些方法？

5-5 简述电火花线切割的加工流程。

5-6 简述高速走丝机日常维护保养的内容及需要注意的问题。

第6章
线切割加工
经验汇总100例

电火花线切割是工艺性很强的加工技术，加工出合格的零件是一项复杂的系统工程，不是简单依靠购置先进、高精度设备"照图编程、切割"就可以一蹴而就的，还必须科学、合理地细化加工工艺。操作人员必须对线切割加工的工艺特点、机床性能、工件要求等有清晰的认知，并针对性地采取不同的工艺方法和技巧，以获得理想的结果。

首先，必须熟悉所操作的机床，掌握机床的加工状态，尤其是对与加工精度关联密切的重要因素，加工前必须确认机床处于正常状态；对于操作者而言，标准试件的切割是对机床精度的一种直观的综合检查，在标准状态下获得的精度值，可以基本反映机床当前的水平。

其次，加工的零件尽管千差万别，但加工的目标都是要满足零件的尺寸、精度及表面粗糙度的要求，线切割过程是去除材料的过程，也是材料内部应力释放和变形的过程，因此材料应力的控制、零件的装夹、切割工艺路线的安排等都会对零件变形的控制及最终零件精度的保障产生至关重要的影响。

最后，工作液及配制水的选择往往是操作者容易疏忽的因素之一，但其非常重要。

下面将围绕穿丝孔位置及影响，电火花线切割变形及接痕控制，线切割特殊工艺及装夹，中走丝加工工艺，线切割工作液、电极丝、导轮及导向器，特殊材料线切割加工，电火花线切割机床调整，机床精度自行检测，其他特殊加工方式，结合100个典型应用实例进行说明。

6.1　穿丝孔位置及影响

1. 电火花线切割穿丝孔位置、数量及其对加工的影响

穿丝孔是采用其他加工方法（如机械钻孔、电火花小孔高速加工）在工件上加工的工

艺孔。加工穿丝孔一般遵循以下原则。

（1）穿丝孔直径大小及位置。考虑穿丝的方便性，机加工时一般孔径为$\phi 3 \sim \phi 10$mm，并且孔径最好选取整数值。如果切割型腔多，并且排布较紧密，则可以采用电火花小孔高速加工的方式，选择较小的穿丝孔径（$\phi 0.3 \sim \phi 3.0$mm），以避免各穿丝孔相互打通。穿丝孔的位置最好是已知坐标点或便于计算的点。

（2）切割凹模或孔类型腔零件必须加工穿丝孔，以保证工件的完整性，对于小凹模，尤其是圆孔类零件的切割，起割点可设在型孔中心，如图 6.1（a）所示；对于大凹模切割，起割点可设在靠近加工轨迹交点附近，以缩短无用轨迹，并便于编程与检查。此时无用的切入行程不要太长，可以距离边缘 2～5mm，如图 6.1（b）所示，以节省加工时间。

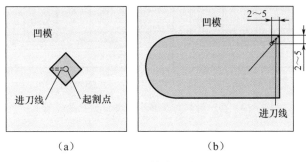

图 6.1　凹模穿丝孔位置

（3）切割凸模类零件，应尽可能避免将坯料外形切断，因为这样会破坏材料内部应力平衡，使材料发生较大的变形，如图 6.2（a）所示，影响加工精度，变形严重时还会造成夹丝，使切割无法稳定进行，甚至产生断丝。穿丝孔通常选在坯料外形附近，并且切割轨迹与坯料边缘距离应大于 5mm，如图 6.2（b）所示。切割大型凸模，尤其是厚度较大的大型凸模时，由于切割过程中，断丝概率较高，而且切割面积较大，还需要考虑电极丝直径损耗，因此有条件时可沿加工轨迹设置数个穿丝孔，如图 6.3 所示，以便切割中发生断丝时能够就近重新穿丝，继续切割。

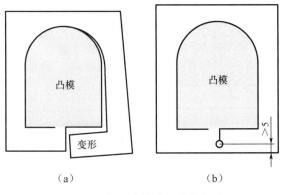

图 6.2　加工穿丝孔以减少变形

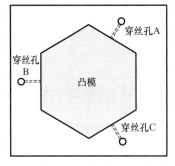

图 6.3　切割大型凸模时设置多个穿丝孔

（4）切割窄槽时，穿丝孔应设在图形的最宽处，不允许穿丝孔与切割轨迹发生重合现象。

（5）穿丝孔一般应在零件淬硬之前加工好（电火花小孔高速加工不受此限制），并且加工后需清除孔中铁屑杂质。

（6）穿丝孔的表面质量和加工精度不能太差，尤其对于不需要再加工、直接作为基准的穿丝孔而言，表面质量和加工精度要求更高。由于这些孔的位置是作为基准用的，后续需要通过电极丝放电火花法、电阻法或自动找中心法对中，如孔的质量较差，必然会增大基准误差。这类穿丝孔一般需要经过粗、精加工完成，实际加工中往往通过钻、扩、铰完成。

（7）在同一坯料上切割两个或两个以上工件时，应各自设置独立的穿丝孔，以减少坯料的变形，如图 6.4 所示。

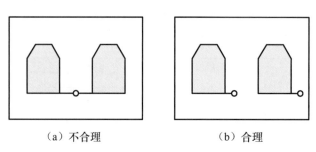

（a）不合理　　　　　　　　　　（b）合理

图 6.4　同一坯料加工多个工件穿丝孔的设置

2. 穿丝孔倾斜对孔中心定位误差的影响

穿丝孔被用作切割零件的起始基准时，需要通过对穿丝孔对中，找到其孔中心位置，此时必须保证穿丝孔的加工精度要求。通常影响孔精度的主要因素有两个，即圆度和垂直度，实际加工中，孔越深，垂直度越不好保证，尤其是在孔径较小的情况下，深度较大时要满足垂直度要求非常困难，因此在较厚工件上加工穿丝孔时，其垂直度就成为影响工件定位精度的重要因素。

由于穿丝孔加工造成的孔径变化很小，因此假设孔径不变，实际加工后的穿丝孔如图 6.5 所示。

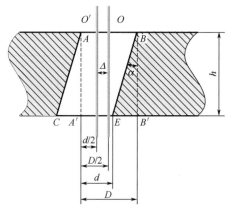

图 6.5　穿丝孔精度分析

图 6.5 中 AA' 和 BB' 两条直线是理想的孔径线，其孔径是 D，O 点是 AB 的中点，假设加工中钻头偏离了垂直方向，使加工后的孔径线变成了 AC 和 BE，则其偏移量 δ 为

$$\delta = h\tan\alpha$$

式中，h 为孔深。

此时利用电极丝与孔内壁接触找中心法测得的孔径为图 6.5 中的 d。

根据其关系，有 $d=D-\delta=d-h\tan\alpha$，d 的中点为 O'，那么所产生的定位误差就是点 O 到 O' 的距离，设该距离为 Δ，于是

$$\Delta=\frac{D}{2}-\frac{d}{2}=\frac{h\tan\alpha}{2}$$

即 $\Delta=\delta/2$。

从以上结果可以看出，穿丝孔不垂直造成了 $\delta/2$ 的定位误差。

3. 线切割加工中要注意保持穿丝孔完整性

实际线切割加工中，有时会遇到模具在加工中掉电、机床故障、误操作等问题，造成工作台移动，在这种情况下，无法用回原点功能重新切割。此时用起始穿丝孔找中心功能，找回起割点再切割成为唯一的方法，因此必须尽可能保证穿丝孔的完整性。

实际加工中，操作人员往往习惯将进刀线与 X 轴或 Y 轴平行，这样，当因前述问题需要重新找中心时，由于在 X 轴或 Y 轴方向已有一条切缝，再次找中心时，则需要避开在 X 轴或 Y 轴上的切缝，否则会因为电极丝"嵌入"已经形成的切缝 [图 6.6（a）]，而影响对中精度。因此在编程时应有意识地将进刀线与 X 轴或 Y 轴倾斜一定角度，一般取 45°，如图 6.6（b）所示，这样进刀线的切缝就不会影响再次找中心功能了。

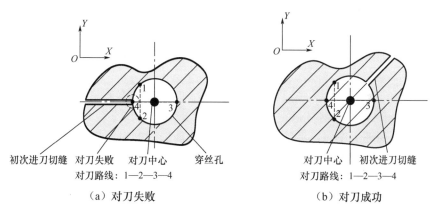

（a）对刀失败　　　　　　　　　（b）对刀成功

图 6.6　穿丝孔及进刀线的安排

4. 提高自动找中心精度应注意的问题

自动找中心一般通过电接触实现，即在电极丝和工件间外加一个低压直流电源（如 12V，10mA），如果电极丝和工件开路，则两端是 12V 电压；如果电极丝和工件接触并短路，则两端是 0V，以此启动或关停驱动并记录坐标运动的计数器，累计总量并做出返回 1/2 的处理，从而完成自动找中心过程。

由于自动找中心是以电极丝和工件的电接触为提取信号的依据，因此电极丝和工件表面的导电状态，尤其是孔壁表面是否有不导电的氧化膜或其他污物，穿丝孔是否垂直，电极丝张力是否足够，电极丝接近孔壁面的速度是否合适等都会影响电接触信号的准确性。

为提高找中心的可靠性及准确性，需要注意以下问题。

（1）孔壁表面要洁净且无毛刺（通常用于对中的孔需要铰孔处理）。

（2）孔的加工精度，主要是圆度和垂直度需要保证。

（3）电极丝需要有足够的张力和位置稳定性，电极丝表面应保持清洁。

（4）电极丝接近孔壁面时速度不宜过高，否则易产生过冲，影响位置精度。

（5）加工精度要求比较高的情况，需要反复找中心三次以上，剔除有明显失实的数据，再取其他数据的平均值。

自动找中心功能在比较理想的情况下，对中精度在 0.02mm 左右，与人工火花对中精度相当。

6.2　电火花线切割变形及接痕控制

5. 工件变形原因及加工精度控制一般措施

电火花线切割工件加工精度与诸多因素相关，其中最主要的因素是切割材料和机床。材料对切割精度的主要影响是产生变形，而机床对切割精度的主要影响取决于工作台的运动精度、电极丝的空间位置精度及稳定性等。

（1）加工中变形的原因。

加工前，坯料经历了热处理及机加工，产生了较大的内部残余应力，在线切割前内部残余应力处于相对平衡状态，当线切割切除工件材料时，将改变坯料内的应力分布，内应力将不断释放且重新分配，直至达到一个新的平衡状态。在这个过程中，坯料将会发生变形，导致线切割加工后的形状与理论切割轨迹不一致，从而破坏了加工精度，甚至使工件开裂报废。

因此选择加工材料时应尽量选择淬透性好、热处理变形小的材料，如 CrWMn、Cr12MoV、GCr15 等合金钢材料。并且要合理选择热加工工艺，即在铸造、锻造等工艺后，进行一些热处理工序，以消除坯料内应力，如锻造后的毛坯通常在加工前要进行退火或正火处理，淬火后的工件也应进行回火处理等。如果坯料内部仍留有较大的残余应力，应考虑人工时效处理。

对于线切割操作人员，有时并不知道坯料的热处理情况及变形程度，此时可以在坯料的边缘处切割一小块薄片，观察薄片的弯曲变形程度，以此大致判断坯料的应力状况及应采取的相应措施。

此外，正确安排切割图形在坯料中的位置，对于精度要求高的零件也十分重要。一般坯料在热处理时表面冷却快，内部冷却慢，会形成热处理后金相组织不一致，产生内应力，而且越靠近边角处，内应力变化越大，因此切割精密零件时，应尽量避开坯料边角处，一般让出 5～10mm，对于凸模还应留出足够的夹持余量。

（2）预切割去除余量及减压切割释放应力。

材料热处理后形成的内应力并产生的变形是无法预计的。对于大型凹模型腔（尤其是长狭轮廓形状）由于热处理后材料内残余应力较大，在切割过程中，料芯极易发生变形，造成夹丝。这种情况下通常采用其他机加工方法或线切割粗加工预切割的方式去掉大部分余量，然后进行热处理。尽量使材料的内应力在升降温过程中充分释放，待应力恢复平衡后，再线切割加工成形。

电火花线切割图 6.7 所示的大型凹模时，可以两次切割，先将切割的偏移量单边加大1～2mm，进行第一次切割，使其内应力充分释放，然后进行热处理，最后进行第二次切割达到设计尺寸要求。

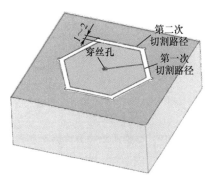

图 6.7   大型凹模两次切割释放应力

对于细长型凹模，在淬火前先将中部镂空，一般情况下留切割余量 3～5mm，以改善淬火的均匀性，同时减小线切割时从坯料中切除的材料量，以达到减少变形的目的。典型细长型凹模切割的废料如图 6.8 所示，当切割一长条凹模时，其工艺为先打排孔，留 3～5mm 余量，然后热处理，最后进行凹模切割。

图 6.8   典型细长型凹模切割的废料

减压切割则是沿着轮廓的中心切出一条缝（宽度为电极丝直径），目的是释放内应力，减少工件的变形。这种方法对加工长狭型腔尤为有效，如图 6.9 所示。进行减压切割后，加工型腔外形。

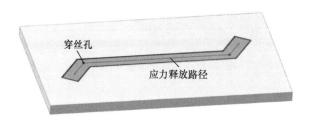

图 6.9   长狭型腔加工

对于大型凸模，同样需要预切割，一种方法是先围绕凸模周边切割一些预加工槽，使毛坯在热处理时充分变形，再最终切割，如图 6.10 所示；另一种方法是先沿着轮廓留出

3～5mm加工余量，并加工出穿丝孔，然后将工件放置一段时间，使内应力释放，最后进行加工。

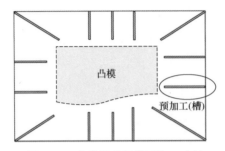

图6.10 凸模周边切槽预加工方法

（3）加工穿丝孔。

切割凸模时，如果不加工穿丝孔，直接从材料外切入，将因材料内应力不平衡产生变形，会产生张口变形或闭口变形。因此可在材料上加工穿丝孔，进行封闭的轮廓加工，以尽可能约束住变形量。

（4）选择合适的装夹点和优化加工路径。

装夹工件的位置应设置在工件变形小的地方。一般质量较大部分变形较小，所以装夹位置应选在这部分，同时应靠近工件重心。单点压紧的合理位置应该在程序尾道部位，这样所产生的变形只影响废料部分，避免了对切割零件尺寸的影响。

一般情况下，最好将加工起割点安排在靠近夹持端，将工件与其夹持部分分离的切割段安排在加工路径的末端，将暂停点设在靠近夹持端部位。如图6.11所示，比较合理的加工路径是 $A—J—I—H—\cdots—A$。如果按照顺时针方向 $A—B—C—D—\cdots—A$ 加工，由于切割开始就将工件与夹持部分切断，将形成很大的变形，影响成形精度。

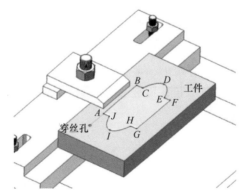

图6.11 切割路径优化示意图

（5）多次切割。

为满足工件的加工精度要求，可采用多次切割的方法，以修正主切中工件的变形，并获得更低的表面粗糙度。

（6）多型孔凹模板加工的工艺优化。

在线切割加工多型孔凹模板时，随着内应力的逐步释放及线切割所产生的热应力的影响，将产生不定向、无规则的变形，并影响已经切割的型腔精度及后续切割的型腔精度。

针对此种情况，对精度要求比较高的模板，在多次切割加工中，第一次切割应将所有型孔的废料切掉，取出废料后，依次完成各型孔的修切。这种切割方式能使每个型孔加工后有足够的时间释放内应力，能将各个型孔因加工顺序不同而产生的相互影响、微量变形降到最低程度，较好地保证模板的加工精度。但这样加工穿丝次数多，工作量较大。

（7）设置多段暂留量。

加工大型、复杂形状的工件，可以设置两处或两处以上的暂留量，设置多个起割点，如图 6.12 所示。对于精度要求较高的型芯，即使采用封闭式切割，因为工件和材料之间的间隙在 0.2mm 以上（电极丝直径 0.18mm＋双边放电间隙 0.02mm），也会给型芯的变形留出至少 0.2mm 的空间。如果采用多点分段切割，则每个切割段应留有少量的支承（尽量对称分布），使工件难以变形，最后切割支撑段或手工将其取下，进行钳工修配。这种方法在多次切割大型模具时尤为重要。

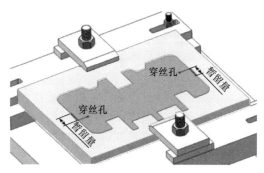

图 6.12　设置多处暂留量

6. 电火花线切割路径的选择

电火花线切割路径选择的总体原则：应向远离工件夹具的方向进行，即先加工非固定边，后加工固定边，以尽量保持材料对工件的支撑刚度，防止因工件强度下降或材料内应力释放而产生过量变形。图 6.13 所示的四种电火花线切割路径中，图 6.13（d）所示的路径是最合理的。

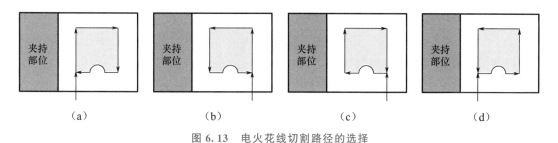

（a）　　　　　　　（b）　　　　　　　（c）　　　　　　　（d）

图 6.13　电火花线切割路径的选择

7. 线切割时材料开裂的原因及解决措施

线切割中造成材料开裂的主要原因如下。

（1）材料内应力过大。模具钢淬火后虽然经过回火，但其内应力仍然得不到充分释放，导致边角等部位应力过于集中，切割后破坏了内应力平衡，一旦内应力超过材料的强度即造成开裂，尤其在尖角处更易产生应力集中，因此在设计允许的条件下，大框形凹模的清角（尖角）处要增加适当的工艺圆角，使应力集中有所缓和，如图 6.14 所示。

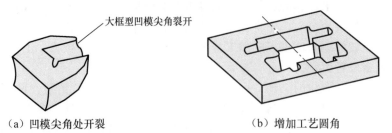

（a）凹模尖角处开裂　　　　　　　　　（b）增加工艺圆角

大框型凹模尖角裂开

图 6.14　尖角处采用工艺圆角

（2）材料本身不均匀。如材料碳化物不均匀将导致应力集中。

（3）热处理工艺问题。热处理时工艺不稳定，导致材料组织的转变不均匀，也会造成裂纹或开裂。

为了避免材料开裂，可以采取以下措施。

（1）对线切割加工的模具，应重视材料的选取、热处理直至切割成成品的各个环节。

（2）避免选用淬透性差、易变形材料。

（3）淬火钢应及时回火，尽量消除淬火内应力，降低脆性。

（4）必要时可采用多次回火使残余奥氏体充分转变并消除新的应力，得到稳定组织。

（5）切割模具钢之前进行扩散退火、球化退火、调质处理，充分细化原始组织。

（6）切割经淬火的材料时，尽可能先打穿丝孔后加工。

（7）一般情况下，切割的图形应设计在离坯料边缘较远且不易产生变形的位置上，通常切割图形边应距坯料边至少 5～10mm，切割图形尽可能采用圆角过渡。

8. 防止剖分轴承套圈爆裂的方法

剖分轴承主要应用于不易安装和拆卸的场合，剖分轴承套圈可以采用线切割加工方法，但由于套圈淬火后脆性大、内应力大，线切割时如果直接切割，易使套圈在将要切出豁口时产生爆裂。

为解决上述问题，采用逐步剖分的方法，使套圈的内应力逐步释放，通过合理分配每一步剖分的壁厚值及先后顺序，保障套圈在指定位置断开。切割其他环形件时可参考这种方法。

剖分轴承套圈加工过程如图 6.15 所示。

（1）从内径方向②处切割套圈壁厚的 2/5。

（2）在另外一侧①处，切开壁厚的 2/5。

（3）电极丝移到外径③处切开壁厚的 2/5，从而保障了在①-③处断裂。

（4）电极丝移到④处，将套圈从④-②处切断，此时由于内应力的作用，在①-③处套圈也会断裂。

9. 限制变形空间减少凸模切割变形

线切割加工如采用 ϕ0.18mm 电极丝切割，假设单边放电间隙为 0.01mm，此时切缝宽度为 0.20mm，而 0.20mm 宽度的切缝往往就会成为凸模切割时变形的空间，因此在切割精密凸模时，可以事先用废料切割出或挑选出厚度为 0.197mm 左右的薄片，其长度与

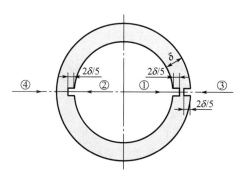

图 6.15　剖分轴承套圈加工过程

所要切割的模具厚度相同，如 30mm，宽度 1～2mm，如图 6.16（a）所示，然后在模具切割过程中，边切割边将此薄片插进缝中，间距 10～15mm，如图 6.16（b）所示，以此薄片限制住凸模材料的变形，提高切割精度。更为简便的方法是用短电极丝代替薄片插入切缝中。

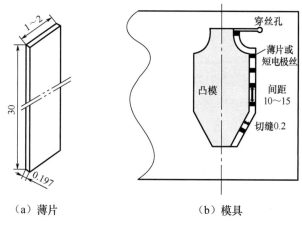

（a）薄片　　　　　　　　　　　（b）模具

图 6.16　薄片或电极丝插入切缝限制变形空间

10. 细长凸模电火花线切割变形的控制

长宽比大且图形较复杂的细长凸模，其切割后极易变形。如图 6.17 所示，传统切割方法采用实体板料夹压法装夹，打穿丝孔后沿顺时针方向切割，但仍产生比较大的翘曲变形（≥1mm）。

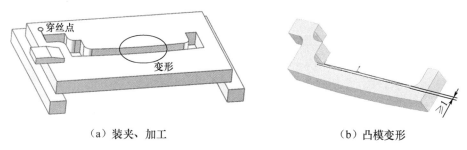

（a）装夹、加工　　　　　　　　　（b）凸模变形

图 6.17　传统切割方法产生变形

改进线切割工艺方法如下。

（1）钻排孔：先沿切割路径，距离凸模边缘 3～5mm 处钻排孔，再热处理，使坯料产生充分变形。

（2）单点夹压在尾道程序部位，通过穿丝孔分别对 A、B、C、D 四处切四条直线，使坯料再次充分变形、伸张，切割的直线距离凸模边缘 1～2mm，如图 6.18（a）所示。

（3）从 A 点沿逆时针走向正式进行凸模切割，折返切割到一半位置后，将外横梁内移至工件中心位置附近，托住工件，防止工件下垂变形，如图 6.18（b）所示。

切割完毕，最大变形量可以控制在精度要求范围内（<0.03mm）。

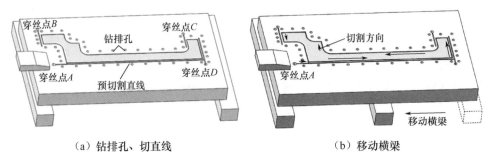

（a）钻排孔、切直线　　　　　　　　　（b）移动横梁

图 6.18　细长凸模的预先加工方法

11. 对称模具多段切割减少变形的叠加

线切割加工中有很多对称的图形，如果只采用一个起割点加工，如图 6.19（a）所示，残余应力将会沿切割方向向外逐步释放，使得工件变形逐渐累加，最终造成工件变形过大。因此可以采用图 6.19（b）所示的方法，即对称多起割点加工，在凸模上对称开四个穿丝孔。当切割到每个孔附近时暂停加工，然后对称转入对边穿丝孔加工，这样一方面避免了工件变形的累加，另一方面对称的切割方法可能将变形相互抵消，从而减小零件总体的变形量，最后用人工方式将连接点分开。

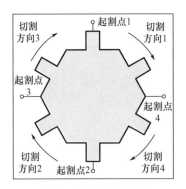

（a）单起割点切割　　　　　　　　　（b）对称多起割点切割

图 6.19　单起割点及对称多起割点切割

12. 深开口型零件切割精度的保障

合金工具钢深开口型零件经线切割加工后必然会产生开口的扩张或收缩，其变形方向

与材料是否淬火有直接关系，而扩张或收缩变形量的大小与材料的厚度及零件的开口深度、形状密切相关。图 6.20 所示为未淬火件与淬火件变形方向对比。

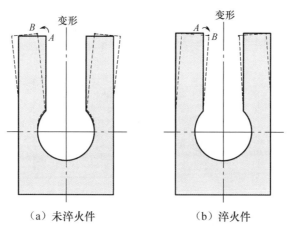

（a）未淬火件　　　　　　　　（b）淬火件

图 6.20　未淬火件与淬火件变形方向对比

一般未淬火件切割凹槽后会由 A 点张开至 B 点，淬火件则会由 A 点向中心收缩至 B 点。下面以淬火件为例，说明如何控制其尺寸精度。

淬火件切割后变形量受诸多因素的影响，因此事前很难精确估算其变形量。故在批量生产前，需对第一件产品按图样尺寸要求试切，切割出 U 形槽后，测量实际变形量，以获得切割件变形的基本数据，如图 6.21（a）所示，测量由切入点 h 至切出点 n 的数据。

由于工件上段开口方向会形成整体的向内收缩 δ，因此在工件下料时宽度尺寸应为原来的实际值 L 加上切割后向内的变形收缩量 δ，即 $L+\delta$。

为获得精确的开口尺寸精度和均匀的表面质量，需要采用两次切割的方式，但在第二次切割时，仍然需要保证电极丝在切缝中切割，因此在变形量最少的 m 点，需要在一次切割后留有 0.7mm 左右的切割余量（设电极丝直径为 0.18mm，第二次切割去除的薄片厚度为 0.5mm，单边放电间隙为 0.01mm）。第一次切割电极丝至少偏离原有轨迹 0.7mm，从而使得工件充分变形，然后按原来的轨迹切割，保障开口尺寸，如图 6.21（b）所示。

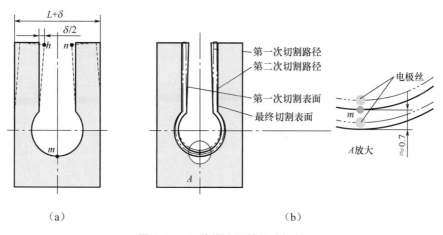

（a）　　　　　　　　　　　　　（b）

图 6.21　工件修改下料尺寸切割

13. 精冲模具线切割加工变形控制

图 6.22 所示是用于加工塑料薄膜的落料模示意图。由于被加工的塑料薄膜的厚度只有 0.08mm，因此要求凸凹模的双面配合间隙为 0.01mm，此外模具总体为细长型且尺寸较大，故模具在线切割加工过程中必然会发生变形。

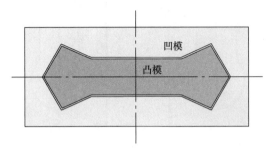

图 6.22　用于加工塑料薄膜的落料模示意图

因此需要采用二次切割法和二次装夹法来加工这套模具的凸凹模，同时在所有拐角处增加圆角，并且圆角的半径大于电极丝的半径，取 $R=0.15$mm，以防止电极丝在线切割加工过程中造成凸凹模拐角处的形状误差，影响凸凹模的配合间隙。

二次切割法即把第一次切割作为粗加工，留 0.5～1mm 的加工余量，作为第一次切割后模坯由于残余应力而产生变形的余量。在进行第二次切割时，由于加工量很小，凹模变形量将很小。

对凸模而言，采用二次装夹法，如图 6.23（a）所示。当线切割加工从 a 点顺时针加工到 b 点时，松开左侧横梁，把横梁移到靠近 a、b 点的位置，并用压板夹住凸模左侧两头，如图 6.23（b）所示。

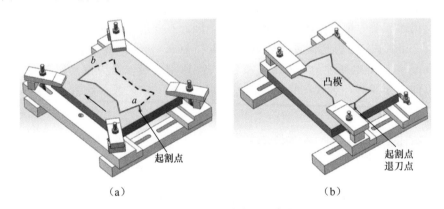

（a）　　　　　　　　　　　　　　　　　（b）

图 6.23　二次装夹法示意图

最后切割剩下的一半。这样在加工过程中，虽然也会发生变形，但主要还是模坯本身产生变形，而凸模本身产成的变形较少。

14. 窄长条形凸模零件电火花线切割加工

线切割加工一般凸模零件时，传统加工方法是在坯料内钻一个穿丝孔，然后按编制好的程序切割。然而对于窄长条形凸模零件，如采用图 6.24 所示的传统加工方法将使零件产生较大的变形。

因此从改变加工工艺着手，由以往的切割一个凸模，只用一个穿丝孔改为切割两个"凹模"，并用四个穿丝孔进行，如图 6.25 所示。将以前的一个完整轮廓程序编制成四段小程序，即把一个封闭的轮廓分解成四个开口轮廓，先加工零件的长度方向，如图 6.25 中的 AB 段和 CD 段，利用坯料本身拉住两边，避免凸模成为悬臂梁，减少模具的变形；然后在零件两边及中间的切缝里塞上铜皮，并用粘接剂（如 502 胶）固定，再加工宽度方向，如图 6.25 中的 AD 段和 BC 段，通过插入的导电铜片及粘接剂固定住凸模，防止其在切缝内产生变形，以此限制凸模的变形。

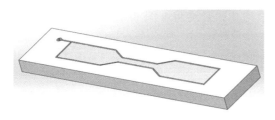 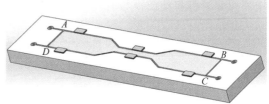

图 6.24　窄长条形凸模零件传统加工　　　图 6.25　窄长条形凸模零件改进加工

15. 长窄型复杂形状凹模的电火花线切割加工

图 6.26 所示为长窄型复杂形状凹模，这类模具的特点是长边与窄边尺寸相差较大，模具质量大，并且去除量大。

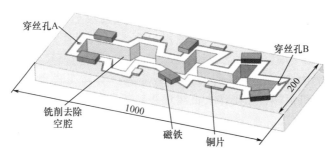

图 6.26　长窄型复杂形状凹模

由于此类模具是长窄型复杂形状，切割后变形大，因此，切割此类模具应注意以下几点。

（1）应选择淬透性好、热处理变形小的合金钢。

（2）因工件外形尺寸较大，为尽量减少切割时的变形，在淬火前增加一次粗加工（铣削或线切割），使凹模型孔各面留 3~5mm 的余量。

（3）切割时，为减小变形的影响，分两步切割，可以先从穿丝孔 A 沿上半部顺时针加工到穿丝孔 B，然后从穿丝孔 A 逆时针加工到穿丝孔 B。由于切割路径较长，模具和废料都会产生变形，从而会影响切割精度，并容易因变形而影响加工稳定性甚至夹断电极丝，因此在切割过程中可以设置几个暂停点，在切割过的工件或废料块上每切割一段距离，就用与切缝宽度相等的铜条（厚度约为 0.2mm）或电极丝塞住加工过的缝隙，并间隔用永

ct段

穿丝孔A 穿丝孔B 铣削去除空腔 磁铁 铜片 1000 200

久磁铁吸牢，以免废料发生变形或下垂。

（4）加工完毕，不急于取下工件，先用游标卡尺等测量仪器检查工件的尺寸是否符合要求，以备修正，合格后方可取下。

16. 线切割凸模接刀痕处理

当凸模切割完毕将与毛坯分离时，凸模的导电性及其位置状态都是不可靠的，如图 6.27 所示，如果电极丝从 A 处开始切割，当电极丝回到位置 B 处时，凸模处于将与毛坯分离的临界点，当凸模与毛坯分离后，凸模就失去了进电，并有可能因自重而下落，也有可能被放电蚀除产物黏住或因为变形而不能下落。但无论如何凸模已经失去了进电或进电不可靠，都将使凸模与电极丝之间的火花放电终止，最终将在图 6.27 所示的 C 处产生接刀痕。

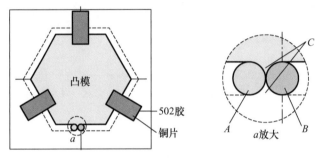

图 6.27　凸模加工中的接痕处理

为使得电极丝最终从 B 处回到 A 处而去掉接刀痕，必须在工件切断前将凸模加以固定，同时要保证凸模顺利进电。对于磁性材料，通常用几块小磁铁在加工结束前吸住凸模和毛坯；而对于非磁性材料，通常在端面使用导电性好的铜片粘接。为确保凸模顺利进电，只在铜片的四周粘接固定。粘接铜片的尺寸和数量根据凸模尺寸和厚度决定。线切割加工中常用的粘接剂为 502 胶。目前的控制系统大多有防工件滑落功能，在切割完前0.1mm 左右会自动停机报警，让操作人员注意并判断是否需要采取措施防止工件滑落。

17. 切割终点产生凹槽的原因及处理

线切割加工中，会出现起割点和终点有凸起或凹槽的现象。一般凸起属于正常现象，可借助油石手工研磨去除。而一旦出现凹槽，则无法修切，甚至可能造成模具报废，因此必须认真分析其产生原因。

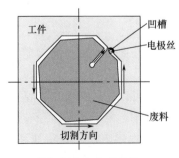

图 6.28　凹模切割终点出现凹槽

加工图 6.28 所示的凹模，在切割终点表面产生了凹槽，这可能是因为切割临近终点时，中间的废料倾斜，压迫电极丝，造成了电极丝偏离原来轨迹，使电极丝对凹模形成过切，并且有可能导致在此处放电，从而产生过切放电，形成凹槽。因此在凹模的切割过程中，应当采取适当的措施防止中间废料发生位移，最简单的方法就是在切割过程中用几块磁铁吸住废料。

在切割小凸模时，也可能会留下小凹槽。形成小凹槽的原因是，在快切割到终点时，由于工件较小，在各种力的综合作用下，工件产生了移位，导致在接刀附近形成短路，然后在电极丝的拉动作用下又产生了放电引起过切，如图 6.29 所示。因此当快切割完毕时，需要操作者观察控制柜计数值的变化情况，一般计数剩余 $50\sim70\mu m$ 时会呈现短路状态，此时需关闭高频电源并停机，拆下电极丝，轻轻敲击工件并取下。此时工件终点残留下的必然是一条凸的痕迹，用油石推平即可。

18. 消除线切割加工切入切出点线痕的方法

线切割加工中，切入点及切出点的线痕一般是不能完全消除的，需要采用人工或机器修磨去除线痕。但在某些后续不能采用人工或机器修磨处理的情况下，需要在切割时尽可能减少切入点及切出点的线痕，加工时消除线痕最有效的方法是采用圆弧切入、圆弧切出。如图 6.30 所示的五边形凹模，通常采用的切割路径是穿丝孔—1—A—2—3—4—A—6—穿丝孔。

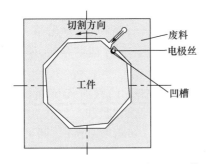

图 6.29 小凸模切割终点出现小凹槽

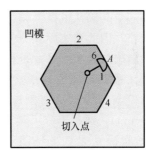

图 6.30 五边形凹模无线痕切割法

19. 减少切割入口和收口错位

线切割加工变形的一个典型现象就是在加工封闭图形时，切割的入口和收口出现错位而不能闭合，如图 6.31 所示。当然这可能是工件在切割后变形引起的，也可能是压板压的位置不正确导致的。由于压板没把出入口部分材料压死，因此在切割过程中，其入口处就已经随着形变发生了漂移，因此虽然工作台回到了坐标原点，但入

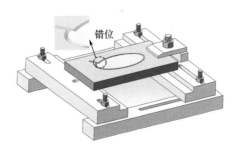

图 6.31 起点位置未压住产生错位

口处已经漂移，因此造成了入口和收口错位的现象。因此在实际操作中，应注意压住闭合图形的起点位置，如图 6.32 所示，使其在切割过程中不要因为材料的变形而产生移位。

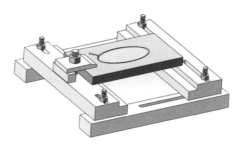

图 6.32 起点位置压住情况

20. 精密配合件切割前试切割确定电极丝偏移量的必要性

线切割加工往往是零件制造的最后工序，对于重要零件尤其是配合零件的加工，找同样的材料试切割，以确定电极丝偏移量是十分必要的。

试切割是精密加工中获得较高绝对尺寸零件及控制模具配合精度的主要方法，其实质就是要确定线切割中的电极丝偏移量。以往高速往复走丝电火花线切割均假设切割的单边放电间隙为 0.01mm，但由于切割材料的不同、高度不同、采用脉冲电源加工的参数及工作液的不同，目前实际的单边放电间隙为 0.005～0.025mm，并且电极丝在使用一段时间后也会产生直径损耗，而这些都将影响工件的尺寸精度。此外，在中走丝修切过程中，电极丝张力、伺服跟踪方式及修切量的大小等均会影响工件的最终尺寸，而这些都必须通过试切割甚至试配才能获得准确的电极丝偏移量补偿。

切割配合模具时，最好在一台机床工作台的相同区域沿相同的切割方向分别切割凹模与凸模，以减小系统误差，增加配合精度。

试切割芯子是确认电极丝偏移量的主要方式，但必须注意的是，试切割芯子合格并不等于工件合格，因此在实际操作中以试切割芯子确认的电极丝偏移量切割出第一件工件后，必须检测确认其实际尺寸是否符合加工要求。只有符合要求后才能继续加工零件。

试切割注意事项如下。

（1）凸模与凹模的试切割应使用不同的试切割图形。加工凸模时先试切割小方块（10mm×10mm），通过千分尺测量 X、Y 的尺寸来确定电极丝偏移量和一致性，凹模可以根据加工形状确认是切割方孔还是圆孔，方孔一般切割 10mm×10mm，圆孔一般切割 ϕ10mm。

（2）选择适当位置试切割，原则是不影响材料使用，不导致试切割芯子变形。

（3）一般最好由穿丝孔进入切割，以防止材料变形影响试切割尺寸。如未在穿丝孔内试切割，需要增加一条直线程序并留出较大余量防止变形对试切割尺寸产生影响。

（4）中走丝多次切割时，可以试切割 10mm×10mm 的方块，以确定修切的各项参数。

（5）配合。将凸模配入凹模，注意配合时工件应垂直放入，一般单边 0.005mm 配合间隙的手感效果比较顺畅。

6.3　线切割特殊工艺及装夹

21. 大型及厚重零件切割后出现上下尺寸不同问题

当线切割加工大型且厚重工件时，会由于工件重且厚度高的关系，导致工件在切割过程中发生切割部分下坠，导致上下尺寸不同的情况。

对这类工件的加工通常采用以下两种方法。

（1）采用桥式支撑装夹配合后桥移动的方法。如图 6.33（a）所示，起始时采用桥式支撑装夹，如果工件的质量还能允许后续进行后桥的移动，那么在切割过程中，可以通过移动后桥来支撑已经切割过的工件部位，如图 6.33（b）所示，从而保障工件在切割过程中通过后桥的支撑解决下坠的问题。

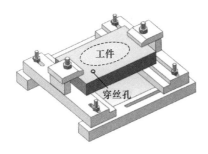

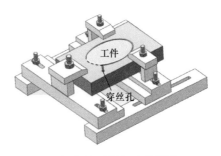

（a）桥式支撑装夹 　　　　　（b）移动后桥到已切割部位

图 6.33　桥式支撑装夹配合后桥移动

（2）对于重量很大，无法移动后桥的工件，开始时就必须选择合适的起刀位置和支撑位置，在切割过程中通过在工件的下部，尤其是在工件的重心附近放置辅助支撑，以防止工件在切割过程中产生下坠变形，如图 6.34 所示，每步走刀（①、②、③）完毕即于附近工件下方放置可通过螺栓伸缩调整的辅助支撑（A、B、C）顶住工件。放置辅助支撑时必须避免与机床下线架产生碰撞，同时必须与床身绝缘，以免导致加工不稳定的情况出现。

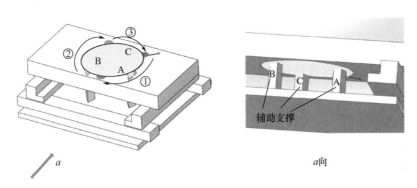

图 6.34　在工件下部放置辅助支撑

当切割高厚度工件，尤其是细长的高厚度工件时，由于工件本身刚性差，如果只对工件的下部进行装夹固定，如图 6.35（a）所示，由于机床高速走丝及频繁换向，走丝系统将对床身产生微弱的振动，而该微弱的振动将在仅有下端装夹固定的"悬臂梁"工件上端得以放大，一方面影响切割稳定性，另一方面会使切割凹模时上段尺寸增大，切割凸模时上段尺寸减小，并且有可能造成切割的图形难以封闭等问题。因此必须通过延长装夹固定区域以提高切割工件的刚性，如图 6.35（b）所示，只有这样才能保障工件的切割尺寸精度。

22. 超行程工件电火花线切割接刀加工的一般步骤

线切割加工时，有时会遇到切割的工件尺寸超出机床行程范围，有时发生切割零件的外形与机床立柱干涉等情况而导致不能一次加工成形，此时可以采用移位及接刀的方法完成加工。下例假设将工件对称分为两部分，然后进行一次 Y 向接刀，具体步骤如下。

（1）准备。

① 保障工件上、下面磨削平行，再在一个 Y 向侧面（如外侧面）磨削一个与底面垂

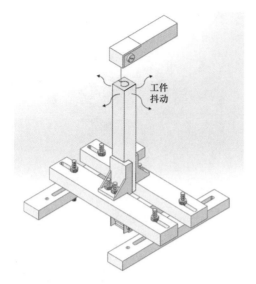

(a) 下端装夹固定时上段产生振动

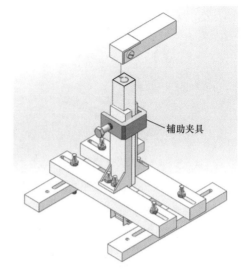

(b) 延长装夹固定区域减少上段振动

图 6.35　细长高厚度工件切割的固定安装

直的基准面。

②　找出接刀部位的起、止点坐标，并规划好整体切割轨迹。

③　切割凹模时在轨迹线内侧钻一个坐标预孔（孔的中心位置有尺寸要求），如图 6.36 中 P 孔，切割凸模时则在轨迹线外侧钻一个坐标预孔。

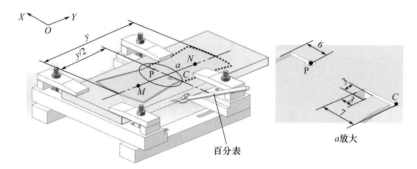

(a) 起始切割及躲刀

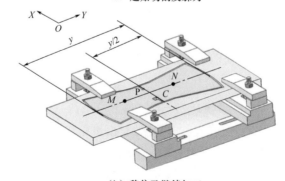

(b) 移位及继续加工

图 6.36　接刀切割凹模

（2）校正。

① 调整工件在工作台上的位置，使下部工件中心 M 点落在工作台 Y 轴行程中心点附近，然后初步夹持工件。

② 将百分表座吸在上线架侧面，将表头对准工件的 Y 向外侧面，校正工件，使工件在 100mm 内跳动量小于 0.01mm，然后压紧工件。

（3）起刀。电极丝穿入预孔 P，采用对中心功能将起割点定位于预孔 P 的中心，开启机床，进入切割程序开始逆时针方向切割。

（4）行刀。行刀中应注意，因工件超出工作台范围，工件上的工作液会溢出工作台，应做好工作液的导流。

（5）停刀。切割到图中的 C 点时停止切割，并脱离原程序，转入"躲刀程序"。

（6）躲刀。电极丝在 X 轴方向离开原程序轨迹，切割凹模时向里躲，如图 6.36（a）中放大图所示，切割凸模时向外躲，在"躲刀程序"的控制下，离开原轨迹 5～8mm，在原地切割一个 3mm×3mm 的方孔。

（7）抽刀。抽丝，并移动工件重新装夹。

（8）再校正。调整工件在工作台位置，使工件 N 点落在工作台 Y 轴行程中心点附近，然后初步夹持工件，与上述校正同样，用百分表对工件 Y 向外侧面再次校正，然后压紧工件。

（9）对刀。将电极丝从方孔穿入，启动机床的自动找中心功能，找到方孔中心位置后，进入"反向躲刀程序"，而后转入原程序，继续逆向接刀切割。

（10）尾刀。原程序的最后一步切割完毕，不要立即停机，在原程序的第一步中再走 1～2mm，其作用是切除因程序计算误差积累在工件上所留下的硬梗。

用上述方法同样可实现 X 轴方向的接刀加工，只要能提高工件"再校正"的精度，就可以实现在 X 或 Y 方向的多次接刀。

23. 具有精基准面的超行程模具电火花线切割加工方法

对于某些坯料已经具有精基准面的超行程模具切割，则可以采取较简便的方法接刀处理，其过程如下。

先准备一个定位块，要求其底面与定位侧面垂直且两侧面平行度良好，将定位块固定在机床的适当位置，并用百分表进行校正，保证其与一个坐标轴方向（如 Y 方向）平行，如图 6.37（a）所示；然后保证工件需切割的路径在机床行程范围内，并将工件基准侧面靠紧在定位块的定位面上，再夹紧工件开始第一段加工。

图 6.37（a）中虚线为凹模需切割的路径，A 点为切割程序起点。先将电极丝穿入工件辅助定位孔 M，利用自动找中心功能，找到孔 M 中心，以确定需要切割型腔在坯料的位置，然后拆丝，使机床空行程至工件已去除材料的型腔内的 P 点（是一个虚点，位于 A 点－X 方向），然后挂丝，开始切割，从＋X 方向切入 A 点，再从 A 点沿逆时针方向进行第一段切割，直至 B 点，为下一次接刀，从 B 点处将废料切断，取出 A 点逆时针到 B 点间的废料，沿定位块向左移动工件，使待加工部分处在机床的行程范围内。夹紧工件，在 B 点处分别沿 X、Y 方向碰火花确定好第二次切割的起点位置，继续沿逆时针方向切割，直至 A 点，如图 6.37（b）所示。与上例一样，原程序的最后一步切割完毕，不要立即停机，在原程序的第一步中再走 1～2mm，以去除因程序计算误差积累在工件上所留下的硬梗。

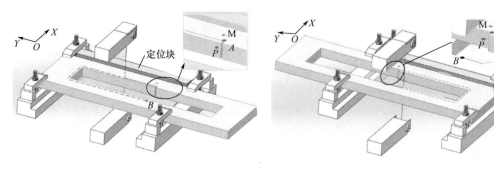

(a) 第一段加工　　　　　　　　　(b) 第二段加工

图 6.37　有精基准面超行程工件的装夹方式

24. 利用块规精确移位进行超长工件电火花线切割加工方法

若所加工的坯料已经具有精基准面，但其超出工作台行程，则可以借助定位导块及自制的块规精确移位。

（1）准备好定位导块，要求其底面与定位侧面垂直且两侧面平行度良好，再加工一件尺寸确定的块规，其尺寸长度与要移动的移位尺寸一致，另加工一个定位柱，工件打穿丝孔 A、B。

（2）用百分表校准定位导块与 Y 轴平行，然后夹紧在工作台上，定位柱也固定在工作台上，工件的上侧长边基准面紧靠定位导块，右侧基准面顶在定位柱上，夹紧工件，如图 6.38 所示，电极丝穿入穿丝孔 A，对左侧图形进行切割。

（3）左侧图形切割完毕，电极丝进入穿丝孔 B，抽出电极丝，松开工件，将块规放入工件与定位柱中间，工件右侧基准面与块规靠紧，块规则与定位柱靠紧，再夹紧工件，如图 6.39 所示，电极丝穿入穿丝孔 B 后，继续右侧图形加工。

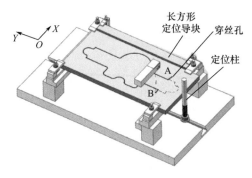

图 6.38　超出工作台行程工件首次切割

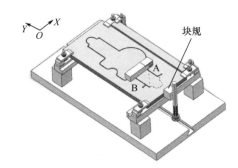

图 6.39　超出工作台行程工件移位

此方法 Y 向的移位精度由块规保证，与 Y 轴的平行则由定位导块保证。

25. 超行程圆形均布图形加工

超出机床加工行程的圆形均布图形工件如图 6.40 所示，工件的外圆轮廓为其基准面，直径 $\phi600\text{mm}$，内圆直径为 $\phi400\text{mm}$，要求在直径 $\phi500\text{mm}$ 的圆周上均匀地加工出 40 个外接圆直径为 $\phi20\text{mm}$ 的正六边形，分度误差为 1°。目前机床工作台的行程为 300mm×

450mm，小于加工区最大尺寸。这样就需要找圆心以确定基准，然后多次装夹，并保障切割型腔分布的均匀性，具体加工过程如下。

（1）工件装夹，对已经打好 40 个穿丝孔的工件粗定位。用内六角紧固螺钉作为工作台上的定位销，将三个紧固螺钉置于工作台适当位置，完成圆形工件的定位，使工件约 1/3 的部分落在可加工区域，如图 6.41 所示。

（2）确定工件圆心。利用机床的碰边定位功能，分别记下 P_1、P_2、P_3、P_4、P_5、P_6、P_7、P_8、P_9 各数据点的 X、Y 坐标值，每组三个点。将此三组数据输入三坐标测量机，测出圆心坐标，然后取平均值。如果没有三坐标测量机，也可以用计算机作图软件模拟或人工计算求出圆心坐标。后续每次重新安装工件后，都可以用同样方法确定工件的圆心。

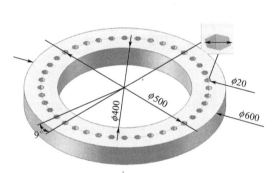

图 6.40　超出机床加工行程的圆形均布图形工件　　　　图 6.41　工件装夹及找圆心

（3）加工。工件一共需要加工 40 个型腔，可以分三次装夹，每次装夹可有 14 个型腔落在可加工区域。加工步骤如下。

① 顺时针方向加工出 14 个型腔，但不是都加工出符合规定尺寸的型腔，而是将第八个穿丝孔 O_{1-8} 和第十四个穿丝孔 O_{1-14} 用精规准加工成 $\phi 10mm$ 的圆孔，作为下一步旋转工件后的定位基准孔，如图 6.42（a）所示。

② 第二次采用顺时针加工，将工件逆时针旋转一定角度，使得工件 $\phi 500mm$ 圆上有七个已完成的型腔落在加工范围内，夹紧工件，通过自动找中心功能，找到两端两个基准孔（孔 O_{1-8} 和孔 O_{1-14}）的中心，并确定工件圆心，之后将基准孔（孔 O_{1-8} 和孔 O_{1-14}）加工成要求的形状，并完成加工区域内其他孔的加工，同理，孔 O_{2-8} 及孔 O_{2-14} 也加工至 $\phi 10mm$，作为下段加工基准，如图 6.42（b）所示。

③ 类似地，第三次加工时逆时针旋转工件，使得第二次加工过的七个孔落在加工区域，夹紧工件，利用基准孔 O_{2-8} 和 O_{2-14} 完成工件自动定心，并完成加工区域内其他型腔的加工，将孔 O_{2-8} 及孔 O_{2-14} 加工成要求的形状，其中孔 O_{3-8} 和孔 O_{3-14} 加工至 $\phi 10mm$，作为下段加工基准，如图 6.42（c）所示。

④ 同理，第四次加工时利用基准孔 O_{3-8} 和 O_{3-14} 完成工件自动定心，并完成加工区域内其他型腔的加工，将孔 O_{3-8} 和孔 O_{3-14} 加工成要求的形状，其中孔 O_{4-8} 和孔 O_{4-14} 加工至 $\phi 10mm$，作为下段加工基准，如图 6.42（d）所示。

⑤ 同理，完成第五次加工，即完成最后的加工。

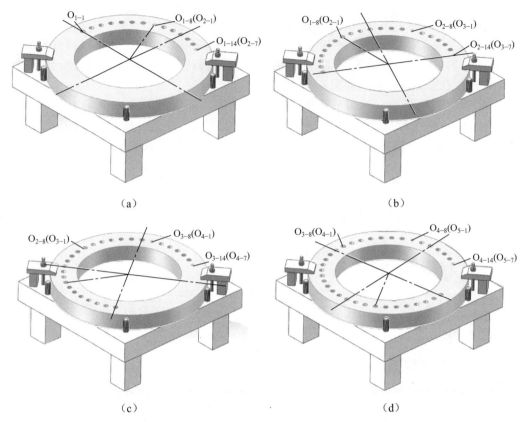

（a）

（b）

（c）

（d）

图 6.42　超出机床加工行程圆形均布图形工件的加工

26. 超行程电动机硅钢片冲裁凹模逐次定位分度加工

图 6.43 所示的电动机硅钢片冲裁凹模共有 12 个型腔需要加工，但超出了线切割机床的加工行程，考虑采用逐次定位分度的方法加工。

图 6.43　超出机床加工行程的电动机硅钢片冲裁凹模

（1）加工准备。

① 加工一块辅助平板，磨平上、下两平面，按 $\angle bac$ 约为 30° 划线，a 点在中心，b、c 点在型腔内，如图 6.44（a）所示，对应地加工穿丝孔 a、b、c。

② 加工一件带螺纹的 $\phi16mm$ 轴，作为转动轴，如图 6.44（b）所示，外圆需磨削加

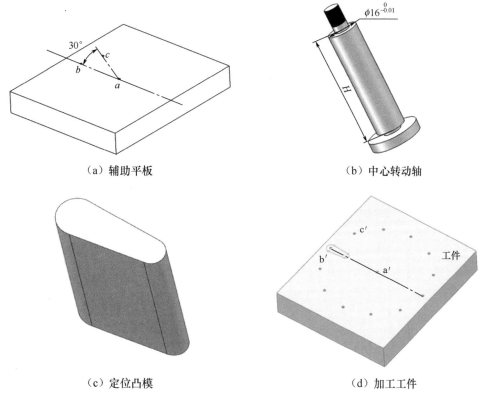

（a）辅助平板 　　　　　　　　　（b）中心转动轴

$\phi 16_{-0.01}^{0}$

（c）定位凸模 　　　　　　　　　（d）加工工件

图 6.44　加工前的准备

工，其中尺寸 H 应小于辅助平板加凹模厚度之和，差值小于 1mm。

③ 线切割加工一个凸模，尺寸比凹模槽形小 0.01mm 以作为定位销，如图 6.44（c）所示。

④ 按要求划线，在工件上加工出 a′、b′、c′ 等所有的穿丝孔，如图 6.44（d）所示，热处理，并磨削上、下两平面。

（2）调整。

① 将辅助平板放在两端支撑夹具上，使 a、b 孔的中心线与 X 轴平行，然后夹紧。

② 将工件放在辅助平板上，使辅助平板上的 a、b、c 孔与工件 a′、b′、c′ 三孔对准，然后将工件夹紧在工作台上。

（3）加工。

① 将电极丝穿入 a-a′ 孔内，加工 $\phi 16mm$ 的中心孔，需能与准备好的 $\phi 16mm$ 中心转动轴相配，然后将轴插入 a-a′ 孔内，螺纹向上，用垫圈螺母紧固，如图 6.45（a）所示。

② 穿丝加工 b-b′、c-c′ 两个凹模型腔，如图 6.45（b）所示，加工结束后抽丝，稍松中心转动轴的螺母，松开工件与辅助平板。

③ 将工件绕中心转动轴轴向逆时针方向旋转，使工件的 c′ 孔与辅助平板的 b 孔对准，这时正好旋转 30°，将切割好的定位凸模插入凹模孔并穿过辅助平板，紧固转动轴螺母，然后在 c′ 孔坐标位置加工第三个型腔，如图 6.45（c）所示，这样重复十次，加工结束。

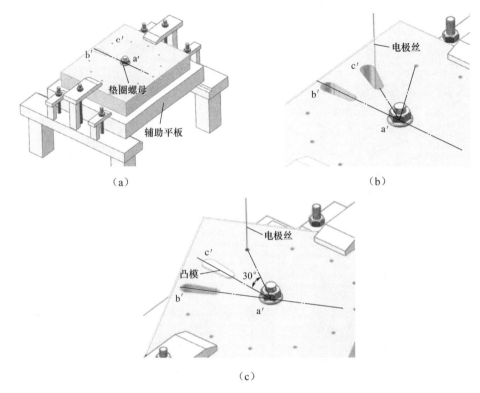

图 6.45　超出机床加工行程电动机硅钢片冲裁凹模的逐次定位分度加工

27. 圆柱体同心度及对称度要求高的量具线切割加工方法

　　需要加工图 6.46 所示的零件（轴孔键槽对称量具），其图样要求对称度为 0.02mm，目前的加工工艺过程是，首先加工毛坯，然后加工工艺孔、淬火，最后用线切割加工出整体零件形状。切割后发现对称度很难满足零件的加工要求，此外切割后圆柱部分还存在椭圆度误差，加工精度很难保证，加工产品合格率很低。

　　由于高速走丝机加工精度一般只能达到 0.015mm，因此椭圆度的误差也基本在此范围，同时要保证同心度及较高对称度的要求对线切割而言是十分困难的。为此设计了一种专用 V 形夹具，同时对零件的加工工艺进行修改，工艺如下：先加工毛坯，淬火，外圆磨出圆柱体，保证同心度，然后用 V 形夹具定位，并在头部用螺钉固定，再进行键槽切割，如图 6.47 所示，最后人工镶键。使用此夹具切割的量具，经检测，同心度及对称度均满足零件要求，并且表面质量由磨削加工保证。

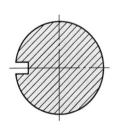

图 6.46　圆柱体同心度及对称度要求高的零件

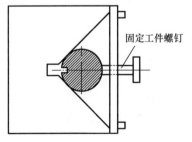

图 6.47　圆柱体同心度及对称度高的零件及夹具

28. 对称度要求高零件的线切割加工

电火花线切割加工对称度要求高的零件是比较困难的，其难点在于不能准确确定切入点与零件基准面的相对位置。

图 6.48 所示的零件，中间切割的腰型孔对 A、B 基准面的对称度要求均在 0.02mm，如果采用传统的在侧面通过火花放电或电阻测量的方法确定电极丝的坐标位置至少会产生 0.02mm 的误差，并且随机性比较大，满足不了加工要求。

解决此类加工问题的关键在于精确确定电极丝相对于基准面的位置，可以采用的方法如下。

（1）装夹并校正好零件，准确测量出 30mm 零件的总长。

（2）采用小能量，用电极丝在 C 面采用类似多次切割的方法，放电擦去几丝，并记录电极丝在 X 方向坐标，擦去的范围只要大于千分尺脚便于测量即可，然后用千分尺测量该处至基准面 A 的总长，此时即可知道电极丝相对于 A 基准面的确切位置；在 D 面使用同样方法，获得电极丝相对于 B 基准面的确切位置（在 C 面和 D 面擦去几丝并不影响零件的使用）。这样即可确定好电极丝相对于基准面的准确坐标值，然后拆丝，穿入穿丝孔 M 后加工。切割完成的零件除去测量误差与机床误差，精度可以保证在 0.01~0.015mm，满足零件对称度的要求。

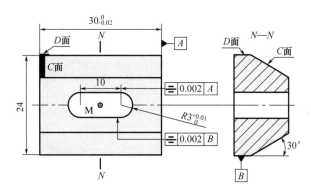

图 6.48 对称度要求高的零件

29. 棒状零件方孔切割对称度的保障

如图 6.49 所示，用电火花线切割加工棒状零件上方孔时，要保证方孔与圆柱轴线对称，装夹和找正都比较费时。如果圆柱的直径不同，并且是批量生产，装夹和找正过程会耗时更多。

这类零件通常的加工方法如下：先在需要加工方孔的位置加工一个穿丝孔，由于是在圆弧面上加工，因此该穿丝孔很难保证对称度和垂直度的要求，只能作为工艺孔而不能作为基准孔。实际操作时，需要先通过打表调整圆柱轴线在水平及垂直方向与工作台运动方向的平行，然后挂丝，利用电极丝在圆柱的两边通过火花法或电阻法计数，计算中间值，再拆下电极丝，穿入工艺孔，进行正式切

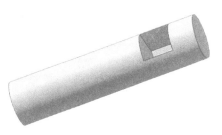

图 6.49 棒状零件切割方孔

割。这种传统加工方法，每加工一个零件都需要对工件重新找正，十分费时。

为此设计一个专用夹具，如图 6.50（a）所示，由一块用于工件定心的 V 形块和两侧用于机床自动分中的挡块构成。通过 V 形块在机床上找正并固定好后，只要找正 V 形块的中心平面，不同直径的棒状工件在 V 形块上定位后，都能保证工件的中心平面与 V 形块中心的一致，便于对不同直径的工件快速精确定位及固定。两侧自动分中挡块实现了类似于内孔的功能，便于机床采用自动分中功能完成电极丝自动分中定位。

用此夹具装夹棒状工件［图 6.50（b）］加工时，能有效减少工件的装夹时间和定位时间，提高加工效率，并能保证所切割的方孔与圆柱轴线的对称度要求。工件生产批量较大时效果更加明显。

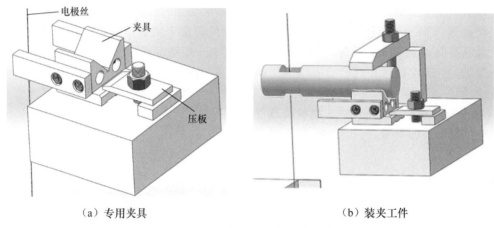

（a）专用夹具　　　　　　　　　　　　（b）装夹工件

图 6.50　棒状零件切割方孔夹具

30. 长条薄带的电火花线切割加工

有时需要加工宽度较窄但长度较长的带状金属零件，其长度甚至超过线切割机床的加工行程，这类零件通常厚度在 0.5mm 以下，而且材料较特殊（如不锈钢、铜、弹簧钢等）。由于长度较长，直接用线切割加工不仅生产效率很低，而且超出了加工行程要求。加工这类零件时可以使用图 6.51 所示的装置，先将一定宽度的薄带用螺钉固定在轴上，在车床上用自定心卡盘（三爪卡盘）将轴的一端夹紧，另一端用顶尖顶紧，然后将金属带用木板压在轴上，将车床主轴转速调到最低挡，再启动车床主轴，将金属带紧密地缠绕在轴上。金属带缠绕完成后将孔径合适的套筒套在缠绕好的金属带上，套筒的孔径与金属带缠绕的最大直径不能相差太大，最好是缠绕的金属带能轻轻地塞入套筒，或有微小的间隙，然后依靠金属带的弹性自动张紧，从而在线切割加工中保持导电。

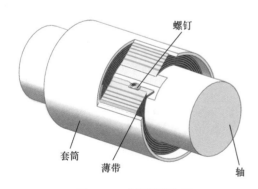

图 6.51　金属薄带加工

将固定好的金属带安装到线切割机床的工作台上，根据需要选择金属带的宽度。加工时，轴、套筒与金属带一起被切割掉，这样保证了从开始切割到终了金属带始终被轴和套筒约束住，保障了切割的顺利进行和切割的尺寸精度。

31. 小批量硅钢片薄板电火花线切割

板料零件加工中，电火花线切割是常用的加工方法。最典型的就是电动机试制期间定子和转子的硅钢片加工。

先将裁好的板料，根据大小、厚度，在板料的上、下使用 3～8mm 厚的钢板将其夹紧，下面钢板的两侧比裁好的板料长 30～50mm，留作装夹用。板料的四角在不影响切割加工处用四个夹紧螺钉固定，根据板料的尺寸及工件的形状，在不影响切割加工的前提下，为了切割加工更加稳定，在板料的四边和中心处都可以用螺钉对板料固定压紧，如图 6.52 所示。一般材料加工时，进电方式不需要改变，可以仍然从机床夹具处进电，但在加工硅钢片时，由于硅钢片之间有绝缘层，电阻较大，为使切割更加稳定，最好从夹紧螺钉处进电，

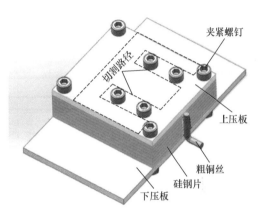

图 6.52　硅钢片板料线切割装夹方法

进电的夹紧螺钉在加工时要与螺钉孔配合好，最好螺钉能轻轻打进去，这样螺钉与每片硅钢片都能接触良好。

另外，由于硅钢片可能浸泡了一层很薄的绝缘漆，因此在线切割加工前，为了使每层硅钢片都能获得良好的进电，须将硅钢片的叠片某个侧面用砂轮或锉刀从上到下打磨光，用一根粗铜线将每片硅钢片焊接在一起，工件从粗铜线处进电，如图 6.52 所示，这样就能保证每层硅钢片都能获得良好的进电，保证切割顺利进行。

32. 局部淬裂或加工走错模具的修补

模具制造过程中，有时难免出现淬火后局部淬裂的情况；当程序出错后，也会出现模具轨迹不对的情况。对于上述情况，可以采用镶块进行补救。以图 6.53 所示的凹模为例：当加工至 P 点时发现裂痕或程序走出原定轨迹，此时可记下 P 点位置，按模具的尺寸及裂痕的长短编制出合适的燕尾图形程序进行再加工。一般燕尾图形应采用圆弧过渡，燕尾角度要选择适当，避免出现模具和镶块有尖角的情况，并避免应力集中。当切割完模具的修补程序后，可将此程序调整放电间隙以编制镶块的切割程序，其配合选择过盈配合，镶块最好有一点斜度，这样压入模具后不至于在冲压时被拨出。上述模具的底部一般都有垫板，无垫板时可用点焊挂住。

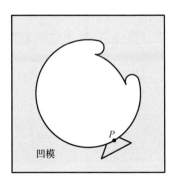

图 6.53　采用镶块修补模具

33. 无装夹余量中小形零件简易夹具

线切割加工中有一些中小型零件，由于尺寸较小，因此这些零件在线切割生产加工前的装夹与找正非常困难。

针对这类零件的结构，可以设计一些简单的专用夹具，对提高生产效率效果显著。

零件如图 6.54 所示，该零件材料为 45 钢（调质处理），需要批量生产，零件的内部形状较复杂，由于内部结构有尖角，需采用线切割加工，而加工难点是如何能对工件快速找正和可靠装夹。由于需切割最大内径达 $\phi84$mm，因此零件单边可夹持余量只有 5.5mm（实际上小于 5.5mm），如采用压板装夹，操作难度极大。即使装夹完毕，还需将电极丝定位于工件中心，虽可利用自动找中心功能，但由于机床空走速度较低，而中心孔直径为 $\phi74$mm，因此确定中心也需较长时间。如果采用手工对中心，则需计算刻度盘的刻度值，很容易出错。因此考虑设计一个专用夹具用于安装定位。

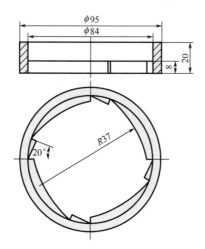

图 6.54　线切割加工难直接装夹的零件

首先考虑零件的定位，零件的定位基准为直径 $\phi95$mm 外圆的轴线。如果在夹具上做一个直径 $\phi95$mm 的孔，将零件外圆套在夹具孔中，则夹具孔和零件外圆同心。若将电极丝定位于夹具孔中心，则实现了电极丝对工件的定位。不考虑机床误差，那么只需在第一次加工前确定电极丝位置，记住 X、Y 手轮刻度盘数据（可以将刻度置零），后续加工每次将刻度盘移动到该位置，即实现了电极丝的定位。这样就可以节省后续电极丝定位的时间。

其次考虑零件的装夹，有以下两种方案。

方案 A：将直径 $\phi95$mm 孔做成通孔，在其侧面加工一个螺钉孔，利用螺钉的旋转使工件紧固，如图 6.55（a）所示。

方案 B：直径 $\phi95$mm 孔下方做一个台阶孔，直径为 $\phi84\sim\phi95$mm，利用台阶紧固，如图 6.55（b）所示。

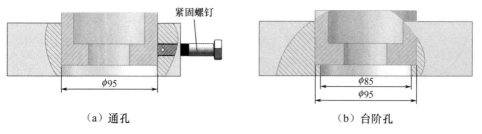

（a）通孔　　　　　　　　　　　　　　（b）台阶孔

图 6.55　夹具示意图

为了保证顺利地装夹与取出工件，夹具中直径 φ95mm 孔与工件外圆呈间隙配合。

方案 A 的优点是夹具容易加工。第一次加工前需将电极丝定位到直径 φ95mm 孔中心，然后将工件放入孔中，拧紧右侧紧固螺钉，以后各次加工不用再对中。由于右侧紧固螺钉的紧定作用，工件与夹具孔的间隙不均匀，右侧间隙比左侧大，会导致切割后的内形与外圆同轴度误差较大。若对工件质量要求不严格，可用此方案。

方案 B 采用了台阶孔固定，上下两个孔的直径分别为 φ95mm 和 φ85mm，并且两孔同心。第一次加工前，将电极丝定位到直径 φ85mm 的孔中心，然后将工件放入直径 φ95mm 孔中，利用台阶孔支承工件。这个方案操作比方案 A 更简单，安装和取出工件更方便，而且容易保证间隙的均匀性。只是该方案夹具的加工比方案 A 稍复杂，夹具如图 6.56 所示。

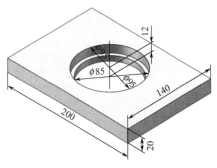

图 6.56　线切割夹具

34. 无装夹余量六角形及圆筒形薄壁工件的装夹

装夹六角形薄壁工件用的夹具主要应保证工件夹紧后不变形，由于无装夹余量，因此采用图 6.57 所示的装夹方法，即令六角形的一面接触基准块，另一面由贴有橡胶板的铰链夹加压，夹紧力由夹持弹簧产生。在易变形的工件上可分散设置多个加压点，这样不仅能达到减小变形的目的，而且能把工件固定牢靠，并且装夹快捷，适合批量生产。

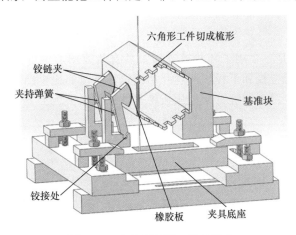

图 6.57　六角形薄壁工件的装夹

对于圆筒形薄壁件而言，如果切割部位在工件的轴端，可采用图 6.58 所示的装夹方法。在圆筒形薄壁件外套一个开缝套筒（如果圆筒形薄壁工件具有足够强度，不会因装夹产生变形也可以不采用），以增大工件的装夹接触面，然后使工件（连同开缝套筒）的一侧接触基准块的两个半圆形触点，另一侧由活动扇形铰链板夹紧。弹簧固定板通过螺栓固定在工作台上，它在工作台上的横向位置可以适当调整，夹紧力由夹持弹簧产生。夹紧力可以通过弹簧固定板的固定位置调节。另外，调节弹簧固定板的固定位置可以装夹不同直径的圆筒形薄壁件。

如果切割部位不在轴端，工件也不是整个圆筒，则可采用类似加工无夹持余量工件的装夹方法，把径向夹紧改为轴向夹紧，如图 6.59 所示。这样将大大增大夹持刚度，避免夹持时工件发生变形。

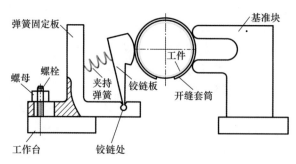

图 6.58　圆筒薄壁件的径向装夹

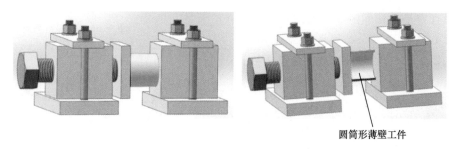

圆筒形薄壁工件

图 6.59　非整圆筒薄壁件的轴向装夹

35. 无装夹余量的多个形状复杂工件的装夹

图 6.60 中的夹具是一个用于环状毛坯加工具有菠萝图形工件的夹具。工件加工完后切断成四个。夹具分为上板和下板，两者互相固定，下板的四个凸出部位支撑工件，并且凸出部位避开加工的位置。用螺钉通过压板将工件夹固在下板上，即可切割。这种装夹方法适合批量生产。

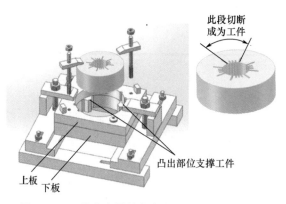

图 6.60　无装夹余量的多个形状复杂工件的装夹

36. 基本无余量零件的装夹

生产中切割贵重材料时，经常会碰到加工坯料没有夹持余量的情况。此时可以采用托板作为辅助支撑，将工件装夹好，然后将托板与工件一起切割。

如加工外周边已无装夹余量或装夹余量很小，中间有孔的零件，可在工件底面加一个托板，用胶粘固或螺栓压紧，使工件与托板连成一体，并且保证导电良好，加工时连托板一起切割，如图 6.61 所示。

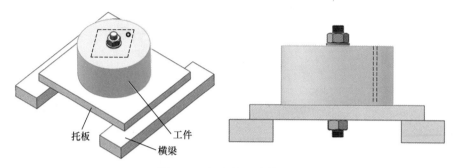

图 6.61　托板辅助支撑装夹

对于装夹余量很小且中间没有孔的零件，一端用压板压住，另一端用托板托住，使托板的上平面与工作台面在一个平面上，托板可以托住坯料边缘不加工的部位，也可以托住坯料要加工的部位随加工一起切割，如图 6.62 所示。

对于夹持余量极小且又不导磁的工件，由于无法通过磁力座夹紧，因此可采用侧向压紧方式，如图 6.63 所示。长方体定位块和压紧螺栓都通过压板、螺栓固定在工作台上。长方体定位块的底面和给工件作定位用的侧面磨平，并且互相垂直。工件的定位面紧靠定位块的定位侧面，然后旋转压紧螺栓并通过夹板将工件压紧。当然这类工件也可以通过精密平口钳夹紧定位。

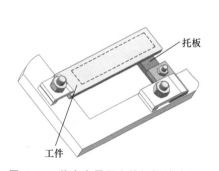

图 6.62　装夹余量很小的托板辅助装夹

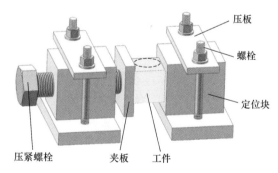

图 6.63　装夹余量极小工件的侧压装夹

37. 无夹持余量工件用基准凸台装夹

加工图 6.64 中带异形孔工件可以用基准凸台装夹。在夹具的 A 部有与工件凹槽配合的凸出定位头，用以确定工件的位置。B 部由螺钉固定在 A 部上，而工件用 B 部的工件夹持螺钉压紧固定。这种夹具即使完全没有夹持余量，也可以采用基准凸台保障安装精度进行切割加工。如果夹具的基准凸台由线切割加工，则可以根据基准凸台的坐标位置对需要在工件上加工的两个异形孔进行加工，这样将更易于保证工件的切割精度和垂直度。该装夹方法适合批量生产。

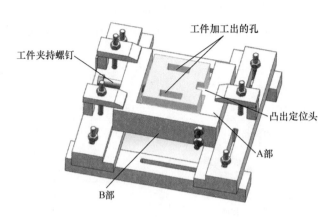

图 6.64　无夹持余量工件用基准凸台装夹

38. 无夹持余量圆柱零件的装夹及加工

图 6.65（a）所示零件，最后一道工序为加工 12mm×12mm 的方孔。由于零件外形尺寸小，外圆已经加工完成，而且必须保证方孔与外圆同心，并且零件属于批量生产，因此可以采用如图 6.65（b）所示的装夹方式。用一块废弃的材料，根据零件外圆的公差适当增加 0.01～0.02mm 割一个孔，与需要切割的零件实现过渡配合，然后将电极丝回位到圆孔中心，拆下电极丝，将孔壁清洗干净后放入零件，为保持零件装夹的可靠性及导电性，在零件和夹具体之间采用小磁铁固定，最后重新穿丝进行小方孔切割。

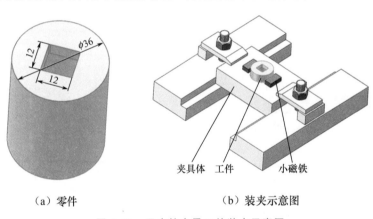

（a）零件　　　　　　　　　　（b）装夹示意图

图 6.65　无夹持余量工件装夹示意图

39. 无夹持余量模具变换夹持点切割

线切割加工中，有时会遇到坯料无装夹余量的情况，由于坯料自身较重，依靠磁性表座吸力固定的方式不可靠，因此只能通过在切割过程中根据图形特点、起割点位置、程序走向和变形方向多次更换加压点，改变传统的一次装夹切割整个零件的工艺过程，切割实例如图 6.66 所示。

（1）将工件置于横梁 1、2 上，以横梁 1 为主支撑，横梁 2 为辅助支撑，校正工件。

（2）压住横梁 1 的第一次加压点，移开辅助支撑横梁 2，然后从起割点沿逆时针方向切割，如图 6.66（a）所示。

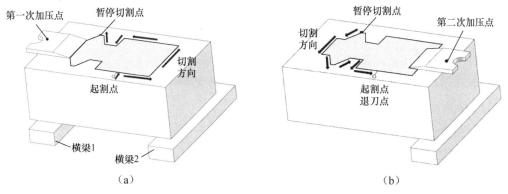

图 6.66 多次更换加压点切割实例

（3）切割到一半位置后，移入横梁 2，支撑住工件，并在第二次加压点加压，然后撤去第一次加压点和横梁 1，完成余下路径切割，如图 6.66（b）所示。

40. 磁性表座与万用表组合在线切割加工中的应用

线切割加工经常会遇到无装夹余量或难以装夹的小零件。有些零件由于外部形状已加工完毕，仅需要加工内部型腔或外部局部尺寸。这类零件直接装夹十分困难，此时可利用零件外部已加工好的面作为基准面，通过磁性表座吸住零件并定位后加工余下的待加工面。这类零件的外部面已经加工到位，并且是基准面，加工时不允许在外部基准面通过火花法获得其坐标位置（如轴心位置），此时只有借助万用表（选择欧姆挡，两表笔分别接电极丝和工件，判断电极丝与工件是否接触）来判断电极丝所处的位置，才能推算出电极丝加工的起始位置（通常是孔的中心）。下面举例说明。

零件图如图 6.67 所示，零件外圆已加工完毕，需要用线切割加工两个 $\phi 4^{+0.02}_{0}$ 的孔和一个具有 $\phi 14^{+0.02}_{0}$ 圆弧的形腔。由于需要以外圆为定位基准，但又不允许破坏基准面，因此不能通过火花法找圆心，只能借助于万用表（欧姆挡），具体操作如图 6.68 所示。

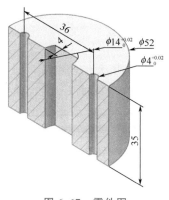

图 6.67 零件图

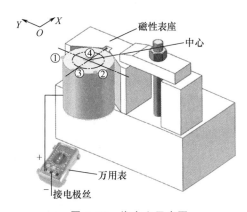

图 6.68 找中心示意图

将磁性表座用百分表找平后，用压板压紧，V 形槽向着贮丝筒方向，然后将零件通过磁力吸合固定在磁性表座的 V 形槽内，将万用表两表笔分别接在电极丝和工件，打开运丝开关，调节走丝速度使其处于最低挡，快靠近工件时，慢摇手轮，使电极丝在 Y 方向分别接触工件两侧，当万用表指针抖动时，说明电极丝已经碰上工件，记下 Y 方向①、②两点坐标，取两坐标中间值，并将 Y 方向手轮对零；然后从＋X 方向与工件接触，找到③点，此时可以抽丝，再采用机动的方法，使机床沿＋X 方向进给一定距离（工件外圆半径＋电极丝半径）并获得④点，此④点即工件圆的中心位置。此时可以将 X、Y 轴手轮全部对零，然后穿丝切割各个型腔。

41. 磁性表座在固定圆管薄壁件上的应用

对于尺寸较小的薄壁型圆管零件，要求沿母线方向切割开，由于零件无加工余量，采用通用夹具无法装夹，因此可以借助磁性表座，利用其 V 形面的定中功能实现装夹。

零件为空心圆柱体，圆柱体的直径为 ϕ20mm，长度为 45mm，要求从圆柱体中心线的位置切开，剖面图尺寸如图 6.69 所示。

采用磁性表座装夹工件，如图 6.70 所示。将磁性表座开关扳到不吸磁的位置，磁性表座的两端用压板预压在工作台上，用百分表找正磁性表座，然后压紧磁性表座。当将磁性表座的开关扳到吸磁的位置时，可以固定工件。装夹工件时需要注意由于工件尺寸较小，中心线的位置与磁性表座的位置非常靠近，为避免加工过程中电极丝碰到磁性表座，工件在装夹的过程中靠近磁性表座加工的一端需要伸出至少 6mm，以避免碰到磁性表座。此外，工件在找中时采用火花法，当工件的外圆碰到电极丝产生火花时，记下此时工作台相应的 X 轴坐标，并根据放电间隙及圆柱体的半径找到工件的中心，利用同样的方法移动工作台的 Y 轴，当工件碰到电极丝产生火花放电时，此位置即工件的加工起始位置。

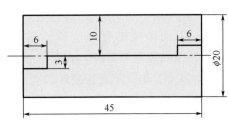

图 6.69　剖面图尺寸

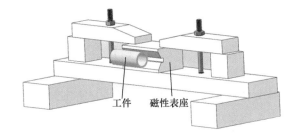

图 6.70　磁性表座装夹空心圆柱体工件

42. 大角度面线切割加工对策

电火花线切割某些大角度及厚度比较大的零件时，如果采用大锥度机床，则会受到大锥度机构刚性、累计误差、喷液跟踪条件及排屑等条件的制约，要加工出表面质量比较高的工件，尤其是想通过多次切割，获得精度及表面质量都比较高的工件还是比较困难的。

对于某些特定情况的大斜度切割，大型模具零件可以借助正弦磁力吸台装夹，当零件较轻或没有正弦磁力吸台时可以制作角度装夹夹具，将斜度切割转化为直体切割，从而保障切割的精度及表面质量。

图 6.71 所示为带有大角度精度面切割要求的精密零件，需要切割定模滑块 18°的 T 形槽。

假设正弦磁力吸台的两个圆柱的轴心距为 100mm，圆柱 $R=10$mm，如图 6.72 所示。当切割定模滑块的 18° T 形槽时，根据勾股定理，可以计算出需要垫的量块厚度为

$$H=100\text{mm}\times\sin18°=30.902\text{mm}$$

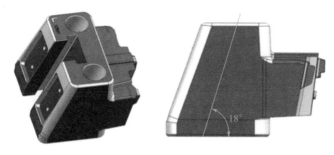

（a）三维立体图　　　　　　　　（b）主视图

图 6.71　精密零件定模滑块

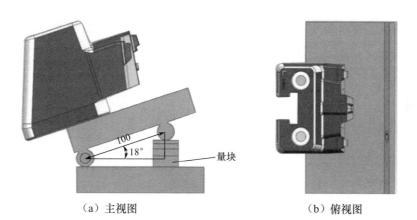

（a）主视图　　　　　　　　　　（b）俯视图

图 6.72　正弦磁力吸台装夹工件

　　垫好量块后，锁紧正弦磁力吸台，然后装夹零件，通过百分表辅助，将零件基准边与机床坐标轴装夹平行后，旋转磁力旋钮打开磁力作用，这样零件就被吸附在正弦磁力吸台上，然后编制程序切割 18°T 形槽。

　　对于小型零件，可以用线切割加工制作角度夹具，使用时借助压板将夹具压紧，然后使用百分表校正模具零件，保证模具零件基准边与机床基准坐标系的 X 轴和 Y 轴平行。装夹完成后，需要切割的斜面型腔已经变为竖直方向，如图 6.73 所示。

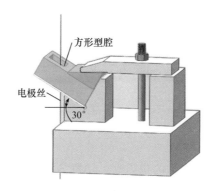

图 6.73　30°装夹

43. 具有角度切割要求的工件加工及夹具制作

电火花线切割具有角度要求的斜面时，需要对工件划线后切割，但即使这样，工件的装夹仍然是一个大问题，尤其是需要批量加工不同角度的零件时。此时可以设计一个角度切割夹具，如图 6.74 所示。该夹具主要由两部分组成：机械安装部分和工件装夹部分。机械安装部分通过螺栓固定在工作台的横梁上，工件装夹部分则用来装夹工件并与机械安装部分连接。工件装夹部分可以旋转，以满足角度切割要求。

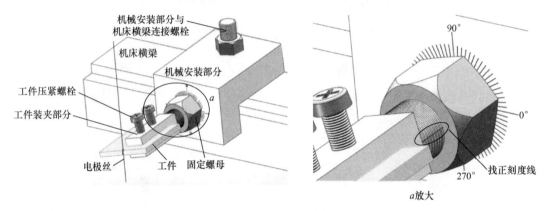

图 6.74 电火花线切割角度切割夹具

夹具具体使用方法如下。

（1）将机械安装部分安装在工作台横梁上。

（2）将固定螺母调至工件装夹部分左端，工件装夹部分与机械安装部分连接，不要将螺纹拧到最深，预留 2~3 个螺纹用于调节角度，同时将找正刻度线与机械安装部分刻度盘的 0°线重合。

（3）夹紧工件后，调节工件装夹部分，将找正刻度线调至需要的刻度线，然后将固定螺母拧紧。

（4）电极丝运行至加工位置，开始切割，工件如图 6.75 所示。

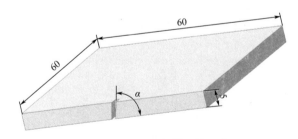

图 6.75 需要切割斜面的工件

44. 翻转式线切割夹具的应用

需要在圆棒上切割图 6.76 所示的拉力件，切割的四个面中相邻两面成 90°（A、B 两面，C、D 两面相互平行），要求批量生产，此切割需要分两步完成。如果采用传统的回转方法，采用分度机构将会很复杂。因此可以设计一个简单的方块翻转夹具，如图 6.77 所示。

图 6.76　拉力件三维图

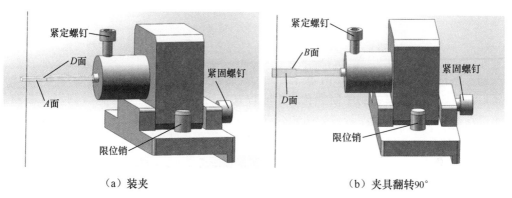

（a）装夹　　　　　　　　　　　　（b）夹具翻转90°

图 6.77　翻转装夹

通过紧固螺钉固定工件，依次切割 A、B 面，然后将夹具翻转 90°，并借助限位销定位，紧定螺钉压紧后，即可切割 C、D 面。

45. 以不通圆孔为定位基准切割内腔

如图 6.78 所示，需在不通圆孔底部工件加工正六边形型腔，加工时需以不通圆孔作为定位基准，可参考如下步骤。

（1）找一块平板材料，其长宽尺寸要大于工件，将其定位在工作台横梁上，加工出圆心距离为 L 的三个圆孔，圆孔直径比工件上不通圆孔直径小 0.02～0.03mm，如图 6.79 所示。

（2）用车床车出两根直径与工件上圆孔间隙配合、与辅助平板上圆孔过盈配合的定位芯轴，其长度能保证工件在辅助平板上径向定位即可，并在定位芯轴圆心各加工一个穿丝孔，如图 6.80 所示。

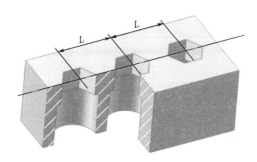

图 6.78　不通圆孔底部工件示意图

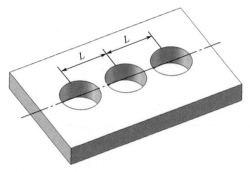

图 6.79　辅助平板

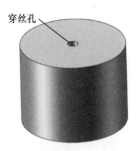

图 6.80　定位芯轴

（3）将定位芯轴安装到辅助平板上相距 $2L$ 的两个圆孔上，并用百分表找齐辅助平板位置后固定，用电极丝找到中间圆孔的中心位置，然后拆丝，将工件放置到定位芯轴上，用小磁铁固定工件与辅助平板，如图 6.81 所示，然后穿丝，分步加工三个正六边形孔。

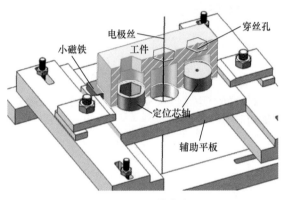

图 6.81　工件装夹

46. 以外圆柱面作为定位基准切割形孔

图 6.82 所示的台阶形工件，需要加工出正方形孔和外部圆上的两个燕尾槽。加工该工件时，以小端圆柱面为定位基准，具体做法如下。

（1）找一块平板，将其固定在工作台横梁上，在其上加工出一个圆孔，要求能与工件小端圆柱面间隙配合，并在两侧大于工件外圆的适当位置加工两个穿丝孔，如图 6.83 所示。

图 6.82　台阶形工件

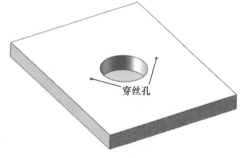

图 6.83　辅助平板

（2）固定好辅助平板，然后找到圆孔中心，锁住工作台。

（3）将工件小端面插入辅助平板的圆孔中，用小磁铁吸住工件。

（4）将电极丝穿入工件的穿丝孔，加工方形型腔，加工完毕拆下电极丝，然后工作台走坐标运动到左右穿丝孔，分别将电极丝穿入辅助平板上的穿丝孔，加工出两个燕尾槽，如图6.84所示。

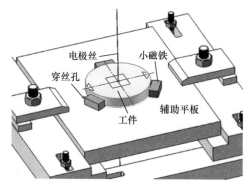

图 6.84　工件装夹

47. 以局部已加工完的特征作为定位基准切割异形孔

如图6.85所示，工件的半圆槽已经加工完毕，需要在其上另加工一个异形孔，并要求其与该半圆槽对中，加工步骤如下。

（1）先将工件装夹在横梁上，借助百分表调整，使半圆槽端面与工作台Y轴平行。

（2）找一块圆柱材料，其直径要大于半圆槽直径，长度要大于半圆槽长度，将其放置在半圆槽上，并使之一端悬空，如图6.86所示，一人戴绝缘手套按住该圆柱材料，另一人利用线切割机床自动找中心功能，控制电极丝分别触碰圆柱材料两边，以获得半圆槽轴线位置。

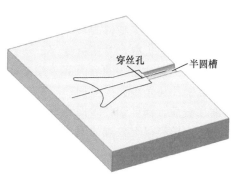

图 6.85　加工完半圆槽的工件

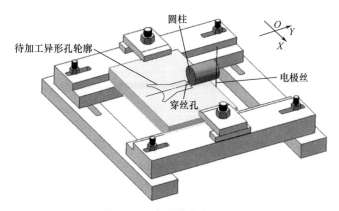

图 6.86　半圆槽找中示意图

（3）取下圆柱材料，用电极丝触碰半圆槽端面，并确定端面位置，之后工作台走坐标运动到穿丝孔位置，穿入电极丝，完成异形孔切割。

6.4　中走丝加工工艺

48. 多次切割预留段的处理方法

多次切割凸模时，会留一段预留段作为支撑段，最后用小的电参数将其切断。预留段通常安排在钳工容易修配或便于用磨削方法处理的直线段上，但对于预留段为非平面的工件，采用人工修配的方法比较困难，如果能继续采用多次切割的方法处理此预留段，则可大大提高生产效率与精度。

对于设置了预留段工件的多次切割，首先必须解决被加工件的导电问题。因为在切割加工时，若第一次切割即切下预留段，将导致被切割的凸模与母体分离，致使导电回路中断，无法继续进行修切加工，所以必须使工件预留段即使在多次切割的情况下，也能保持与母体正常导电。

实际加工中，采用在被切割凸模和母体间的切缝中塞铜片的方法，使铜片和缝隙壁紧密贴合，从而形成对凸模的定位和导电，具体做法如下。

（1）根据加工工件的尺寸把薄铜片（厚度根据电极丝直径和加工部位形状而定）剪成长条形，然后折叠，并使折叠部分一长一短，如图 6.87 所示。

（2）把铜片折叠的弯曲部分用小手锤锤平，并用什锦锉修成图 6.88 所示形状，不管是粘接铜片还是填充导电铜片，都应该把小铜片制成圆弧形，并且用金相砂纸打磨被锤过的铜片表面，保证铜片表面光滑，避免划伤已加工过的工件表面。

（3）把经以上处理的铜片塞到凸模与母体间的切缝中，然后在工件该部位的表面及侧面滴 502 胶。

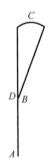

图 6.87　铜片被叠成的截面图

图 6.88　铜片被锤平的截面图

（4）如图 6.89 所示，将铜片 BC 段塞入切缝后把 AD 段掰平，避免铜片与上喷嘴产生干涉。加工完毕再将其掰直取出。用 502 胶粘接铜片时应远离工件预留段（如图 6.90 的 BACD 段），以免 502 胶渗到该段形成绝缘，并防止 502 胶渗到位于其下方导向器的穿丝孔里，造成穿丝孔堵塞。此外，粘接的铜片应对称分布，并保证塞紧，以避免工件发生偏移，影响加工精度。如图 6.90 所示，可以在 E、F、G 处塞入铜片并用 502 胶粘贴。

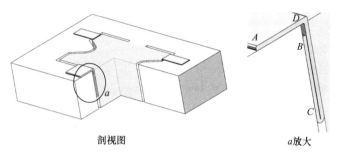

剖视图   a放大

图 6.89 加铜片后的工件示意图

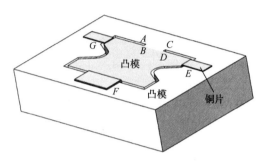

图 6.90 工件塞入铜片示意图

49. 硬质合金凸模中走丝加工特点

硬质合金由粉末冶金的方法生产，经过混料、压制及烧结工艺后，本身具有较大的内应力，线切割后变形会较严重。因此在多次切割时，可以考虑将电极丝偏移量补偿适当增大，并将常用的割一修二工艺改为割一修三工艺。当凸模外形规则时，可以将预留段部分设置在平面位置上，精修切割完毕，对预留段部分一次切割，再由钳工修磨平整。当外形不规则无法用钳工修磨的方法处理时，需要对预留段进行多次切割。预留段部分同样采用割一修三的方法切割。硬质合金中走丝切割过程示意如图 6.91 所示。

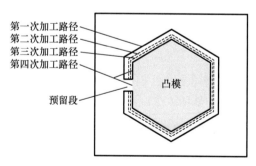

图 6.91 硬质合金中走丝切割过程示意图

具体的工艺过程如下。

（1）在毛坯的适当位置用电火花小孔高速加工机加工出 $\phi1.0\sim\phi2.0$mm 的穿丝孔，穿丝孔中心与凸模轮廓线间的引入线段长度选取 5~10mm。

（2）凸模的轮廓线与毛坯边缘的宽度应至少保证为毛坯厚度的 1/5。

（3）为方便后续切割，预留段应选择在尽量靠近工件毛坯的重心部位，宽度选取 3～5mm（取决于工件尺寸）。

（4）为补偿变形，将大部分残留变形量留在第一次主切阶段，将电极丝偏移量补偿从一般的 0.15～0.16mm 增大至 0.16～0.18mm，并采用割一修三的方法以减小变形量。

（5）外形四次切割完毕，用酒精将毛坯端面洗净，晾干。将磨平的金属薄片用 502 胶粘牢在毛坯及凸模主体上。再按原先四次切割的偏移量切割工件的预留段。

50. 多凹模、凸模中走丝切割加工效率提升方法

当线切割需要加工多个凹模时，可以合理使用系统中的跳步指令，简化加工过程，避免对毛坯多次打孔、穿丝、找正，提高加工效率。

具体操作步骤：整合凹模加工中相互独立的加工轨迹，对整合后的轨迹编程，以生成一个相对完整的加工轨迹和对应程序。图 6.92 为凹模零件加工型孔的跳步指令整合轨迹图，先在凹模外部加工穿丝孔 W，确定电极丝的零点位置，然后通过跳步操作整合加工轨迹。按照 W—K1—L1—M1—N—M2—L2—K2—W 的顺序跳步穿丝加工，最后回到零点，这样可以有效缩短机床空行程，而且便于编程，可以有效地防止编程和加工遗漏。

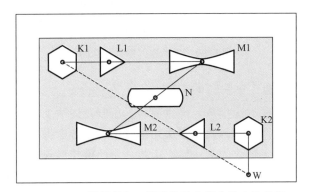

图 6.92　凹模零件加工型孔的跳步指令整合轨迹图

当需要线切割加工一系列凸模时，编程时可以将这些凸模形状设计在一个模板上，并保持相互连接，如图 6.93 所示，最后将这些凸模切割分开。这种方法尤其适用于多个小凸模长时间的连续切割。采用这种工艺方法合理地排位，既能节省材料又能减少切割变形。

电动机模具凸模加工就是上述多个凸模一起切割的典型例子，由于加工的数量众多，可以设计成一排连续凸模加工，如图 6.94 所示。

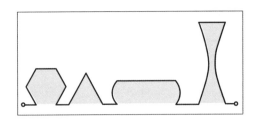

图 6.93　多个凸模一起切割示意图

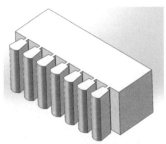

图 6.94　未切断的已成型凸模

51. 高厚度多次切割纵、横剖面尺寸差的控制

对于高厚度精密模具中走丝加工，目前难以解决的问题是多次切割时纵、横剖面尺寸差难以控制。当切割厚度超过100mm后，其纵、横剖面尺寸差将快速增大，如图6.95所示。因此加工这类模具（如粉末冶金凹模等）难度很大。

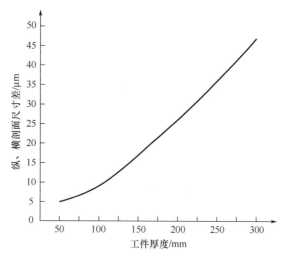

图6.95 多次切割工件高度与纵、横剖面尺寸差的关系

纵、横剖面尺寸差是由于半柔性的电极丝在多次切割时，受到放电爆炸力的推动，偏离理论位置，导致电极丝绕曲所致。

实际加工中，可以采用以下措施减小纵、横剖面尺寸差。

（1）选用粗丝、增大电极丝张力，并适当提高走丝速度进行修割加工，其目的在于提高电极丝刚性，以抵抗放电爆炸力对电极丝的外推作用，其中电极丝张力对减小纵、横剖面尺寸差的影响十分重要，在保障主切不断丝的前提下，尽可能增大电极丝张力。

（2）一次修切后，继续采用同一电规准，按一次修切的轨迹（理论修切量为0），反复修切多次，直至无连续均匀的放电。这样做的目的是尽可能减小一次修切形成的纵、横剖面尺寸差。

（3）后续修切采用较小的理论修切量（如5μm），并且每次修切后可以按上述步骤，在上次修切轨迹上反复修切多次，直至无连续均匀的放电，再减小修切量（如2μm），降低放电能量，然后重复上述步骤，如此往复，直至逼近最终尺寸。

（4）上述多次切割过程中，每次的进给速度应基本接近限速，如400μm/s；否则一旦理论修切量大或修切能量降低，电极丝就会停在某个区域持续放电，会在工件表面上留下沟槽。因此在切换最后一挡精规准之前，比较安全的做法是先使电极丝远离加工表面（设置负理论修切量），再步步逼近加工表面进行修切，同时观察修切的情况，直至重新进入正常的放电状态。

上述方法同样可以用在细长孔、细长凸模及特殊的细长零件的加工方面。

52. 大尺寸凸模的中走丝分段切割工艺

对于大尺寸凸模，在多次切割时，可以采用多穿丝孔逐段加工的方式减少工件的变

高速往复走丝电火花线切割

形，如图 6.96 所示。加工顺序为主切割①、②、③、④段，然后修切①、②、③、④段，再用涂抹 502 胶的连接片粘接已切割的凸模与基体，并在已经切割好的切缝内插入金属片导电；接着采取同样方法切割⑤、⑥、⑦、⑧段，并修切⑤、⑥、⑦、⑧段。在与原①、②、③、④段切割交接处（如轮廓外 P1、P5）应用圆弧光滑过渡，以避免切割出现接痕，并且注意防止机床线架碰撞连接片。

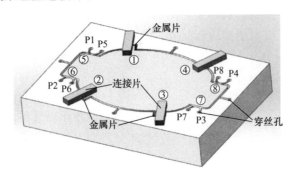

图 6.96　大尺寸凸模的分段切割工艺

53. 大尺寸精密冲裁凹模多次切割

对于大尺寸精密冲裁凹模的多次切割加工，由于其质量大，同时精度要求高，因此需要进行多段多次切割，以实现稳定切割，同时保证加工精度。

加工图 6.97 所示的大尺寸精密冲裁凹模可参考如下步骤。

（1）将凹模毛坯装夹在机床横梁上，装夹前在凹模轮廓位置附近加工出多个穿丝孔。

（2）分多段（A—B、B—C、C—D、D—E、E—F、F—A）完成加工，从 A—B 段开始逆时针进行，如图 6.98 所示，每段采用割一修二的方法多次切割。

（3）各段切割完毕，切断留下的多个预留支撑段，切割过程中可以采用精切割参数一次切割的方法，也可以采用多次切割的方法，采用多次切割方法时，需要在已经切割好的切缝内插入金属片导电，并用涂抹 502 胶的连接片粘接已切割的中间废料与外面凹模。

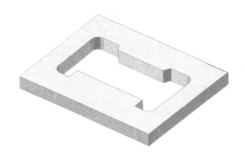

图 6.97　大尺寸精密冲裁凹模

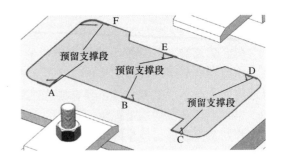

图 6.98　大尺寸精密冲裁凹模多段加工

54. 微小型腔无芯切割

精密模具加工中，经常会遇到微小型孔的切割。由于料芯较细小，第一，极易掉到下导向器喷水嘴中无法拾取，并有可能把电极丝憋弯，导致发生短路，使加工中断；第二，在切割时料芯易变形，造成短路，为后续的修切带来很大困难；第三，有时料芯会憋在型孔中，致使型孔切割精度下降，甚至由无法切割导致工件报废。因此在切割类似于手表机芯模具等小型孔时，经常采用无芯切割的方法来解决这个问题。无芯切割的最大特点是在切割时不产生料芯，在轮廓加工时可不设暂停点。无芯切割被广泛应用于电子、手表等模具生产中，极大地降低了切割的废品率。如图6.99（a）所示，需要切割一个$\phi 1.0mm$的孔，穿丝孔直径为$\phi 0.3mm$，电极丝直径为$\phi 0.18mm$，如果按常规切割，该孔圆度很难保证。

分析其原因，主要是即使在很理想的情况下，穿丝孔直径为$\phi 0.3mm$，电极丝直径为$\phi 0.18mm$，加上双边放电间隙为$2 \times 0.01mm$，因此应该还有0.15mm壁厚的废料，但因为穿丝孔的直径无法保障，穿丝孔的垂直度也不可能很高，另外穿丝后电极丝也不可能完全在中心，这样切割后肯定不可能形成一个完整的0.15mm壁厚的废料圈，往往会形成很多碎片，这样一方面会造成孔壁放电的不均匀，另一方面孔内的碎片可能会将电极丝憋弯，导致切割小孔的圆度很难保障。对于这种情况，只能采用无芯切割的方法，一般采用逐步扩孔切割的方法。无芯切割轨迹图如图6.99（b）所示。

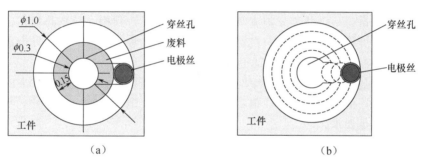

图6.99　无芯切割轨迹图

55. 微细零件的电火花线切割

微细零件的电火花线切割一般采用直径$\phi 0.1mm$以内的细丝，而且用较低的电规准加工，与常规切割相比有一定差异，切割前必须严格调整好走丝系统的状态。而在工艺方面，由于微细零件依靠后期人工修切十分困难，因此必须考虑好如何处理断口，以获得连续无缺陷的轮廓，并且一定要控制好材料的变形。

图6.100（a）所示为集成电路引线框架模具中的硬质合金凸模，该凸模高19mm、长40mm，前端最窄处仅为0.25mm，是一个细长的薄壁件。该凸模刚性极弱，精度要求高，线切割加工要求刃口上不得留有不连续的缺陷。

对于这种细长薄壁件，在加工中不可避免地会出现材料变形，要保证加工精度非常困难，尤其是凸模前端尺寸精度采用传统工艺根本无法达到，因此必须采用新的工艺措施，具体方法如下。

（1）在坯料上先加工两个穿丝孔A、B，如图6.100（b）所示。

（2）编制两个独立的切割程序，分别对左侧A—C，右侧B—D多次切割，如图6.100（b）所示。

（3）完成左、右两侧的切割后，用连接片粘接凸模的保留部分，如图6.100（c）所示，粘接必须在上、下两个面上进行，在粘接过程中还需要在切缝中嵌入弹性导电铜片，以保证凸模切断后导电良好，顺利实施对断口的多次放电修切，然后对凸模根部圆角及前端进行多次切割。

（4）切割完毕，将凸模、连接片与坯料一起卸下，轻击连接片使其脱离坯料，再用溶剂浸泡去除凸模上的胶，最后获得完整的凸模。

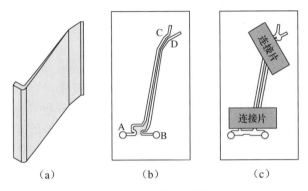

(a)   (b)   (c)

图 6.100　集成电路引线框架凸模的典型加工工艺

该方法的核心是将一个凸模分割成两个凹模进行加工，利用坯料本身拉住凸模使其不会变成悬臂梁，减少了模具的变形，在切断前，通过连接片和嵌入的弹性导电铜片固定住凸模，再进行切断和断口的多次切割，也限制了凸模的变形。

当凸模被完整加工好后，在材料内应力的作用下，凸模应仍会产生微小的挠曲。然而，在最终应用时，由于凸模的刚性很弱，受到卸料板上型孔的约束和引导，自然会被校正到理想状态并满足要求。

56. 精密齿轮型孔及无接痕齿轮电火花线切割加工

采用电火花线切割加工中、小模数直齿轮型孔及齿轮，是目前常用的加工方法，除了能获得较高的加工精度外，还可根据齿轮的材料和成形结果快捷地修改型孔的收缩率、模数、压力角及变位系数，这是其他工艺方法无法比拟的。在线切割加工工艺方面，齿轮型孔与通常的凹模加工方法是一致的。编程时将给定参数输入计算机，自动计算出渐开线齿轮的一个齿形，再将该齿形作为一个子程序，然后通过子程序的旋转和复制形成主程序，穿丝孔为圆的中心，此点也是程序的起始点，如图 6.101 所示。暂停段可以留一到两个齿，作为中走丝修切的预留段。

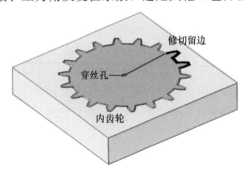

图 6.101　齿轮型孔切割示意图

线切割加工精密外齿轮或齿轮凸模，尤其是采用多次切割时，需要采取相应的工艺措施，减少材料变形，保证切割精度。加工中需要注意：①减少材料变形；②减小多齿加工时的积累误差。

外齿轮的多次切割需要先根据齿轮齿顶圆直径确定穿丝孔数量及预留支撑齿的齿数，一般齿轮较小时可以采用一个穿丝孔，单边预留一个或多个齿作为预留支撑齿；当齿轮较大时需要加工两个及两个以上穿丝孔，并在对边预留支撑齿，预留支撑齿的齿数可以视齿轮的尺寸、工件厚度及质量而定。

切割较大外齿轮（29个齿）时，可以加工两个穿丝孔，每边留下三个齿作为预留支撑齿。分别在左边和右边顺序调用切割程序，循环进行多次切割，完成左边和右边的齿形加工，如图6.102（a）所示，在上下两个端面使用连接片将已切割部分与基体粘接在一起，并在切缝里塞入弹性导电铜片，然后分别对预留支撑齿进行多次切割，如图6.102（b）所示，最后取下工件清除胶渍，获得完整的外齿轮。

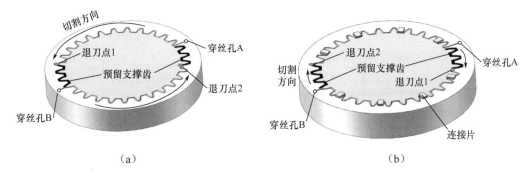

（a）　　　　　　　　　　　　　　（b）

图6.102　较大外齿轮切割示意图

6.5　线切割工作液、电极丝、导轮及导向器

57. 切割工件表面色泽变暗的原因及切割表面条纹的消除

每种线切割工作液都需要按照一定的比例加水稀释，才能用于加工。常用的水有纯净水、自来水或井水，而自来水由于地区差异，有的来自江河水，有的采自地下水。用硬度较大的地下水或井水稀释工作液可能会导致工作液分层。

在某些地区（特别是北方地区），由于地下水含有较多Na^+、Ca^{2+}、Cl^-等离子，稀释工作液后也就改变了工作液的组分，因此切割后有可能使工件表面色泽发暗、发黑，并且切割速度和表面质量明显降低。一旦出现类似的情况，就应该首先尝试用软水配制工作液，最简单的方法就是采用桶装纯净水配置。对于切割要求不高，地处江河流域的地区，一般选用自来水配制工作液即可，而对于切割要求较高的中走丝加工，建议采用桶装纯净水配制。

高速走丝切割表面条纹主要分为机械纹和黑白交叉的烧伤条纹。机械纹只能依靠调整走丝系统的稳定性（如控制导轮、轴承的跳动，采用张力装置及导向器等措施，提高电极丝空间定位精度并控制换向引起的电极丝位置变化）来消除。黑白交叉的烧伤条纹是由切缝内冷却状态不均匀导致工件表面烧伤所产生的。因此凡是可以改善切缝内冷却状态的措施都可以减少黑白交叉的烧伤条纹，而最根本的解决方法就是选用洗涤性良好的工作液，当然也可以通过以下措施加以改善。

（1）增大工作液的浓度来提高洗涤性。

（2）增大脉冲间隔使工作液尽量多地被带入。

（3）适当增大脉冲宽度，以增大放电间隙，调整好跟踪等。

（4）添加洗涤性物质，如洗洁精等。

如果需要进一步提高切割表面的色泽，使工件切割表面更加光亮、均匀，切割材料最好选用 Cr12，同时增大工作液的浓度，如可以采用 JR3A 乳化膏按 1：20 配比（正常配比浓度是 1：40）。

58. 线切割工作液优劣的加工指标判断

线切割工作液性价比是选择工作液最主要的衡量标准，工作液对切割工艺指标有着至关重要的影响，一般可以通过以下几个方面初步判断工作液性能。

（1）加工时在工件的出丝口会有较多蚀除产物（黑墨）被电极丝带出，甚至有气泡产生，说明工作液对切缝的清洗性能良好，冷却均匀、充分。

（2）在 4～5A 电流下切割，切割完毕工件可以缓慢滑落，用煤油清洗后工件表面色泽均匀、银白，对于厚度在 100mm 以内的工件，单位电流的切割效率为 25～30（mm^2/min）/A，如加工电流为 3A 时，切割速度应该可以达到 75～80mm^2/min，并且可以用较小的占空比（如 1：5）对较大厚度（200～300mm）的工件稳定切割。

（3）在 6～7A 电流下切割（切割厚度为 50～60mm，脉冲宽度为 50μs，占空比为 1：4），可以进行长期稳定切割，切割完毕可以轻松取出工件，表面基本没有烧伤、积炭痕迹，说明工作液可以承受较大的切割电流，此时切割速度应该为 9000～10000mm^2/h（150～167mm^2/min）。往往这种工作液配比增大后，还可以继续增大切割电流。

（4）在切割条件（3）下，电极丝一丝直径损耗（新丝 φ0.18mm 损耗至 φ0.17mm）切割的面积应该大于 10^5 mm^2。由于电极丝一丝直径损耗指标不能即刻获得，因此往往是操作者容易忽略的重要指标，电极丝一丝直径损耗过高将造成切割大零件尺寸超差，断丝后接刀痕明显，后续断丝频率增大等一系列问题，因此必须引起足够重视。

（5）电极丝使用寿命长，好的工作液，电极丝可以从 φ0.18mm 一直使用至 φ0.12mm 甚至更细，仍然可以承受 4A 左右的切割电流。

59. 线切割工作液使用寿命的判断

工作液的种类很多，因此以往惯用的按工作液颜色是否变黑或手感黏度是不能作为工作液使用寿命的判断依据的，变黑的工作液并不一定就到了使用寿命，不同种类的工作液其黏度也不同。因此需要将实际切割速度的变化作为判定工作液使用寿命的主要依据，一般切割速度较起始速度降低了 20% 则判断工作液失效，需要考虑更换工作液。在某些工况下，虽然切割速度没有明显降低，但频繁断丝，也说明工作液出现了问题，需要更换。更换工作液，原则上应当全部更换，尤其是复合型工作液更应如此，当然在切割要求不高的情况下，也可以通过不断补充原液和水的方法继续使用工作液。但这样会缩短工作液的使用寿命，并且切割工件表面色泽会逐渐变暗。

60. 线切割工作液特殊要求的调配及消泡处理

线切割加工中采用的复合型工作液在一般情况下，应按使用说明配制，但在一些特殊需求的情况下，可以对工作液进行调配。

（1）配比浓度增大。复合型工作液配比浓度增大时，电极丝放电切割所承受的加工电流也会相应增大，如采用佳润 JR1A 进行 6A 以内的切割，一般配比可以在 1：15 左右，当需要 8A 以上高效切割时，配比可以增大到 1：5，如果切割电流继续增大，配比甚至可以增大至 1：3；此外配比浓度增大后，相应的电极丝直径损耗会有所降低。

（2）工作液的混配。为了对某些易生锈的金属或有色金属进行保护，可以采用复合型工作液（如JR1A）与油基型工作液（如DX-1）混配的方式，常用的比例为取8~9份按正常比例配制好的复合型工作液，取1~2份按正常比例配制好的油基型工作液，然后将两者混合，以兼顾两者的特点。

（3）电导率及pH的调配。可以采用增大稀释比例、混配油基型工作液等方式对工作液的电导率及pH进行调整，以适合一些特殊金属加工的需求。

（4）使用时间调整。正常的JR1A工作液一般使用两周左右更换一次（按45L计），但在切割某些特殊金属时，如果发现切割开始不稳定，断丝概率提高，则首先考虑更换工作液，比如切割某些牌号的高厚度不锈钢材料时，甚至需要2~3天更换一次工作液。

（5）工件表面的防护。对于一些特殊的有色金属，由于其化学性质活泼，易与工作液发生化学反应，因此可以在切割前，用毛刷在工件表面刷一层黄油进行防护，然后进行正常切割。

（6）切割表面色泽的提高。工件切割表面要做到更加光亮、均匀，切割材料最好选用Cr12，同时可以通过增大工作液的浓度进行改善。

（7）工作液泡沫的简单处理。不同区域水质不同，导致切割后工作液可能会产生泡沫，此时最简单的方法是取几滴煤油滴在工作液表面，可以在一定时间内消除工作液表面的泡沫。

61. 线切割工作液性能最佳体现时间规律

大多数新配制的工作液，起始时其切割速度并不是最高的，不同种类工作液切割速度变化趋势如图6.103所示，复合型工作液经过10^5 mm^{2}的切割后，切割速度达到最高，持续一段较长时间后，切割速度逐步降低，直至失效。而油基型工作液起始和最佳工作点差异则更加明显。其主要原因在于，油基型工作液由于自身绝缘性较强，因此介质中蚀除产物的存在有助于形成放电通道，提高放电概率，但复合型工作液由于自身导电性较强，蚀除产物的增加在一定程度上反而易引起不正常的二次放电。故定期更换油基型工作液时，有经验的师傅往往会保留一部分旧工作液进行混配，以使新配制的油基型工作液尽快达到最佳工作点，但更换复合型工作液时要求全部更换，以保障使用寿命。

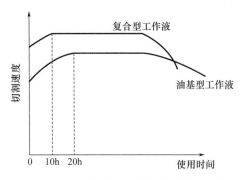

图6.103　不同种类工作液切割速度变化趋势

62. 线切割高压水箱和纸质滤芯的正确使用

中走丝机普遍使用高压水箱进行工作液过滤，因此正确使用及维护高压水箱十分重要。电火花线切割蚀除颗粒基本为球形，但由于复合型工作液中有一定的油性组分，会使蚀除颗粒团聚。为尽可能减少团聚的蚀除产物进入纸质滤芯，减轻纸质滤芯的负担，延长纸质滤芯的使用寿命，建议在工作台面及水箱底面加装永磁磁性垫，以粗过滤工作液中较大的蚀除产物。

大部分线切割蚀除产物直径在 $\phi5\sim\phi10\mu m$，因此一般选择网格密度 $10\mu m$ 以下的纸质滤芯，以满足常规要求。过滤网格越小，过滤精度越高，但纸质滤芯的使用寿命会相应缩短。

切割特殊材料（如黄铜、铝材等有色金属）会缩短纸质滤芯的使用寿命。

清洗机床时，需要将机床工作台面蚀除产物直接铲除，不要使蚀除产物回到水箱而增加纸质滤芯的负担，以延长纸质滤芯的使用寿命。

配制好的工作液须先充分搅拌 $10\sim30min$ 后再使用（不经过纸质滤芯），以使工作液中的某些油性组分充分乳化，减轻纸质滤芯的负担。

刚刚更换的纸质滤芯可以在水中充分浸泡 2h 再后进行过滤切割，以延长纸质滤芯的使用寿命。

正常使用时，需要每周定期清理纸质滤芯，基本上要一个月更换一次纸质滤芯，并清理一次水箱。需要经常检查液面高度，如果水泵开启一段时间还没有上水，应检查纸质滤芯是否堵塞，一般水箱都有泄压阀，为安全起见不能关闭此阀，否则一旦纸质滤芯堵塞，就很容易造成水泵烧毁。

63. 鉴别电极丝（钼丝）质量的主要方法

电极丝是电火花线切割加工中的"刀具"，其质量直接影响切割的稳定性及切割的工艺效果，普通用户很难鉴别电极丝质量，因此选择正规厂家的电极丝是首要的，也可以通过以下方法对电极丝质量进行简单鉴别。

（1）看外观，质量好的电极丝，表面呈黑亮色，均匀一致；质量较差的电极丝，表面颜色灰白不均，严重的呈蓝色、褐色等氧化色。

（2）用手摸，质量好的电极丝光滑顺畅，弯折多次不开裂；质量差的电极丝起伏不平，有弯曲感觉，弯折几次就会断裂。

（3）量直径，使用千分尺连续测量电极丝多点直径，质量好的电极丝偏差小、直径均匀；质量差的电极丝偏差大，甚至粗细不均，有椭圆、缩丝现象。

（4）测直线性，从线轴上放出一段电极丝，质量好的电极丝无反圈、乱圈现象，曲环丝圈直径大；质量差的电极丝应力不好，有反圈、乱圈现象，曲环丝圈直径小且呈现小弹簧状。

（5）专业检测，如使用拉力试验机检测抗拉强度、用显微镜检查金相组织、以涡流探伤仪检测裂纹、通过化学分析检测杂质元素含量等方法来判定电极丝质量。

（6）上机切割，这是最终检测方法，好的电极丝能承受大电流切割，单位电流的切割速度高，电极丝直径损耗低，断丝概率低。

64. 如何提高电极丝使用寿命、降低电极丝直径损耗

高速往复走丝电火花线切割电极丝的正确使用对提高电极丝利用率、延长使用寿命有积极的作用，具体措施如下。

（1）上丝时，尽可能在贮丝筒上满电极丝，一方面缩短换向时间，另一方面即使出现

断丝，断丝的两边仍然能继续使用，或可以拆除少的一边，然后继续使用。

（2）需要仔细控制贮丝筒两端不用的电极丝缠绕长度，一般缠绕10圈左右就足够了，以充分利用贮丝筒上的电极丝。

（3）使用新电极丝后开始时用小脉冲宽度（如10～20μs）、小能量（如2～3A）切割一段时间，使拉制的电极丝内应力得以释放，一般电极丝表面呈银白色后就可以开始增大放电能量。

（4）选用好的工作液。如佳润系列工作液可以在电极丝表面形成一层保护膜，以降低电极丝直径损耗，同时良好的洗涤、冷却性能可以大大延长电极丝的使用寿命。

（5）电极丝刚从外部切入工件时要适当调低加工能量（平均电流小于3A），待电极丝全部切入切缝看不到侧面火花后，再逐步提高放电能量。

（6）尽量减少$-X$方向切割。$-X$方向切割断丝概率较高，如果实在避免不了，在切割$-X$方向时可以适当降低放电能量，减少断丝的发生。

（7）切割时一定要保证上、下水嘴喷出的工作液包裹住电极丝，并能随电极丝带入切缝，保证电极丝获得稳定充足的冷却。

（8）每次快切割完工件时，应用磁铁或人工方法支撑住工件，防止工件滑落砸断电极丝。

（9）每次停机时，必须使贮丝筒停在换向位置，这样即使有误操作碰断电极丝，只要去除缠绕在贮丝筒头部的电极丝，就可继续使用。

（10）避免机械损伤电极丝。定期检查走丝系统，尤其注意观察导电块是否被电极丝拉出沟槽，一旦发现沟槽深度较大，必须改变导电块位置，避免沟槽将电极丝拉断。

（11）定期用煤油刷洗导轮、导电块及贮丝筒两端挡环，保持机床工作台的绝缘性，以保障电极丝进电可靠及与工件的绝缘性，提高加工稳定性，避免电极丝产生"花丝"问题。

（12）在切割一些易粘连在电极丝表面的材料时，应定期用煤油涮洗贮丝筒上的电极丝，减少材料粘连，提高加工稳定性，延长电极丝使用寿命。

电极丝直径损耗的影响因素很多，主要有脉冲电源波形、脉冲参数、电极丝材质、工件材质及工作液性能等。一般而言，脉冲放电电流的上升速率越大，电极丝的直径损耗越大；相同平均加工电流条件下，小脉冲宽度加工会使电极丝的直径损耗增大，因此为降低电极丝的直径损耗，相同能量条件下，增大脉冲宽度是一种有效方法；随着对加工机理研究的深入，研究发现工作液对电极丝的直径损耗起着举足轻重的作用，甚至要远远大于脉冲电源的影响，并且根据电极丝保护机理，已经研制出能主动对电极丝形成保护膜的超低损耗线切割工作液。

实际加工中，对于电极丝直径损耗的衡量是直接测量贮丝筒上左、中、右三个位置X、Y方向的电极丝直径，取其平均值。

65. 导轮使用寿命的提高

导轮分为金属导轮和非金属导轮两类。导轮对电极丝的定位作用主要依靠V形定位槽进行，因此一旦V形定位槽磨损到一定程度，就将失去对电极丝的定位作用。

一般认为导轮V形定位槽的磨损主要是由电极丝与槽表面产生的滚动摩擦形成的，因此提高导轮V形定位槽表面的硬度是延长导轮使用寿命的关键。但事实上由于电极丝与导

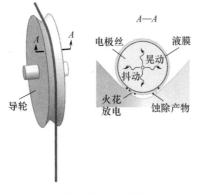

图 6.104　导轮 V 形定位槽微弱放电电蚀

轮 V 形定位槽接触面间存在蚀除产物、工作液等介质，而且导轮在高速旋转时，电极丝在导轮 V 形定位槽内也会产生微弱的抖动及晃动，放电加工时会偶尔在局部微小区域产生人们无法察觉的微弱放电电蚀现象，如图 6.104 所示，会对 V 形定位槽表面形成电蚀磨损。一旦产生微弱放电电蚀，即使硬度再高的导轮表面也会产生电蚀磨损，这也是电火花线切割精密加工时需要采用导向器对电极丝进行定位的原因所在。

为减少电蚀磨损的影响，延长导轮的使用寿命，可以采取以下措施。

（1）对于金属导轮而言需定期用煤油刷洗导轮 V 形定位槽及导轮周边，以减少电极丝和导轮间存在的介质，使电极丝和导轮接触良好，尽可能减少电极丝和导轮间可能形成的微弱放电电蚀，并且控制好电极丝张力，减少电极丝在导轮 V 形定位槽内的抖动及晃动。

（2）选用绝缘导轮，从根本上消除电极丝和导轮 V 形定位槽间产生微弱放电电蚀的可能性，比如选用氧化锆导轮，目前试验数据表明，氧化锆导轮的使用寿命是金属导轮的 3 倍以上。

使用绝缘导轮，一方面是其材料的硬度高于金属，另一方面（也是更重要的）是减少了电极丝与导轮 V 形定位槽的微弱放电电蚀。

66. 圆形导向器（眼模）使用寿命的提高

由于电极丝圆形导向器（俗称眼模）可以对电极丝进行全方位限位，对电极丝的空间位置稳定性起着至关重要的作用，因此是目前市面上普遍使用导向器。圆形导向器一般采用聚晶金刚石制成，其定位孔直径比电极丝直径大 0.012~0.015mm。

要延长圆形导向器的使用寿命，需要注意以下几点。

（1）导向器定位孔的材质及厚度。目前导向器定位孔采用的材料有天然金刚石、聚晶金刚石、复合陶瓷材料等，并且厚度不同，从材质而言最好的是天然金刚石，其次是聚晶金刚石，材质厚度一般为 2~4mm，但由于小孔加工有一定难度，因此实际等径高度也只有 0.5~0.8mm，但一般而言厚度大，使用寿命长。

（2）导向器定位孔直径的选择。导向器定位孔直径一般比电极丝直径大 0.012~0.015mm，但由于安装原因，电极丝不可能完全垂直通过导向器定位孔，而且目前厂家的电极丝并非完全是标准的 ϕ0.18mm，而是普遍略大，并且电极丝使用初始阶段直径还会略有增大，因此如果导向器定位孔直径略大（如比电极丝直径大 0.02mm），其使用寿命会适当延长，并且对电极丝的磨损也会相对降低，电极丝使用寿命也会相对延长，当然对电极丝的导向作用略有降低，因此对于一般切割而言，可以考虑选择定位孔直径略大的导向器。

（3）安装导向器时要尽可能保证上、下主导轮间的电极丝垂直通过定位孔，即电极丝尽可能"正好"穿过导向器，否则不仅会加剧导向器的磨损，而且会直接影响切割时电极丝的空间位置。安装导向器时要注意安装基准面的平整与清洁，并通过基础固定板上的内六角紧固螺栓微调，上、下导向器安装无先后，但一般为了安装方便，建议先从比较难调整的上导向器开始。

（4）使用导向器时，要经常检查有无异常。检查时可用手轻触导向器安装板，确保各方向无晃动，使用中尽量避免加工锥度工件，如遇较大锥度切割情况，需要拆下导向器，换上普通喷水板，否则会严重影响导向器使用寿命。导向器穿丝时，用剪刀呈斜线将电极丝端部剪去一截，然后用细砂纸包裹住电极丝头部，捏紧后沿电极丝圆周在几个方向拉磨几次，可保证电极丝有较高的穿过率。

（5）聚晶金刚石具有十分微弱放电导电性，在对电极丝导向时，某些条件下有可能会产生微弱放电电蚀现象，如图 6.105 所示，致使磨损增加，使用寿命缩短。因此为延长导向器的使用寿命，一方面需采取绝缘措施，减小电极丝和聚晶金刚石导向器定位孔间产生微弱放电电蚀的可能性，简单的方法是使用绝缘的基础座，保证聚晶金刚石导向器与线架相互绝缘，当然最好的方法还是采用绝缘的天然金刚石制成导向器定位孔；另一方面在加工中要注意及时清理在导向器中的放电产物。

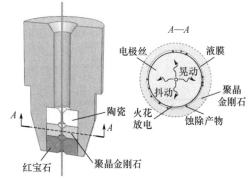

图 6.105　导向器微弱放电电蚀

（6）导向器使用的一些特殊情况。切割有色金属，尤其是切割铝合金时，最好不用导向器，因为镀覆在电极丝上的 Al_2O_3 具有很高的硬度，会使导向器快速磨损；当电极丝损耗较大后（如损耗到 $\phi0.16mm$），由于晃动量增大，最好更换电极丝；当导向器处于不用状态时，要将一段电极丝插在导向器孔中，以方便下次穿丝。

6.6　特殊材料线切割加工

认识、掌握特殊材料的组分及特性并结合电火花线切割加工的特点是对特殊材料采取合适加工对策的重要依据及指导思想，这对获得高效稳定的加工状态、提高切割速度起着决定性作用。

切割电导率较低的特殊材料（如本身含有氧化铝、氧化硅等的导电陶瓷材料，单晶硅、聚晶金刚石等晶体材料，以及磁性材料等），首先，应把脉冲电压幅值提高到120～150V，甚至200V以上，这对提高加工稳定性和减少短路是很有效的；其次，要提高取样电压并降低跟踪速度，宁可跟踪速度低一些，也不要出现过冲而导致电极丝被顶弯，而且跟踪速度降低，可以使得极间间隙增大，提高排屑能力；最后，需要选用洗涤性良好的工作液。

67. 铝合金电火花线切割常见问题与解决方法

铝合金与铁基合金相比具有熔点及沸点低、导电性和导热性好、密度小等特点，使得高速往复走丝电火花线切割铝合金的加工与铁基合金的加工存在较大差异，虽然其单位电流的切割速度通常是铁基合金的1.5倍以上，但由于铝合金电火花线切割存在一些明显的问题，导致在切割时并不能使用较大的能量加工，因此影响了铝合金的绝对切割速度。铝合金切割过程中体现出的特殊性如下。

① 由于铝合金熔点低，同等放电能量下加工蚀除量大，从而使放电间隙增大，致使部分脉冲不能及时击穿极间的液体介质，因此降低了脉冲的利用率。

② 蚀除产物（即 Al_2O_3）易黏附在电极丝上。由于 Al_2O_3 相当坚硬，其附着于电极丝表面后随电极丝的高速运行将使走丝系统中的定位导轮及导电块等严重磨损，使加工不稳定。

③ 随着加工时间的延续，电极丝上黏附的 Al_2O_3 增加，而 Al_2O_3 的导电性能极差，会造成附着 Al_2O_3 的电极丝与导电块间时有火花产生，这将大大影响极间放电稳定性。

④ 由于蚀除量大，蚀除产物多，因此工作液进入切缝及排屑均比较困难，极间电极丝因得不到及时、充分冷却，在切割大厚度工件时十分容易断丝。

对于铝合金材料的切割，应从以下方面采取措施。

（1）选择合适的放电参数。

① 脉冲宽度的选择：研究发现当脉冲宽度增大到一定程度（如脉冲宽度大于 $20\mu s$）后，较大颗粒的蚀除产物易聚集在切缝内，阻碍极间的正常冷却，导致极间状态恶化，并且随着脉冲宽度的增大，恶化进一步加剧。因此脉冲宽度的增大虽然增加了单个脉冲能量，但并没有起到有效蚀除作用。由于放电加工的峰值电流较低，脉冲宽度的增大更容易形成熔化蚀除，不仅使得切割表面质量降低，而且会形成较大的 Al_2O_3 液滴，并在电场力及放电爆炸力的作用下镀覆在电极丝表面，随着电极丝的高速走丝，导电块和导轮很快磨损。因此切割铝合金宜选用较小的脉冲宽度及较高的峰值电流，以利于形成气化蚀除，这样形成的蚀除颗粒较小，易于排屑并能减少在电极丝上的镀覆现象。

② 脉冲间隔的选择：在选择较小脉冲宽度切割的前提下，铝合金切割与脉冲间隔基本没有关系。由于此时蚀除颗粒比较细小，而且高峰值电流及小脉冲宽度利于形成以气化为主的蚀除形式，加上铝合金切割放电间隙较宽，因此极间小颗粒蚀除产物比较容易被工作液带走，从而保持极间处于比较良好的状态，即使在小占空比的条件下，切割速度仍随着单位时间投入能量的增加呈现递增趋势。同时因为小脉冲宽度能产生良好的极性效应及蚀除产物的微粒化，一方面蚀除产物在电极丝上的镀覆现象比较微弱，另一方面即使产生镀覆，黏结的颗粒也比较微小，所以对于导电块和导轮的磨损将大大降低。

③ 峰值电流的选择：在选择较小脉冲宽度切割的前提下，峰值电流的提高对表面粗糙度和切割速度的改变都呈现正比增加趋势，因此降低峰值电流可以获得较好的切割表面质量，而若希望获得更高的切割速度，提高峰值电流将是十分有效的方法。

（2）进电方式的选择及加工注意事项。

切割铝合金，进电方式是十分重要的。目前，传统的导电块进电方式选择小脉冲宽度及高峰值电流，虽然可以大大减少蚀除产物在电极丝上的镀覆，从而延长导电块的使用寿命，但仍需要注意以下几点。

① 在切割加工中仍然需要定期调整导电块与电极丝的接触位置，防止电极丝卡在导电块里被夹断，通常每切割一个班次（8h）后，需要调整或旋转一次导电块位置，以减小断丝概率。

② 为降低铝合金切割后形成的 Al_2O_3 对走丝系统的磨损，长期切割铝合金的机床可以采用宝石导轮或氧化锆导轮代替钢导轮以延长导轮的使用寿命。

③ 为尽可能减少 Al_2O_3 在电极丝上的镀覆，应定期用煤油清洗贮丝筒上的电极丝，并

经常更换含铝合金蚀除产物的工作液。

当然切割铝合金时进电方式最好还是选择导轮进电模式，得益于电极丝和导轮的滚动方式，以及电极丝可以在导轮处获得 1/4 的接触包角，加工稳定性将大大提高。以往采用的贮丝筒进电结构有两种，一种是用石墨电刷直接顶在贮丝筒表面实现进电；另一种如图 6.106 所示，借助贮丝筒中心轴一端的石墨电刷实现进电。两种结构中脉冲电源负极与石墨电刷相接，由弹簧保证石墨电刷与贮丝筒表面或轴端紧密接触。贮丝筒进电结构虽然避免了电极丝与导电块的磨损问题，但由于电极丝上镀覆了一层不导电的 Al_2O_3，其导电性能已经大大降低，而从贮丝筒进电点至放电加工区域的电极丝路径很长，如图 6.107 所示，会消耗掉较大的脉冲电源能量，而这部分能量将全部转换为电极丝的焦耳热，对于加工没有任何益处。

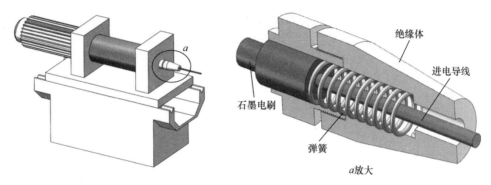

图 6.106　贮丝筒进电结构

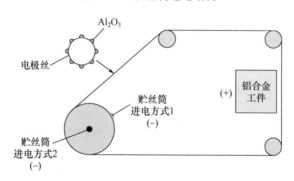

图 6.107　电极丝镀覆 Al_2O_3 及贮丝筒进电示意图

（3）铝合金零件切割轨迹畸变的问题。

切割铝合金零件时偶尔会遇到原因不明的切割轨迹畸变，通常这类情况是由切割过程中出现短路引起的。通常情况下线切割加工一旦出现短路，机床工作台就会即刻停止进给，然后短路回退，但在切割铝合金时，有时在加工区域出现短路后，放电点将由加工区转移至进电点处，通过电极丝—Al_2O_3—导电块形成火花放电，虽然这种转换并不是一种必然或稳定的转换，但一旦有转换状态出现，控制器就会继续运算，机床则继续进给，导致出现加工轨迹异常现象，甚至工件报废。图 6.108 所示的铝合金齿轮，前两个齿轮在加工过程中均出现了加工轨迹畸变，致使工件报废。

因此对于铝合金零件，尤其是易产生短路的复杂零件的切割，应尽可能优化工艺参数，先选择合适的放电参数，然后设置的进给速度可以适当降低，遵循"宁慢勿快"的原

图 6.108　铝合金齿轮加工情况

则，以降低加工中出现短路的可能性。

（4）高厚度铝合金工件切割的注意问题。

切割高厚度（≥300mm）铝合金工件时，经常会发生电极丝被工件顶弯，但极间并未产生放电切割的情况，如图 6.109 所示，出现此种情况的主要原因如下。

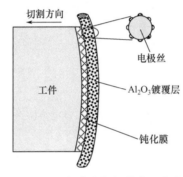

图 6.109　铝合金极间状态示意图

① 切割较长时间后，电极丝表面镀覆了一层不导电 Al_2O_3，由于极间电极丝较长，电阻大，因此极间取样电压信号表征为空载状态。

② 由于工作液具有一定的导电性，当极间跟踪不稳定，尤其是存在较高比例的空载波并在此条件下维持一段时间后，会在铝合金工件表面形成一层不导电的钝化膜，这也会使得极间取样电压信号表征为空载状态。

在上述两种因素的综合作用下，即使极间实际已经处于短路状态，系统的取样电路也会误判极间处于空载的开路状态，从而使电极丝不断进给，最终导致电极丝被顶弯，甚至被顶断。

因此在切割高厚度铝合金工件时，一定要注意极间的状态及电极丝状态，尽可能减少电极丝表面的 Al_2O_3 镀覆，同时为减少工件切缝中钝化膜的形成，可以适当降低工作液的浓度，以降低其电导率，甚至可以改用纯水加工。但最根本的解决方法是将检测到的放电概率作为进给依据，因为此时的铝合金及电极丝已经具有半导体性质，一般金属切割的伺服跟踪方式已经不适合了。

（5）铝合金切割完毕机床的维护。

凡是切割过铝合金或含有较高铝元素组分金属的机床，在切割黑色金属前必须进行彻底维护，否则切割效率会降低 20%～30%，其根本原因在于电极丝上已经镀覆了一

层 Al_2O_3，其会阻碍脉冲电源对放电极间的能量输入，并且工作液中的 Al_2O_3 会导致加工不稳定、切割速度降低等一系列问题，这一现象俗称铝中毒，因此铝合金切割完毕，需要彻底清洗工作液系统，用煤油刷洗导轮、导电块、贮丝筒等走丝系统部件，更换电极丝，并用新的比较稀的工作液切割 0.5h，然后清洗一次机床，再次更换工作液后才能正常加工。

68. 聚晶金刚石复合片电火花线切割

聚晶金刚石复合片（polycrystalline diamond compact，PDC）是一种新型的超硬材料，是人造最硬的物质。聚晶金刚石由晶级经过精选的人造金刚石晶体加上各种添加剂，在高温、高压条件下烧结在硬质合金基体上制备而成，因此它是一种取向紊乱、金刚石晶体交错生长的聚晶块。聚晶金刚石复合片以其极高的硬度与耐磨性及良好的焊接性广泛应用于切削加工、地质钻探、石材加工、电线电缆和拉丝模具等领域的工具制备方面。航空业与汽车业新材料（如硅铝合金）的不断开发又为聚晶金刚石复合片刀具的应用提供了广阔的市场空间。目前，商品化的聚晶金刚石复合片直径一般为 $\phi 50 \sim \phi 70mm$，为了将聚晶金刚石复合片制成各种切削刀具或工具，需要对聚晶金刚石复合片进行切割。

将聚晶金刚石制成工具过程中，与硬质合金（WC）烧结在一起，制成复合材料——聚晶金刚石复合片，再将它切割成所需形状，并焊接在刀体上，如图 6.110 所示。然而聚晶金刚石硬度高、熔点高、电阻率高、耐磨性好，采用传统机械加工非常困难，采用普通的电火花线切割加工也有一定的难度。

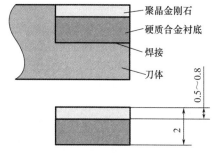

| （a）聚晶金刚石复合片刀盘实物 | （b）刀头示意图 |

图 6.110　聚晶金刚石复合片刀盘实物及刀头示意图

在聚晶金刚石复合片烧结过程中，硬质合金层的金属钴有向聚晶金刚石层渗透的趋势，并在聚晶金刚石与硬质合金界面处形成几十微米厚的富钴层，因此根据材料成分的不同，可以将聚晶金刚石复合片分成三层，即低金属含量的聚晶金刚石层、主要成分是钴的富钴界面层及钴含量较高的硬质合金层。建立图 6.111 所示的聚晶金刚石复合片电火花线切割模型，分别在聚晶金刚石层、富钴界面层及硬质合金层电极上串联三个电阻，阻值 $R_1 > R_3 > R_2$，即与聚晶金刚石层串联的电阻阻值最大，与硬质合金层串联的电阻阻值次之，与富钴界面层串联的电阻阻值最小，因此，在相同脉冲电源作用下，作用在三部分电极间隙上的电压降以富钴界面层最大，硬质合金层次之，聚晶金刚石层最小，即作用在富钴界面层的单脉冲能量最大，硬质合金层次之，聚晶金刚石层的最小。

由此可以看出，聚晶金刚石复合片最难切割的部分是聚晶金刚石层，由于作用在该层的能量低，虽然聚晶金刚石具有一定的导电性，但电阻率较高，而且金刚石的熔点也很

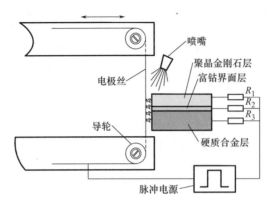

图 6.111　聚晶金刚石复合片电火花线切割模型

高，因此切割十分困难；并且由于放电间隙小，切割时洗涤、冷却、排屑性能都很差，因此也容易断丝。此外聚晶金刚石的热导率高，是钢的 5 倍，比银、铜还要高；而且在高温下聚晶金刚石具有石墨化的倾向，其在 720℃开始会出现石墨化，并变软，使得硬度、磨耗比大大降低。

聚晶金刚石层由通过共价键直接键合的金刚石颗粒与填充于金刚石颗粒间隙的金属钴（质量比约 5%～8%）组成。金属钴在高能脉冲放电作用下主要以熔化与气化方式蚀除，蚀除效率比金刚石蚀除效率高得多。在聚晶金刚石复合片烧结过程中，金属钴呈液态，均匀渗透在金刚石颗粒间隙内，在电火花切割刚开始时，电火花线切割加工聚晶金刚石层的放电点在金属钴上，由于石墨是电的良导体，当切割表面层金刚石全部转化为石墨时，聚晶金刚石层的切割速度达到最大值。因此，刚开始切入聚晶金刚石复合片时切割速度极慢，而且容易造成断丝，当电极丝切入聚晶金刚石复合片之后，切割速度就平稳了。

聚晶金刚石层的材料去除机理包括两方面：一是通过等离子体放电通道的高温使局部区域的金刚石石墨化、熔化与气化，熔融物在放电爆炸力的作用下从熔池抛出；二是通过爆炸冲击波所产生的拉应力使金刚石颗粒局部碎化而被蚀除。

针对聚晶金刚石的物理特性，采用电火花线切割加工时，在电参数选择方面需要注意以下问题。

（1）放电时需要采用较高的峰值电压，以增大放电爆炸力。实际使用中，脉冲的峰值电压可以到 150～300V（正常电火花线切割加工电源脉冲峰值电压一般小于 150V）。

（2）聚晶金刚石切割后放电间隙很小，排屑困难，因此需要尽可能形成气化蚀除方式，以减少蚀除产物颗粒，所以需要采用高峰值电流及小脉冲宽度切割。但因为聚晶金刚石同时又具有热导率高的特点，放电后会有部分热量被基体吸收，所以脉冲宽度也不能过小，实际切割中通常采用的脉冲宽度为 15～20μs。此外，为尽可能减少放电后热量被基体吸收，放电脉冲的前沿要较陡，以提高脉冲放电的爆炸力，尽可能提高材料去除率。

（3）针对聚晶金刚石在高温下具有石墨化倾向的问题，在放电加工过程中必须保证极间持续温度不能太高，为此须选择较大的脉冲间隔，并且采用洗涤、冷却性能良好的工作液。

（4）在伺服跟踪方面，由于聚晶金刚石复合片导电性弱，目前的取样方法并不能确切反馈极间距离的真实状况，同时为解决加工中放电间隙小、极间工作液进入困难及排屑困难问题，通常采用限速欠跟踪方式，即采用"宁慢勿快"的跟踪方式，以维持极间的稳定切割和表面切割质量。

在选择非电参数方面需要注意以下问题。

在加工聚晶金刚石复合片时，由于它具有特殊的物理特性，必须采用不同于加工普通钢材的脉冲电源参数，因此电极丝将承受较大的放电爆炸力，为提高加工稳定性，保障切割表面质量，需采用较粗的电极丝（直径≥ϕ0.18mm），尽可能配置张力控制装置，并最好采用电极丝导向器，以保障电极丝空间位置的稳定性，此外选择洗涤、冷却性能良好的工作液，并包裹住电极丝，也是保证切割表面质量的重要手段。

切割整片聚晶金刚石复合片时，最好采用专用夹具。图 6.112 所示为切割圆形聚晶金刚石复合片的专用夹具。此夹具通过聚晶金刚石复合片安装套和法兰盘压盖的机械装夹，将聚晶金刚石复合片可靠夹紧，多点进电，保证了进电的可靠性并尽可能减小切割区间的体电阻，而且在切割过程中，聚晶金刚石复合片不抖动、不翘曲，保证了加工质量。同时此种安装方式能充分利用复合片的有效切割面积。

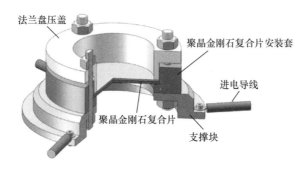

图 6.112　切割圆形聚晶金刚石复合片的专用夹具

69. 大厚度纯铜件切割

电火花成形加工所用的复杂纯铜电极可以由线切割加工完成。纯铜材料在线切割加工中属于较难加工材料，当厚度超过 100mm 时，如操作者仍按加工钢件使用的电参数加工，往往会出现切割速度慢、电流不稳定、短路频繁、断丝概率增大、排屑不畅等问题。

根据纯铜的物性特点，切割大厚度纯铜件可以采取如下措施。

（1）采用大脉冲宽度及较高峰值电流，同时增加功率管数。虽然纯铜的熔点较低（1083℃），但因为其热导率很高，采用传统切割用脉冲宽度时，放电后一部分热量会迅速被纯铜基体吸收，如图 6.113（a）所示，因此真正用于纯铜材料蚀除的能量大大减少，这就是在相同切割参数下纯铜切割速度降低的主要原因。因此在切割纯铜材料时，必须采用较大的脉冲宽度，如图 6.113（b）所示，并采用较高的峰值电流，以保证有足够的能量对纯铜材料产生蚀除效应。

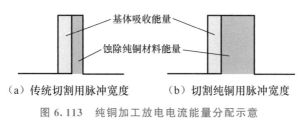

（a）传统切割用脉冲宽度　　　（b）切割纯铜用脉冲宽度

图 6.113　纯铜加工放电电流能量分配示意

（2）同样由于纯铜的热导率高，部分放电热量被基体吸收，致使切割纯铜时放电间隙较小，加上纯铜的材质较软，形成的蚀除产物较黏，因此出现的宏观现象是电极丝表面黏附较多纯铜粉末，切割不久就使电极丝镀覆了一层紫红色的镀层；此外，由于极间存在较多黏性蚀除产物，会造成切割过程中排屑不畅，放电不稳定，放电间隙不均匀。为提高切割稳定性，须选用排屑性能较好的工作液，如采用佳润系列工作液，其能够提供较大的放电间隙和较好的排屑及冷却效果，因此切割速度会大大提高，同时为使排屑顺畅，应采用较大的脉冲间隔。另外，对于长期切割纯铜的工作液，需要缩短更换间隔，以保障工作液的洗涤性能。

（3）可以适当提高冲液流量以进一步提高蚀除产物的排出能力，上下喷流要包裹住电极丝，使工作液充分冲洗黏附在电极丝和切缝内的蚀除产物，但冲液压力不能过大，否则会产生较多泡沫，反而引起加工不稳定。

（4）由于黏附在电极丝表面的纯铜粉末会影响极间的放电稳定性，因此间隔一段时间需要用煤油把贮丝筒上的电极丝清洗一遍，使镀覆在电极丝上纯铜粉末减少，以提高切割时的稳定性。

（5）可适当增大电极丝直径，增大切缝宽度，以利于排屑并提高加工稳定性。

70. 烧结钕铁硼永磁材料切割

烧结钕铁硼（NdFeB）永磁材料是继铸造永磁材料和铁氧体永磁材料之后的第三代稀土永磁材料，具有优异的磁性能，广泛应用于电子、电力机械、医疗器械、玩具、包装、五金机械、航空航天等领域。该材料采用粉末冶金工艺，在磁场中将合金粉末压制成坯，并在惰性气体或真空中烧结而成。烧结钕铁硼材料具有高硬度、高脆性，传统的机械加工难以切割，尤其是异形材料的切割就更加困难，高速往复走丝电火花线切割几乎成为目前唯一的加工途径。但电火花线切割烧结钕铁硼时切割速度低，电极丝直径损耗大。

烧结钕铁硼永磁材料由 $Nd_2Fe_{14}B$ 主相、富钕相、富硼相及稀土氧化物组成，主相晶粒 $Nd_2Fe_{14}B$ 的熔点是 1185℃，晶间的富钕相的熔点为 650℃，因此放电后，在放电通道内形成的高温、高压的作用下，晶间的富钕相首先熔化，其蚀除过程主要是以主相晶粒从基体脱落的蚀除方式为主，如图 6.114 所示，虽然主相晶粒微破碎和脱落方式表面上提高了脉冲能量的利用率，增大了材料的蚀除量，但主相是沿着晶间脱落的，此时的产物有可能含有多个主相晶粒，由于其体积大，极易引起极间排屑困难、放电不稳定，导致切割速度降低。

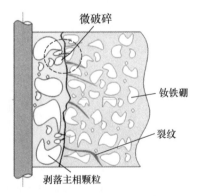

图 6.114 主相颗粒剥落

因此在烧结钕铁硼线切割加工中，蚀除颗粒快速、及时且有效地排出，是提高烧结钕铁硼材料去除率、降低电极丝直径损耗的关键。

由以上分析可知，烧结钕铁硼之所以难切割，主要由主相沿晶间脱落，造成极间排屑困难，使得极间不能处于正常的放电状态所致，因此要改善烧结钕铁硼的切割状态，可以从以下几个方面入手。

（1）采用气化蚀除方式，如图 6.115 所示。提高脉冲电源输出的能量密度，采用小脉冲宽度及高峰值电流的加工参数，使得极间形成气化蚀除方式，以瞬间的高热及爆炸力将脱落的主相颗粒击碎，使材料蚀除方式由原来主相脱落改为主相破碎，从而使蚀除颗粒直径减小至 $\phi 10 \mu m$ 以下，并随工作液顺利排出极间，因此在实际的切割加工中宜选用脉冲宽度小于 $30 \mu s$ 的参数，并提高脉冲的峰值电流。

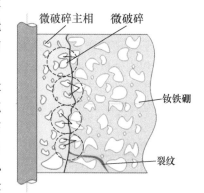

图 6.115　气化蚀除方式

（2）选用洗涤、冷却性能良好的复合型工作液，如佳润系列。由于复合型工作液与传统的油基型工作液相比，其放电间隙约为后者的 1.5 倍，因此可以大大地提高极间蚀除产物的排出速度。强力磁性材料钕铁硼对蚀除产物有很强的吸附作用，切割过程中会造成大量蚀除产物黏附在放电通道内，如果采用油基型工作液，由于放电中会分解出黏性物质，与磁性蚀除产物结合，将增大蚀除产物堵塞在切缝中的程度，导致极间得不到及时冷却，造成加工不稳定及电极丝烧伤等问题。

（3）可以适当提高冲液流量以进一步提高蚀除产物的排出能力，上下喷流要包裹住电极丝，使工作液充分冲洗黏附在电极丝和切缝内的蚀除产物，但冲液压力不能过大，否则会产生较多泡沫，反而引起加工不稳定。

71. 硬质合金材料切割

硬质合金的硬度远高于各种模具钢，有很好的耐磨性及热稳定性，不需要热处理，不会产生淬火和时效变形，因此广泛用于制造高速冲模、多工位级进模、冷挤模。由于硬质合金含有高熔点的碳化钨、碳化钛成分，因此在电火花线切割加工中，切割速度较低，通常只有模具钢切割速度的 1/3~1/2，并且表面易形成微观裂纹，当切割工件厚度较高时，甚至会出现切不动甚至断丝现象，在切割 $-X$ 方向时，断丝的概率更大，是一种较难切割的材料。

就化学成分而言，硬质合金以碳化钨为基体，分为钨钴（WC-Co）合金和钨钴钛（WC-Co-TiC）合金两大类。在模具制造中，常用的硬质合金 YG15 和 YG20 属于钨钴合金类，其基体碳化钨属于高熔点（2720℃）、高沸点（6000℃）材料。因此，用一般加工模具钢的电参数加工硬质合金，电蚀量小，加工表面凹坑细小，表面粗糙度低，切割速度也低，当然切割的放电间隙也小，从而导致极间排屑能力差，加工不稳定，电极丝直径损耗增加，易短路，易断丝。

由此可见，由于硬质合金具有特殊的物理特性，因此线切割放电间隙减小，致使极间冷却、洗涤及消电离状态恶化，这是硬质合金难加工的关键所在。

实际切割中，可采取以下几种措施改善硬质合金的切割状况。

（1）选用合适的电参数。由于硬质合金主要由难熔金属硬质化合物与黏结金属组成，并采用粉末冶金方法生产，因此在粗加工时宜采取小脉冲宽度（如脉冲宽度小于 $30\mu s$）及高峰值电流，并提高峰值电压（如峰值电压$\geqslant 100V$）以提高输出的脉冲能量密度，从而保障极间具有一定的放电间隙，改善放电通道的排屑、冷却和消电离的效果，提高加工稳定性，并且使硬质合金的组分尤其是黏结金属实现气化蚀除，并减少表面的熔化凝固层，达到提高切割速度、减少表面微裂纹的目的。

（2）采用洗涤性良好的工作液，并适当增大浓度，如选用佳润 JR1A 工作液并按高于 $1:10$ 的配比调配，以增大放电间隙并提高洗涤能力，及时排出蚀除产物，维持极间良好的放电状态。

（3）切割厚度较高的硬质合金，仍然维持输出较高脉冲能量密度脉冲的状态，通过增大脉冲间隔，以适当降低平均切割能量，维持正常的加工状态。

72. 导电陶瓷电火花线切割

陶瓷材料具有高硬度、耐高温、耐磨损、抗腐蚀、绝热性好等优异性能，在现代工业中已广泛用于制造切削刀具及量具、航空航天和汽车工业等领域的零部件，并具有更加广泛的应用前景。

根据陶瓷的性能，可以将其分为高强度陶瓷、高温陶瓷、高韧性陶瓷、铁电陶瓷、压电陶瓷、电解质陶瓷、半导体陶瓷、电介质陶瓷、光学陶瓷、磁性陶瓷、耐酸陶瓷和生物陶瓷等。目前，生产中采用的陶瓷材料精加工方法主要是机械磨削，但其加工周期长，生产成本高，极大地限制了陶瓷材料的推广应用。在特种加工领域，电火花线切割是一种比较常用的加工方法，研究表明，当金属/陶瓷复合材料的电阻率低于 $10\Omega\cdot cm$ 时，可利用电火花线切割对其进行加工。但由于陶瓷材料具有较高的电阻率，并且其熔点很高，因此电火花线切割加工陶瓷材料的技术难度要远远大于一般金属材料。

陶瓷材料是由共价键、离子键或两者混合的化学键结合的物质，呈现出与以金属键为主的金属材料不同的性质，因此，其放电加工时的材料蚀除机理与金属材料有所不同。陶瓷材料放电加工过程中颗粒从基体上分离的形式主要有：气化、熔化、热剥离、整体颗粒移除、再凝固黏附的热削离。而金属材料一般只有熔化和气化两种分离形式。陶瓷材料不同的蚀除机理是由不同的物质结构所决定的，因此，在加工工艺规律上有明显区别。

具体实践中电火花线切割陶瓷材料的切割速度要远低于金属材料加工，其根本原因在于陶瓷材料具有很高的电阻率，脉冲宽度、脉冲间隔、峰值电流和进给速度对材料去除率、切割表面粗糙度的影响较复杂，在选取工艺参数时，以能稳定切割为主要目标。具体各方面参数调整示例见例 73。

73. 钛铝基陶瓷复合材料电火花线切割

钛铝基陶瓷复合材料是一种比较特殊的导电陶瓷，在对其进行电火花线切割加工时，往往表现出加工稳定性差、切割速度慢、电流不稳定等特点，导致电极丝被顶弯，电极丝表面黏附较多的蚀除产物，严重影响切割表面粗糙度及加工精度。切割这类陶瓷复合材料时，首先要对其组分进行分析，如钛铝基化合物中，钛铝（Ti_3Al）占 85%，其他成分（Al_2O_3）占 15%，Ti_3Al 具有导电性，但 Al_2O_3 是非导电物质，并在钛铝基化合物中呈离散分布形成网络状，因此放电加工时 Al_2O_3 必然对 Ti_3Al 的导电能力有所削弱，导致切割速度慢，甚至出现切不动现象。

由于陶瓷复合材料并不是良导体，两极间的取样电压并不能真正反映电极丝与工件间的真实状态，可能会导致切割速度慢，短路频繁出现，甚至顶弯电极丝的情况。在实际加工中采用的主要措施如下。

（1）合理匹配电参数，调整伺服跟踪速度。由于陶瓷复合材料并不是良导体，因此在电参数选择方面，宜选用较高的放电电压，以形成有效的放电击穿，增大放电概率，同时由于组分中含较多铝，参照铝合金的切割方式，选用小脉冲宽度及高峰值电流，尽量以气化蚀除方式蚀除材料，减小蚀除产物颗粒及其黏附在电极丝上的概率。在伺服跟踪方面，遵循"宁慢勿快"的伺服跟踪原则，使跟踪宏观上属于"欠跟踪"的方式，以保障陶瓷复合材料的充分蚀除及顺畅排屑，避免跟踪过快而将电极丝顶弯。当初步设置好电参数后，可以对拟切割的陶瓷复合材料进行试割，以验证选择参数的可行性，等稳定后，再进行正式的零件切割。

（2）选用洗涤性良好的工作液，并调整好工作液的上下喷流量。由于切割陶瓷复合材料时，蚀除产物颗粒大，易堵塞在切缝中甚至黏附在电极丝上，因此配制工作液时可以适当提高工作液的浓度。此外，切割过陶瓷复合材料的工作液的使用寿命会大大缩短，因此需要经常更换工作液，以确保加工稳定性。

（3）电极丝的维护。切割陶瓷复合材料时由于工件本身不是良导体，同时电极丝上会黏附 Al_2O_3，影响电极丝的导电性能，因此在切割过程中，需要定期用煤油清洗贮丝筒上的电极丝，尽可能减少黏附在电极丝上的 Al_2O_3，为减小电极丝导电性降低对取样信号的影响，当切割一段时间后，若出现加工不稳定的情况，可以考虑更换电极丝。

74. 高厚度钨、钼、镍基高温合金等难切割材料的电火花线切割

钨、钼、镍基高温合金等材料的共同特点是熔点高，因此线切割加工时切割速度很低，尤其是切割钨、钼基高温合金时，切割速度极低且切割不稳定，当这类材料厚度增大时，有时几乎无法切割。

这类材料熔点高，在电参数选择方面必须提高单个脉冲的放电能量，以能对工件进行蚀除，因此通常选择较大的脉冲宽度（如 $40\sim60\mu s$）及较高的峰值电流。但为保证电极丝能承受并保证极间排屑能力，需要尽可能拉开占空比（如 $1:9\sim1:12$）此时需保证平均切割电流为 $3\sim4A$。

切割这类材料，工作液的选择直接关系到能否顺利切割。由于切割速度很低，加工不稳定，因此在加工过程中必然存在比例较高的空载波，而空载波的存在会使极间出现电化学反应，此时如果工作液具有较高的电导率，则极易在工件表面因为电化学作用形成一层绝缘钝化膜，如图 6.116 所示。

钝化膜将导致电极丝和工件之间的取样电压一直处于空载状态，从而使电极丝不断进给，极易导致电极丝被顶弯和断丝，进一步增大了切割难度。因此在切割这类难加工材料时，首先要尽可能减小钝化膜的形成概率，也就是说必须控制工作液的电导率；其次切割高厚度镍基高温合金时，降低蚀除产物中镍元素和碱性工作液的反应速度也十分重要，因此建议采用

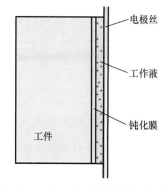

图 6.116　难加工材料极间形成钝化膜

电导率较低的油基型工作液，并且每切割 2～4 个班次就更换工作液，在保持工作液较低电导率的同时，维持工作液较高的洗涤能力。而切割高厚度（厚度≥300mm）钨、钼基高温合金时，因为切割难度更大，为杜绝钝化膜的形成，以维持极间处于放电状态，可以考虑采用煤油、火花油或去离子水作为工作液，但此时的切割速度也很低，并且要注意采用煤油、火花油作为工作液时，要尽可能不在敞开环境中加工，以防止着火。

75. 不锈钢材料及坡莫合金的电火花线切割

对于某些不锈钢材料及坡莫合金（铁镍系合金，如 1J50、1J79、1J85 等）的电火花线切割，由于复合型工作液碱性较强，会与蚀除产物中的镍元素发生化学反应，从而降低其使用性能及使用寿命，一般镍含量越高，工作液的使用寿命越短。为兼顾复合型工作液的高效性、良好的洗涤性并降低化学反应对切割的影响，可以采用两种方法以维持对这类镍含量较高金属材料的切割：一种是切割 1～3 天即更换工作液，以保证工作液的使用性能；另一种是采用复合型工作液和油基型工作液混配的方式，利用油基型工作液减缓化学反应的进行，此时通常建议的比例为取九份按正常比例配制好的复合型工作液（如 JR1A 工作液），取一份按正常比例配制好的油基型工作液（如 DX－1），将两者进行混合，以兼顾两者各自的特点，这样可以延长工作液的稳定切割时间。

76. 石墨材料线切割加工

石墨材料常用于制造电火花成形加工用的工具电极，但其材质松脆，尤其是遇到形状复杂且带有尖角窄缝、窄条及间距小的形状时，采用机械切削的方法加工将十分困难，并且十分容易断裂，此时可以选用电火花线切割加工。

石墨材料熔点、沸点很高，耐电腐蚀，这些是其被选为电极材料的主要原因，但也因此在采用电火花线切割加工时十分困难，一般切割效率不到正常金属加工的 1/4，并且蚀除的石墨颗粒会分散在加工区域，不仅会产生污染，而且会影响切割稳定性，有时甚至使加工无法进行。

切割石墨材料，根据其特性需要采取以下措施。

（1）为维持加工稳定性，需要采用较高的单脉冲能量蚀除材料，即选用较大的脉冲宽度及较高的峰值电流加工，为保持极间处于良好的加工状态，可以适当增大脉冲间隔。

（2）采用洗涤性和流动性均较好的复合型工作液，避免使用较黏稠的油基型工作液。

（3）切割石墨材料工作液污染问题不可避免，为减少因为工作液混入石墨粉引起的切割不稳定问题，应经常更换工作液。

6.7　电火花线切割机床调整

77. 影响线切割质量问题的主要因素

导致线切割加工质量出现问题的因素很多，涉及机床、材料、工艺参数、工艺路线及操作人员素质等，而且各种因素相互关联。图 6.117 所示为影响线切割零件质量的主要因素。

切割零件出现质量问题甚至报废的主要因素有切割形状轨迹出错、零件精度超差、切割表面粗糙、断丝及烧丝等。为避免这些问题，首先，需要操作人员具有较高的技术素养

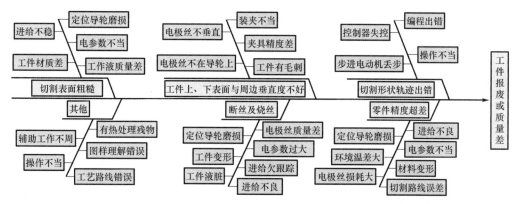

图 6.117　影响线切割零件质量的主要因素

及责任心；其次，需要将机床调整至正常工作状态，严禁"带病"工作；再次，不同的工件材料要选择合适的加工工艺；最后，要避免断丝、短路、花丝等问题出现。

78. 减少电极丝振动的常用方法

抑制电极丝振动是提高加工精度的重要保障。电极丝的振源有贮丝筒、导轮及轴承的径向圆跳动和轴向窜动产生的低频振动及由放电爆炸力产生的高频振动等，贮丝筒换向时引起的换向冲击，也会影响电极丝的稳定性。减少电极丝振动主要从以下方向着手。

（1）导轮及轴承：首先，必须严格控制导轮的径向圆跳动及轴向窜动；其次，必须控制导轮 V 形定位槽精度；最后，必须保障走丝系统中导轮组的 V 形定位槽处于一个平面，并且与贮丝筒的轴线垂直。在实际使用中，注意选用防水导轮组件，延长轴承的使用寿命，也可以选用具有自动消除轴承轴向游隙功能的导轮组件，在导轮选材方面，可以选择由氧化锆制成的导轮（业内俗称黑宝石导轮），以延长导轮的使用寿命。

（2）线架：线架在各种外力及自重作用下会产生变形。对于操作者而言，主要是要调整线架间的跨距，并尽可能使得电极丝紧边和松边长度相等，紧边和松边的导轮、导电块数目相等，使得电极丝紧边和松边尽可能对称分布，减少单边松丝问题。在保障工作液充分包裹电极丝的前提下，尽可能缩短上下线架间跨距，以提高加工区域电极丝刚性。

（3）走丝速度：走丝速度过高，将造成导轮径向圆跳动的频率增高，振幅加大。研究证明对于厚度在 100mm 以内的工件，采用 6～8m/s 的走丝速度已经足够，因此应该在可能条件下适当降低走丝速度，以提高线切割加工的精度。

（4）张力：加工精度要求高的零件，必须考虑电极丝张力的大小与稳定性。张力机构，尤其是双边张力机构的采用对于加工精度的提高起着重要的作用。

（5）导向器：导向器能有效地阻隔振动向加工区的传送，对线切割机床加工精度的提高起着重要的作用。

79. 加工精度严重超差的一般检验

切割中未发现异常现象，加工后机床坐标也回到原点（终点），但加工精度严重超差，可能的原因如下。

（1）工件变形，应考虑消除残余应力、改变装夹方式及用其他辅助方法弥补。

（2）运动部件干涉，如工作台被防护部件（如"皮老虎"、罩壳等）强力摩擦甚至顶住，造成超差，应仔细检查各部件运动是否干涉。

（3）丝杠螺母和传动齿轮配合精度及间隙超差，应打表检查工作台移动精度。

（4）X、Y 轴滑板垂直度超差，应检查 X、Y 轴垂直度。

（5）导轮（或导向器）导向精度超差，应检查导轮尤其是上下线架前端的主导轮或导向器的工作状态。

80. 断丝原因及排除方法

断丝是线切割操作者最担心的事情，下面将断丝原因及排除方法进行归类，见表 6-1。

表 6-1　断丝原因及排除方法

断丝种类	可能原因	排除方法
刚开始切割发生断丝	（1）加工电流过大，进给不稳； （2）电极丝抖动严重； （3）工件表面有毛刺或有不导电氧化皮或锐边； （4）换上新电极丝后直径增大，当与导电块上旧电极丝摩擦留下的痕迹重合时因痕迹较深被卡断； （5）线架挡丝棒没有调整好，挡丝位置不合适，造成叠丝； （6）工作液喷液不正常； （7）工件装夹不稳，没有夹紧，产生晃动	（1）调整电参数，减小电流（刚切入时电流应适当调小，等切入工件，侧壁无火花时再增大电流）； （2）检查走丝系统（如导轮、轴承、贮丝筒）是否有异常跳动、振动； （3）清除氧化皮、毛刺； （4）移动导电块，使新电极丝避开导电块上旧电极丝的摩擦痕迹； （5）检查电极丝与挡丝棒是否接触或靠向里侧； （6）排除工作液没有正常喷液问题； （7）压紧工件或用磁性表座吸紧工件
有规律断丝	（1）贮丝筒换向未能及时切断高频电源，导致电极丝烧断； （2）电压不稳定导致机床放电能量差异及电极丝张力变化，可能直接造成断丝	（1）调整换向开关挡位的距离，如仍无效，则需检测电路部分，要保证先关高频电源再换向； （2）使用稳压器以保证设备外部电源保持稳定
切割过程中突然断丝	（1）选择电参数不当，电流过大； （2）进给调节不当，忽快忽慢，开路、短路频繁； （3）工作液使用不当，如错误使用普通机床油基型工作液、工作液太稀、工作液太脏、使用时间过长； （4）管道堵塞，工作液流量大减； （5）导电块未能与电极丝接触或已被电极丝拉出凹痕，造成接触不良； （6）切割厚件时，脉冲间隔过小或使用了不适合的工作液； （7）脉冲电源削波二极管性能变差，加工中负波较大，使电极丝短时间内直径损耗增大； （8）电极丝质量差或保管不善，产生氧化，或上丝时用小铁棒等不恰当工具紧丝，使电极丝产生损伤； （9）贮丝筒转速太低，使电极丝在工作区停留时间过长； （10）切厚工件时电极丝太细	（1）将脉冲间隔调大，或减少功率管； （2）提高操作者水平，按进给速度调整原则，调节进给电位器旋钮使进给稳定； （3）使用线切割专用工作液（如佳润系列）； （4）清洗管道； （5）移动导电块或更换导电块； （6）增大占空比并使用适合厚件切割的工作液； （7）更换削波二极管； （8）更换电极丝，使用紧丝轮紧丝； （9）合理选择丝速挡（对于有调速功能的机床）； （10）选择较粗的电极丝，如 $\phi0.18mm$

续表

断丝种类	可能原因	排除方法
工件接近切完时断丝	（1）工件材料变形，夹断电极丝（断丝前多会出现短路）； （2）工件滑落时，砸断电极丝	（1）选择合适的切割路线及回火处理过的材料，减小变形量； （2）快切割完时，用小磁铁吸住工件或用工具托住工件
空转时断丝	（1）电极丝排丝时叠丝； （2）贮丝筒转动不灵活； （3）电极丝卡在导电块槽中； （4）空转一段时间后一头断丝	（1）叠丝断丝时应该检查电极丝是否在导轮槽中，检查运丝系统排丝的螺杆与螺母是否间隙过大，检查贮丝筒轴线是否与线架垂直； （2）检查贮丝筒夹缝中是否进入杂物； （3）更换导电块或调整导电块位置； （4）空转一段时间后在一头断丝（通常在摇把端），一般是机械原因导致的单边松丝问题，重点检查运丝系统排丝的螺杆与螺母是否间隙过大

81. 改善切割表面质量及精度的一般方法

线切割加工表面质量和精度主要受电极丝空间位置的稳定性、工作台运动精度及加工材料的变形控制等因素的影响，当然还涉及伺服跟踪稳定性、脉冲电源参数的选择及工作液性能等方面，下面就机床操作方面的主要问题进行阐述。

（1）电极丝空间位置的稳定性。要保证贮丝筒、导轮的制造精度和安装精度，走丝时不得有异常噪声，控制贮丝筒和导轮的轴向窜动及径向跳动，导轮转动要灵活，防止导轮窜动和跳动，必要时可以增加导向器以提高电极丝空间位置的稳定性。实际操作中，可以在电极丝走丝时，将一张白纸放在电极丝后面，观察电极丝的晃动情况，如图6.118所示，正常情况下，只允许电极丝在换向时略有晃动。

（2）适当降低电极丝的走丝速度，以增强电极丝正反换向及走丝时的平稳性，一般对于厚度在100mm以内的工件，走丝速度可降低至6～8m/s。

（3）增加张力机构保障电极丝张力一致，可以大幅度改善加工稳定性，并改善切割工件表面粗糙度。

（4）调整线架跨距。一般使上、下喷水嘴距离工件表面15～25mm，以尽可能提高加工区域的电极丝刚性，减少电极丝抖动，并尽可能使工件位于上、下线架的中间位置，以减小单边松丝程度。

（5）经常检查导电块的磨损情况。线切割机床一般加工50～100h后就须考虑改变导电块与电极丝的接触位置，并且需要经常用煤油清洗导轮、导电块，以维持其与电极丝的良好接触，同时维持导

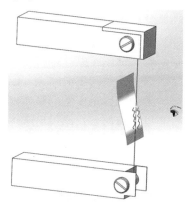

图6.118 电极丝空间位置稳定性判断

轮、导电块与机床的绝缘性能。

（6）要仔细调整变频跟踪速度，使切割过程中电流表指针基本稳定，合适的伺服跟踪速度对切割表面的均匀性及表面粗糙度的改善起着很重要的作用。

（7）合理调整脉冲电源参数。脉冲宽度增大，有利于提高切割稳定性，但切割表面粗糙；脉冲间隔增大，切割稳定性提高，但切割速度降低，因此切割过程中可以先以一定的占空比（如 $1:5\sim6$）、较大的脉冲宽度（如 $40\mu s$）、合适的切割电流（如 $3.0\sim4.0A$）进行切割，在此基础上，根据切割要求仔细调整电源参数。

（8）保持稳定的电源电压。电源电压不稳定，会使电极丝与工件两端的电压不稳定，从而影响放电间隙及切割过程的稳定性。

（9）线切割工作液的选择。不同的线切割工作液会使切割表面粗糙度产生明显的差异，如使用复合型工作液就比使用普通油基型工作液的切割表面粗糙度有明显改善。此外，切割时要保证工作液充足，并能包裹住电极丝，以提高工作液对电极丝振动的吸收作用，进一步改善表面粗糙度。一般持续切割一段时间后，最好更换工作液。采用不断添加原液和水的方式，会逐渐降低切割速度，并且切割后工件表面色泽变暗。对于一般的切割，可以对工作液进行简单过滤，最简单的过滤方法是在水箱的回水处放一块海绵。

（10）加工中工件的固定。线切割虽然是无力切割，但在加工过程中，工件会受到放电爆炸力、电极丝拖拽力的影响，此外当工件即将切割完毕时，其与母体的连接强度势必下降，在自身重力的作用下，工件会产生偏斜，从而改变切割间隙，影响工件表面质量，甚至使工件报废，工件跌落还可能砸断电极丝，因此在切割时必须固定好工件，在快切割完毕时，用磁铁吸住即将脱离母体的工件。

82. 切割图形不封闭的原因

当切割大型零件时，有时会遇到切割图形不封闭的问题，除了工件变形的原因外，还有可能是 X、Y 轴的回程误差及垂直度误差所造成的，而这种误差经常出现在切割的图形反复在 X、Y 轴往返运动的情况下，比如切割大型齿轮时。

回程误差大致来自以下几个方面。

（1）传动齿轮间隙。主要是步进电动机减速齿轮箱内的传动齿轮间隙，当齿轮频繁正反向转动时，由于齿轮存在啮合间隙，必然导致回程误差的累积。

（2）连接键间隙。尤其在丝杠上的大齿轮传动键上，微小的间隙都会在回程误差上有反映，并且运动时伴有噪声。

（3）丝杠与螺母间的间隙。丝杠长时间运行后，与螺母间会存在间隙。

（4）丝杠轴承间隙。该间隙主要靠轴承内外环的轴向调整消除，但如果轴承调整不当，过紧时，虽然间隙消除了，但会导致转动不灵活，而调松后，又会出现间隙。

（5）传动链力矩传递的整体刚性较差。刚性差的部位会产生挠性变形，致使传动滞后，也会以间隙的方式体现出来。

实际加工中，即使是最简单的封闭图形，也至少会有两次回程误差的积累，如系统回程误差是 0.003mm，那么加工精度应该在 0.006mm 左右，因此在加工大型齿轮时，回程误差的累积可能导致最终切割图形不封闭。此外，两轴的垂直度和各轴的直线度也是造成图形异常的因素。因此需要定期对机床进行精度检测以评估其运行状况。

83. 线切割短路的处理

线切割加工中，会因为排屑不畅、工件中有夹渣、工件变形、切割表面形成钝化膜、变频跟踪及电参数调节不佳等原因出现短路，在切割较厚工件时更突出。

实际操作中，当采用短路回退功能无法消除短路问题时，可尝试用溶剂渗透清洗的方法。具体方法：当发生短路后，先关断自动进给开关、高频电源开关，关掉工作液泵，用刷子蘸上渗透性较强的汽油、煤油等溶剂，反复在工件两面随着运动的电极丝向切缝中渗透（注意电极丝的运动方向）；再用螺钉旋具等工具在工件上、下面沿与切割加工的相反方向轻轻触动电极丝，反复进行上述操作；然后开启工作液泵和高频电源，依靠电极丝自身的颤动，产生火花。如有需要仍可以继续用螺钉旋具轻轻触碰电极丝，直至蚀除过切的材料，待电流表指针回到零位，打开自动进给开关，继续加工。

84. 线切割加工中出现短路甚至电极丝已被顶弯仍不回退的原因

正常的线切割加工中，一旦出现短路，由于极间检测到短路信号，计算机就会控制电极丝立刻回退，但有时会出现切割中发生短路甚至电极丝已经被工件顶弯仍然不回退的现象，其原因是取样信号不能准确反映极间的状态，可能由以下情况引起。

（1）导电块被电极丝拉出较深的沟槽，导致与导电块座连接的取样线负端失效，取样电路无法真实反馈极间的电压状况。

（2）工作台上的取样线正端失效，如氧化严重或接触不良，导致取样电路无法真实反馈极间的电压状况。

（3）切缝中出现了不导电物质（如夹杂的不导电颗粒或电解形成的钝化膜），这些物质导电性较差，因而即使电极丝已经被工件顶弯，也会由于电极丝和工件间存在一层不导电物质，取样电压仍然显示为空载，导致电极丝仍不断向前进给。

（4）在取样电路方面，有可能出现的问题是取样电路中的稳压二极管失效，或者稳压值产生漂移，导致无法准确获取极间电压。

（5）注意从控制柜至机床的插座连接是否由于工作液浸湿导致绝缘性降低，致使取样电压异常。

85. 断丝后在原地实现穿丝的方法

线切割加工中，断丝在所难免，断丝后一般采用的方法是退回原穿丝点，穿丝后，沿原路径空走直至断丝点，再继续切割，或从原穿丝点反向切割。但对于已切割了很长路径的工件，尤其是厚度比较大及变形比较大的工件，如果换新电极丝沿原路径切割一次，由于电极丝直径不同，并受到工件变形的影响，沿之前已经切割过的路径切割，并不一定能空走，因此会浪费大量的时间，还会造成切割表面不均匀及有接痕等问题。采用反向切割的方法，也可能会再次出现断丝。因此在断丝点原地穿丝成为一种最可取的方法。原地穿丝步骤如下。

（1）断丝后步进电动机保持在"吸合"状态，记下手轮数值，不要动手轮，关掉高频电源开关，不要按数控台上的其他键。

（2）去掉贮丝筒上较少一边废丝，把剩余电极丝调整到贮丝筒的适当位置，抽出丝头，并通过上导轮，用小磁铁将丝头吸在上线架上。

（3）将工件表面擦拭干净，先用毛刷往切缝中滴入煤油，使切缝润湿，然后在断点处滴一些润滑油（这一点很重要）。

（4）选择一段比较平直的电极丝，剪掉头部，并用打火机火焰烧这段电极丝，使其发硬，用医用镊子捏着电极丝上部 2～3mm，在断丝点顺着切缝慢慢地每次 2～3mm 往下送电极丝，直至穿过工件。

（5）如果电极丝送不下去，切记不可硬来，可将电极丝抽上来一点后再往下送，反复几次，如果仍不行，就要把整段电极丝抽上来，剪掉已穿过的电极丝，再擦干净工件，滴上煤油后滴润滑油，按前述方法重新往下穿。

（6）注意穿丝时尽可能靠近断丝点，离断丝点越远，工件变形越大，越不容易穿丝，甚至根本穿不过去。

（7）如果原来的电极丝实在不能再用，可更换新电极丝，此时需事先测量原电极丝的损耗程度（不能损耗太大），如果损耗较大，切缝也随之变小，新电极丝穿不过去，这时可用一小片细砂纸把要穿过工件的电极丝打磨光滑，或更换细一些的电极丝，然后穿丝，这对工件的精度会有一些影响。

（8）电极丝从工件下端穿出后，拿掉小磁铁，把电极丝整理好就可开走丝系统，先不开工作液泵，并将高频电源设置在低挡位，然后打开高频电源开关，查看有无放电火花。一般穿丝完毕，电极丝与工件应该是处于短路状态的，此时需要利用电极丝自身的振动，逐步蚀除在断丝点多余的材料及蚀除产物，等到火花出现并逐渐增大，完全到空载状态后，再开工作液泵，打开自动进给开关，进行正常切割。

（9）对于第（8）步的情况，如果一直没有火花出现，说明极间因为工件变形使电极丝和工件短路程度比较严重，此时在走丝系统、高频电源开关开启的同时，可以用螺钉旋具等工具，沿电极丝已经切割过的轨迹方向，略微拨动电极丝，如图 6.119 所示，人为形成一个放电间隙，使得电极丝和工件间出现火花放电，直至电极丝回弹至原位后能形成火花放电，再继续正常切割。

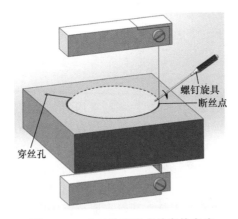

图 6.119　人工处理形成放电的方法

使用该原地穿丝方法可大大节省穿丝耗费的时间。采用复合型工作液切割时，由于切缝内本身较干净，因此比用油基型工作液切割的工件原地穿丝容易很多，用此方法穿过 200～300mm 甚至 500mm 厚度工件的断丝点都是可能的。

86. 电火花线切割断丝保护功能可靠性的提高

断丝保护的基本原理是在上线架的导电块后部增加一个导电块，两个导电块分别接在一个小继电器的两个触点开关上，而小继电器的常开触点与运丝电动机和工作液泵各自的接触器相接。当两个导电块被电极丝短路时（正常走丝），小继电器处于闭合状态，而一旦断丝，则小继电器的两个触点断开，从而触动运丝电动机和工作液泵各自的接触器，使运丝电动机和工作液泵同时关闭，形成断丝保护。

断丝保护功能不可靠，主要是指小继电器的开启时常会有误动作。其主要原因是电极丝在两个导电块上的接触不可靠，不能使小继电器处于稳定的工作状态。造成不稳定的主要因素如下：电极丝张力不稳定、导电块高低不均匀，导致作用在电极丝上的压力变化；导电块上有较深的沟槽或较多的蚀除产物堆积造成接触不稳定；导电块和线架不绝缘；等等。因此要获得稳定可靠的断丝保护，需要经常检查、调整导电块的位置及状态，调整电极丝的张力及均匀性，清洗导电块，使其与电极丝有良好的接触，并保持导电块与线架的绝缘性。平时在机床的操作过程中，每个班次需用煤油刷洗导电块，并且注意调整导电块位置和高度，使其与电极丝可靠接触。目前，大多数机床采用两个导电块上下设置的结构，而电极丝从两个导电块中间穿过的设计方式，从而大大增强了电极丝与两个导电块接触的可靠性。

87. 为什么-X轴方向切割易断丝

+X轴方向切割时，放电爆炸力将电极丝推向导轮的V形定位槽，如图6.120所示，因此电极丝定位可靠，加工稳定性好；而当进行-X轴方向切割时，放电爆炸力将电极丝推离导轮的V形定位槽，如图6.121所示，电极丝定位不可靠，因此加工稳定性较差，并且容易断丝。

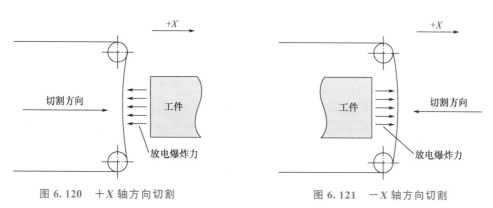

图6.120 +X轴方向切割   图6.121 -X轴方向切割

因此，在切割路径安排时应尽可能避开-X轴方向的切割，或在进行-X轴方向切割时适当减少放电能量，以降低断丝概率。

88. 线切割加工中真实取样的重要性及取样点的维护

线切割加工是通过获取电极丝和工件之间的间隙电压来感知两极间是处于空载、加工还是短路状态的，称为取样。取样后的信号（极间间隙电压）将反馈给计算机，由计算机根据极间状态控制机床进给。极间取样信号的一端在导电块上（连接电极丝），另一端在工作台上（连接工件），通常与高频电源的输出端连在一起。因此只有这两端真实地反映出加工极间的电压，才能保证计算机对加工发出正确的指令。

音叉式机床通常采用螺杆穿入导电块的形式，如图 6.122 所示，当电极丝在导电块上长时间摩擦后，导电块会被磨出一条比较深的沟槽，影响电极丝和导电块的接触状态，形成接触电阻；此外，接触点还会堆积蚀除产物，由于蚀除产物具有导电性，可能破坏导电块与上线架的绝缘性，使得导电块和线架间出现漏电现象，这些都将使取样信号失真，因此必须定期用煤油清洗导电块区域，保障进电点的可靠性和稳定性，如果发现导电块被拉出超过电极丝半径深度的沟槽，就应及时调整导电块的位置。

C 型机床将导电块固定在黄铜片制成的导电块座上，如图 6.123 所示。制成导电块座的黄铜片在弱碱性工作液环境中一段时间后，会受到腐蚀而生成氧化铜，而氧化铜是绝缘的，这样必然会增大取样电路的电阻，导致取样电压不准确，并且这种问题出现时不易被察觉，因此必须定期维护导电块座，保证导电块座与导电块始终处于良好的导电状态。

图 6.122　音叉式机床使用的导电块

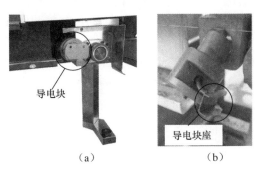

图 6.123　C 型机床使用的导电块

必须经常检查和清洁工作台上的取样线，要保证其接触可靠，接线端不被氧化，以保证能准确获取工件端的电压情况。

89. 电火花线切割表面贯穿条纹的形式及成因

电火花线切割表面出现的周期性贯穿条纹，一般都是由电极丝空间位置变化而产生的，而电极丝空间位置变化主要是由导轮或贮丝筒与电极丝间张力的变化引起的。形成贯穿条纹的原因很多，不同原因将产生不同形状的条纹，并且条纹主要是在切割 Y 轴方向时出现的。条纹主要有 V 形条纹、U 形条纹、L 形条纹及叠加型条纹四种形式。图 6.124 所示为电极丝空间位置与条纹类型示意图。切割面条纹放大示意图如图 6.125 所示。

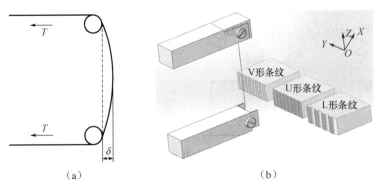

图 6.124　电极丝空间位置与条纹类型示意图

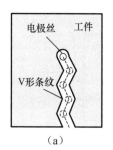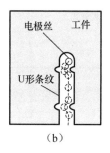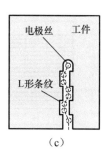

图 6.125 切割面条纹放大示意图

（1）V 形条纹。

V 形条纹是由电极丝单边松丝导致的张力变化引起的。由于电极丝本身为半柔性体，经过导轮后将产生抛离效应，偏离导轮公切线 δ 距离。而出现单边松丝时电极丝的张力是周期性逐渐变化的，导致偏离上下导轮公切线 δ 距离也是逐渐变化的，由此在切割过程中就形成了 V 形条纹，如图 6.125（a）所示。V 形条纹在切缝的两边都会出现，一般出现在电极丝切割一段时间后（一般 2～5h 后），并且随着单边松丝情况的加剧，条纹愈加明显，因此保证电极丝张力恒定是解决 V 形条纹形成的主要方法。

（2）U 形条纹。

U 形条纹主要出现在电极丝换向时，如图 6.125（b）所示，主要有以下几个方面的原因。

① 由于往复走丝的特性，电极丝在贮丝筒两端会反复换向，因此除了电极丝宏观上的单边松丝外，在贮丝筒的两端换向位置附近的电极丝由于正反向的反复扯拽，会出现局部区域电极丝张力过小的问题，此时则会在换向点形成 U 形条纹，U 形条纹主要出现在切缝的右边。

② 如果线架刚性不足，在贮丝筒换向冲击的作用下，线架会微量振动位移，也会形成 U 形条纹。由于线架上的电极丝产生了整体的振动位移，因此这时的 U 形条纹在切缝的左右两边都会出现。

③ 在线切割加工中，贮丝筒两端原来不参与加工的电极丝，由于异常原因进入加工区域，形成 U 形条纹。正常情况下贮丝筒两端有少部分电极丝用于换向时的缓冲过渡，贮丝筒中间大部分参加放电加工的电极丝由于不断损耗，其线径小于缓冲过渡部分的电极丝。如果控制换向限位开关的作用时间或所定位置不变，则当换向关掉高频电源开关前经过被加工件的电极丝的线径不变，但如果因某种原因限位开关没有及时动作，那么没有损耗过的电极丝就会进入加工区域，因为该部分的电极丝较粗，就会产生图 6.126 所示的沟痕，这也是一种 U 形条纹。另外，由于导轮底部的限制作用，其左侧的放电位置不会左移，因此左边切割面比较平整。

U 形条纹都是由于换向瞬间仍然在放电形成的，因此条纹比较细小，一般可以通过切割一段时间（如一个班次）后，将贮丝筒后面的行程开关向内压缩一段距离（3～5mm），并增加换向断高频电源的时间进行调节。

（3）L 形条纹。

形成 L 形条纹的原因在于电极丝正向走丝与反向走丝时，电极丝的空间位置发生了改变，如图 6.125（c）所示。归根结底是因为以下几点：导轮轴承产生径向间隙，导致正反

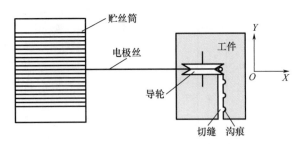

图 6.126　线切割表面产生沟痕原因图

向旋转时导轮的空间位置出现突跳；导轮轮槽的底部半径磨损变大，使得电极丝在正反向走丝时，轮槽的定位位置发生了改变，这种条纹在切缝的左右两边都会出现。

（4）叠加型条纹。

切割表面形成的条纹实际是各种条纹的叠加，只是各种条纹的呈现比重不同，因此需要综合判断和调整，但根本原则是维持电极丝空间位置的稳定性。

90. 大厚度工件的电火花线切割

目前，对于厚度 300~500mm 的大厚度工件切割已不是十分困难的事情，但仍需要注意如下要求。

（1）正确选择工作液。如果工作液洗涤、冷却性能不好，不仅切割速度很低，而且十分容易断丝，一般切割大厚度工件时推荐选用复合型工作液，并且采用相对较浓的配比。

（2）保障上下喷液充足，使工作液充分包裹住电极丝并随电极丝进入切缝，利用工作液对电极丝的振动起到阻尼作用，提高切割的稳定性。

（3）提高走丝系统稳定性。如果不能保证电极丝空间位置的稳定性，加工的稳定性也就无从谈起，由于大厚度切割更容易出现单边松丝问题，因此尽可能采用张力机构，并且切割一段时间后将贮丝筒后面的行程开关向内移动一段距离（3~5mm），以减缓电极丝在两头张力不均匀的情况。此外，为进一步减缓单边松丝对切割稳定性的影响，可以适当减少贮丝筒上的用丝量，如用 150m 电极丝切割（一般贮丝筒上满丝是 300m），以进一步减少单边松丝后电极丝两头张力的差异。如无张力机构，则需要增大手工匀丝的频率，至少一个班次匀丝一次。

（4）电参数选择。大厚度切割时为提高切割稳定性，宜选择较大脉冲宽度，切割参数推荐如下：脉冲宽度 60~100μs，占空比 1：6~10，切割电流 3.0~4.0A。

（5）变频跟踪从零位开始缓慢调节，直至进给数值跳动基本稳定，电流表指针稳定为止。

91. 运丝系统出现异常响声、贮丝筒转动阻滞及贮丝筒冲程处理

（1）运丝系统有时会出现以下几种异常响声，可能的原因如下。

① 换向瞬间有异常响声。联轴节（键）松动，需要更换。

② 贮丝筒内有异常响声。可能是小金属颗粒或电极丝头进入贮丝筒，只要不是贮丝筒内的动平衡调整螺钉脱落，就可以运转。

③ 齿形带或齿轮有异常响声。检查齿形带或齿轮是否已过度磨损，如过度磨损要及时更换，如因啮合间隙不当导致异常响声，要及时调整啮合间隙。

④ 贮丝筒周期性出现异常响声，频率与贮丝筒转速相当。此问题应该与贮丝筒两端

的轴承有关或者是贮丝筒没有动平衡。

（2）贮丝筒转动出现阻滞。

如果怀疑是贮丝筒与挡环间的缝隙中卡入电极丝头，可以先用万用表测量贮丝筒和贮丝筒座的绝缘情况，如果导通，则说明缝隙卡入了电极丝头。如果不取出卡入的电极丝头，将会影响机床的绝缘性能，并对加工稳定性产生不利影响。由于普通操作人员拆下贮丝筒并取出断在挡环内的电极丝是不可能的，因此可以在保障安全的前提下进行如下操作：首先，调整高频电源使其处于低能量模式；其次，戴绝缘手套抓住高频输出线的绝缘层；最后，开启贮丝筒，用高频输出线轻触点击贮丝筒滑板裸露的金属部位，如图 6.127 所示，借助短暂且低能量的火花放电，将夹在挡环内的电极丝头放电蚀除掉，再用煤油清洗挡环内缝隙。

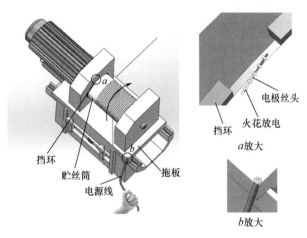

图 6.127　去除贮丝筒与挡环间夹丝

（3）贮丝筒冲程处理。

行程开关失灵或挡块位置设置不当时，贮丝筒可能会失去控制而冲向一端，造成运丝丝杠和螺母完全脱离，等贮丝筒静止后，用手轻推贮丝筒滑板，使贮丝筒滑板带动丝杠轻轻接触螺母端部（注意：用力过大会损坏螺母螺纹），同时用手轻轻转动贮丝筒，使丝杠缓缓旋入螺母即可。

92.“花丝”现象及处理方法

某些情况下，经过一段时间的切割后，电极丝会出现一段段的黑斑，黑斑通常长几毫米到十几毫米，间隔几厘米到几十厘米，如图 6.128 所示。黑斑是经过了一段时间的连续定点放电，形成了烧伤并产生了碳化。电极丝一旦产生黑斑（一般称“花丝”），就极易变脆，并产生断丝。“花丝”在厚工件切割中出现的概率高。产生“花丝”现象的原因很多，并且会形成有规律和无规律“花丝”两种，但根本原因仍然是极间非正常放电。“花丝”与电火花放电加工形成的拉弧烧伤原因类似，间隙内的烧伤一旦形成，工件和电极会同时出现烧伤蚀坑，只是我们看到的是电极丝表面而已。

虽然原理上已经清楚电极丝形成“花丝”是因为放电在电极丝上形成了烧伤，但形成烧伤的原因有很多，因此为减少“花丝”出现应主要围绕以下几个方面进行。

图 6.128　电极丝"花丝"现象

（1）检查高频脉冲电源本身的性能是否正常。

保证高频脉冲电源输出正常，不允许出现较大的负波及直流分量等；此外，也可以变换脉冲电源的形式，如采用分组脉冲切割，以改变极间放电的间隙及状态，改变放电的频率，同时观察"花丝"程度是否减弱。

（2）确定高频脉冲电源传输路径不受机床绝缘性能的影响。

检查并改善机床的绝缘性能，如果机床太脏，电极丝、导电块、贮丝筒与工作台的绝缘性能降低均有可能导致极间本身就处于非完全绝缘状态，从而造成极间漏电，致使放电不正常，形成"花丝"。因此要定期用煤油刷洗导轮、导电块与贮丝筒两端挡环周边，并做好机床的清洁、干燥工作；此外，一个比较容易被忽略的问题是，如果贮丝筒绝缘性不好（如贮丝筒和两端挡环内有夹丝），在贮丝筒旋转时将产生周期性的漏电，就有可能会出现沿贮丝筒周期性排布的"花丝"现象。

（3）改变出现"花丝"的极间状态。

① 变换脉冲参数，提高脉冲电源的空载电压幅值，以此改变放电间隙，从而改善极间的冷却状态，同时改变产生"花丝"的脉冲电源频率，一般可以采取减小脉冲宽度、增大脉冲间隔和提高峰值电流等措施，同时观察"花丝"的程度是否减弱。

② 更换工作液，选择洗涤性能比较好的工作液（如佳润系列），改善极间的冷却情况，维持极间处于正常的放电状态。

③ 有时切割材料不佳，特别是带氧化黑皮、锻轧夹层、原料未经锻造调质就淬火或淬火不透的，造成"花丝"的概率比较高。

一旦形成"花丝"，由于涉及的因素多，判断具体原因有一定难度，因此在判断高频脉冲电源及传输路径没有问题的条件下，最简单的方法就是料（切割材料）、丝（电极丝）、液（工作液）一起更换，防止"交叉感染"，避开诱因。

93. 机床电路一般故障处理方法及典型故障处理

线切割机床电路存在的一般故障，可以通过下述方法进行初步判断。

（1）观察分析法。电路发生故障，先不急于检测和拆换电路板，而应该先仔细观察各指示仪表是否正常，操作有无错误，故障现象是固定的还是变化的，以往有无发生过，等等。根据故障现象分析做出判断，再进行检修。

（2）直观法。拆下可疑的电路板，仔细观察元件和线路有无明显损坏、脱焊、接触不良等。应该注意：电路板上元件虚焊（时间久后易产生的故障）、线路铜皮折裂等是常见的故障起因；有些控制板卡为方便故障判断，在设计时，专门有一些发光二极管作为指示信号，因此先检查这些发光二极管是否正常发光。

（3）电压法。对可疑的电路板的某些点进行电压测量。

（4）比较法。在电路中将可疑的元件与类似的元件进行比较，从比较中得出结果。

（5）隔离法。将与该电路或电路板有关联的另一个电路断开，检测其结果，判断故障原因。

（6）电阻法。在平时检测中，记下一些典型元件在电路中的正常电阻值，以做判断时应用。此法常与比较法结合使用，这样能较快得出结果。

下面将机床电路常见故障的现象、可能原因及排除方法进行归类，见表6-2。

表6-2　机床电路常见故障的现象、可能原因及排除方法

故障现象	可能原因	排除方法
放电火花变小	工作液问题	根据比例添加水和原液或更换工作液
	导电块切出沟槽	观察导电块是否有火花或电极丝切入导电块，调整导电块位置
	机床绝缘性低	清除导电块、导轮周边附着残留物，恢复机床绝缘状态。注意定期清理机床
	高频脉冲电源传输、取样线老化	更换高频脉冲电源传输、取样线
无高频脉冲电源输出	控制柜无高频脉冲电源输出	（1）检查高频脉冲电源板接线是否有松动，高频脉冲电源板与振荡板连接线是否有故障；（2）检查高频脉冲电源电容是否损坏；（3）检查变压器上是否无高频脉冲电源电压输出；（4）检查控制卡是否无控制信号输入
	机床高频脉冲电源传输线问题	（1）检查航空插头是否松动；（2）检查线架导电块上的高频脉冲电源线是否松动或接触不良；（3）检查工作台上的高频脉冲电源输出线是否松动或接触不良
取样信号不准确（加工突然不稳定）	工作液问题	（1）根据比例添加水和原液或更换工作液；（2）不能用硬水配制工作液
	取样板故障	（1）检查取样板取样正负点是否松动；（2）检查取样板上的元器件是否损坏
	取样线故障	（1）检查取样线是否松动或断裂；（2）检查断丝保护是否与公共端（0V）接通
	工件导电性问题	（1）不同工件导电性不同（如铜、铝等），适当调整跟踪，观察电流表，使电流表稳定；（2）去除工件表面氧化皮

高速往复走丝电火花线切割

续表

故障现象	可能原因	排除方法
自动换向 （不到行程开关）	接近开关损坏	拆开接近开关，检查接近开关是否常亮（一般使用NPN常开）
	变频器信号故障	切断接近开关，运行变频器，检查变频器是否自动换向
	航空插头短路	取下航空插头，检查是否有进水、冒烟、烧黑等现象
电器及元器件损坏	接线错误	用万用表测量进电是否正确，火线、零线、地线应接对应位置
	工作液泵损坏	用万用表测量工作液泵电动机三相阻值是否相等，不相等则表明电动机损坏，应更换
	运丝电动机损坏	用万用表测量运丝电动机三相阻值是否相等，不相等则表明电动机损坏，应更换
	航空插头短路	取下航空插头，检查是否有进水、冒烟、烧黑等现象
	元器件损坏	检查空气开关、变压器、接触器等元器件，判断其是否损坏
步进电动机丢步、不锁紧	驱动板无电源或损坏	（1）检查驱动供电电源是否正常； （2）观察驱动板元器件是否有损坏、异常问题
	步进电动机损坏	用万用表测量步进电动机各相的阻值是否相等，不相等则表明电动机损坏，应更换
	步进电动机线接错或断裂	先从计算机发送步进电动机走步信号，然后用万用表测量相应的电压信号是否准确，以判断是哪类问题
	控制卡或连接线故障	
加工时步进电动机不进给	步进电动机不进给	检查步进电动机是否无进给信号，以判断是信号问题还是电动机问题
	无取样	（1）检查控制卡或取样板上取样信号是否正确； （2）检查机床取样线是否松动、断裂
断丝保护不正常	机床床身绝缘问题	导电块与机床床身相通，需要清洗或更换导电块和绝缘座
	断丝保护电路问题	检查断丝保护电路板是否损坏
计算机屏幕急停闪烁	急停开关问题	用万用表检查急停开关常开常闭是否正常
	电路板故障	检查电路板上小继电器（DC12V）是否工作正常
	急停接近开关问题	采用NPN常开的急停接近开关，正常为暗，遇金属物常亮，据此检查该开关

续表

故障现象	可能原因	排除方法
开工作液泵时，屏幕出现黑屏或自动关机、开机	供电电源有杂波	需加装电源滤波器
	供电电压过大、过小	需加装稳压器
一直有高频	场效应管损坏	用万用表二极管挡检测 IRFP250 是否损坏
加工短路不回退	取样信号异常	（1）跟踪参数设置值不适当，重新设置； （2）检查控制卡或取样板取样电路是否有异常
电流表晃动较大	加工参数不适当	根据数据库参数，调整加工参数，并适当调整跟踪
	电极丝张力过松	用紧丝轮对电极丝进行紧丝；
	工作液配比不对或失效	重新配制工作液

6.8 机床精度自行检测

机床运行一段时间后，由于走丝系统及运动轴传动部件的磨损及机床的变形，均会导致机床精度下降，此时操作者可以采用切割标准试件的方法对机床的精度进行判断，为机床精度的调整提供参考依据。

94. 切割八方综合判定电火花线切割机床精度状况

行业里用切割八方来判定电火花线切割机床的精度状况，如图 6.129 所示，它可以较全面地反映机床坐标位移精度，导轮运转的平稳性，X、Y 轴滑板回程误差及进给与实际位移的保真度。机床存在的与精度相关的问题在切割八方时会体现出来。

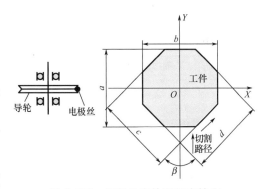

图 6.129 切割八方检测机床精度

对切得的八方进行尺寸分析，可以获得以下分析结果。

与 X 轴平行的两个直面，尺寸 a 偏小且进给速度慢，说明导轮轴向窜动偏摆抖晃幅度大，切缝变宽。

与 Y 轴平行的两个直面，尺寸 b 偏小且进给速度慢，说明导轮径向跳动偏摆抖晃幅度大，切缝变宽。

45°两个平行斜面，尺寸 c 偏小，说明 Y 轴系统回程误差大，差值约为两倍的回程误差。

135°两个平行斜面，尺寸 d 偏小，说明 X 轴系统回程误差大，差值约为两倍的回程误差。

45°和135°斜面上出现以丝杠螺距为周期的机械纹，X 轴或 Y 轴出现进给位移失真度，说明 X 轴或 Y 轴丝杠推动滑板的工作端面出现跳动或失真，这种纹理和周期的关系只能在45°和135°斜面上发现。

45°和135°斜面上出现以电动机齿轮为周期的机械纹，说明电动机齿轮不等分或偏心，这种问题切直线是不会出现的，切圆也辨不清它的周期关系。

与 X 轴平行的两个直面机械纹严重，说明电极丝上下走丝时在 Y 轴方向走的不是同一条轨迹（上下导轮 V 形定位槽的延长线不是一条线，呈现以电极丝换向为周期的机械纹）。

与 Y 轴平行的两个直面机械纹严重，说明电极丝上下走丝时在 X 轴方向走的不是同一条轨迹（上下走丝时张力有较大的差异，呈现以电极丝换向为周期的机械纹）。

45°斜面与135°斜面所夹的角 β 大于或小于90°，说明 X、Y 轴滑板导轨的垂直度误差造成四个直面间不垂直但对面能平行，其差值约为该行程内垂直度误差的两倍。

切割面上下两端不一致，说明上下导轮中有一个导轮的 V 形定位槽对电极丝的定位作用比较差。

如上所述，切割其他任何形状都很难把这些方面的问题清晰地暴露出来。故切割八方是检验机床全面精度的最简单且行之有效的方法。但用切割八方来判定机床精度，一定要注意以下几点。

① 防止切割路线或材料本身变形。

② 切割方向和上下面要做好标记。

③ 切割八方中途不得再调整任何一项工艺参数或变频速度。

④ 一次完成，中途不得停机。

⑤ 要校正电极丝，保证它的垂直度。

⑥ 不得设置齿隙、间隙补偿。

95. 根据切割图形的误差推测机床机械误差或故障

除了通过切割八方判定机床精度状况外，图形分析法也是分析机床机械误差的常用方法。可以先加工出一个规定的小圆柱，再根据测量尺寸画出其相应的图形，然后根据图形的形状判断机床机械精度对加工质量的影响，以有的放矢地对机床进行调整。图形分析法可分为以下几种情况。

（1）切出 Y 轴方向尺寸小于 X 轴方向尺寸的椭圆。

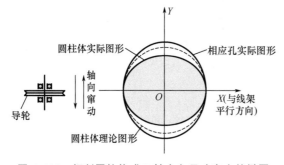

图 6.130　切割圆柱体成 Y 轴方向尺寸变小的椭圆

切割出的圆柱体截面呈椭圆形，而且 Y 轴方向尺寸小于 X 轴方向尺寸，并且小于理论计算尺寸，如图 6.130 所示。出现这种现象主要是由于上下导轮存在轴向窜动，导轮在加工中来回窜动，扩大了 Y 轴方向的加工间隙，导致测量值小于理论计算尺寸。这种情况应调整上下导轮的轴向间隙，使导轮的轴向间隙控制在允许的范围内。

（2）Y 轴方向进出口处有小台阶。

切割圆柱体时，在图形的 Y 轴方向进出口处有一个小台阶，如图 6.131 所示，台阶的高度 δ 一般为 $0 \sim 0.010 \mathrm{mm}$。出现这种现象的主要原因是工作台在 Y 轴方向有失动量。在加工过程中，电极丝按顺时针方向切割左边前半个圆时，工作台 Y 轴方向一直沿同一个方向加工，工作台 Y 轴方向的失动量并没有反映在加工零件的图形上；当开始加工右边后半个圆时，工作台 Y 轴方向开始反向进给，此时工作台 Y 轴方向有失动量，工作台将在 Y 轴方向少走 δ，δ 值基本等于工作台的失动量。工作台的失动量主要是由丝杠传动系统的齿轮啮合齿隙和丝杠螺母轴向间隙造成的。出现这种情况时，要设法消除齿轮的啮合齿隙和丝杠螺母的轴向间隙。如果从 X 轴方向切入也出现小台阶，说明工作台 X 轴方向也存在失动量，这时要消除 X 轴方向的齿轮啮合齿隙和丝杠螺母轴向间隙。

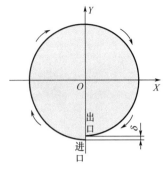

图 6.131　圆柱体进出口有小台阶

（3）切出 X 轴方向尺寸小于 Y 轴方向尺寸的椭圆。

切割的圆柱体截面也呈椭圆形，但图形的 X 轴方向尺寸小于 Y 轴方向尺寸，并且小于理论计算尺寸，如图 6.132 所示。出现这种情况一般是由导轮的径向跳动产生的，需要更换导轮。如果圆柱体上端面呈椭圆形，下端面图形比较理想，说明上导轮 V 形定位槽已磨损，需要更换；反之，下端面呈椭圆形，上端面图形比较理想，说明下导轮 V 形定位槽已磨损，需要更换。

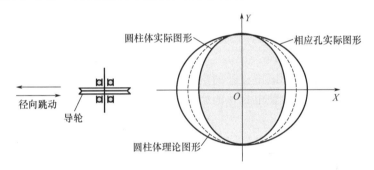

图 6.132　切割圆柱体成 X 轴方向尺寸变小的椭圆

96. 贮丝筒部件及走丝系统的维护及检测

机床贮丝筒部件是操作人员比较容易忽略，但对电极丝空间运动稳定性起着重要作用的部件。当贮丝筒部件，尤其是贮丝筒传动轴承精度降低时，将会引起贮丝筒的径向跳动和轴向窜动，直接影响电极丝的张力和抖动情况。

贮丝筒的径向跳动会使电极丝的张力忽大忽小，严重时会使电极丝从导轮 V 形定位槽中脱出甚至拉断。贮丝筒的轴向窜动会使排丝不均匀，甚至产生叠丝现象。贮丝筒的传动轴和轴承等零件因长期磨损而产生间隙，也容易引起电极丝抖动，因此须定期检测贮丝筒精度并更换磨损的传动轴和轴承等零件。贮丝筒的轴向窜动只能通过调整传动丝杠与螺母的间隙或更换丝杠和螺母来消除。

对贮丝筒径向跳动量的检测方法如下：将千分表固定在机床固定件上，使贮丝筒低速运转，在水平方向及垂直方向，分别触及贮丝筒表面，如图 6.133 所示，从贮丝筒的一端距电极丝固定螺钉中心 10mm 处到另一端距电极丝固定螺钉中心 10mm 处，以千分表读数的最大值计，其跳动量应控制在 0.025mm 以内。

贮丝筒在换向时，由于电极丝走丝速度为零，如没有及时切断高频电源，将导致电极丝在短时间内温度过高而烧断，因此必须经常检查贮丝筒后部行程开关的灵敏性。贮丝筒后端的限位挡块必须调整好，避免贮丝筒冲出限位行程而断丝。

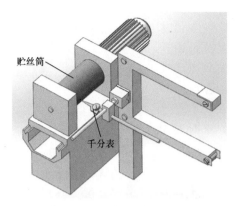
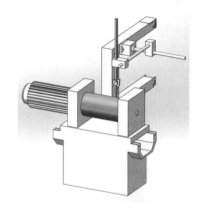

（a）水平径向跳动检测　　　　　　（b）垂直径向跳动检测

图 6.133　贮丝筒径向跳动检测示意图

上丝完毕，需要用手来回推转贮丝筒，以判断贮丝筒、导轮转动是否灵活，电极丝是否挂在导轮 V 形定位槽中，电极丝是否卡在导电块槽中。贮丝筒运转灵活后才能开机，开机后需要观察电极丝是否抖动，若抖动要分析并找到原因，加以解决。

挡丝装置中的挡丝棒与快速运动的电极丝接触、摩擦，易产生沟槽并造成夹丝拉断，若发现沟槽，需及时调整或更换。

导轮轴承的磨损将直接影响电极丝的定位精度。此外，导轮 V 形定位槽、导电块或导向器磨损后产生的沟槽，也会使电极丝的摩擦力过大，易将电极丝拉断。

97. 工作台运动精度的检验判断

线切割加工中，影响加工精度的因素很多，其中工作台本身的运动精度是对加工精度影响最直接的因素，也是操作人员比较难判断和处理的因素，主要体现在如下方面。

（1）工作台的轴向间隙。检查工作台的 X、Y 轴向间隙，若大于 0.005mm，则需进行调整。如图 6.134 所示，将千分表固定在工作台面上，使它的测头触及与被检查轴的轴向相垂直的线架平面，然后用手沿被检查轴向轻推或轻拉工作台的台面，观察千分表前后读数的差值，这就是工作台的轴向间隙。工作台的轴向间隙可能是由丝杠与螺母长期运行产生磨损后形成的丝杠与螺母间的空程导致的，也有可能是由丝杠两端的轴承间隙造成的。

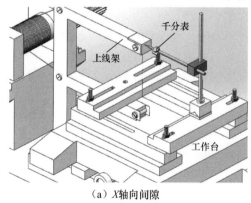
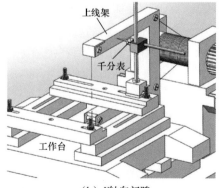

（a）X 轴向间隙　　　　　　　　　（b）Y 轴向间隙

图 6.134　工作台 X、Y 轴向间隙检测示意图

（2）步进电动机与丝杠间的齿轮副有空程。开启进给开关，将步进电动机锁住，然后用手拧动工作台下面的丝杠，观察固定在丝杠上的刻度盘。顺时针拧动和逆时针拧动所得的读数差值应小于0.003mm，否则说明丝杠和齿轮之间的传动键有间隙，或者固定在丝杠上的双片消隙齿轮或步进电动机与丝杆的中心距需要调整。

上述调整均需由专业机床调试人员进行。

6.9　其他特殊加工方式

98. 深小孔电火花放电磨削

直径 $\phi5$mm 以下的小孔尤其是深小孔的磨削是十分困难的，原因是制作很小的砂轮十分困难，并且对于深小孔的磨削，砂轮的刚性也很难保障。因此可在线切割机床上安装一个回转工作台，带动工件旋转，并利用线切割机床的脉冲电源、冷却系统及进给系统，可以对直径 $\phi0.3$mm 左右的深小孔进行电火花放电磨削。其放电磨削运动原理如图 6.135 所示。此外，还可以通过调整回转工作台的倾斜度，获得适当的刃口锥度，从而克服磨削小孔的困难。磨削后表面粗糙度可达 $Ra0.8\sim Ra1.6\mu m$。回转工作台主要由电动机、旋转机构及夹具等组成。放电磨削系统如图 6.136 所示。放电磨削用旋转夹具如图 6.137 所示。

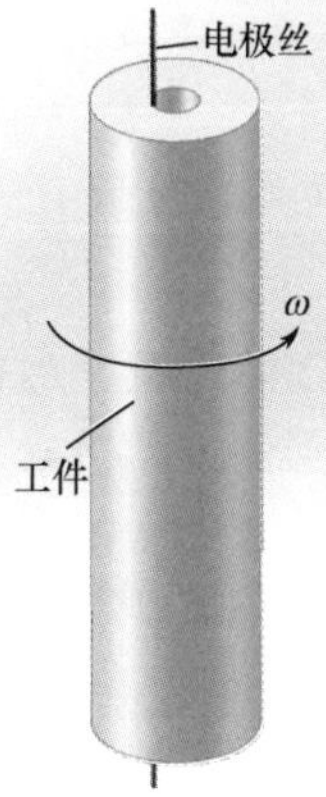

电火花放电磨削时，将工件放入夹具内夹紧，电极丝由预穿孔中穿过，先自动找中心，然后由电动机带动小孔工件进行旋转并进电，接下来按图样要求输入圆半径的直线程序，并考虑补偿

图 6.135　深小孔放电磨削运动原理

量，使得电极丝在圆孔表面进行放电磨削。为达到要求的表面粗糙度，并考虑放电磨削的加工效率，可以采取转换电规准的方法，通过调节脉冲宽度和加工电压实现。一般先粗加

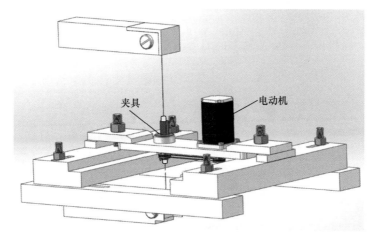

夹具　　　电动机

图 6.136　放电磨削系统

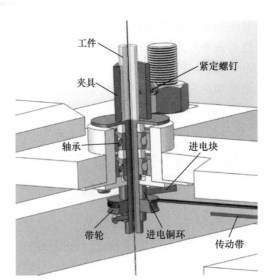

图 6.137 放电磨削用旋转夹具

工，逐渐转换，当接近加工尺寸时，转精加工修光，精加工脉冲宽度取 $1\sim2\mu s$，停止进给后，工件继续转动、磨削，直到看不见火花为止。当加工达到尺寸后，不要切断脉冲电源，要继续磨削 $2\sim3min$。

经验参数：磨削孔径为 $\phi0.3\sim\phi6mm$，磨削孔深为 $10\sim50mm$，磨削达到的表面粗糙度为 $Ra0.8\mu m$，加工电压 $0\sim45V$ 可调，加工电流为 $0.1\sim1.5A$，脉冲宽度为 $2\sim40\mu s$，工件转速为 $1000\sim6000r/min$，走丝速度为 $8\sim10m/s$。

99. 环形端面凸轮线切割加工

内径较小的环形端面凸轮加工经常会在产品试制中遇到。由于普通电火花线切割机床线架比较粗，并且受到线架空间与工作台距离的限制，无法将环形工件伸入线架进行切割加工，因此需要先在原线架上安装一个小线架，以使小线架上的小导轮能伸进工件的内孔中，使电极丝一直在工件的圆周单壁上加工，避免出现加工波谷面时碰到另一面波峰面的情况；然后利用旋转工作台，将旋转工作台的旋转轴水平安装，从而使旋转工作台的转动（绕水平轴旋转）和机床工作台 X 轴方向的运动相互配合，如图 6.138 所示。

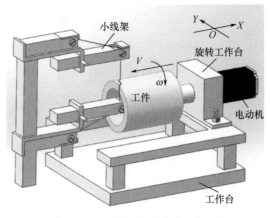

图 6.138 环形端面凸轮加工原理

加工时将线切割机床 Y 轴方向步进电动机的控制线改接到旋转工作台的步进电动机上，程序编制以极坐标代替直角坐标，将按正弦曲线规律计算编写的程序输入控制器后即可加工。加工时工件绕水平轴沿一个固定的方向旋转，同时按正弦曲线规律的要求沿 X 轴正方向或负方向移动，工件旋转一周即可切割出一个工件。环形端面凸轮加工实物如图 6.139 所示，其端面曲面展开如图 6.140 所示。

图 6.139 环形端面凸轮加工实物

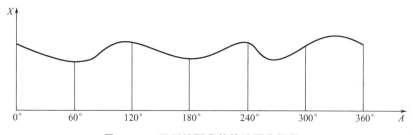

图 6.140 环形端面凸轮的端面曲面展开

还可以用这种方法加工其他按螺旋线、等加速或等减速变化的端面曲线。

该机床还可加工石油钻杆花瓣柔性联轴器的复杂旋转曲面。石油钻杆花瓣柔性联轴器是一种小柔度的联轴器，实物如图 6.141 所示。

图 6.141 石油钻杆花瓣柔性联轴器实物

100. 旋转类零件电火花线切割加工

普通直体电火花线切割机床工作时，电极丝的工作位置是不变的，因此，如果要实现图 6.142 所示的轴类零件的螺旋加工，在加工过程中轴类零件必须与电极丝之间进行相对螺旋运动，并采用专用的工装夹具。

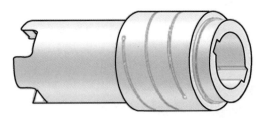

图 6.142　轴类零件的螺旋加工

螺旋运动由直线运动和旋转运动合成，在普通线切割机床上可利用线切割机床的一轴（X 轴或 Y 轴）使轴类工件直线运动，再利用机床另一轴（Y 轴或 X 轴）及辅助装置使轴类工件在加工中获得旋转运动。

旋转装置由步进电动机、齿轮箱、输出轴、卡盘组成，实物如图 6.143 所示，其主要参数（如步进电动机参数和齿轮速比等）应与机床的步进系统参数一致，这样可以简化编程工作。

将旋转装置固定安装到工作台上，如图 6.144 所示，并用百分表校正夹持工件与坐标轴的平行度，然后输入程序使工件旋转，并调整控制工件的圆跳动量。

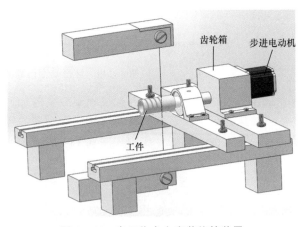

图 6.143　旋转装置实物　　　　　图 6.144　在工作台上安装旋转装置

参 考 文 献

白基成，樊海明，郭永丰，等，2008. 电火花线切割无阻脉冲电源过电流保护的研究 [J]. 电加工与模具 (5): 46-48, 60.

迟关心，狄士春，况火根，2006. 一种新型的电火花加工间隙伺服检测方法 [J]. 现代制造工程 (5): 92-94.

狄士春，姜吉涛，迟关心，等，2005. 节能型电火花加工脉冲电源研究现状及发展趋势 [J]. 机械工程师 (8): 26-28.

丁建军，2009. 电火花线切割浮动阈值间隙放电状态检测技术的研究 [D]. 哈尔滨：哈尔滨工业大学.

豆尚成，2013. 变厚度电火花线切割加工过程控制系统 [D]. 上海：上海交通大学.

凡银生，2017. 电火花加工间隙放电特性及自适应与节能脉冲电源的研究 [D]. 哈尔滨：哈尔滨工业大学.

顾元章，唐艺峰，2008. 具有实时控制功能高频脉冲电源的研究 [J]. 电加工与模具 (1): 21-24.

韩旭，张秋菊，莫秀波，2012. 中走丝线切割自动编程系统研究 [J]. 中国制造业信息化，41 (15): 66-68, 73.

贺笑笑，2017. 硅晶体电火花线切割伺服控制与工艺研究 [D]. 南京：南京航空航天大学.

贺笑笑，刘志东，潘红伟，等，2017. 基于放电概率检测的硅晶体电火花线切割加工伺服控制研究 [J]. 电加工与模具 (3): 25-30.

胡云堂，郭烈恩，曾国，2004. 基于 PWM 技术节能型线切割脉冲电源的研制 [J]. 机械工程师 (1): 64-66.

黄广炜，2017. 往复走丝电火花线切割加工控制系统及工件厚度识别研究 [D]. 上海：上海交通大学.

黄瑞宁，李毅，刘晓飞，2016. 节能型电火花加工脉冲电源的研究 [J]. 中国机械工程 (18): 2520-2523.

贾志新，刘译允，高坚强，等，2016. 导丝器对中走丝电火花线切割加工工艺的影响 [J]. 电加工与模具 (A1): 39-42.

赖英姿，许齐鹏，2011. 电火花线切割加工中不同类型工件的装夹方法 [J]. 金属加工：冷加工 (14): 53-55.

乐崇年，2016. 连接套螺旋槽加工工艺设计 [J]. 机械，43 (11): 65-67, 80.

李强，2017. 往复走丝电火花线切割恒张力控制及工件厚度识别的研究 [D]. 哈尔滨：哈尔滨工业大学.

李强，白基成，凡银生，2016. 电火花线切割加工工件厚度在线识别技术研究 [J]. 电加工与模具 (6): 29-35.

李始东，2013. 电火花线切割克服内应力误差实现高精度切割的措施 [J]. 机械工程师 (7): 29-30.

李政凯，2013. 线切割节能脉冲电源放电间隙特性及多次切割工艺研究 [D]. 哈尔滨：哈尔滨工业大学.

李志乔，2007. 电火花线切割加工中打穿丝孔的注意事项 [J]. 机械工程师 (4): 142.

梁志强，2015. 电火花线切割加工常见问题及解决方案 [J]. 装备制造技术 (5): 109-110, 137.

刘盼，2019. 变厚度工件电火花线切割放电点分布的研究 [D]. 哈尔滨：哈尔滨理工大学.

刘水清，2015. 包含拐角优化策略的电火花线切割自动编程系统研究 [D]. 哈尔滨：哈尔滨工业大学.

刘志东，2017. 特种加工 [M]. 2 版. 北京：北京大学出版社.

马秀丽，滕凯，2017. 烧结 NdFeB 永磁材料电火花线切割高效低损切割研究 [J]. 制造技术与机床 (4): 97-101.

牟联常，2006. 数控快走丝电火花线切割加工工艺方法研究 [J]. 制造技术与机床 (3): 66-69.

全勇，郭烈恩，2005. 自适应型无阻高频脉冲电源的研究 [J]. 机电工程技术，34 (9): 75-77.

饶佩明，李浩洲，2015. 数控中走丝线切割机床高精度锥度装置的设计与应用 [J]. 电加工与模具（2）：66-67.

饶佩明，李浩洲，2017. 往复走丝电火花线切割机床恒张力机构的形式及发展趋势 [J]. 电加工与模具（3）：68-70.

尚婕，姜文刚，李建华，等，2011. 非对称加工电火花线切割可编程高频电源设计 [J]. 机床与液压，39（22）：24-26.

苏国康，李海成，林莉，等，2020. 多工位同步加工电火花线切割机床研制 [J]. 航空制造技术，63（17）：98-101.

孙式玮，王培德，胡倩，等，2017. 节能型电火花脉冲电源低电极损耗波形控制与工艺研究 [J]. 电加工与模具（增刊1）：32-36.

王红亮，梁彦青，杨晓巍，2017. 零件大角度面电火花线切割加工瓶颈的分析与对策 [J]. 模具工业（10）：66-69.

王晖，杨德治，2011. 数控电火花线切割穿丝孔加工位置及精度影响 [J]. 现代制造技术与装备（6）：37，47.

王清，2005. 电火花线切割自适应进给控制技术的研究 [D]. 哈尔滨：哈尔滨工业大学.

王至尧，1987. 电火花线切割工艺 [M]. 北京：原子能出版社.

魏引焕，孙立新，2009. 电火花线切割加工中难加工材料及复杂件常见问题分析及应对措施 [J]. 机械设计与制造（10）：261-263.

吴仕鹏，2008. 电火花加工脉冲电源智能控制器的研究 [D]. 青岛：中国石油大学.

杨建新，2013. 电切削工：初级、中级、高级 [M]. 北京：机械工业出版社.

战忠秋，韩宝节，李军，2015. 数控电火花线切割加工工艺 [J]. 机械工程师（10）：82-83.

张高峰，邓朝晖，2007. 聚晶金刚石复合片的电火花线切割机理与形貌 [J]. 中国机械工程，18（6）：671-675.

张小燕，魏引焕，孙凯，2009. 快速走丝电火花线切割加工典型陶瓷复合材料的工艺分析 [J]. 制造技术与机床（10）：102-105.

赵刚，2006. 电火花线切割加工节能脉冲电源的研究 [D]. 哈尔滨：哈尔滨工业大学.

周正干，邹学礼，1996. 线切割粗精复合加工智能化脉冲电源的研制 [J]. 航空制造技术（6）：7-9.

朱俊德，1982. 线切割加工的装夹找中 [J]. 电加工（3）：40-42.

宗福来，2006. 电火花线切割变厚度加工自适应控制技术的研究 [D]. 哈尔滨：哈尔滨工业大学.

张臻，2014. 中走丝线切割控制系统及加工工艺的关键技术研究 [D]. 武汉：华中科技大学.

DENG C，LIU Z D，ZHANG M，et al.，2019. Minimizing drum-shaped inaccuracy in high-speed wire electrical discharge machining after multiple cuts [J]. International Journal of Advanced Manufacturing Technology，102（1-4）：241-251.

JI Y C，LIU Z D，DENG C，et al.，2019. Study on high-efficiency cutting of high-thickness workpiece with stranded wire electrode in high-speed wire electrical discharge machining [J]. International Journal of Advanced Manufacturing Technology，100（1-4）：973-982.

PAN H J，LIU Z D，GAO L，et al.，2013. Study of small holes on monocrystalline silicon cut by WEDM [J]. Materials Science in Semiconductor Processing，16（2）：385-389.

ZHANG Y B，LIU Z D，ZHANG M，et al.，2019. Study on the influence that hard water had in high-speed wire electrical discharge machining [J]. International Journal of Advanced Manufacturing Technology，104（1-4）：1251-1258.

ZHANG M，LIU Z D，PAN H W，et al.，2019. Experimental research on combined processing of diamond wire saw and molybdenum twisted wire [J]. International Journal of Advanced Manufacturing Technology，101（9-12）：2751-2759.